苏南江河环境地质调查模式探索与实践

以长江(江阴段)和京杭大运河(镇江段、无锡段)环境地质调查为例

汪传胜　徐日勇　徐春华　葛　斐
李　健　倪　俊　魏厚红　吴桂松　著

东南大学出版社
SOUTHEAST UNIVERSITY PRESS
·南京·

图书在版编目（CIP）数据

苏南江河环境地质调查模式探索与实践:以长江（江阴段）和京杭大运河（镇江段、无锡段）环境地质调查为例/汪传胜等著. -- 南京：东南大学出版社，2024.12

ISBN 978 - 7 - 5766 - 1372 - 8

Ⅰ.①苏… Ⅱ.①汪… Ⅲ.①区域水环境-生态环境-地质调查-江苏 Ⅳ.①X143

中国国家版本馆 CIP 数据核字（2024）第 071241 号

责任编辑:弓　佩　　责任校对:韩小亮　　封面设计:王　玥　　责任印制:周荣虎

苏南江河环境地质调查模式探索与实践

以长江（江阴段）和京杭大运河（镇江段、无锡段）环境地质调查为例

著　　者:汪传胜等

出版发行:东南大学出版社

社　　址:南京市四牌楼 2 号　　邮编:210096　　电话:025-83793330

网　　址:http://www.seupress.com

出 版 人:白云飞

经　　销:全国各地新华书店

印　　刷:江阴金马印刷有限公司

排　　版:南京布克文化发展有限公司

开　　本:787 mm×1092 mm　　1/16

印　　张:19

字　　数:436 千字

版　　次:2024 年 12 月第 1 版

印　　次:2024 年 12 月第 1 次印刷

书　　号:ISBN 978 - 7 - 5766 - 1372 - 8

定　　价:99.00 元

本社图书若有印装质量问题,请直接与营销部联系,电话:025-83791830。

前言
Preface

2013 年颁布的《江苏省生态文明建设规划(2013—2022 年)》要求紧紧围绕实现"两个率先"的目标,坚持以推动科学发展、以生态省建设为载体,以生态文明建设工程为抓手,建设美好江苏。同时,推进山水林田湖生态保护和修复工作也是我省创新矿地融合工作的重要内容。2015 年 5 月,中共中央、国务院印发《关于加快推进生态文明建设的意见》,这是中央就生态文明建设作出全面专题部署的第一个文件,开展山水林田湖生态保护和修复是生态文明建设的重要内容。

2016 年 1 月 5 日,习近平总书记于在重庆召开推动长江经济带发展座谈会,强调当前和今后相当长一个时期,要把修复长江生态环境摆在压倒性位置,共抓大保护,不搞大开发。深入坚持长江大保护,雷厉风行地"猛药去疴",推动长江岸线整治生态修复,实现沿江产业转型蝶变,努力推动转型升级后的城市面貌焕然一新。2016 年 3 月,中共中央政治局审议通过《长江经济带发展规划纲要》。

2017 年 2 月 24 日,习近平总书记作出重要指示:保护大运河是运河沿线所有地区的共同责任。2019 年 2 月,中共中央办公厅、国务院办公厅关于印发《大运河文化保护传承利用规划纲要》的通知。由此可见,国家对长江和京杭大运河生态的保护已上升到国家战略高度,保护长江和大运河的蓝图正在绘就,推动长江和大运河的整治和生态修复,实现沿岸产业转型,转型升级后的城市面貌将会多姿多彩,这是坚持生态优先、绿色发展理念的生动诠释。

长江下游和苏南运河(京杭大运河苏南段)流域是江苏省经济发达地区,也是我国人口密集区。但在改革开放初期,沿江沿河流域污染事件频发,污染程度较重。为了响应国家号召,在 2019 年度、2020 年度和 2022 年度江苏省省级财政专项资金的扶持下,江苏省有色金属华东地质勘查局八一〇队承担并完成了 3 个项目,分别是"江苏省京杭大运河镇江段河流环境地质和底泥污染状况调查与评价"(编号 SCZ2019003)、"京杭大运河无锡段环境地质调查与评价"(编号 HDJ2020002)和"长江江阴岸段地质环境调查与评价"[编号 HDYS-DZ003(2022)]。我们对长江、京杭大运河沿岸部分地段开展环境地质调查和评价,把"两山论"的理解贯彻到实际工作中,深刻领会了习近平新时代中国特色社会主义思想之中的绿色发展理念。

环境地质调查成果是公共服务产品,地勘单位为此发挥着地质勘查工作的基础性、前瞻性和公益性作用。本书既是这种内涵式发展"落地生根,枝繁叶茂"的升华呈现,又是地勘单位产业转型升级的一种探索和实践。其出版不仅对地勘工作的成果集成提供了借鉴意义,而且对非地勘工作的学科交叉发展、理论联系实际提供了全新的视野。

本书的撰写和出版得到了有关专家的热情指导和现场技术人员的帮助,撰写过程中笔者大量调研和参阅了当前各类环境地质调查研究报告、论著和论文等最新成果。"他山之石"启发了笔者的研究思路,丰富了书中内容,也是笔者发轫成书的动力。环境地质调查涉及领域广阔,虽兢兢业业努力为之,仍受限于行业资料保密壁垒、资金少、时间紧、任务重等多种困难,书中未尽至臻之处仍有不少,在此向直接或间接给予智慧启发的各位文献作者深表感谢。

每个人对大千世界、研究对象的纷繁复杂性的认识,如同"盲人摸象"般在未知世界里的探索,认知或高或低,但探索总会有所收获。作为地质勘查从业者,除有义务用所学的知识解决实践问题外,还应有担当成为理论与实践探索的"桥梁"及"揭秘者"。受笔者认知能力所限和成书时间仓促,文中难免有错误和缺漏之处,希望翻阅到本书的专家、学者和各类技术人员不吝赐教指正,以便笔者能及时修正错误,提高认识。

最后对本书编辑出版过程中给予指导帮助的各位编辑和审稿专家表示感谢!对项目过程中参与部分工作的舒茂、梁超、李程飞、彭玲莉、彭婷、陈清、肖壮、许家琪、方红亮、庄译南、徐虎林、刘健、余松、陈晓东、王云亮、蒋青光、刘国强、杭程等技术人员表示感谢!特别对项目立项、设计审查、野外验收和成果评审过程中给予悉心指导的程知言、马春、秦新龙、胡光云、冯小铭、占新华、杨仪、周俊、卜现亭、施小清、苏晶文等专家表示诚挚的敬意!同时,感谢南京大学、南京农业大学、南京工业大学、江苏省地质调查研究院、南京地质调查中心、南京市生态环境保护科学研究院、镇江市自然资源和规划局、无锡市自然资源和规划局、江阴市自然资源和规划局等单位的支持和帮助!对未标注引用文献的各位作者表示由衷的歉意与感谢!

著者

2023 年 12 月

目 录
Contents

第一章
绪论

长江是我国两条重要的母亲河之一,是中国南方现代文明的孕育地之一。

京杭大运河贯穿南北,南越长江,流经江苏、浙江;北越黄河,流经鲁、冀,烟波浩渺几千里。它是与横贯东西的万里长城并称于世的伟大奇迹。万里长城和京杭大运河同是中国人民劳动和智慧的结晶,也是中华民族的光荣和骄傲。

如今,京杭大运河是南水北调(东线)一期工程的主要通道,其水质的好坏直接关系到南水北调工程的成败。但经济的高速发展和人口的增长使该段污染较为严重,水质状况不容乐观。目前沿河流域生态环境严重恶化,除了沿岸工业排污造成的水源地污染外,沿岸水土流失、滑坡垮塌地质灾害、森林湿地影响下的水源地氮素污染也频繁发生。全球氮肥用量达 1.2 亿 t,是地球极限阈值的两倍,然而只有 40% 的氮素被作物吸收,超过 50% 的氮肥进入水土之中。我国约有 60% 的河流、湖泊受到不同程度的污染,其中 50% 是由面源污染引起的,而氮素污染对水污染的贡献率为 81%。前几年曾有新闻媒体报道《京杭大运河污染严重,村民罹癌飙升》的消息,具体地点是河北及山东交界地带的京杭大运河北段,由于近年污染严重,当地媒体调查发现,大运河周遭大部分村庄饮用水被严重污染。例如,河北东南部一村庄近年患癌人数大幅上升,过去两年已有 6 人因癌去世,最年轻的只有 37 岁。

"两山论"之后的一个阶段,我国生态文明建设仍处于压力叠加、负重前行的关键时期,同时也处于巩固成果、扩大成效、整体推进、标本兼治的攻坚期,纵深推进污染防治攻坚任务依然艰巨。从发展阶段看,生态环境保护工作的结构性、根源性、趋势性压力尚未得到根本缓解,资源压力较大,环境容量有限,生态系统脆弱,环保历史欠账尚未还清。从产业结构看,工业化、城镇化仍处于深入发展阶段,产业结构偏重,能源消费偏煤,能耗强度偏高,产业和能源结构绿色低碳转型任务艰巨,农业面源污染尚未得到有效治理,污染物和碳排放总量仍在高位。从环境指标看,2023 年前三季度,地级及以上城市平均空气质量优良天数比例同比下降 1.5 个百分点,平均重度及以上污染天数比例同比上升 0.9 个百分点,$PM_{2.5}$ 平均浓度同比上升 3.7 个百分点,环境质量持续改善基础尚不稳固。

有关专家对太湖流域山地丘陵水源地毛竹林植被覆盖区进行了地表径流迁移途径研究,专家通过实地持续定位观测,初步揭示了氮素污染的发生机制——高强度降雨能够通过淋溶冲刷等方式使叶片及土壤中的氮素随地表径流迁移,这是造成氮素流失的主要驱动力,他们认为降雨充沛的雨季(6~9 月)是氮素流失的主要时段,占全年氮流失的 85.9%~95.9%;从空间维度来看,水源地空间层次由高到低,氮素流失强度逐渐提高。在径流迁移过程中,诸如生活污水的排放和白茶种植等人为活动会增加径流中的氮素污染,而建设森林湿地则能够有效降低水体中氮素污染物的浓度。研究还发现,通过改变毛竹林结构,在毛竹纯林中混交常绿乔木、豆科植物等,能够有效控制氮素流失,减少38.2%的水源地氮渗漏。

长期以来,人们不仅对河流环境污染治理不够重视,而且对土壤物理、水文学与植物修复等相关学科的理论内涵理解甚少。在高度发达的工业文明和大规模的城镇化模式下,人们需要更加绿色的自然环境配套,只有绿色的发展才是可持续的发展模式,才是现代文明的标志。

当前,建设美丽中国正在全面开展落实,长江和大运河分别作为贯穿西东、南北的生态枢纽的态势愈发凸显,长江和大运河沿岸生态环境建设与人民的幸福健康紧密关联,做好关键地段的环境地质、工程地质调查和污染防范治理是一切的前提,因此开展这项工作的意义重大。

1.1　世界主要河流污染危害特征

河流污染指未经处理的工业废水、生活污水、农田排水以及其他有害物质直接或间接进入河流,超过河流的自净能力,从而引起水质恶化和生物群落变化的现象。由于目前世界上许多大工业区和城市都建立在滨河地区,大量排放废水入河,致使大多数河流受到不同程度的污染。日趋加剧的水污染已对人类的生存安全构成重大威胁,成为人类健康、经济和社会可持续发展的重大障碍。

据世界权威机构调查,在发展中国家,有80%的疾病是由于饮用了不卫生的水而传播的,全球每年饮用不卫生水造成至少2 000万人死亡,因此,水污染被称作"世界头号杀手"。河水是主要的饮用水源,污染物通过饮用水可直接毒害人体,也可通过食物链和灌溉农田间接危及人身健康。河流污染具有污染物扩散快、污染危害大和污染范围广等特点。具体特点如下:(1)发生以水为媒介的传染病,人畜粪便等生物污染物污染水体可能引起细菌性肠道传染病,如伤寒、痢疾、肠炎、霍乱等;(2)水体受有毒、有害化学物质污染后,通过饮水或食物链便可能造成人畜中毒,著名的水俣病、痛痛病都是由水体污染引起的;(3)水体被污染后的间接影响常可引起水的感官性状恶化,如某些污染物在一定浓度下,对人的健康虽无直接危害,但可使水有异臭、异色。

江河、湖泊等水体污染的种类和特点有:一是水体感官性污染,包括色泽变化、浊度变化、有泡状物、臭味等。二是水体有机污染,主要是指由城市污水、食品工业和造纸工业等排放的含有大量有机物的废水所造成的污染。这些污染物在水中进行生物氧化分解过程中需消耗大量溶解氧,一旦水体中氧气供应不足,会使氧化作用停止,引起有机物的厌氧发酵,散发出恶臭,污染环境,毒害水生生物。三是水体无机污染,指酸、碱和无机盐类对水体的污染,首先是使水的pH发生变化,破坏其自然缓冲作用,抑制微生物生长,阻碍水体自净作用。同时,还会增大水中无机盐类和水的硬度,给工业和生活用水带来不利影响。四是水体的有毒物质污染,各类有毒物质进入水体后,在高浓度时会杀死水中生物,在低浓度时可在生物体内富集,并通过食物链逐级浓缩,最后影响人体。五是水体的富营养化污染,含植物营养物质的废水进入水体会造成水体富营养化,使藻类大量繁殖,并大量消耗水中的溶解氧,从而导致鱼类等窒息甚至死亡。六是水体油污染,污染源为沿海及河口石油的开发、油轮运输、炼油工业废水的排放等。当油在水面形成油膜后,会影响氧气进入水体,对生物造成危害。此外,油污染还会破坏海滩休养地、风景区的景观与鸟类的生存。七是水体的热污染,热电厂等的冷却水是热污染的主要来源。这种废水直接排入天然水体,可引起水温升高,造成水中溶解氧减少,还会使水中某些毒物的毒性升高。水温升高对鱼类的影响最大,可引起鱼类的种群改变与死亡。八是水体的病原微生物污染,生活污水、医院污水以及屠宰肉类加工等污水含有各类病毒、细菌、寄生虫等病原微生物,流入水体会传播各种疾病。

近年来关于世界上一些主要河流污染程度日益严重、污染事件频发、危害人类健康的新闻报道屡见不鲜。例如,印度恒河就是一条污染极其严重的印度"母亲河"。恒河水里有无数的细菌和粪便等污染物。另外,工厂排放的污水使恒河水重金属含量严重超标,水里的很多生物已经灭绝,几乎每天都有死去的鱼类漂在水面上。作为恒河 32 条支流中最重要的亚穆纳河,已经有 15 年没有出现过任何鱼类了。根据准确的数据报道,平均每 100 mL 的河水中,大肠杆菌的数量在 500 以下才比较安全,但是恒河水中有 10 万的大肠杆菌。

非洲的母亲河——尼罗河蜿蜒 6 700 km,曾孕育了古埃及文明,如今却是最脏的河。每年有 1 400 万 t 工业废水排入尼罗河,因此尼罗河的污染非常严重,河水中的细菌、病毒和其他微生物的含量超过正常标准数十倍,铅、汞、砷等有毒物质的含量也大大超过世界卫生组织规定的标准。尼罗河被严重污染,河中 75% 的鱼体内隐藏微塑料。

在近代社会发展史中,欧美等国率先进入了工业文明阶段,工业的飞速发展、城市的快速扩张、城市人口的大量增加、农药化肥的大量施用等活动和方式消耗了大量的资源,排放了大量污染物到环境中,导致水体水质变差,水生生物死亡甚至灭绝,水生态系统结构和功能受到破坏。在认识到问题的严重性后,美国、欧盟等国家和地区开展了水生态环境的治理,采取了一系列的综合性措施,水环境质量得到逐步改善,水生态系统结构功能逐步恢复。

英国的泰晤士河也曾是一条美丽的河流。随着工业革命的爆发,英国经济迎来了飞速发展。作为黄金水道的泰晤士河也成了当时全球最繁忙的水路,络绎不绝的船只搭载着游客,运送着货物,得天独厚的地理位置使其成为"直面欧洲最富饶地区的直航通道",伦敦也借此获益颇多。随着英国大量工业废水以及城市生活污水未经处理就毫无节制直接排入泰晤士河,河水遭到严重污染,甚至沦为一潭"死水"。据史料记载,19 世纪以前的泰晤士河是当时有名的鲑鱼产地,也是水禽栖息的天然场所。但随着水质的断崖式下跌,不仅鱼虾消失了,连下游也一片污浊,恶臭直逼伦敦。到了 19 世纪 50 年代,泰晤士河的污染情况更加严重。据说,1857 年前后,泰晤士河平均每天都要承受 250 t 左右的污染物。19 世纪,有 4 次霍乱伴随着肮脏的河水肆虐英国,仅伦敦就有大约 4 万人因此失去生命。

经历了如此惨痛的教训,英国人终于开始正视保护泰晤士河的重要性,并迅速着手实施了一系列措施"挽救"泰晤士河。英国对泰晤士河的治理大致分为两个阶段。1852 年—1891 年可以算作第一阶段。这一时期,英国政府主要采用立法与修建市政排污系统相结合的方式进行治理,于 1876 年出台了《河流防污法》,明确规定污染河流属于违法行为,同时规范工厂及民众的行为。从 20 世纪中叶开始可以算作第二阶段。这一次,英国政府再次全力出击,目标是对泰晤士河进行全流域治理。英国对河段实施统一管理,把泰晤士河划分为 10 个区域,保证每个区域都能得到相应的治理。他们还把近 200 个小型污水处理厂合并成 15 个较大规模的污水处理厂,使其能够集中作业,提升污水处理效果。此外,英国政府还将 200 多个涉及水资源管理及运营的单位进行合并,成立了新的管理机构——泰晤士河水务管理局,对泰晤士河流域进行统一规划与管理。不仅如此,英国政府对民众进行了大量动员,各部门开展了大量直面市民的宣传工作,使公众对水资源保护有了更深刻的认知,对政府在污水处理方面的举措也有了更全面的了解,使越来越多的英国人开始身体力行,加入保护"母亲河"的工作中。如今,曾经坐落在泰晤士河两岸的大量工厂早已消失不见,取而代之的是议会大厦、大本钟、圣保罗大教堂等一个个代表英格兰灿烂文明的建筑,以及众多充满浓浓自然气息的城市公园、城市绿地、城市主题广场等。货轮也消失了,观光游轮载着无数来自世界各地的游客畅游河上,不仅成功激活了旅游业,还成为连接文化与现代产业发展的纽带,推动伦敦以更绿色的方式发展。

美国密西西比河流域面积 298 万 km²,全长 3 767 km,是美国流域面积最大的河流、全球第四长河。河流干流流经美国 10 个州,流域涉及美国 31 个州和加拿大两个州,是美国工农业集中分布的区域及玉米的主要产地。由于受人类活动的影响,密西西比河流域在 20 世纪也出现了一系列生态环境问题,主要表现在以下几个方面:一是河流水质不断恶化,墨西哥湾富营养化问题严重;二是流域水生态系统破坏严重;三是管理政策难统一,流域规划不协调。针对流域水质恶化、水生态系统破坏等生态环境问题,美联邦和流域各州采取了一系列措施,美国政府针对性地提出了完善流域管理政策、建立了跨州协调机制、开展专项行动计划、实施排污许可证制度、细化监测体系等措施,密西西比河水生态环境质量得到了有效改善,并取得了显著成效。我国在实施长江保护修复攻坚战的关键时期,对密西西比河污染治理经验进行了系统梳理和总结,为长江生态环境保护修复工作提供了有益借鉴。

美国拉夫运河污染事件也是一个著名的污染事件。拉夫运河位于纽约州,是 19 世纪为修建水电站而挖成的人工运河,在 20 世纪 40 年代因干涸而遭废弃。19 世纪 90 年代,一个名叫威廉·拉夫的人来到纽约州,他出资计划修建一条连接尼亚加拉河上下游的运河,并在运河中修筑水力发电设施,以满足城镇居民的用电需求。然而事与愿违,因为资金的问题,威廉·拉夫不得不中断了运河的修建,留下了一条 914 m 的长沟。后来这条长沟变成了市政当局和驻军倾倒废弃物的垃圾场。1942 年,美国一家电化学公司——胡克化学公司购买了这条 914 m 长的废弃运河,把它当作垃圾场倾倒大量的工业废弃物。此后的 11 年时间里,胡克公司向河道内倾倒了 2 万多吨化学物质,包括卤代有机物、农药、氯苯、二噁英等 200 多种化学废物。1953 年,胡克公司将充满毒废弃物的拉夫运河填埋后,转赠给当地的教育机构,并附上关于有毒物质的警告。到了 1978 年,拉夫运河社区已经有近 800 套单亲家庭住房和 240 套低工薪族公寓,以及在填埋场附近的第 99 街小学。拉夫运河社区一度被美国政府认为是城镇发展的典范。

但自 1977 年开始,那里的居民不断患上各种怪病,流产、儿童夭折、婴儿畸形、直肠出血等病症也频频发生。当地居民经多方调查，终于从当地报社记者那里打听到：从1942～1953年期间，胡克化学公司在拉夫运河社区下面掩埋了2万多吨化学物质。1978年8月2日，纽约州卫生部发表声明，宣布拉夫运河处于紧急状态，命令关闭第99街学校，建议孕妇和两岁以下的小孩撤离，并委任机构马上执行清理计划。但是政府仍然拒绝对小区居民进行疏散，他们担心这样做会让纽约西部所有的人都以为自己居住的地方被污染了，引起更大的社会恐慌。

在公众的巨大压力下，纽约州政府于1978年8月7日宣布同意疏散239个家庭。大约还有660户家庭住在拉夫运河社区，他们没有得到疏散安排，只能继续向管理者、联邦当局和卡特总统施压，希望扩大疏散区域。迫于巨大压力，卡特总统颁布了紧急令，允许联邦政府和纽约州政府为拉夫运河小区660户人家进行暂时性的搬迁。小区居民纷纷起诉排放化学废料的胡克化学公司，但胡克公司在多年前就已经将运河转让，并附上了有毒物质的警告书，诉讼屡遭失败。直到1980年12月11日，美国国会通过了著名的《综合环境反应、赔偿和责任法》，又名《超级基金法》，这桩案子才有了最终的判决。根据这部法律，胡克化学公司和纽约州政府被认定为加害方，共赔偿受害居民经济损失和健康损失费30亿美元，这是联邦资金第一次被用于清理泄漏的化学物质和有毒垃圾场。此后的35年，纽约州政府花费了4亿多美元处理拉夫运河里的有毒废物。尽管这样，依然有人声称该地还有大量未被清除的有毒物质。

日本足尾铜矿矿毒事件也是著名的污染危害事件。1611年，足尾铜矿被发现，因其产量颇丰，被纳入幕府直属矿山。但在德川幕府后期，由于长期开采，几乎成了废矿。1853年，黑船来航打破日本锁国状态，而后幕府与西方列强签订多条不平等条约。1877年，古河市兵卫经时任农商务大臣陆奥宗光的帮助，购得足尾铜矿。经营初期收益并不乐观，但有涩泽荣一等的经济资助以及当地居民的慷慨解囊。1881年，发现一条足尾铜矿大矿脉，产量大增，企业开始正常运转。1884～1886年又发现多条矿脉。1888年，古河市兵卫同法国的一家公司签订了冶铜大单。为了满足合同，古河市兵卫大举购入西洋先进生产机器，产量达到质的提升，足尾铜矿一举跃为日本第一矿山，古河市兵卫亦被称作"铜山王"，古河市兵卫这个出身卑微但为日本创造了财富的人成为"明治十二伟人"之一。1890年，足尾铜矿生产了日本近一半的精炼铜，成为亚洲最大的铜采炼联合企业。1880年，当地农民发现河流中的鱼虾大片死亡，且水生植物也已枯萎、凋敝。时任县令藤川为亲获悉后，立刻发出布告称"因渡良濑川的鱼类对人体健康有害，因此禁止在该河中从事捕捞活动"。

1890年，由于足尾铜矿扩建而砍伐树木、破坏植被，导致的水土流失危害完全显现。一场洪水肆虐之后，上游饱含矿毒的淤泥遍布于下游的村落之中。而在此之前，砷、铬、硫磺酸、氧化镁、氯、氧化铝以及其他污染物毁坏了大量农田，破坏了水产养殖业和船运行业，给数千个家庭造成了严重的经济损失。此外，大多数观察者同意这一点：污染物使整条河流沿岸村镇居民的死亡率高于正常，并且健康状况普遍不佳。

1891年，民权运动家田中正造开始为当地受矿毒残害的平民伸张正义，但屡屡遭到与古河市兵卫勾结的日本当局的搪塞和阻挠。1897年，数千名灾民前往东京都请愿，但途中遭到军警屡次阻挠，所到东京者仅有七百余人。而东京有关官僚屡屡踢皮球、推卸责任,灾民无一例外吃了闭门羹。1898年夏天,爆发倾盆大雨,足尾铜矿修建的沉淀池决口一泻千里,积攒在沉淀池内的矿毒更是肆意横行,污染了更大面积的农田,随后引发了数万人参加请愿。1900年,2 500(警方数据)～12 000(每日新闻)余人参加请愿,1974年,足尾铜矿关闭矿井一年后,在政府的调停之下,古河矿业公司和污染受害者之间才达成了最后的和解。

日本工业在第二次世界大战后飞速发展,但由于没有采取环境保护措施,工业污染和各种公害病泛滥成灾。经济虽然得到发展,但环境破坏和贻害无穷的公害病使日本政府和企业付出了极其昂贵的代价。在1956年确认日本氮肥公司的排污为病源之后,日本政府毫无作为,以至于该公司肆无忌惮地继续排污12年,直到1968年为止。后来,45名受害者联合向日本最高法院起诉日本政府在水俣病事件中的不作为,并在2004年获得胜诉。法院判决认为日本政府在1956年知道水俣病病因后应当立即责令污染企业停止侵害,但直到12年后政府才做出决定,为此,日本政府应当对未能及时做出决定而导致水俣病伤害范围扩大承担行政责任。

水俣病严重危害了当地人的健康和家庭幸福,使很多人身心受到摧残,甚至家破人亡。水俣湾的鱼虾不能再捕捞食用,当地渔民的生活失去了依赖,很多家庭陷于贫困之中。截至2006年,先后有2 265人被确诊患有水俣病,其中大部分已经病故。

日本水俣病事件的发生背景与我国目前经济高速发展有不少类似之处,因此,日本水俣病事件的发生、处理和各利益相关者的斗争和博弈,对中国未来发展有以下五点启示:

第一,如何处理好环境保护与经济发展之间的关系。这样的启示在日本政府、民间社会、大学研究机构、媒体等并不完全一致,因为利益相关者之间的博弈和斗争是长期的。中国作为后工业化发展国家,目前经济依然处于高速发展的阶段,因此,处理好环境保护与经济发展是一个很大的难题,需要从战略层面下功夫,否则我们也会重走日本工业化进程中的老路,即先污染后治理。这样的代价并不符合经济和社会可持续发展的普遍规律。

第二,处理好公民社会发展与本国文化冲突之间的矛盾。水俣市从一个小渔村变成了工业化的都市,表面上,人口增多、大厦林立、市场繁荣,而工业化和现代化并没有给水俣人民带来真正的幸福,在中国也不乏类似的案例。

第三,利益相关者的博弈应建立在法制的基础之上。在日本水俣病事件的过程中,律师的作用和地位不容忽视,一方面要法制完善,另一方面要依法行事。目前中国正朝着法治化国家方向努力和发展。因此,如何发挥不同利益相关者的作用,须在法律的基础上,最大可能地发挥法律体系中的主体机构,例如检察院、法院和律师协会等的作用。否则事件的处理永远留下了行政化的烙印,不利于法治建设服务于经济建设和社会发展。

第四,进一步发挥媒体作用,促进社会公平。从日本水俣病事件处理前后55年的经验和教训中可以发现,媒体的作用十分明显,而且日本媒体一直在长期关注,无论文字记者,还是摄影记者,都发挥了极为重要的作用。因此中国在工业化过程中,如何发挥媒体的作用,依然有很多挑战,例如,记者的人身安全保障,媒体的相对独立性及媒体客观、真实和专业的报道等。

第五,利用国际合作和交流的平台,共同分享工业发展经验和教训。水俣病事件发生55年过程中,国际组织、国际知名人士、国际会议等的介入促进了日本政府的不断改革和改进,推动了事件的有序处理和解决。这一方面中国民间社会还缺乏经验,当然也有不少跨国企业和本土企业懂得如何利用国际社会的力量,减少本土的污染,促进污染处理技术的引进,保证企业能够真正承担起应有的社会责任。

总之,对我国政府如何制定国家发展规划、处理公害事件与社会稳定,民间组织如何健康发展,法律如何界定公害事件的法律责任,以及公害事件中如何发挥媒体的监督作用等,都是值得进一步探讨的课题。

1.2 我国主要河流污染危害特征

中华人民共和国从成立之初的一穷二白,经济总量不到 500 亿元,到 2022 年国内生产总值超过 120 万亿元,中国经济不断飞跃跨上新台阶,近 40 年平均增速达到 9.5%,实现了由一个贫穷落后的农业国成长为世界第一工业制造大国的历史性转变,用几十年的时间走过了发达国家几百年走过的发展历程,书写了世界经济发展史上的奇迹。飞跃的 70 多年,中国速度刷新世界经济史,成就了让世人惊叹的增长奇迹。但随着中国城镇化和工业化的继续推进,我国也付出了巨大的环境代价。据相关统计,发达国家单位 GDP 环境污染物排放量是中国的十分之一。由于环境污染的负外部性,使得环境污染从东部、南部向中部、北部大面积蔓延,环境污染成为制约我国经济和城镇化发展的瓶颈。党的十九大指出,要提高环境污染排放标准,强化环境排污者责任等制度。可见,重新审视节能减排约束下制度安排对区域环境污染的影响,对于建设资源节约型和环境友好型社会,推动经济高质量发展和生态高水平保护具有重要意义。

河流污染是当前人类生存环境各类污染中最严重、最致命的污染。

党中央、国务院高度重视长江经济带生态环境保护工作。2018 年 4 月 2 日,中央财经委员会第一次会议将长江保护修复列为打好污染防治攻坚战的七大标志性战役之一,要求确保 3 年时间明显见效。同年 4 月 26 日习近平总书记在深入推动长江经济带发展座谈会上强调,要坚持把修复长江生态环境摆在推动长江经济带发展工作的重要位置,共抓大保护,不搞大开发。

长江是我国两条重要的母亲河之一,是中国南方现代文明的孕育发源地。我国长江流域面积 180 万 km^2,全长约 6 300 km,是全球第三大河,流经 11 个省(自治区、直辖市)。

长三角地区在地理上大致对应华东“五省一市”,华东辖区包括上海、江苏、浙江、安徽和江西。华东地区是中国经济文化最发达地区,人口稠密,对能源的需求量大,同时由于人口密集、工业发达,环境的承载力也很差。

江苏省所在的长江中下游地区以平原、丘陵地形为主,长江三角洲的地貌是长时期以来内外营力综合作用的结果。地壳运动作为内营力决定了地层格架,它控制了山丘、平原、海洋、陆地的分布轮廓,作为外营力的有流水、风化、海洋等的作用,其对表层物质不断进行风化剥蚀、侵蚀、搬运和堆积,从而形成了地表的各种形态。长江三角洲地区由于人口较为密集,因此,对环境的要求也相对较高。

长江三角洲地貌格局的形成主要奠定于中生代末的燕山运动,以后经历了各种构造运动和长期的剥蚀夷平作用,总体地势呈现南高北低、西高东低。长江三角洲地区(江苏)地貌概略情况,见图 1-1。

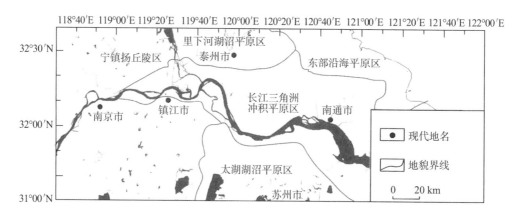

图 1-1　长江三角洲地区(江苏)地貌略图

由于自然条件优越,历史悠久,长江流域是我国经济发展水平和城镇化水平较高的地区之一,流域经济总量占全国经济总量的比例超过 50%,流域内城市有 186 个。据实地考查,长江干流自攀枝花以下至出海口全长 3 600 km,共有工矿企业 5 万余家,年排放污水 60 亿 t。城市江段各类排污分布密集,污染影响互相叠加,而岸边水域水深相对较小,水流缓慢,水体稀释扩散能力较弱。因此,污水入江后,常形成沿岸污染带。长江干流是沿江城镇主要的水源地,目前共有各类取水口 500 多个,基本上不同程度地受到了岸边污染带的影响。据全国政协委员、华东师范大学教授陆健健等有关专家介绍,长江流域年污水排放总量多达 250 多亿 t,占全国 40% 以上,其中 80% 以上的污水未经有效处理就直接排入长江。虽然近年来国家在长江的污染治理上进行了大量投入,但长江水污染形势仍然比较严峻。目前长江干流 60% 的水体已受到不同程度的污染,其中工业和人口比较密集的长江中下游上千千米河段,沿岸水质基本在Ⅲ类和Ⅳ类之间。地处长江入海口的上海市,也只有在江中心长兴岛一带,才能取到Ⅲ类水作为上海市的饮用水源。

此外,长江部分支流的污染和流域内湖泊的富营养化问题也很突出。据环保总局提供的数据,长江 38 条主要干流上的 72 个监测断面,能达到Ⅲ类以上水质的断面只有 46 个。与此同时,长江流域面积大于 0.5 km² 的 4 000 多个湖泊,半数以上也已处于不同程度的富营养化状态,其中杭州西湖、南京玄武湖、武汉东湖等,均达到了富营养化程度。

据了解,长江的污染来源主要集中在以下几个方面:

其一是工业废水与生活污水的污染。工矿企业废水和城镇生活污水是长江流域的主要污染源之一。据环保总局统计,2003 年,长江流域废水排放总量已达 163.9 亿 t,其中工业废水排放量 72.5 亿 t,生活污水排放量 91.4 亿 t;主要污染物化学需氧量排放总量 478 万 t,其中工业废水排放量 131.8 万 t,生活污水排放量 346.6 万 t。

其二是农业面源污染严重。主要包括化肥、农药、畜禽养殖业、农业固体废弃物、农村生活污水和山林地区径流污染等。据环保总局估计,长江流域农业面源污染物总量与工业、城市生活等点源排放的污染物总量相当。

其三是航运量激增带来的大量船舶污染。长江是横贯我国东西的水上运输大动脉,航运业十分发达,常年在水上运营的船舶有21万艘。这些船舶每年向长江排放的含油废水和生活污水达3.6亿t,排放生活垃圾7.5万t。另外,因海损事故造成的油品、化学品污染事件也时有发生,对长江水环境构成了极大威胁。

除了工农业、航运造成的污染外,长江中下游地区生态环境问题也很严重,主要有:(1)泥沙淤积。特别是雨季,河流处于汛期,河流水量比较大,带来的泥沙多,泥沙淤积比较多。(2)洪涝灾害。受亚热带季风和台风等因素的影响,长江中下游平原区是中国暴雨多发区和暴雨强度最大的区域之一,也是暴雨洪涝灾害多发区域。(3)水污染。小城市和城镇基本没有污水处理厂,大量废污水没有经过任何处理就直接排到附近江河、湖泊等水体中,虽然长江水资源总量占全国的1/3,但接收的废污水总量接近全国的50%,水污染严重。(4)水土流失。目前,长江的输沙量已经相当于尼罗河、亚马孙河和密西西比河三条世界大河的总输沙量。经过长江可以看到,长江的水很少是清的,与黄河的水一样浑浊不堪,含沙量非常大。位于长江中游的洞庭湖曾经是我国最大的淡水湖泊,现在已退居为我国的第二大淡水湖,据监测,现在它的面积还在不断地变小。据科学家估计,再过半个多世纪洞庭湖就要从中国的版图上消失了,主要原因就是长江中上游地区水土流失非常严重,长江及其支流将大量泥沙带入洞庭湖,造成淤积。同理,洞庭湖的湖底每年淤高4~5 cm。年复一年,洞庭湖将愈来愈浅,也愈来愈小,不断地走向消亡。现在的洞庭湖已经没有一个完整的湖面了,由于泥沙的淤积,湖面四分五裂,成为星罗棋布的湖群,到处被大大小小的沙洲所占据,这全都是由于长江带来的大量泥沙造成的。

当前长江水污染形势仍然比较严峻,尤其是长江中下游地区,该地区也是我国酸雨污染最严重的地区,酸雨的形成与沿江地带工业发达、矿物燃烧消耗量大有关。

因此,本系列项目的研究对了解过去的地表环境污染状况、进一步前瞻性地预防下一步地表地质环境污染提供了政策依据,对华东地区的地表地质环境污染防范、人居生存环境质量的改善都大有益处。

2023年11月27日,中共中央政治局召开会议,审议了《关于进一步推动长江经济带高质量发展若干政策措施的意见》。由此可见,长江经济带发展战略已是国家重大战略。推动长江经济带高质量发展根本上依赖于长江流域高质量的生态环境。

1.3 江苏省对长江、大运河生态治理防污的举措

如果把京杭大运河比作一条“文脉”,那么江苏苏州、无锡、常州、镇江、扬州、淮安、宿迁、徐州8个城市群的历史文化传承,就是镶嵌在其中的闪亮珍珠。据了解,随着上塘河、山塘河等5条运河故道以及山塘古街等一并列入世界文化遗产名录,仅大运河苏州段沿线就有国家登记保护的物质文化遗产690处,其中全国重点文物保护单位34处、江苏省文物保护单位138处,另有第三次文物普查新发现1 919处。

实施长江大保护以来,江苏省除强化履行《中华人民共和国水污染防治法》外,于2005年出台了《江苏省内河水域船舶污染防治条例》,并多次重新制定了《江苏省长江水污染防治条例》《江苏省水域保护办法》(2020年)、《江苏省水污染防治条例》(2021年)、《南京长江岸线保护条例》等省级法规,从法制上来规范对长江的污染防治。长江沿江地

区各级人民政府也陆续出台了区域性法规条例防止各类污染源影响重要清水通道的水质。例如《无锡市水环境保护条例》、《无锡市旅游船舶污染防治和安全管理办法》(修订)、《常州市水生态环境保护条例》等等。

自然资源系统的"山""水""林""田""湖""草""沙"虽分属不同部门管理,实际上同属生态系统的统一体系,各个体系你中有我,我中有你,一损俱损,一荣俱荣。只有上下联动治理,绿水青山变为金山银山才有可能。认识到长江、大运河是绿水青山的滋养体后,江苏省针对大运河保护主要从十个方面加强了措施:一是成立大运河保护专案小组,二是开辟大运河案件绿色通道,三是建立大运河保护联动机制,四是做好大运河水质监测预警,五是逐步建立大运河"一口一档",六是探讨大运河保护跨区域合作机制,七是优化大运河生态空间管控,八是深化大运河生态修复,九是借助检察力量保护大运河,十是加强大运河保护宣传。

如果说理念的更新是苏南江河保护的开始,那么,法治建设就是助力大运河文化遗产保护提速的"利剑"。

2022年,江苏省和上海市、浙江省、安徽省、江西省、湖北省、湖南省、重庆市、四川省、贵州省、云南省人民政府,国家发展改革委、工业和信息化部、财政部、自然资源部、生态环境部、住房城乡建设部、交通运输部、水利部、农业农村部、商务部、文化和旅游部、人民银行、银保监会、能源局、林草局、矿山安全监察局、国铁集团等发布了《推动长江经济带发展领导小组办公室关于印发〈长江经济带发展负面清单指南(试行,2022年版)〉》的通知。印发《长江经济带发展负面清单指南(试行,2022年版)》(以下简称《指南》),并就有关事项通知如下:

一、要坚持"生态优先,绿色发展"的战略定位和"共抓大保护、不搞大开发"的战略导向,把修复长江生态环境摆在压倒性位置,严格执行负面清单管理制度体系,层层压实责任,严格落实管控措施,确保涉及长江的一切投资建设活动都以不破坏生态环境为前提。

二、《指南》适用于沿江11省市,各省市人民政府作为监管责任主体,要结合本地区实际制定具体、详细的实施细则,明确纳入管控的重要支流、重要湖泊以及自然保护区、风景名胜区、饮用水水源保护区、水产种质资源保护区、国家湿地公园等各类保护区清单,明确合规园区名录,明确各管控内容的责任部门。请各省市于2022年6月底前制定出台实施细则。

三、《指南》由推动长江经济带发展领导小组办公室负责解释,根据实际需要经评估后适时进行调整。

四、《指南》自印发之日起施行,《长江经济带发展负面清单指南(试行)》即行废止。

长江经济带发展负面清单指南(试行,2022年版)

1. 禁止建设不符合全国和省级港口布局规划以及港口总体规划的码头项目,禁止建设不符合《长江干线过江通道布局规划》的过长江通道项目。

2. 禁止在自然保护区核心区、缓冲区的岸线和河段范围内投资建设旅游和生产经营项目。禁止在风景名胜区核心景区的岸线和河段范围内投资建设与风景名胜资源保护无关的项目。

3. 禁止在饮用水水源一级保护区的岸线和河段范围内新建、改建、扩建与供水设施和保护水源无关的项目，以及网箱养殖、畜禽养殖、旅游等可能污染饮用水水体的投资建设项目。禁止在饮用水水源二级保护区的岸线和河段范围内新建、改建、扩建排放污染物的投资建设项目。

4. 禁止在水产种植资源保护区的岸线和河段范围内新建围湖造田、围海造地或围填海等投资建设项目。禁止在国家湿地公园的岸线和河段范围内挖沙、采矿，以及任何不符合主体功能定位的投资建设项目。

5. 禁止违法利用、占用长江流域河湖岸线。禁止在《长江岸线保护和开发利用总体规划》划定的岸线保护区和保留区内投资建设除事关公共安全及公众利益的防洪护岸、河道治理、供水、生态环境保护、航道整治、国家重要基础设施以外的项目。禁止在《全国重要江河湖泊水功能区划》划定的河段及湖泊保护区、保留区内投资建设不利于水资源及自然生态保护的项目。

6. 禁止未经许可在长江干支流及湖泊新设、改设或扩大排污口。

7. 禁止在"一江一口两湖七河"和332个水生生物保护区开展生产性捕捞。

8. 禁止在长江干支流、重要湖泊岸线一公里范围内新建、扩建化工园区和化工项目。禁止在长江干流岸线三公里范围内和重要支流岸线一公里范围内新建、改建、扩建尾矿库、冶炼渣库和磷石膏库，以提升安全、生态环境保护水平为目的的改建除外。

9. 禁止在合规园区外新建、扩建钢铁、石化、化工、焦化、建材、有色制浆造纸等高污染项目。

10. 禁止新建、扩建不符合国家石化、现代煤化工等产业布局规划的项目。

11. 禁止新建、扩建法律法规和相关政策明令禁止的落后产能项目。禁止新建、扩建不符合国家产能置换要求的严重过剩产能行业的项目。禁止新建、扩建不符合要求的高耗能高排放项目。

12. 法律法规及相关政策文件有更加严格规定的从其规定。

《长江经济带发展负面清单指南》自发布以来，江苏的蓝天保卫战和污染防治攻坚战紧锣密鼓地进行着，各条江域、河流都落实了一把手负责的责任制，委任了"河道长"，相信在不远的将来，长江沿岸带各省齐心协力，以《长江经济带发展负面清单指南》为行动纲领，共同做好污染防治工作。

第二章
苏南地区地质构造和沉积特征

2.1　苏南地区地质构造特征

　　江苏省以郯城—庐江(新沂—泗洪)断裂及响水—淮阴断裂为界,分属华北板块、苏鲁造山带及扬子板块(主要为下扬子区,如图 2-1)三大构造单元。各单元的地质构造发展有明显差异:郯庐断裂带以西为华北陆块区南缘,以太古代泰山(岩)群为基底,沉积地层、岩浆岩、构造和矿产属华北型,主要位于徐州市的中西部;郯庐断裂带和响淮断裂带之间为苏鲁造山带南缘,分布着东海岩群、锦屏岩群、张八岭岩群、云台岩群变质岩,其变质地层、变质作用和矿产特征等可与大别—秦祁昆造山带相对比,位于徐州市的东部,连云港市、淮安市的中部和西北部;响水—淮阴断裂带南东为扬子陆块区的下扬子陆块东端,其基底组成、盖层沉积、岩浆活动、构造形式、矿产分布都有别于上述两个地区,以扬子型为特征,主要位于苏中和苏南。

　　华北陆块区内最老的地层为晚太古代泰山群,是一套中深部区域变质杂岩;新元古界青白口系为一套独特的未变质的浅海相碎屑岩和碳酸盐岩;古生代寒武纪—中奥陶世地层主要为碳酸盐岩夹碎屑岩沉积,区域上缺失晚奥陶世—志留纪—早石炭世地层;晚石炭世—二叠纪沉寂了海陆交互相含煤岩系及陆相红色碎屑岩地层;中生代晚侏罗世—白垩纪地层主要为陆相碎屑岩及中酸性火山岩—沉积岩类;古近纪和新近纪地层出露零星,以陆相碎屑岩为主,夹少量基性火山岩;早第三纪地层属于一套内陆河湖相为主的沉积建造,沉积厚度较大;第四系较为发育。

　　苏鲁造山带主要由新太古代—元古代变质地层和中新生代地层组成,区内缺失古生代至侏罗纪地层,局部断陷盆地中自白垩纪开始沉积有中新生代地层。

　　下扬子地区震旦纪—早三叠世以陆缘海及陆表海沉积建造为主,从寒武纪—中奥陶世起,下扬子地区处于海洋环境,中志留世末扬子地区发生了一次大海退。下扬子区的徐淮地区与华北地区连成一体形成了陆地,这种状态持续到泥盆纪,徐淮地区形成陆地后一直处于被剥蚀状态,至三叠纪期间扬子地区处于海进海退的多个震荡期。海西—印支期的盆地演化主要发生在单一的华南陆块内部,前期为克拉通盆地,以及在伸展断裂作用下产生的陆缘和陆内裂陷盆地,后期由于周边构造环境的转化,首先在东南缘,随后在西缘及北缘,形成周缘(或弧后)前陆盆地,它们的转化时期从东吴运动开始以印支期为主。

　　江苏省从大地构造上总体属于下扬子区,以长江为界,以南泛称苏南。苏南地区是我

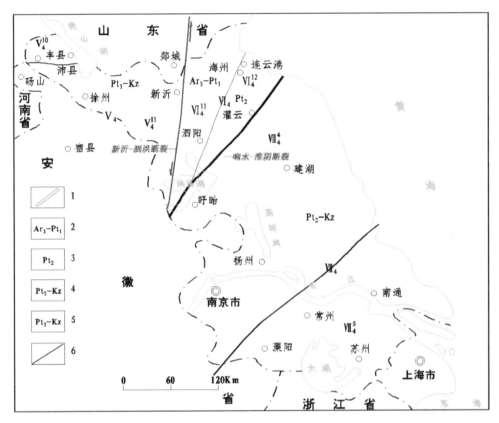

1—地层大区界线；2—新太古界—古元古界；3—中元古界；4—中元古界—新生界；5—新元古界—新生界；
6—地层区界线；华北地层大区（Ⅴ）晋冀鲁豫地层区（V_4）；鲁西地层分区（V_4^{10}）；徐淮地层分区（V_4^{11}）；苏
鲁地层大区（Ⅵ）苏鲁地层区（$Ⅵ_4$）；东海地层分区（$Ⅵ_4^{12}$）；华南地层大区（Ⅶ）下扬子地层区（$Ⅶ_4$）；苏皖地
层分区（$Ⅶ_4^4$）；江南地层分区（$Ⅶ_4^5$）。

图 2-1　江苏省（含上海市）地层构造分区图（根据《江苏省岩石地层》修改）

国开展地质工作最早的地区之一，这里推覆构造相当发育（图 2-2）。前人对该地区的推
覆构造从几何学、运动学及动力学等几方面进行了总结研究，发现该区的推覆构造可以划
分为四个期次，各个期次的推覆构造推覆方向不同、其动力来源也不同。第一期发生在印
支—燕山早期（T－J_3），主要见于苏州西部地区，推覆方向由北西（西）向南东（东）。其动
力来源可能与古太平洋板块侏罗纪开始朝亚洲东部俯冲有关。第二期发生在燕山中期
（J_3－K_1），主要见于宁镇地区、宜溧太华山—五通山等地，推覆方向由南（东）向北（西）。
燕山中期的逆冲推覆可能为对冲型，其动力来源可能是华北板块与扬子板块的碰撞及太
平洋板块向北移动引起的陆内地体俯冲、挤压的联合作用。第三期发生在燕山晚期
（K_1－K_2），见于茅山及苏浙皖交界区，茅山地区推覆方向由南东东向北西西，苏浙皖交界
区主体推覆方向由北西西向南东东，两者运动方向相反，呈背冲型。其动力来源于苏锡地

体向北西(沿江地体)深部俯冲,俯冲晚期地壳拉伸变薄,深部地幔物质上涌,上部盖层向两侧伸展挤压,形成茅山滑覆体及苏浙皖交界区的一系列反冲断层。在伸展带内部则形成晚白垩世—古近纪断陷盆地(直溪桥—桠溪港凹陷)。第四期发生在燕山末期至喜马拉雅早期(K₂-E),主要见于苏浙皖交界区,茅山局部的地区也有反映,推覆方向主要由北(西)向南(东)。其动力来源可能与太平洋板块向大陆深部俯冲有关。

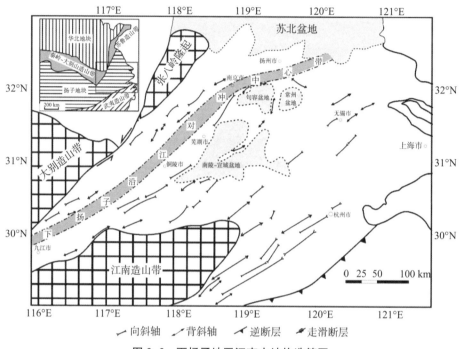

图 2-2 下扬子地区江南大地构造简图

苏南区大地构造背景复杂,地壳演化历史漫长。其中,前震旦纪为基底形成阶段,晋宁运动形成本区的结晶基底,构造形式以近东西向的基底褶皱为特征;震旦纪—三叠纪为沉积盖层形成阶段,印支期地壳活动强烈,在印支期之前以地壳整体升降运动为主。

中生代以来,由于受太平洋板块俯冲作用的影响,区内构造主要与中国东部大陆边缘活动有关。其中,燕山运动是区内一期重要的地壳活动,构造形式以断裂和断块活动为特征,形成晚期北北东、北东向和近东西向的断裂构造,奠定了本区断陷和隆起的基本格局。喜山运动主要表现为强烈的断块差异运动,是本区又一期重要的造盆时期。在新构造运动时期,表现为不均衡的差异升降运动,南北两区成为统一的坳陷盆地。在持续的构造运动中,苏南广泛发育海相古生代、海—陆交互相为主的中生代、陆相新生代地层。新生代以来,这些地层处于陆地相的沉积环境中。长江流域的立体地形地貌图见图 2-3。

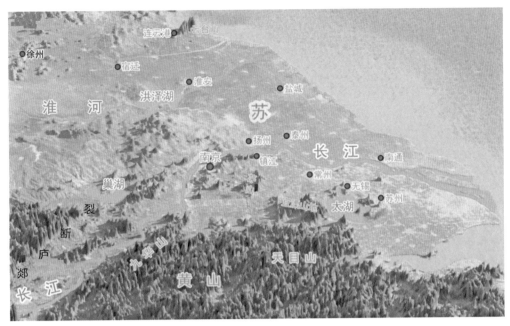

图 2-3　长江流域立体地形地貌图

2.2　苏南地区沉积特征

江苏省以郯城—庐江（新沂—泗洪）断裂及响水—淮阴断裂为界，分为华北地层大区、苏鲁地层大区、扬子地层（主要是华南）大区三部分，各区地层发育与划分对比如表 2-1。苏南地区总体上处于长江下游平原地区，人口稠密，耕地有限，水网密集，是我国工业化起步较早的地区，区域上以第四纪地层沉积为主，在局部山地山脉地表有基岩出露（图 2-4）。

总体上，寒武纪—奥陶纪的大海侵使江苏省境内几乎被海水淹没，成为一片海洋世界，可分为徐淮海和扬子海（对应着苏南），在苏南—浙江一带，寒武纪底部普遍沉积了一层含磷的炭质页岩，由于这一阶段发生多次海侵，海水从古地中海经我国西南逐渐进入扬子地区，海水中含钙、镁质成分多，所以形成了以白云质灰岩、白云岩为主的一套地层，但缺少生物化石，这种海侵状况持续到奥陶纪中期。中志留纪末，扬子地区发生了大海退，扬子地区与华北徐淮古陆连成了一片。

中晚石炭纪在江苏省境内又发生了一次海侵，扬子海盆和华南海盆几乎连成了一片，在浅海中几乎都是碳酸盐岩沉积。在徐—淮地区，晚石炭纪海进海退十分频繁，海陆相互相的沉积形成了多个煤层，至早二叠纪，徐—淮地区都以陆相沉积为主，下扬子地区二叠纪—中三叠纪地势上呈现出南低北高、南海北陆的格局。而苏南地区则以海相沉积为主，至三叠纪末，江苏新大陆形成，在侏罗纪、白垩纪，苏北、苏南都是一片辽阔的大地，长江以南广泛分布了许多内陆盆地，岩浆活动十分频繁，江苏这片陆地岩浆活动主要发生在燕山期和喜山期，进入新生代，古地理面貌与现代逐渐趋向一致。

表 2-1　江苏省、上海市岩石地层划分对比表

年代地层			岩石地层					
			华北地层大区		苏鲁地层大区		华南地层大区	
			晋冀鲁豫地层区		苏鲁地层区		下扬子地层区	
界	系	统	鲁西层分区	徐淮层分层	东海区	连云港区	苏皖地层分区	江南地层分区
新生界	第四系	全新统	Qh	Qh	Qh	Qh	Qh	Qh
		更新统	Qp	Qp	Qp	Qp	Qp	Qp
	新近系	上新统	宿迁组 N_2s	宿迁组 N_2s	盐城组 $N_{1-2}y$	盐城组 $N_{1-2}y$	方山组 N_2f	盐城组 $N_{1-2}y$
		中新统	下草湾组 N_1x	下草湾组 N_1x			雨花台组 $N_{1-2}y$	
							洞玄观组 N_1d	
	古近系	渐新统	官庄组 $E_{2-3}g$	官庄组 E_2g	三垛组 $E_{2-3}s$	三垛组 $E_{2-3}s$	三垛组 $E_{2-3}s$	三垛组 $E_{2-3}s$
		始新统				戴南组 E_2d	戴南组 E_2d	戴南组 E_2d
		古新统				阜宁组 E_1f	阜宁组 E_1f	阜宁组 E_1f
						泰州组 E_1t	泰州组 E_1t	泰州组 E_1t
中生界	白垩系	上白垩	王氏组 K_2w	王氏组 K_2w	王氏组 K_2w	王氏组 K_2w	赤山组 K_2c	赤山组 K_2c
							浦口组 K_2p	浦口组 K_2p
		下白垩	青山组 K_1q	青山组 K_1q			娘娘山组 K_1n	寿昌组
							上党组 K_1s	（J_3-K_1s）
			莱阳组 K_1l	莱阳组 K_1l			甲山组 K_1j	
							葛村组 K_1g	
	侏罗系	上侏罗	三台组 J_3s	三台组 J_3s			大王山组 J_3d	黄尖组（J_3h）
							龙王山组 J_3lw	
							西横山组 J_3x	劳村组（J_3l）
		中下侏罗					象山群 $J_{1-2}xn$	
	三叠系	上三叠					范家塘组 T_3f	
		中三叠					黄马青组 T_2h	
		下三叠					周冲村组 T_2z	
							青龙组 T_1q	
古生界	二叠系	上二叠	石千峰组 P_3sh	石千峰组 P_3sh			大隆组 P_3d	长兴组 P_3c
		中二叠	石盒子组 P_2s	石盒子组 P_2s			龙潭组 P_2l	
		下二叠	山西组 P_1s	山西组 P_1s			孤峰组 P_1g	
							栖霞组 P_1q	
	石炭系	上石炭	太原组 C_2t	太原组 C_2t			船山组 C_3c	
							黄龙组 C_3h	
			本溪组 C_2b	本溪组 C_2b			老虎洞组 $C_{1-2}l$	
		下石炭					和州组 $C_{1-2}h$	
							高骊山组 C_1g	
							金陵组 C_1j	
	泥盆系	上泥盆					五通组 D_3w	
		中泥盆						
		下泥盆						
古生界	志留系	上志留					茅山组 S_2m	
		中志留					坟头组 S_1f	唐家坞组（S_2t）
		下志留					高家边组 S_1g	康山组（$S_{1-2}k$）

界	系	统						
古生界	奥陶系	上奥陶					五峰组 O_3w/汤头组 $O_{2-3}t$	五峰组长坞组(O_3w/O_3c)
								黄泥岗组(O_3h)
		中奥陶	马家沟组 O_{1-2}	马家沟组 $O_{1-2}m$			汤山组 O_2t	砚瓦山组(O_2yw)
							牯牛潭组($O_{1-2}g$)	牯牛潭组($O_{1-2}g$)
		下奥陶	贾汪组 O_1j	贾汪组 O_1j			大湾组 O_1d	大湾组 O_1d
							红花园组(O_1h)	红花园组(O_1h)
			三山子组 O_1s	三山子组 O_1s			仑山组 O_1l	仑山组 O_1l
	寒武系	上寒武	炒米店组 $\in_3c$	炒米店组 $\in_3c$			观音台组 $\in_3$-O_1g	超峰组($\in_3cf$)
		中寒武	张夏组 $\in_2z$	张夏组 $\in_2z$			炮台山组($\in_2p$)	杨柳岗组($\in_2y$)
			馒头组 $\in_{1-2}m$	馒头组 $\in_{1-2}m$			幕府山组 $\in_1m$	大陈岭组($\in_1d$)
		下寒武		昌平组 $\in_1c$			荷塘组 $\in_1ht$	超山组 $\in_1c$
				猴家山组 $\in_1h$				
新元古界	震旦系	上震旦		金山寨组 Z_2j			灯影组 Z_2d	灯影组 Z_2d
		下震旦					黄墟组 Z_1h	蓝田组 Z_1l
	南华系	上南华					苏家湾组 Nh_2s	南沱组 Nh_2n
		下南华					周岗组 Nh_1z	休宁组 Nh_1x
			淮河群	望山组 Pt_3w	石桥岩组 Z_1s			
				史家组 Pt_3s				
				魏集组 Pt_3w				
				张渠组 Pt_3zh				
				九顶山组 Pt_3jd				
				倪园组 Pt_3n				
				赵圩组 Pt_3z				
				贾园组 Pt_3jy				
				城山组 Pt_3c				
				新兴组 Pt_3x				
				兰陵组 Pt_3l		云台岩群 $Pt_{2-3}y$		
中元古界	蓟县系	上蓟县						
		下蓟县						
	长城系	上长城				锦屏岩群 Pt_2j		金山群 Pt_2j
		下长城				张八岭岩群 Pt_2z	坪城岩群 Pt_2p	上溪群 Pt_2s
古元古界	滹沱系				东海岩群 At_4-Pt_1d			
新太古界			泰山岩 $Ar_{3-4}t$	泰山岩群 $Ar_{3-4}t$		?	?	?
中太太古					?			

注:表格中深灰色底纹表示含有机质页岩层系。

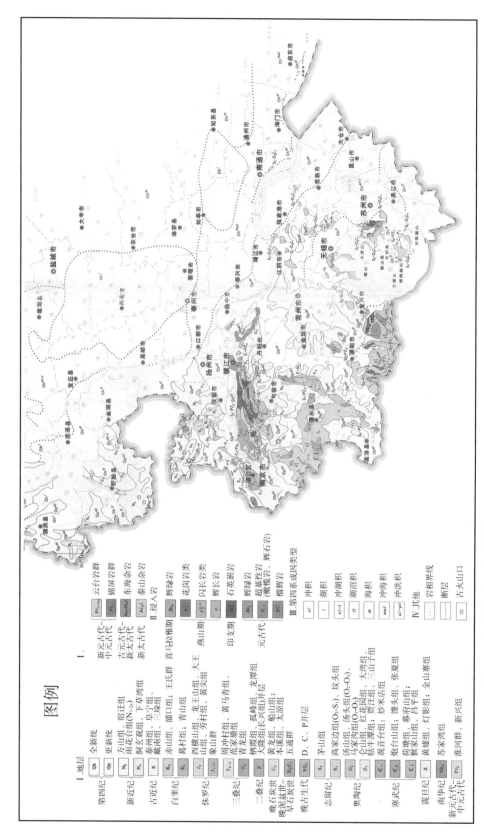

图 2-4　苏南地区地表地质分布图（据江苏省地质资料馆区域性地质调查成果资料目录检索图集，2008）

大约距今1万年前的大理冰期,东海大陆架仍为广阔的陆地。冰期过后(冰后期),气候变暖并开始海侵,这次海侵,除淹没了整个东海大陆架外,海水还沿古长江向西逆上。距今7 500年左右,长江口已到了镇江—扬州一带,形成一个以长江古河谷为主体的河口湾,此时,长江带有大量的泥沙在河口的扬州至红桥带堆积,并高出海平面,从此开始了长江三角洲的发育[见图2-5(a)、(b)、(c)]。距今4 600年左右,长江口已东延至泰兴的黄桥以西,并以黄桥为中心形成了沙坝。由于主河道向南移动,这时的扬州、泰州、海安等地已成陆地。距今2 500～1 200年,河口沙坝已移到了海门,当时江北的海岸线已到达上海,上升为陆地[图2-5(b)]。距今1 700～200年间,河口沙坝已移至崇明岛。唐朝年间,崇明沙坝已相继出露于水面,明末清初已形成了崇明岛轮廓。至于崇明岛以南的长兴岛、横山岛是近200年以来才相继出现的[图2-5(c)]。

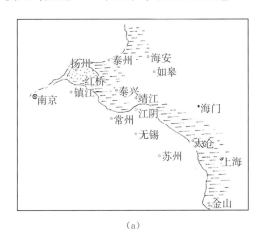

(a)

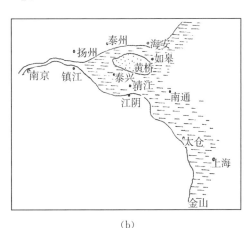

(b)

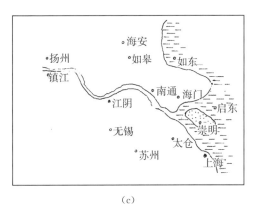

(c)

图2-5　苏南海平面上升变化简图

第四系全新世以来长江三角洲的格局发展基本定型。前人做过很多工作证明长江三角洲地区第四纪地层发育良好,其中部分钻孔做了系统的孢粉和微古生物分析,并有大量的考古文物资料,部分文化遗址还做了碳同位素年龄测定,为全新世地层的划分和对比创造了有利条件。特别是新中国成立以后,许多单位和学者从地质、地貌和考古等不同角度,在长江三角洲地区进行了大量工作,积累了相当丰富的资料,为综合研究长江三角洲的地层发育奠定了良好的基础。

从岩相古地理的角度看,全新世以来,长江三角洲地区广泛地分布着一层暗绿色亚黏土层。从其岩性、岩相特征、气候标志及上覆地层的接触关系来看,它可作为划分全新统和更新统界限的标志层,各阶段地层发育见表 2-2。

表 2-2　全新世长江各亚三角洲分期特征简表

年代(距今年数)	国际分期	考古期	砂体		分期		湖面涨缩
			河口砂坝	滨海砂堤	辐射沙洲	河床砂坝	
	亚大西洋期	铁器时代	长兴期 700 崇明期 200 ~ 1700	东海—万祥	琼港辐射沙洲	常阴沙	缩小
-1000				王间桥—江镇	三余辐射沙洲 1000~2000		
			海门期 200 ~ 1700	江湾—周浦		马驮沙	扩大
-2000				罗店—钱桥			缩小
							扩大
-3000	亚北方期	青铜时代	金沙期 2000 ~ 4500		栟茶辐射沙洲 1000~2000		
-4000				嘉定—柘林			缩小
-5000	大西洋期	新石器时代	黄桥期 4000 ~ 6500				
-6000				外岗—漕泾			扩大
-7000			红桥期 6000 ~ 7500				

长江三角洲地区至少有数百个钻孔所揭示的全新世地层、沉积相和历史考古等资料的综合分析证实,长江三角洲的发育过程具有明显的阶段性。自最大海侵以来,共经历了六个主要的发育阶段,相应地形成了六个完整的三角洲体,称为亚三角洲,以示与长江三角洲沉积体系相区别。依据各亚三角洲主体——河口砂坝的分布位置,自老至新,分别命名为红桥期、黄桥期、金沙期、海门期、崇明期和长兴期。

长江三角洲不是单一的三角洲体,而是由几个亚三角洲组成的。各亚三角洲的分布按形成的先后顺序依次排列,很有规律,充分显示了长江三角洲发育的独特性。三角洲的发育主要取决于河口地区水流变化的基本特征。长江各期亚三角洲的发育皆以河口砂坝为主体。砂坝的出现迫使河流分岔,形成南北岔道。由于长江属中等强度的潮汐河口,在科氏力(属于一种惯性力,只改变运动物体的速度方向,不改变运动物体的速度大小)的作用下,涨潮主流偏北,落潮主流偏南,致使长江各期亚三角洲的北岔道日渐衰退,其河口砂坝规模小,寿命短,随着北岔道的废弃而并于北岸。而南岔道则日益强盛,成为主要泄水、输沙河道。河口砂坝发展快,规模大,往往成为下一期亚三角洲的主体,致使河流再次分岔,形成新的南北岔道。这新的岔道又孕育着新的河口砂坝,意味着将产生更新的亚三角洲。纵观长江各期亚三角洲的发育过程,十分相似,从而使长江三角洲阶段性地向南偏转。各期河口砂坝在平面上,自西北向东南有规律地依次退复叠置,呈雁行状排列;在时间上,先后两期亚三角洲相互重叠衔接,中间没有明显的侵蚀破坏阶段。长江现代三角洲沉积相图如图 2-6 所示。

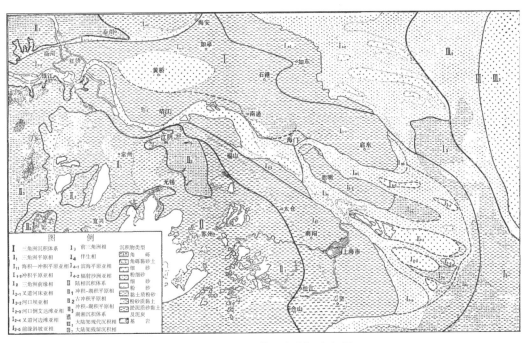

图 2-6　长江现代三角洲沉积相图

长江河口的定向南移改变了三角洲南、北两侧的水动力条件,形成了独特的伴生沉积体系。在北侧,随着岔道的废弃而形成海湾,从江口北上的近岸流与自苏北南下的近岸流在海湾内相遇,致使潮差增大,水位抬高,水体向海扩散,形成以海湾为顶点的辐射沙洲体系。从金沙期起,辐射沙洲沉积体系出现了三期。它们形态特殊,大小不一,呈辐射状向海展布,其组成物质为细砂,沙洲间为粉砂或泥质粉砂。自此由陆向海颗粒变细,分别过渡到淤泥质潮间浅滩和大陆架沉积。生物群以正常浅海相为主。在南侧海岸,长江入海的泥沙在波浪作用下,形成了平行岸线,断续分布着滨海沙堤。随着三角洲阶段性地向海伸展,相应地产生了六列滨海沙堤,代表着不同时期的古海岸线位置,分别与长江六期亚三角洲的发育时期相当。

第三章
长江江阴段第四纪地质特征

3.1 区域地质背景

3.1.1 交通位置及工作区范围

　　长江江阴岸段工作区全长约 35.1 km。江阴市地处江苏省东南部,属于省辖县级市,江阴市对外交通便捷,是长江下游集公路、铁路、水运于一体的重要交通枢纽城市。江阴段工作区起点位于常州市新北区与江阴市区交界,圩塘治安卡口旁;终点位于张家港市与江阴市交界处,久盛重工西侧(图 3-1)。调查区调查范围包括长江江阴段南侧 2～3 km 的区域,面积约为 80 km²。

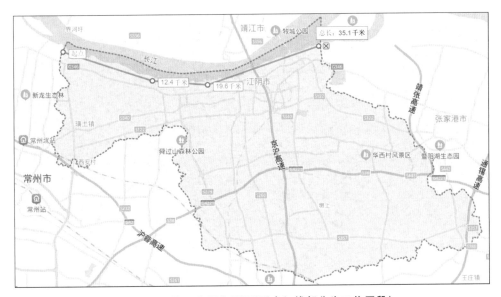

图 3-1　工作区交通位置图(图中红线部分为工作区段)

　　江阴市位于无锡市北侧的长江三角洲太湖平原北端,即长江三角洲江湖间走廊部分,地处江尾海头、长江咽喉,因基岩江岸而成为天然码头。江阴要塞矗立在黄山之巅,处于长江下游江面最窄、水流最急的地方,沿江深水岸线长达 35 km。江阴要塞(黄山炮台)与靖江的孤山隔江相对,江面最窄处仅 1 250 m,上游大江至京口折向东南,奔腾到此骤然收缩,而后滔滔入海,故素有"江河门户""锁航要塞"之称,自古为兵家必争之地。既是由海入江的"咽喉",又是南北交通的要道,背靠京沪铁路,素有"江防门户"之称,是大江南北的重要交通枢纽和江河湖海联运换装的天然良港。江阴北枕长江,与靖江隔江相望;南近太湖,与无锡市区接壤;东邻张家港、常熟,距上海约 170 km;西连常州,距南京约 170 km。江阴市辖 7 个街道、10 个镇,另辖 4 个乡级单位,总面积为 987.5 km²,全市户籍人口 178.51 万人(2020 年底)。江阴大桥(中国第一、世界第四的特大跨径钢悬索桥)沟通同三(黑龙江同江—海南三亚)和京沪两大国道主干线过江。连接沪宁高速公路、宁通一级公路的锡澄高速公路穿越江阴境内。新长(新沂—长兴)铁路取道江阴,连接陇海、浙赣两大铁路大动脉。有锡澄运河沟通长江、太湖。以江阴为圆心,半径 160 km 范围内有上海虹桥国际机场、上海浦东国际机场、苏南硕放国际机场、常州奔牛国际机场、南京禄口国际机场等。

3.1.2 地形地貌

调查区位于长江三角洲平原,又属太湖平原的一部分。根据区内第四纪地层的沉积分布特征、地形高差及微地貌特征,可将区内的地貌划分为丘陵类型区、冲湖积平原区和长江下游冲积平原区三个类型(图 3-2)。

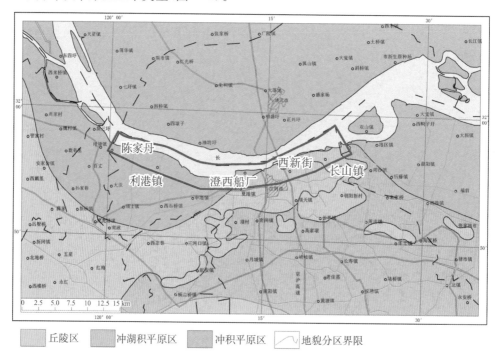

图 3-2 江阴市内部行政区分布地貌概要图(红线框内为工区)

1)丘陵区

丘陵区主要分布在江阴市以东沿江一带、云亭镇、华士镇及南沙社区等地。一般高程 100~200 m,定山 273.8 m 为最高。工作区包括低山、残丘和岗地,其岩体建造类型主要为碎屑岩建造,其中主要为泥盆系、志留系坚硬的中厚层砂岩。

2）冲湖积平原区

包括高亢平原亚区和水网平原亚区。高亢平原亚区主要分布于低山丘陵、残丘的坡麓和山前地带,出露高程一般为 3～9 m,地表除部分地段存在厚度不等的填土之外,当地称为第一硬土层广泛分布,该层属晚更新世冲积相黏性土,厚度为 5～10 m 不等,局部地段大于 10 m。水网平原亚区分布在长江以南的广大平原地区,地势平坦、河网密布,地面高程多在 3～5 m,主要由湖沼积、冲湖积相的粉质黏土、粉砂为主,局部为淤泥质粉质黏土。

3）冲积平原区

冲积平原区主要分布在江阴长江沿江地带,由软塑—可塑粉质黏土、淤泥质粉质黏土、粉细砂组成。淤泥质软土特别发育,土体软弱,含水量高,厚度因地而异,复杂多变,承载力较低,且常年处于高水位下,工程地质条件较差。

3.1.3 地层特征

1）前第四纪地层

江阴市属扬子地层区江南地层分区,在第四系覆盖层下的地层自老至新有古生界志留系、泥盆系、石炭系、二叠系,中生界三叠系、侏罗系及白垩系,其详细特征见表 3-1。

表 3-1 江阴地区前第四纪地层简表

年代地层		地层名称	代号	厚度/m	主要岩性
白垩系	上统	浦口组	K_2p	600～700	泥岩和杂色砾岩及砂砾岩、砾石,常由粉砂岩、泥岩、灰岩、火山岩等组成
侏罗系	上统	黄尖组	J_3h	>1 000	为浅紫红色、灰白色凝灰岩和凝灰质熔岩
三叠系	下统	青龙群	T_1q	>1 000	上部多为蠕虫状灰岩、薄层灰岩,下部为厚层状灰岩,夹薄层泥岩,底部为厚度 8～10 m 不等的钙质泥岩和泥岩
二叠系	上统	长兴组	P_2c	100	为灰色厚层的白云质灰岩、灰岩及鲕状灰岩、生物灰岩
		龙潭组	P_2l	150	为灰色粉砂岩、泥岩、泥质粉砂岩、鲕状灰岩、砂质灰岩及煤层
	下统	堰桥组	P_1y	200	为灰色和深灰色泥岩、粉砂岩、中细粒长石石英砂岩,夹薄层灰岩和煤层
		栖霞组	P_1x	100	灰黑色灰岩,含燧石团块,局部夹硅质层系浅海相碳酸盐沉积
石炭系	中上统	船山组 黄龙组	$C_{2+3}c-h$	150	为灰白色、深灰色生物灰岩和质纯灰岩,局部为白云质灰岩
泥盆系	上统	五通组	D_2w	100	含砾石英砂岩、石英砂岩、粉砂质泥岩、泥岩等碎屑沉积
志留系	中下统	茅山群	$S_{1-2}m$	>1 500	紫色、肉色、灰色细粒石英砂岩及夹泥质粉砂岩沉积

江阴市志留系、泥盆系砂岩构成了区内背斜核部,出露分布于秦皇山—花山—崎山—定山一线和沿江青山—君山—黄山—长山一线及中部毗山、砂山、乌龟山等孤山残丘,石炭系、二叠系和三叠系灰岩、泥灰岩、粉细砂岩则构成向斜核部,主要隐伏分布于背斜两翼的平原区,而白垩系、第三系泥岩、粉砂岩则广泛分布于平原区第四系松散层之下(图 3-3)。

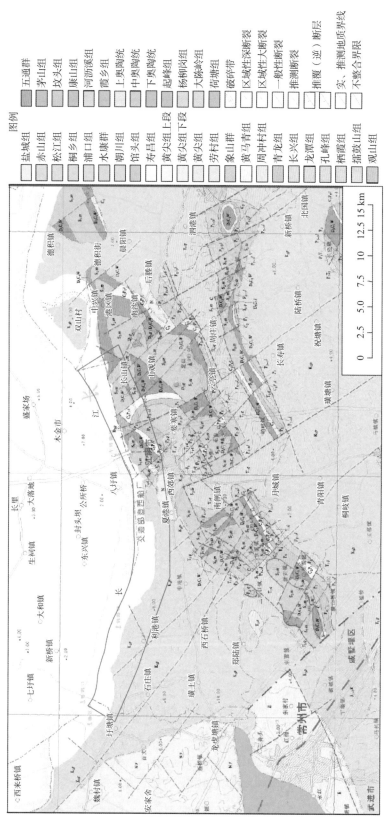

图例

	盐城组		黄尖组上段		长兴组
	赤山组		黄尖组下段		龙潭组
	松江组		黄尖组		孔顶组
	桐乡组		劳村组		栖霞组
	浦口组		象山群		擂鼓山组
	水康群		黄马青组		观山组
	朝川组		周冲村组		
	馆头组		青龙组		
	寿昌组				

	五通群		起峰组		破碎带
	茅山组		杨柳岗组		区域性压扭断裂
	坟头组		大陈岭组		区域性张大断裂
	康山组		荷塘组		一般性断裂
	河沥溪组				推测断裂
	霞乡组				推覆（逆）断层
	上奥陶统				实、推测地质界线
	中奥陶统				不整合界限
	下奥陶统				

0 2.5 5.0 7.5 10 12.5 15 km

图3-3 江阴市基岩地质图

2）第四纪地层

江阴地区第四纪地层分布广泛,受下伏基岩构造、长江河道的变迁及海平面的升降控制。江阴地区更新统末期的主要沉积类型为冲积相沉积体系,从全新统开始该区又已上升至水面,告别了广袤的海洋沉积,地层从海相演变为河湖相沉积为主。地层厚度在20～240 m之间,变化较大,一般平原区厚,山丘地带薄,且山丘地带常缺失下更新统地层,平原区各时代地层沉积齐全,区内第四系地层厚度整体从江阴市区、云亭镇向张家港后塍镇和华士镇呈现为由薄到厚的变化规律。本区第四纪沉积地层以黄山、长山一线为界,可划分为长江三角洲和太湖水系两个沉积单元,两区的沉积物岩性、厚度、海相层性质、沉积旋回和物质来源,以及形成的水文地质条件存在明显的差异,详细地层特征见表3-2。

表3-2　江阴市区第四纪地层简表

地层时代		岩性特征	厚度/m	沉积环境	岩性特征	厚度/m	沉积环境
统	段	长江三角洲沉积区			太湖沉积区		
全新统	上	灰—灰黄色亚砂土、粉砂、亚黏土等,分布在沿江一带	0～10	河流边滩相	仅在局部低洼地、古河道有沉积,为黄色亚砂土、亚黏土、淤泥等	0～5	湖沼相为主
	中	灰—灰褐色粉细砂、粉砂、淤泥质亚黏土	0～20	海相	青灰—灰黑色淤泥质亚黏土、粉砂、亚黏土、泥炭层等	0～15	湖沼相
	下	灰—青灰色亚黏土夹粉砂、粉细砂等	0～17	滨海相、河流相	灰—青灰色亚黏土为主,部分地区为淤泥质亚黏土、亚砂土等	0～5	河湖相
上更新统	上	灰、灰黄色亚黏土为主,夹粉砂、淤泥质亚砂土等	20～30	冲积相	灰、青灰、棕黄色亚黏土、黏土夹粉细砂、淤泥质亚黏土,具有较多的铁锰结核	10～35	滨、浅海相
	中	灰、灰黄色粉细砂,淤泥质亚砂土等	10～23	河流相	灰、浅灰色砾质粗砂、粉砂	0～5.4	河口或河口砂坝
	下	灰、深灰色粉砂,粉细砂、中粗砂、砂砾石层夹亚黏土,含贝壳	25～50	河口—滨海相	灰—深灰色亚黏土、淤泥质亚黏土粉细砂、亚砂土,局部为含砾中粗砂	20～53	湖相海相
中更新统	上	上部为黏土、亚黏土及淤泥质亚砂土,下部为粉细砂、细砂、含砾中粗砂	10～54	冲积相	灰—灰黄色亚黏土、黏土为主,夹薄层粉砂,局部夹淤泥质亚黏土,含较多铁锰质结核及钙质结核	16～46	河湖相
	下	以灰—灰黄色粉砂、细砂、含砾中粗砂为主	15～25	冲积相	灰—灰黄色粉砂、细砂、亚砂土、亚黏土,局部为含砾中粗砂	6～41	河湖相
下更新统	上	青灰、灰、灰黄亚黏土,黏土、亚砂土、粉细砂、含砾粗砂等	10～70	冲积相	灰黄—青灰、黄褐色亚黏土、黏土夹亚砂土、细砂	14～24	河湖相
	中	灰—灰白、灰黄色亚黏土、亚砂土、粉细砂、细砂、含砾中粗砂	0～27	冲积相	灰黄、黄褐色粉细砂、含砾砂为主,次为黏土、亚黏土、亚砂土,底部为含砾黏土或砂砾层	10～25	河湖相
	下	上部为棕黄、青灰色亚黏土、黏土;下部为灰黄、灰白粗砂,底部粗砂或含砾砂	0～35	冲积相	大部分缺失		

3.1.4　构造特征

江阴市位于常澄中断束的东北端,北西侧为申港中断凹,南东侧为锦丰中断凹陷,在构造形态上表现为断褶隆起,其边界受断裂所控制(见图 3-4)。常澄中断束总体构造线方向为北东至北东东向,以泥盆系茅山群及三叠系青龙群为核部,分别组成了本区域内的江阴复背斜、峭岐—周庄向斜、毗山—沙山倒转背斜三个构造带。

据区域地质构造资料,江阴市位于宜兴—常州—如皋、靖江—南通、无锡—常熟—崇明、昆山—常熟四条区域性深断裂带所围限的菱形断块内。除宜兴—常州—如皋北北东向断裂通过江阴市西部近外围外、其他几条区域性深断裂远离本区,基岩块段较完整。

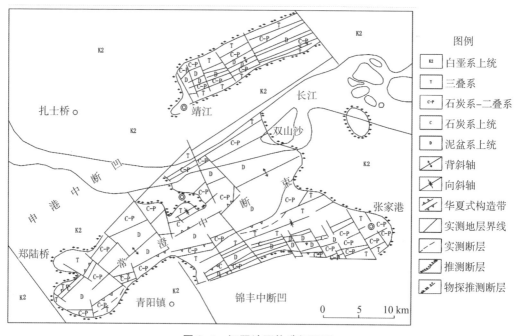

图 3-4　江阴地区构造纲要图

经过长江—苏南江阴—无锡市鸿山附近的构造剖面位置图从图 3-5 可看出,区域地貌以平原沉积、小型盆地和褶皱带(丘陵—山地)为主。

从江阴—无锡地质构造剖面(图 3-6)可以看出,地表基岩出露处,地质构造上以老地层推覆引起的局部断隆山地—丘陵、断陷盆地、向斜构造为主,经过第四纪时期的填平补齐式的冲积剥蚀,新生代地层已趋于平原。

3.1.5　新构造运动与地震

新构造运动系指晚第三纪以来的地壳活动,区内表现形式主要有差异性升降运动及地震等。差异性升降运动主要表现为丘陵山区的持续上升和平原区的持续沉降。孤山残丘区以上升剥蚀为主,平原区则下沉接收第四纪堆积。据区域地质资料记载,自第四纪以来,江阴地区总体上由南向北、自西向东其沉降幅度、堆积厚度逐渐增大。

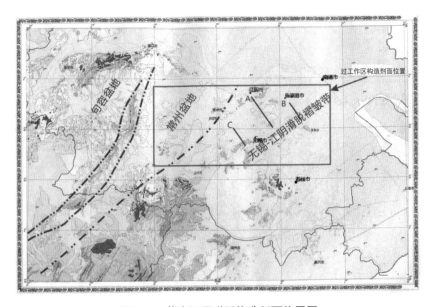

图 3-5 苏南江阴附近构造剖面位置图

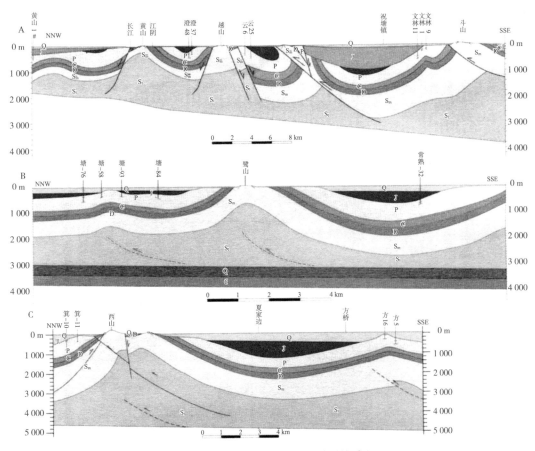

图 3-6 过长江沿岸带江阴—无锡地质构造剖面图

江阴市区属于地震活动水平较低地区,区内地震活动频度低、强度弱,未发生大的破坏性地震。根据《中国地震动参数区划图》(GB 18306—2015),无锡市区地震加速度值为0.05g,对应的地震设防烈度为Ⅵ度。

江阴市外部的苏州—无锡—江都断裂属燕山晚期形成。历史地震记载资料表明,近代有活动,但近期活动不显著。

钻探揭示,在标高−87.83～90.60 m均见中更新世晚期冲湖积相蓝灰色硬塑状均质黏土,层位稳定,顶面近于水平,地貌上显示为一侵蚀面,其间未见滑动面,说明自晚更新世以来,测区无明显断裂活动。

3.2 江阴市主要调查区水文和工程地质概况

3.2.1 江阴区域地质概述

江阴市区内地质调查工作开展得比较早,各地质科研单位曾开展了大量的基础地质、矿产地质、水文地质、工程地质及环境地质工作,地质工作研究程度较高,积累了较为丰富的成果资料,为无锡市经济建设与矿产资源开发利用奠定了较为坚实的基础。与本书有关的主要地质研究成果见表3-3。

表3-3 调查区以往地质研究成果一览表

序号	提交时间	名 称	提交单位
1	1980年	1:50万构造体系及地震分布规律图和说明书	江苏省地质局区域地质调查队
2	1985年	1:50万江苏、上海区域地质志	江苏省地质矿产局第四地质大队
3	1993年	1:5万江阴幅区域地质调查报告	江苏省地质矿产研究所
4	2014年	长江三角洲(江苏)地区江、湖、海岸线变迁与第四纪沉积环境研究	江苏省地质调查研究院和南京师范大学
5	1981年	江苏省1:20万水文地质普查,1:50万江苏省水文地质图和工程地质图	江苏省地质矿产局
6	1983年	长江三角洲水工环综合评价报告	江苏省第一水文队
7	1984年	常州市水文地质、工程地质、环境地质综合勘察报告(1:5万)	江苏省地质矿产局第一水文地质工程地质大队
8	1985年	长江三角洲地区江苏省域水文地质、工程地质综合评价	江苏省地质矿产局第一水文地质工程地质大队
9	1987年	长江三角洲地区水文、地质工程地质综合评价报告	江苏省地质矿产局、上海市地质矿产局
10	1989年	江苏省沿江工业走廊水文地质、工程地质、环境地质综合评价报告(1:20万)	江苏省地质矿产局第一水文地质工程地质大队

序号	提交时间	名　　称	提交单位
11	1990 年	无锡市水文地质工程地质环境地质综合评价报告(1∶5 万)	江苏地质矿产局第四地质大队
12	1993 年	江苏省太湖平原地下水资源调查评价报告(苏州、无锡、常州地区)	江苏省地质工程勘察院、江苏省水文总站
13	1999 年	江苏省主要矿产资源遥感调查与区域地壳稳定性评价报告	江苏省地质调查研究院
14	1999 年	无锡市地下水资源调查评价报告	江苏省地质调查研究院
15	2001 年	1∶50 万江苏省区域环境地质调查报告	江苏省地质调查研究院
16	2002 年	长江三角洲苏锡常地区环境地质调查评价	江苏省地质调查研究院
17	2006 年	江苏省 1∶25 万多目标区域地球化学调查报告	江苏省地质调查研究院
18	2009 年	江苏省国土区域生态地球化学调查报告	江苏省地质调查研究院
19	2009 年	江苏省无锡市区地质灾害调查与区划报告	江苏省地质调查研究院
20	2013 年	长江三角洲经济区地质环境综合调查评价与区划成果报告	中国地质调查局南京地质调查中心
21	2016 年	长江三角洲晚第四纪地质环境演化及现代过程研究成果报告	中国地质调查局南京地质调查中心
22	2016 年	长江中下游浅覆盖 1∶25 万基础地质调查修测成果报告	中国地质科学院地球物理地球化学勘查研究所
23	2019 年	苏南现代化建设示范区 1∶5 万环境地质调查成果报告	中国地质调查局南京地质调查中心
24	2019 年	江苏省京杭大运河镇江段河流环境地质和底泥污染状况调查与评价	江苏华东有色地勘局地质工程公司
25	2020 年	京杭大运河无锡段环境地质调查与评价	江苏华东有色地勘局地质工程公司
26	2022 年	长江江阴岸段地质环境调查与评价	江苏华东有色地勘局地质工程公司

1) 区域地质

1980 年,江苏省地质局区域地质调查队编制《1∶50 万构造体系及地震分布规律图和说明书》,从沉积建造分析,系统总结了江苏大地构造特征,划分了大地构造单元,探讨了构造发展演化规律。

1985 年,江苏省地质矿产局完成《1∶50 万江苏、上海区域地质志》,总结了江苏省及上海市半个多世纪以来地质调查研究的成果,并运用钻探和地球物理等资料,探讨了隐伏区的基础地质,全面系统地论述了区域地质特征。

1993 年,江苏省地矿局第四地质大队提交了《1∶5 万江阴幅区域地质调查报告》,建立了江阴市地层层序,划分了沉积相,厘定了区内主要构造形迹、构造类型,编制了基岩地质图,对第四纪沉积环境、古地理特征、时代归属作了探讨,对新构造运动和活动断裂进行了研究,基本查明了区内地貌特征和长江河道发展史,总结了矿产和水、工、环及旅游地质资料。

2014 年,江苏省地质调查研究院和南京师范大学共同完成《长江三角洲(江苏)地区江、湖、海岸线变迁与第四纪沉积环境研究》,系统地论述了长江三角洲第四纪沉积物特征、地质年代、沉积环境、古气候、海陆变迁和三角洲形成的岩相古地理等。

2)以往水工环地质工作程度

自 20 世纪 80 年代开始,一直到 90 年代底,江苏省地质矿产局、江苏省地质工程勘察院、江苏省水文总站等单位从全省到长江三角洲、到沿江工业走廊、到太湖平原、再到无锡市均进行了详细的水文地质调查工作,比例尺也逐渐增大,由 1∶50 万、1∶20 万到 1∶5 万,水文环境的基础性地质资料也越来越翔实。同时也完成一些工程地质、环境地质、土壤状况、地质灾害等方面的调查。

2000 年以来,随着地质工作的精细化程度和针对性提高,国属和省属地勘单位陆续编制完成了区域地质调查报告,《长江三角洲(江苏)地区江、湖、海岸线变迁与第四纪沉积环境研究》《长江三角洲地区江苏省域水文地质、工程地质综合评价》《江苏省沿江工业走廊水文地质、工程地质、环境地质综合评价报告》《江苏省国土区域生态地球化学调查报告》《长江三角洲经济区地质环境综合调查评价与区划成果报告》及《苏南现代化建设示范区 1∶5 万环境地质调查成果报告》等重要工程实践成果,对江苏省生态地质环境的认识程度大大提升。

长期以来,苏南地区陆续开展过 1∶5 万小比例尺的区域地质调查、环境地质调查等各类地质工作,为宏观区域和小区域尺度上认识苏南地质环境空间可容性奠定了基础,工作程度见图 3-7。

上述资料较为完整地总结了区内基础地质和构造特征、第四纪沉积特征、水文地质特征、50 m 以浅工程地质特征及少量的土壤环境地球化学情况,为本次工作的开展奠定了坚实的地质、水文和工程基础。但是,以往工作仍存在一些不足:

(1)精度不够,多为小比例尺面上的调查。以往工作,不管是基础地质和构造、第四纪地质,还是水工环方面的调查都采用小比例尺,或进行面上研究评价,工作精度较低。

(2)以往针对性不够。而本次工作主要围绕长江江阴段地质环境进行相关研究,调查因城镇化建设和经济高速发展带来的地质环境问题,为当地经济和生态的持续发展提供建设性意见,从而发挥地质工作的基础性和先导性作用。

项目于 2022 年 6 月开始,历时 3 个月,完成了各项野外工作,具体开展情况如表 3-4 所示。

3.2.2 江阴区域水文地质

1)地下水类型及含水层(岩)组划分

江阴地区地下水类型较多,埋藏条件复杂,而且空间分布很不均匀,具有较明显的地域性特征。根据含水层(岩)组特征、赋存条件、水理性质及水力特征,地下水可分为松散岩类孔隙水、碳酸盐岩类裂隙溶洞水和基岩裂隙水三大类型。平原区以松散岩类孔隙水为主,垂向上多层叠置。第四系松散沉积物发育多处隐伏碳酸盐岩块段,分布有裂隙溶洞水。基岩山区及孤山残丘周边以基岩裂隙水为主(图 3-8)。

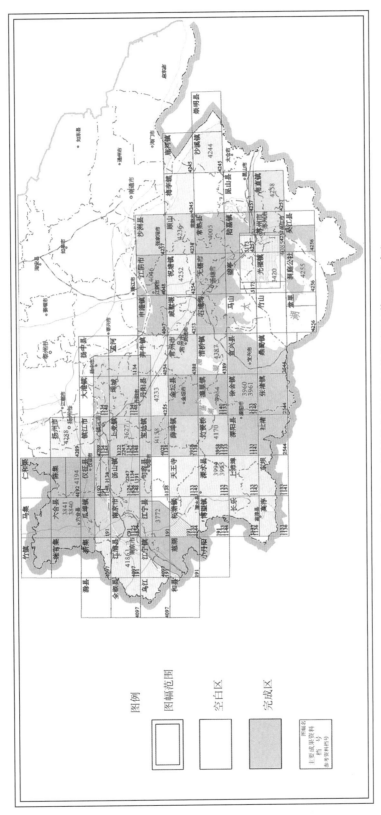

图 3-7 苏南地区开展过的各类地质工作程度图（截至 2022 年）

表 3-4　野外工作施工情况一览表

序号	类别	时间周期	工作内容
1	遥感调查	2022 年 6 月 1 日—10 日	遥感数据购买与初步处理
2		2022 年 6 月 20 日—8 月 26 日	遥感数据解译和报告编写
3		2022 年 8 月 12 日—8 月 23 日	遥感野外验证
4	地形测绘	2022 年 6 月 14 日—17 日	完成手持 GPS 校准和 RTK 校正
5		2022 年 6 月 18 日—21 日	完成调查区起止点及钻孔工程点测量
6		2022 年 7 月 28 日	检查点测量和钻孔坐标复测
7		2022 年 8 月 1 日	钻孔坐标定测
8	土地利用现状调查	2022 年 7 月 5—9 日	搜集江阴市三调数据
9		2022 年 7 月 25 日—8 月 24 日	野外验证调查
10	环境地质调查	2022 年 6 月 10—13 日	搜集江阴市 1：5 万地质图
11		2022 年 8 月—10 月	调查 96 个环境点，36 个岸线点，5 个工程点，56 个地质点
12	钻探	2022 年 6 月 27 日—2022 年 7 月 28 日	JY01～JY09 机械取心钻孔的施工和 JY02、JY05、JY07 水文孔的制作，采集岩心土壤样品、土工试验样品和碳 14 测年样品
13	水文地质调查	2022 年 7 月 30 日—2022 年 8 月 1 日	JY02、JY05 和 JY07 水文孔地下水采样
14		2022 年 7 月 27 日至今	ZK01～ZK12 孔地下水动态观测
15		2022 年 8 月 2 日—9 日	抽水试验
16		2022 年 8 月 20 日	地下水 24 h 动态观测
17		2022 年 6 月—12 月	长江江阴段潮汐观测

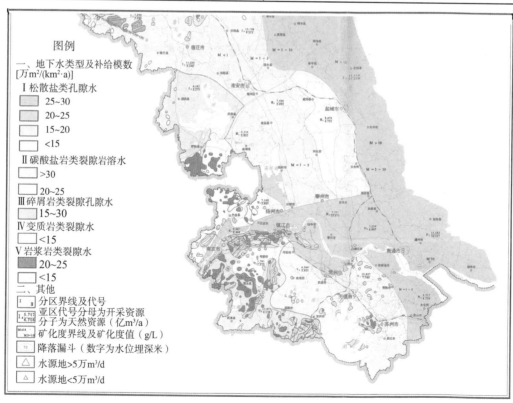

图 3-8　苏南地区地下水类型分布图

松散岩类孔隙水是平原地区的主要地下水类型,按照埋藏条件、地层时代又可分为潜水含水层组和承压含水层组两个亚类。潜水含水层组由全新世、晚更新世地层组成。承压含水层组包括第Ⅰ、第Ⅱ、第Ⅲ承压含水层,分别分布在晚更新世、中更新世、早更新世地层中。碳酸盐岩类裂隙溶洞水含水层组主要分布在三叠系、二叠系和石炭系石灰岩地层中。基岩裂隙水可分为碎屑岩类裂隙含水岩组和侵入岩裂隙含水岩组,前者主要由泥盆系砂岩组成,后者主要由火山侵入的石英二长岩组成。

2)含水层(岩)组的水文地质特征

(1)松散岩类孔隙水

根据《苏南现代化建设示范区1∶5万环境地质调查成果报告》可知,境内除低山及其周围缺失地下水外,其他地区均有分布。在地下230 m深度范围内,由上而下大致有潜水含水层和第Ⅰ、Ⅱ、Ⅲ承压含水层,分别位于全新世、更新世地层中。其中第Ⅰ、Ⅱ孔隙承压含水层分布稳定,面积大,水量丰富,水质较好。根据无锡市地下水保护利用规划(2022—2030)可知,江阴市矿化度小于2g/L的浅层地下水资源总量为1.31×10^8 m^3。2021年《江阴市水资源公报》显示,江阴市2021年浅层地下水补给,包括降水入渗、河道、渠系、田间渗漏等总补给量每年约为2.06×10^8 m^3。

①孔隙潜水含水层(组)

区内普遍分布,由全新世和晚更新世湖积、冲湖积相的灰色、黄褐色黏土、粉质黏土、粉质砂土组成。含水层厚度一般为4~15 m不等。由于受沉积环境控制,含水层岩性以黏性土为主,透水性差,单井涌水量一般为3~10 m^3/d,多为民井开采,用于洗涤。潜水含水层处于相对的开发环境中,积极参与水圈交替过程,水位埋深季节性变化在0.5~2 m之间,水质较为复杂,多为淡水。

②孔隙第Ⅰ承压含水层(组)

主要分布在江阴市南部和西北部,含水砂层主要由晚更新世冲积、冲洪积相的灰黄色、灰色的粉质砂土、粉砂、细砂组成,呈多层状结构特点。顶板埋深一般为6~5 m,含水层厚度变化较大,一般为2~20 m,江阴市西北部一带大于20 m。富水性与砂层厚度之间表现出明显的正相关,在江阴市西北部一带富水性较好,单井涌水量超过500 m^3/d,沿江一带可达1 000 m^3/d,中部一带富水性较差,单井涌水量多小于100 m^3/d。

③孔隙第Ⅱ承压含水层(组)

主要由中更新世长江古河道沉积砂层组成,含水层的分布严格受古河道发育规律控制,除一些孤山残丘周围缺失外,全区皆有分布。含水层岩性在古河床部位以中细砂、中粗砂、含砾粗砂为主,厚30~50 m;在河漫滩及边缘部位,含水层岩性以细砂、粉砂为主,局部夹粉质砂土,黏粒成分增高,含水砂层厚度变薄,厚5~30 m,至基岩山区尖灭。含水层顶板埋深在江阴西部,一般小于80 m,其余广大地区多在80~100 m之间,富水性受古河道分布的控制。在古河床部位,富水性好,水量丰富,单井涌水量一般大于1 000 m^3/d;在河漫滩部位,由于含水层厚度薄,颗粒细,富水程度差,单井涌水量一般为100~1 000 m^3/d;河漫滩边缘近山前地带则小于100 m^3/d。该水层地下水水质较好,多为淡水。

④孔隙第Ⅲ承压含水层(组)

主要分布在利港、申港等地,含水层为早更新世冲积、冲洪积相沉积物。含水砂层厚度总体由东南向西北增厚,沉积结构由东南部的多层状逐渐变为西北部的单层状。顶板埋深因后期侵蚀冲刷作用发生变化,一般变化在 $100\sim150$ m 之间,岩性以中粗砂为主,厚 $10\sim30$ m,单井涌水量为 $1\,000\sim2\,000$ m^3/d,在申港以北与第 Ⅱ 承压含水砂层趋向连通。

（2）碳酸盐岩类裂隙溶洞水

主要分布在调查区外部的西郊—山观一线、周庄—月城一线、祝塘—新桥一线。含水层岩性为三叠系青龙群灰岩,部分为二叠系长兴组、栖霞组灰岩和石炭系黄龙—船山组灰岩,灰岩埋深一般在 200 m 以上。

（3）基岩裂隙水

主要分布于江阴中部孤山残丘周边,含水地层由志留系—泥盆系的一套碎屑岩组成。受岩性和构造的控制,富水性变化大,总体上含水性较为贫乏。由于碎屑岩的裂隙发育和连通性不及碳酸盐岩类好,地下水径流条件较差。大气降水补给后,在径流汇集过程中,相当大一部分水被蒸发消耗,或以泉水形式排泄于地表,一般不易形成较大的地下富水带。

3）地下水的补给、径流、排泄条件

（1）孔隙潜水

平原地带孔隙潜水主要接收大气降水、农灌水的面状垂直入渗补给及江渠水的侧向回壅补给,就地泄入长江及消耗于蒸发、蒸腾。地下水位明显地随季节或降水及江河水位而变化。据江水与地下水长观资料,沿江地带大部分时间内地下水位高于长江水位,江水排泄地下水。但在洪水季节和潮涌等高水位时,江水水位明显高于两岸地下水位,此时江水补给地下水。基岩地下水长年以侧向径流或潜流形式补给孔隙潜水。

（2）孔隙承压水

地下水主要补给来源为上部潜水越流,局部地段江水通过"天窗"直接补给,其次为上游侧向补给。承压水位与江水、潜水位变化趋势相似,但有滞后现象。

（3）基岩地下水

主要接收大气降水补给。地下水流向一般与地形一致,在接收大气降水补给后,沿裂隙、岩溶发育带由地形高处向低处流动,其排泄主要是溢出地表或补给孔隙水和消耗于蒸发。

（4）江水和地下水的关系

调查区长江底部普遍分布一层厚 $1\sim2$ m 的流动状浮淤,但含砂量较高,未固结,极松散,其下为粉细砂层,因此江水极易通过浮淤层补给孔隙潜水,故两者具有同一自由水面,连为一体。而孔隙潜水与第 Ⅰ 承压含水层之间又无良好隔水层或局部缺失隔水层,因此潜水又可间接通过相对隔水层或"天窗"越流补给孔隙承压水,两者有着密切的水力联系。

3.2.3 江阴区域工程地质

根据江阴市的地貌形态、沉积物类型、土体结构及岩土体工程地质条件,将区内划分为第四纪堆积平原土体和构造剥蚀孤山残丘基岩两个工程地质区;依据同一工程地区内的微地貌形态、土体结构类型及强度划分为长江冲积平原、太湖高亢平原、冲（湖）积平原、坚硬岩组和硬软相间岩组五个工程地质亚区。

1)第四纪堆积平原土体工程地质区

除山体、残丘以外的广大地区。地面标高一般在10 m以下,大部分地区低于7 m,本区工程地质层以土体为主。

（1）长江冲积平原工程地质亚区

长江冲积平原工程地质亚区分布于北部沿江地区,呈狭长带状分布。地面标高2～3 m,20 m以浅主要为第四系全新统沉积,第四纪沉积物总厚为150～200 m,自南向北逐渐增厚,岩性由粉质黏土、粉细砂、淤质粉土组成,土质强度较低,工程地质条件较差。

（2）太湖高亢平原工程地质亚区

太湖高亢平原工程地质亚区主要分布于低山丘陵、残丘的坡麓和山前地带,出露高程一般为10～25 m,岩性以中更新统网纹状红土和上更新统棕黄色黏土为主,坚硬密实,土质均匀,含水量低,承载力高,工程地质条件较好。

（3）冲湖积平原工程地质亚区

冲湖积平原工程地质亚区分布在广大平原地区,地势平坦,河网密布,地面高程多在3～5 m。该区30 m以浅自上而下由三个工程地质层组成:第一工程地质层以黏土、粉质黏土为主,厚度一般为6～10 m;第二工程地质层岩性为粉砂、粉细砂,厚一般为2～5 m,主要分布在全新世河道分布地段,饱水,呈松散—中密状态;第三工程地质层岩性以黏土、粉质黏土为主,上部黏土含铁、锰结核,厚5～10 m,硬塑,低压缩性。

2)构造剥蚀孤山残丘基岩工程地质区

主要分布于江阴市中北部沿江一带的孤山区。基岩裸露或上覆很薄的残坡积物,植被较茂盛。依基岩岩性特征又可分为两个亚区。

（1）坚硬岩组工程地质亚区

此亚区仅小面积分布于黄山东端、君山西南坡及东山北坡,地面标高为25～75 m,基岩在山坡地带裸露,仅在地势平坦处有2～3 m的残坡积层分布。岩性由泥盆系五通组石英砂岩、含砾石英砂岩组成,多为厚层状。极限抗压强度为1 500 kg/cm²左右,为坚硬岩类。风化裂隙发育不均,除构造带中发育较强烈外,一般多呈微—弱风化状。工程地质条件较好,可作为大型或特大型建筑地基,但要注意构造裂隙和软弱夹层。

（2）硬软相间岩组工程地质亚区

此亚区分布于孤山残丘大部。基岩由泥盆系茅山群上部定山组上段组成,岩性为中厚层石英砂岩、岩屑砂岩、粉细砂岩及薄层泥质粉砂岩。其强度差异大,微风化石英砂岩极限抗压强度可达600～900 kg/cm³,属硬软相间的基岩工程地质岩组。表层风化较强烈,在构造带中风化深度更深。砂岩、石英砂岩虽强度大,但软弱夹层在地下水作用下多易产生顺坡滑移现象,在江水侧蚀掏空作用下又易形成危岩。

3.2.4 江阴区域环境地质条件

1)水质状况

2021年,调查区10条主要河流共设置地表水重点监测断面10个,其中包括国控及入江支流断面4个、省控断面6个。按要求国控及入江支流断面、省控断面每月监测一次,监测项目为《地表水环境质量标准》(GB 3838—2002)表1中24项指标,及电导率、流量、流向、水位等。

按《地表水环境质量标准》评价方法评价，2021 年调查区地表水水质总体为优秀。10 个重点监测断面中：Ⅱ类水质断面 1 个，占 10 ％；Ⅲ类水质断面 9 个，占 90％；无Ⅳ类、Ⅴ类和劣Ⅴ类水质断面。与 2020 年相比，2021 年调查区地表总体水质变化不大，Ⅱ～Ⅲ类水质断面比例上升 10 个百分点，Ⅳ类断面比例下降 10 个百分点，无Ⅴ类、劣Ⅴ类断面。

10 条重点河流中，白屈港、利港河、长江、申港河、桃花港、新夏港河、老夏港河、石牌港等 8 条河流水质处于优水平，锡澄运河和新沟河等 2 条河流水质处于良好水平。总体而言，90.0 ％的河流水质尚好。与 2020 年相比，2021 年调查区 10 条重点河流中，白屈港、申港河、桃花港、新夏港河、石牌港水质由良好转为优，老夏港河水质有所提升，水质均有所好转，其余 4 条河流水质未有明显变化。

2）土壤质量状况

土壤环境安全保障总体情况良好，未发生因耕地土壤污染导致农产品质量不合格而造成不良社会影响的事件。江阴市新增建设用地土壤环境安全保障率 100％，未发生因疑似污染地块或污染地块再开发利用不当且造成不良社会影响的事件。

3）地质灾害状况

调查区内地质灾害状况种类主要为滑坡和崩塌，地质灾害在一定程度上已成为影响国民经济可持续发展较为重要的因素之一。山体的滑坡、崩塌为突发型地质灾害，主要为各地关闭矿山宕口，对人员威胁较大，一旦发生将造成人员伤亡和财产损失的严重后果，是江阴市地质灾害防治工作的重点。截至 2021 年 4 月，查明的地质灾害隐患点共 5 处，均为滑坡和崩塌隐患，分别为城东街道凤凰山北废弃宕口，其分布现状为高 55 m，坡面角约 55°，危害厂房及工作人员；城东街道山源村蟠龙山采矿宕口，其分布现状为高 10 m，主坡面角约 40°～85°，危害游人及工作人员；澄江街道鹅鼻嘴公园北坡，其分布现状为高 20 m、长 800 m，危害游人；上海振华重工（集团）股份有限公司江阴分公司南侧黄山北坡坡面，其分布现状为高 60 m、长 200 m，坡度 60°～80°，危害房屋及人员；城东街道任桥村采矿宕口西，其分布现状为高 90 m、长 800 m，坡面角 60°，危害路道及车辆人员。

3.3 晚第四系沉积特征调查

3.3.1 地层特征

调查区位于太湖水网平原北端，属长江南部冲积平原，全境地势平缓，平均海拔 6 m 左右，中部、东北部有零星低丘散布其间，较高亢，区内第四纪地层广为分布发育，受下伏基岩起伏与构造的控制，厚度变化较大。中部及南部孤山残丘区基岩裸露，缺失第四纪松散层。平原区第四纪地层沉积厚度一般在 130～200 m，具有平原区厚、山丘地带薄，凹陷区厚、隆起带薄的变化规律。依据区内古地貌形态、古水动力条件及第四纪地层沉积特征，可划分为两个沉积区，即长江三角洲沉积区和太湖平原沉积区。北部沿江地带为长江冲积平原，地面高程为 2.0～4.5 m 。南部为太湖水网平原，地面高程一般为 5～8 m，其中西南圩区地势低洼，地面高程仅 1.5～2 m。地表以晚更新统与全新统冲海/湖积成因的灰黄、褐黄色以及灰色亚黏土、粉细砂为主。

长江三角洲沉积区:大致位手璜土—西石桥—申港—黄山—长山一线以西,主要接收古长江携带的泥沙堆积,第四系松散沉积物厚140~240 m,以粗颗粒的粉细砂、中粗砂、含砾中粗砂为主,且在垂向上具有数个由细至粗的沉积韵律,具有明显的河床冲积相沉积旋回。

太湖平原沉积区:分布于璜土—西石桥—申港—黄山—长山一线以东。第四纪沉积厚度和岩性受下伏基底起伏和古地貌形态、古水流条件控制,自早更新世到中更新世,大部分地区以河湖相沉积为主。中更新世时期,长江古河道曾流经青阳、马镇、祝塘、长泾等地,沉积厚度达30~50 m的含砾中细砂层组成了区内的第Ⅰ承压含水层组,两侧因基底隆起,沉积了一套以河流边滩相为主的细颗粒粉质黏土。晚更新世时期,受古气候影响,沉积物反映出海陆交替特征,以细颗粒沉积的杂色、灰黄色黏性土和粉砂层相互叠置。全新世后,区内大部分地区已露出水面,仅在局部低洼地内沉积了一套以湖沼相为主的杂色粉质黏土、淤泥质粉质黏土组成的松软沉积物。

1) 前人晚第四纪地层划分方案

根据上海市幅1:250 000区调及南通幅1:250 000区调成果,长江三角洲地区晚更新世地层划分为两个单元,分别是昆山组和滆湖组,全新世地层划分为一个单元,根据不同沉积分区分为上海组和如东组,本次只涉及如东组地层,各时代岩石地层特征及空间分布情况如下:

(1) 上更新统昆山组(Qp$_3$k)

上更新统昆山组由吴标云、李从先于1987年命名,命名剖面位于江苏昆山市西正仪D97孔,为一套灰色、灰黄或灰褐色含砾粗砂、细砂、粉细砂、亚砂土,含腐殖质及螺、贝壳。孢粉反映温暖潮湿气候。含海相有孔虫、介形虫,为一海侵层。古地磁测试其底界位于布莱克亚时附近,顶界约7万年。

昆山组基本层序特征:主体为一套受海侵影响的河流层序,形成于河口环境,自下而上由含砾中粗砂、含砾中细砂、粉砂和亚黏土组成。下部为海侵河床沉积,上部属分流间湾沉积。

昆山组在长江以南的太湖平原和长江三角洲平原,由南西向北东方向呈梯状下降,埋深由24.0~40.0 m增大至80.0~100.0 m,厚度也由10多m加大至50.0~70.0 m,自西向东有递增趋势。

(2) 上更新统滆湖组(Qp$_3$g)

上更新统滆湖组由吴标云、李从先于1987年命名,命名剖面位于江苏太湖区寨桥D114孔,岩性分三段,孢粉反映总体为冷湿气候,中段为暖湿特征,含较丰富的海相有孔虫及介形虫,为一海相性较强的海侵层,底界年龄约7万年,顶界年龄为1万年左右。

本组全区均有分布,在长江以南三角洲平原和太湖平原区,其顶界埋深6.0~40.0 m,底界埋深15.0~110.0 m,由南西向东北方向逐渐加深、增厚,且沉积物粒度逐渐变粗,自下而上可分为三段:下段为河湖相的青灰色粉质黏土、黄色细砂;中段为灰色粉质黏土和深灰色淤泥质粉质黏土,产广盐性有孔虫和半咸水、淡水介形虫,为滨海沉积;上段为泛滥平原相的褐黄、灰黄色粉质黏土。下、中段沉积物中孢粉丰富,孢粉组合自下而上分别为松属、水龙骨科、蓼科与枫香、栎、青刚栎,反映了温暖湿润—暖热湿润的古气候特征。中段沉积物微体化石较为丰富,其组合面貌反映了滨海相的沉积环境,上、下段沉积物为陆相沉积。

（3）全新统如东组（Q_4r）

全新统如东组由吴标云、李从先于 1987 年命名,命名剖面位于如东北坎 D9 孔,其岩性分三段,为一套灰色粉砂,灰黑色淤泥质亚黏土为主的三角洲相沉积,孢粉反映气候以温凉、湿热、温和为特征,含丰富的有孔虫。如东组在长江以北三角洲平原内广泛分布于近地表,底板埋深 8.8～64.0 m 不等。长江以北地层为一套以粉砂、亚砂土及淤泥质亚黏土为主的细碎屑组合,主体属三角洲相和滨—浅海相沉积,根据岩性岩相等分为三段。下段:以灰色粉砂为主,部分地区为灰黑色淤泥质亚黏土,普遍含海相有孔虫和介形虫化石;中段:灰、灰黑色的粉、细砂、淤泥质亚黏土或粉砂和亚黏土互层,为前三角洲—三角洲前缘相—潮坪相沉积;上段:灰黄、土黄色亚砂土,粉砂或浅棕灰色亚黏土,含铁锰结核,为三角洲平原—滨海—河口相沉积。

基本层序特征:调查区本组由下部粉砂、亚黏土,中部淤泥质亚黏土、粉细砂,上部粉砂、亚砂土组成的河口湾—三角洲层序,含丰富的海相有孔虫,介形虫化石。

2）工作区晚第四纪地层划分方案

根据 9 个钻孔编录成果与区域性地层对比,本区已揭示的第四系地层大约分为 8 层:其中第 1 层为填土层;第 2 层为全新统上段（Q_4^3）;第 3 层位全新统中段（Q_4^2）;第 4 层为全新统下段（Q_4^1）,对应的岩性地层为如东组上、中、下段（Q_4r^{1-3}）;第 5 层为上更新统上段（Q_3^2）,对应的岩性地形为滆湖组上、中、下段（Qp_3g^{1-3}）;第 6 层为上更新统下段（Q_3^1）,对应的岩性地层为昆山组（Qp_3k）。

由上向下,各层地质特征按地层由新到老的时代综述如下:

①杂色松散填土,厚 0.7～6.35 m,以黏性土为主,含有少量碎石子、碎石块、砖屑、砼块和生活垃圾等,土质不均匀。

②如东组上段（Q_4r^3）:分为三角洲地层区和太湖地层区。三角洲地层区为灰、灰黄色的粉质黏土、粉土、粉砂,层厚 1.25～5.00 m,土质均匀,含少量锈黄色斑点,偶见有机质斑纹,其中粉质黏土的韧性高,干强度中等—高,刀切面稍有光泽。太湖地层区为灰黄色的粉质黏土、粉土、粉砂,层厚 0.85～1.60 m,其中粉质黏土为可塑,水平层理发育,干强度中等,粉土为稍密,含云母片和铁锰浸染,粉砂为松散,理理不清,主要由石英、长石组成,含云母片。

③如东组中段（Q_4r^2）:分为三角洲地层区和太湖地层区。三角洲地层区为灰—灰黄色粉质黏土、粉砂,层厚 0.45～3.00 m,水平层理发育可见,单层厚 2～3 mm,局部可达 10～15 cm,粉质黏土的韧性,干强度低—中等,刀切面粗糙。太湖地层区为灰—青灰色淤泥质粉质黏土、粉砂,层厚 1.40～3.45 m,粉质黏土为灰黄色,稍湿,可塑状,韧性,干强度中等,刀切面稍有光泽;粉砂为暗灰色、灰黄色,饱和,稍密—松散,含云母片,由石英、长石及少量暗色矿物组成。

④如东组下段（Q_4r^1）:分为三角洲地层区和太湖地层区。三角洲地层区为灰色粉砂,层厚 0～3.00 m,很湿,稍密,主要成分为石英、长石,含较多腐殖质;太湖地层区为灰黄

色—暗灰色粉质黏土、粉土、粉砂,层厚 5.40~16.63 m,粉质黏土为软—可塑,韧性,干强度低—中等,刀切面稍有光泽,粉土为很湿,稍密,含云母片,粉砂为饱和,稍密,主要由石英、长石组成,含云母片,分选性好。

⑤滆湖组上段(Qp_3g^3):分为三角洲地层区和太湖地层区。三角洲地层区为灰色、深灰色粉砂、细砂和粉土,局部为灰黄—褐黄色粉质黏土,层厚 19.91~28.85 m,稍湿—湿,粉砂和粉土中水平层理发育,局部见粉砂和粉质黏土互层,呈"千层饼"状构造,偶见贝壳碎屑,粉质黏土为可塑—硬塑,韧性,干强度高,含青灰色条带,刀切面稍有光泽,局部夹粉土。太湖地层区为灰绿、灰—青灰色、灰黄—黄色粉质黏土、粉土,层厚 11.89~16.43 m,粉质黏土为青灰色、灰黄色、褐黄色,稍湿,硬塑,韧性,干强度高,刀切面稍有光泽;粉土为灰黄色,很湿,稍密—中密,含云母片,韧性,干强度低,摇振反应弱—迅速、刀切面粗糙,含铁锰浸染。

⑥滆湖组中段(Qp_3g^2):分为三角洲地层区和太湖地层区。三角洲地层区为灰黄—灰色粉细砂、中细砂、含砾中砂,层厚 3.31~10.38 m。粉砂为灰黄色—暗灰色,饱和、中密—密实,含云母片,由石英、长石及少量暗色矿物组成,分选性中等;细砂为灰黄色,很湿,稍密—中密实,夹少量粉质黏土薄层,含锈黄色斑纹。韧性,干强度低,摇振反应中等,刀切面粗糙,水平层理可见,呈"千层饼"状构造,偶见泥钙质结核,局部见贝壳碎屑,偶见完整贝壳。太湖地层区为灰黄色—褐黄色粉砂或粉土,层厚 4.28~11.05 m,水平层理发育,分选性好,砂粒呈正粒序,由下至上,粒度逐渐增大,局部粉砂夹粉质黏土,二者互层产出,呈"千层饼"状构造,局部见粉质黏土,青灰—灰黄色,稍湿、可塑—硬塑,韧性、干强度高,刀切面稍有光泽。

⑦滆湖组下段(Qp_3g^1):分为三角洲地层区和太湖地层区。三角洲地层区为粉质黏土、灰色中细砂、粉砂夹粉土薄层,层厚 2.92~11.6 m。粉质黏土为灰色、灰褐色,湿—稍湿、软—硬塑、水平层理发育隐约可见,中—密实,韧性,干强度低—中等,刀切面稍有光泽;粉砂中密—密实,含云母片夹 20%~25% 的粉质黏土薄层,由石英长石、长石及少量的暗色矿物组成,分选性差—好。细砂为灰黄色,很湿,稍密—中密实,夹少量粉质黏土薄层,含绣黄色斑纹。韧性,干强度低,摇振反应中等,刀切面粗糙,水平层理可见,偶见泥钙质结核。粉土为灰黄色,很湿,稍密—密实,可塑—硬塑,韧性,干强度低,摇振反应中等,刀切面粗糙,局部见少量泥钙质、砂质结核。太湖地层区为灰绿—黄绿色、土黄色的粉质黏土、黏土,揭露的层厚为 8.15 m。粉质黏土为灰黄色—褐黄色,稍湿—很湿,软塑—硬塑,含铁锰浸染,见锈黄色斑点,含青灰色高岭土条带或团块,含少量锈黄色斑纹,韧性,干强度高,刀切面光滑,稍有光泽,含少量泥钙质结核。黏土为灰黄色,稍湿,硬塑,含铁锰浸染,锈黄色斑点,含青灰色高岭土条带或团块,偶见泥钙质结核,韧性,干强度高,刀切面光滑有光泽。

⑧昆山组(Qp_3k):灰色—深灰色粉土、粉细砂,粉土为灰黄色、浅灰色,湿—稍湿、稍密、可塑、局部夹粉质黏土、粉砂薄层,水平层理发育清晰可见,韧性,干强度低,摇振反应中等—迅速,刀切面粗糙。粉砂为灰黄色—暗灰色,饱和,中—密,含云母片,由石英、长石及少量暗色矿物组成,分选性好,偶见砂姜及锈黄色斑纹。

3.3.2 年代学特征

为了更加精确地进行本区第四纪沉积以来的地层划分工作,本次调查工作选取了 6 个钻孔中的 7 个样品进行了 ^{14}C 检测工作。本次沉积物定年由美国 BETA 实验室完成测试,采用加速器质谱放射性同位素碳测年(AMS ^{14}C) 方法,以 1950 年为计时零年,^{14}C 半衰期取 5 568 年,与 ^{14}C 常规的测年方法相比,AMS ^{14}C 定年所需样品量小,工作效率高,适用的样品品种丰富,是晚更新世以来地层定年最常用、最可信的测年方法之一,其适用测年范围主要为 200~50 000 BP。通过放射性碳素(^{14}C)测定得到的年代有两种形式:没有经过校正的(uncalibrated years BP)年代和经过校正(calibrated years BP)的年代。放射性碳素(^{14}C)测年法的一个基本假定是大气中 ^{14}C 浓度自古以来是保持不变的,但是现在根据树木年代学和 ^{14}C 年代对比的结果,确知大气中的 ^{14}C 浓度实际上是有起伏的,所以没有经过校正的 ^{14}C 年代与真实的年代是存在差距的,而且年代越早偏差越大。因此 ^{14}C 年代必须经与树轮年代对比校正,才接近于真实年代。本次共测试分析了 7 个 ^{14}C 年龄样品,它们来自 6 个钻孔,样品编号分别为 JY03-CN-3、JY04-CN-4、JY05-CN-5、JY06-CN-9、JY08-CN-10、JY08-CN-11 和 JY07-CN-13,按照采样顺序分述如下:

JY03-CN-3 号样品位于 JY03 孔 27.84 m 处的粉质黏土中,样品类型为贝壳碎屑,经过 ^{14}C 测年获得年龄数据为(40 190±510) BP(图 3-9)。JY04-CN-4 号样品位于 JY04 孔 9.30 m 处的粉砂中,样品类型为有机沉积物,经过 ^{14}C 测年获得年龄数据为(6 720±30) BP(图 3-10)。JY05-CN-5 号样品位于 JY05 孔 46.00~46.10 m 处的粉质黏土中,样品类型为贝壳碎屑,经过 ^{14}C 测年获得年龄数据为大于 43 500 BP。JY06-CN-9 号样品位于 JY06 孔 35.80~35.90 m 处的粉质黏土中,样品类型为贝壳碎屑,经过 ^{14}C 测年获得年龄数据为(40 770±550) BP(图 3-11)。JY08-CN-10 号样品位于 JY08 孔 18.88~18.98 m 处的粉质黏土中,样品类型为有机沉积物,经过 ^{14}C 测年获得年龄数据为(9 000±30) BP(图 3-12)。JY08-CN-11 号样品位于 JY08 孔 35.42~35.52 m 处的粉质黏土中,样品类型为有机沉积物,经过 ^{14}C 测年获得年龄数据为(38 260±420) BP(图 3-13)。JY07-CN-13 号样品位于 JY07 孔 12.80~12.90 m 处的粉砂中,样品类型为有机沉积物,经过 ^{14}C 测年

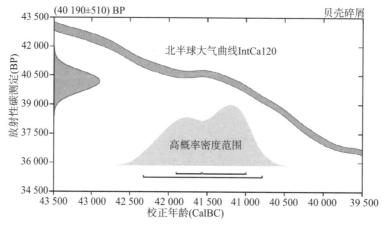

图 3-9　JY03 孔沉积物常规放射性碳年龄(JY03-CN-3)

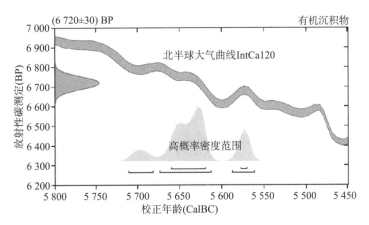

图 3-10　JY04 孔沉积物常规放射性碳年龄（JY04-CN-4）

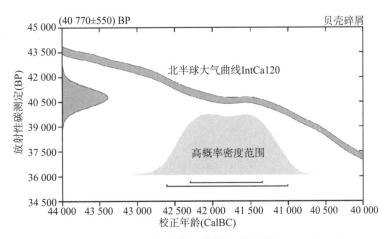

图 3-11　JY06 孔沉积物常规放射性碳年龄（JY06-CN-9）

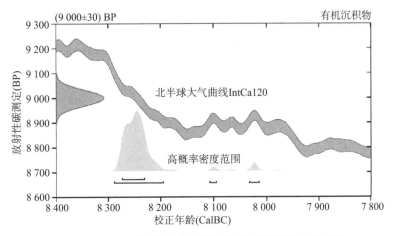

图 3-12　JY08 孔沉积物常规放射性碳年龄（JY08-CN-10）

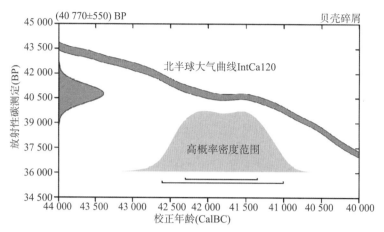

图 3-13　JY08 孔沉积物常规放射性碳年龄(JY08-CN-11)

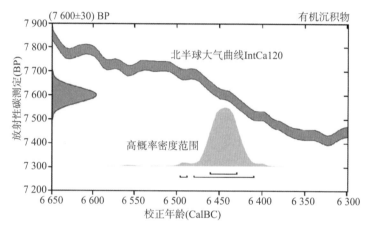

图 3-14　JY07 孔沉积物常规放射性碳年龄(JY07-CN-13)

获得年龄数据为(7 600±30) BP(图 3-14)。

　　获得的 7 组沉积物常规放射性碳年龄分属于不同地质年代,其中年龄为(6 720±30) BP、(7 600±30) BP 和(9 000±30) BP 的沉积物属于全新世如东组下段(Qhr^1);年龄为(38 260±420) BP 的沉积物属于晚更新世滆湖组上段(Qp_3g^3);年龄分别为(40 190±510) BP 和(40 770±550) BP 的沉积物属于晚更新世滆湖组中段(Qp_3g^2);年龄大于 43 500 BP 的沉积物属于晚更新世滆湖组下段(Qp_3g^1)。根据 ^{14}C 测年结果和沉积物特征,将调查区 50 m 以浅地层划分为全新世和晚更新世地层。

　　根据碳同位素测年工作,本次精确地划分了全新世和晚更新世地层,从而便于进行调查区古地理和古环境的演化特征研究。

　　调查区西部为长江三角洲沉积区,在长江沿岸区域第四系全新世地层厚度较薄,厚度范围为 1.25～3.4 m,层底埋深为 2.45～6.90 m,距离长江较远的地区(JY04)全新世地层稍厚,达到 8.45 m,层底埋深为 9.35 m。全新世地层与晚更新世地层的界限清晰,为一套灰黄色硬塑的粉质黏土,该硬黏土层为一个区域性沉积间断面,长江三角洲区域大部分地区可以依据全新统之下普遍分布的一层灰黄色、暗绿色硬土层为标志予以判别。JY04孔9.3 m粉砂与粉质黏土交界处采集的^{14}C样品的年龄为6 720年，表明该处地层时代为早全新世，该层下部缺失硬黏土层，推测该层已被河流完全侵蚀。晚更新世滆湖组上段和中段的分界为一套灰黄色、灰褐色的粉质黏土或黏土，该套地层也是区域内的沉积间断标志层，JY03孔和JY06孔在该层处采集的^{14}C样品的年龄均为40 000年，较好地证实了该沉积间断的存在。滆湖组中段和下段的分界仍然为一套灰黄色的硬塑粉质黏土，JY05孔于该层处采集的^{14}C样品的年龄大于43 500年，较好地证实了地层划分的准确性。本区晚更新世下部昆山组地层为一套灰色和暗灰色粉砂，与其上滆湖组地层分界明显(图3-15)。

调查区东部为太湖沉积区，全新世地层厚度相对较大，厚度范围在9.70~19.63 m之间，层底埋深在11.00~21.33 m，太湖地层区域全新世地层的砂层相对较厚，最厚达到13.6 m。全新世和晚更新世地层的分界为一套灰黄色—褐黄色硬塑的粉质黏土，JY07和JY08孔在该层上部的粉砂和粉质黏土中采集的^{14}C样品的年龄分别为7 600年和9 000年，证实了地层划分的准确性。滆湖组上段与滆湖组中段的分界为一套粉土和粉砂层，表明滆湖组中段时期本区水动力较强，本区晚更新世地层滆湖组地层中很少出现砂层，几乎均为粉质黏土或黏土，仅在JY07和JY09孔滆湖组中段见到4~7 m的砂层，晚更新世下段地层的昆山组地层为一套灰色—深灰色中密粉砂夹粉质黏土或粉土(图3-16)。

结合调查区50 m以浅的钻孔编录情况，我们可知调查区内全新世和晚更新世地层主要有以下两点区别：

(1) 全新世地层一般为灰、灰黄色，颜色较浅，粉质黏土一般为可塑—软塑，粉砂一般为稍密，工程性质差；而晚更新世地层一般为灰黄色、灰褐色、青灰色和暗灰色，颜色较深，粉质黏土一般为硬塑，粉砂一般为中密—密实，工程性质较好。

(2) 全新世地层一般不具层理，或者层理不清晰；而晚更新世地层一般具有水平层理和"千层饼"构造。

3.3.3 沉积相类型和岩相古地理

江阴市位于长江下游河口段南岸、长江三角洲太湖平原北端，长江自西向东到江阴以下为河口段，江面呈喇叭形状，越往东海行进，江面越宽阔，因此，江阴也被形容为"江尾海头"。李从先和汪品先(1998)等研究认为，现今的长江三角洲是河控—潮控型三角洲的典型。

镇江至入海口的长江河段存在两个界限，即盐水入侵的上限和涨潮流上溯的界限。如果考虑潮汐涨落引起的水位变化，安徽省铜陵市大通镇应是第三个界限点。这样，在安徽省铜陵市大通镇以下的长江，依据受海洋因素影响程度可分为三段：长江入海口至崇明岛西端的河口段受潮汐、波浪、盐水入侵等多种海洋因素的影响，均可产生一定的沉积记录；崇明岛西端至扬中太平洲河段，潮汐水位涨落明显，存在涨潮流，河流水体已是淡水，但海相微体生物却可以被搬运至此，并可产生一定的潮汐沉积构造，这是该段的特殊之处；扬中太平洲以上河段仅仅显示潮汐水位涨落，海洋因素已不能造成任何特殊的沉积记录，具有一般河流沉积的特征(图3-17)。

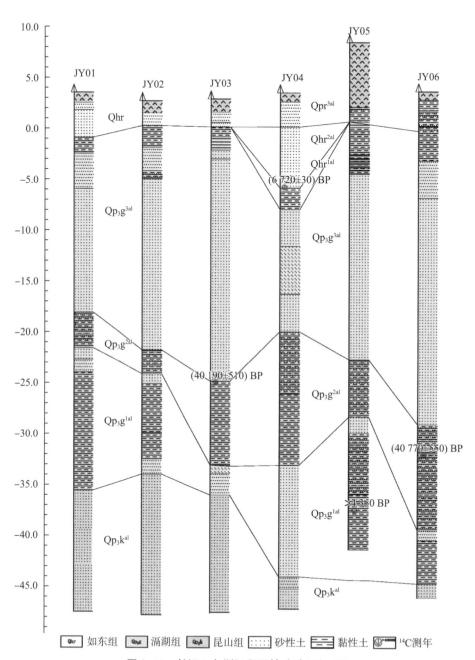

图 3-15 长江三角洲沉积区钻孔地层剖面图

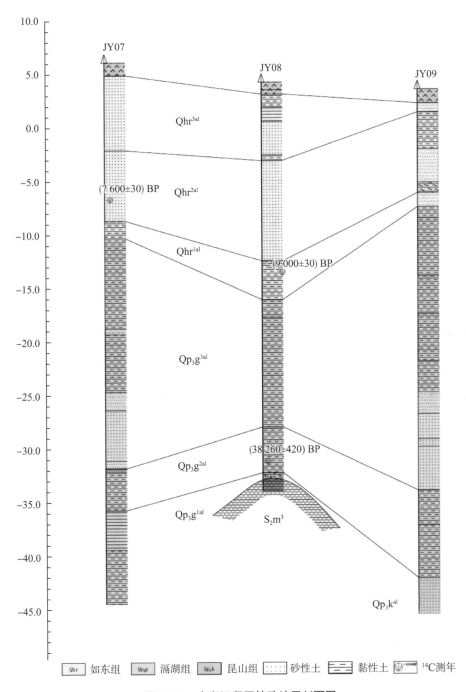

图 3-16　太湖沉积区钻孔地层剖面图

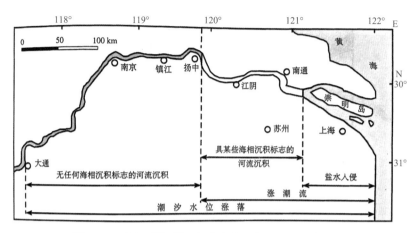

图 3-17　长江受海洋因素影响的三个界线和三个河段

李从先(1986)和吴标云(1987)等将调查区晚更新世以来的地层划分为上更新统昆山组、上更新统滆湖组和全新统如东组,并分别对其沉积环境和沉积相进行了分析。

昆山组主体为一套受海侵影响的河流层序,形成于河口环境,自下而上由含砾中粗砂、含砾中细砂、粉砂和亚黏土组成。下部为海侵河床沉积,上部属分流间湾沉积。

滆湖组为一套海相性较强的海侵层,自下而上可分为三段:下段为河湖相的青灰色粉质黏土、黄色细砂;中段为灰色粉质黏土和深灰色淤泥质粉质黏土,产广盐性有孔虫和半咸水、淡水介形虫,为滨海沉积;上段为泛滥平原相的褐黄、灰黄色粉质黏土。

如东组为一套以粉砂、粉土及淤泥质粉质黏土为主的细碎屑组合,主体属三角洲相和滨—浅海相沉积,根据岩性岩相等分为三段:下段以灰色粉砂为主,部分地区为灰黑色淤泥质亚黏土,普遍含海相有孔虫和介形虫化石,为河口—滨海相沉积;中段为灰、灰黑色的粉、细砂、淤泥质亚黏土或粉砂和亚黏土互层,含有丰富的海相有孔虫、介形虫化石,为前三角洲—三角洲前缘相—潮坪相沉积;上段为灰黄、土黄色亚砂土、粉砂或浅棕灰色粉质黏土,含铁锰结核,含丰富的海相有孔虫化石,为三角洲平原—滨海—河口相沉积。

根据JY01、JY05、JY07、JY08和JY09等5个钻孔岩心的编录成果,从沉积物颜色、岩性、沉积结构和构造、植物碎屑和根茎、颗粒粒度等特征方面的差异分析,参考沉积相识别标志和前人研究成果,结合钻孔所处的地理位置和区域地质背景等因素,可将调查区晚第四纪以来沉积物划分为三角洲平原相、潮坪相、河漫滩相和冲湖积平原相,其中JY01孔至JY06孔晚第四纪以来沉积物均为三角洲平原相、潮坪相和河漫滩相,JY07至JY09孔晚更新世早期沉积物为潮坪相,晚更新世晚期至全新世沉积物为冲湖积平原相。

1) 长江三角洲沉积区沉积相特征

本次对JY01孔和JY05孔沉积物进行了沉积相研究。JY01孔和JY05孔50 m以浅的沉积物为三角洲平原相,自下而上可划分为分流河道亚相和潮坪亚相(图3-16),其中分流河道亚相沉积物的粒度较粗,砂质组分含量高,泥质组分含量低,概率累积曲线为两段式,悬浮总体占比较大,跳跃总体含量较少,频率分布曲线为双峰式。潮坪亚相沉积物中泥组分相对增加,砂质组分相对减少,频率分布曲线为单峰式。JY01孔沉积相特征如下,见图3-18。

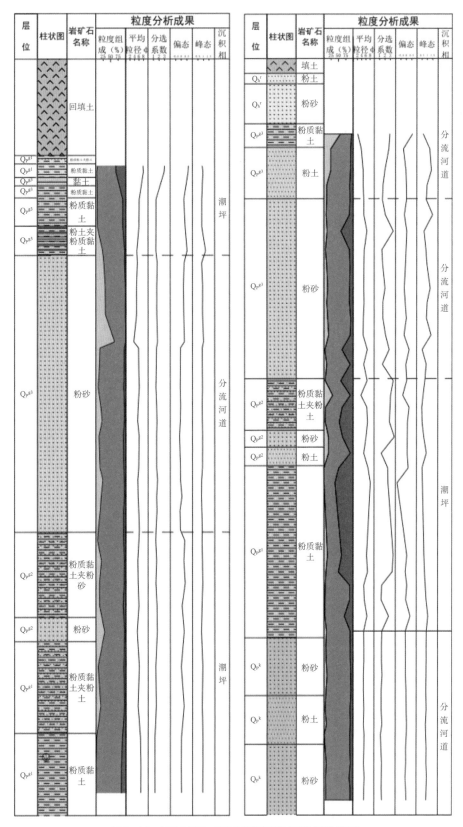

图 3-18　JY01 孔和 JY05 孔沉积物沉积相柱状图

（1）分流河道相。位于 JY01 孔 51.07～39.10 m 层段。沉积物主要为灰黄色、暗灰色粉砂和粉土互层,粉砂中夹黏土和粉土薄层,粉土中局部夹粉砂薄层,发育平行层理,局部见白云母碎片。沉积物主要为粉砂组分,平均含量 84.19%,泥组分含量较少,平均含量 9.74%,砂组分含量较少,平均含量 6.05%。粒径为 5.97φ～6.46φ,平均为 6.19φ;分选系数为 1.22～1.51,平均为 1.40,分选较差;偏态变化较小,分布在 −0.08～0.08,近于对称,平均值为 −0.001;峰态为 0.87～0.97,平均为 0.92,为宽—中等峰态类型,说明沉积物大小混杂,分选性较差。该段沉积物粒度参数的变化反映了相对较强的水动力条件。

沉积物的粒度概率累积曲线为两段式,悬浮总体占比较大,含量为 90% 以上,对应直线段倾角约 45°,分选性较差。跳跃总体含量较少,含量小于 10%,直线段倾角为 20°～50°,跳跃和悬浮总体的截点在 3φ～4φ 之间;频率分布曲线为双峰式,主峰众数值为 6φ～8φ 之间,次峰众数值在 0.5φ～1.5φ 之间(图 3-19)。该段沉积物粒度参数的变化反映了相对较强的水动力条件,为三角洲平原相的分流河道沉积。

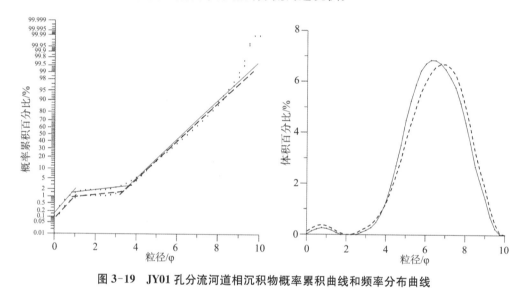

图 3-19　JY01 孔分流河道相沉积物概率累积曲线和频率分布曲线

（2）潮坪相。位于 JY01 孔 39.10～21.61 m 层段。沉积物主要为灰色、灰褐色、灰黄色粉质黏土,粉质黏土层中部夹 1.13～1.27 m 厚粉砂和粉土,上部粉质黏土中夹粉砂和粉土薄层,呈"千层饼"状构造,发育水平层理。下部粉质黏土中见虫孔构造、褐色斑纹、泥钙质结核和砂质结核。沉积物以粉砂组分为主,平均含量为 60.66%,泥组分次之,平均含量为 31.91%,砂组分含量最少,平均含量为 7.16%。粒径为 4.47φ～9.83φ,平均为 7.39φ;分选系数为 1.34～3.60,平均为 2.64,分选差;偏态变化较小,分布在 −0.35～0.45,既有正偏态,又有负偏态,说明沉积物粒度分布的尾端组分出现了粗细两种颗粒;峰态为 0.51～1.08,平均为 0.75,为宽峰态。以上特征表明本段沉积期的水动力条件在该段有所减弱,粗细颗粒组分交替沉积,这可能是沉积物在规律性增强和减弱的水动力条件影响下搬运和分选所致。

沉积物的粒度概率累积曲线为悬浮组分为主的三段式,悬浮总体占比较大,含量为 90% 以上,对应直线段倾角约 45°,分选性较差。跳跃总体含量较少,含量约为 5%,跳跃组分坡度平缓,跳跃和悬浮总体的截点在 4φ 左右,滚动组分含量在 5% 左右,直线段倾角为 $60°$,滚动和跳跃总体的截点在 1φ 左右(图 3-20)。

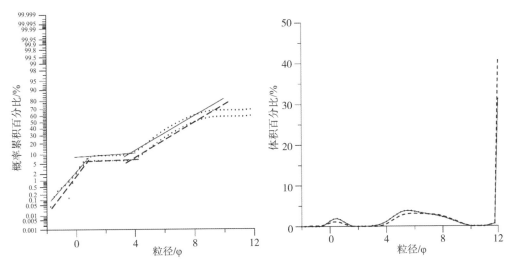

图 3-20　JY01 孔潮坪相沉积物概率累积曲线和频率分布曲线

频率分布曲线为双峰式,众数值为 $6\varphi \sim 8\varphi$ 和 12φ。以上特征表明,本段沉积期的水动力条件在该段较弱,粗细颗粒组分交替沉积,但粉砂和泥组分含量占 90% 以上,为潮坪沉积。

(3) 分流河道相。位于 JY01 孔 $21.61 \sim 9.47$ m 层段。沉积物主要为灰黄色、褐黄色粉砂,偶夹粉土薄层,中部发育水平层理,局部见锈黄色斑纹和贝壳碎屑。沉积物主要为粉砂组分,平均含量为 73.98%,泥组分含量较少,平均含量为 16.11%,砂组分含量较少,平均含量为 9.62%。粒径为 $5.66\varphi \sim 8.11\varphi$,平均为 6.40φ;分选系数为 $1.45 \sim 3.57$,平均 2.00,分选差;偏态变化较小,分布在 $-0.22 \sim 0.32$,既有正偏态,又有负偏态,说明沉积物粒度分布的尾端组分出现了粗细两种颗粒;峰态为 $0.53 \sim 1.50$,平均 1.00,为中等—宽峰态,说明沉积物大小混杂,分选性差。

沉积物的粒度概率累积曲线为三段式,悬浮总体含量约 $80\% \sim 90\%$,对应直线段倾角约 $45°$,分选性较差。跳跃总体含量为 $10\% \sim 20\%$,直线段倾角为 $20° \sim 60°$,跳跃和悬浮总体的截点在 4φ 左右。滚动总体含量较少,在 $3\% \sim 5\%$,直线段倾角为 $50°$,滚动和跳跃总体的截点在 1φ 左右。频率分布曲线为双峰式,主峰众数值为 $6\varphi \sim 8\varphi$,次峰众数值为 $0.5\varphi \sim 1.5\varphi$(图 3-21)。本段沉积物颗粒较上段明显变粗,粉砂和细砂含量增高,表明水动力变强,为三角洲平原的分流河道沉积。

(4) 分流河道相。位于 JY01 孔 $9.47 \sim 4.40$ m 层段。沉积物主要为浅灰色、灰黄色粉土、粉砂和浅灰绿色粉质黏土,粉土中见泥砾。沉积物以粉砂组分为主,平均含量 65.13%,砂组分次之,平均含量为 26.13%,泥组分含量最少,平均含量为 8.10%。粒径为 $2.68\varphi \sim 5.84\varphi$,平均为 4.71φ;分选系数为 $1.66 \sim 2.93$,平均为 2.33,分选差;偏态分布在 $-0.31 \sim 0.67$ 之间,既有正偏,又有负偏;峰态为 $0.61 \sim 1.38$,平均 1.05,为中等到

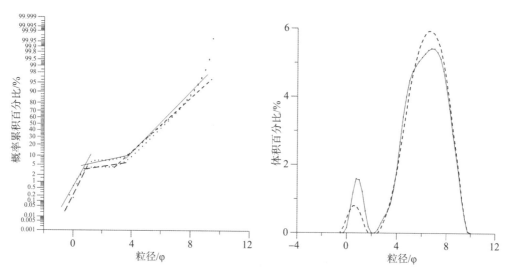

图 3-21 JY01 孔分流河道相沉积物概率累积曲线和频率分布曲线

宽峰态,表明沉积物分选差。

沉积物的粒度概率累积曲线为三段式,悬浮总体含量约 $40\%\sim80\%$,对应直线段倾角约 $45°$,分选性较差。跳跃总体含量为 $20\%\sim60\%$,直线段倾角为 $20°\sim60°$,跳跃和悬浮总体的截点在 $4\varphi\sim5\varphi$ 之间。滚动组分的含量在 $15\%\sim45\%$,直线段倾角为 $60°$,滚动和跳跃总体的截点在 1φ 左右。频率分布曲线为双峰式,主峰众数值为 $0\sim1\varphi$,次峰众数值为 $5\varphi\sim7\varphi$(图 3-22)。本段沉积物粒度较大,砂组分明显增多,表明水动力较强,所以判断为分流河道沉积。

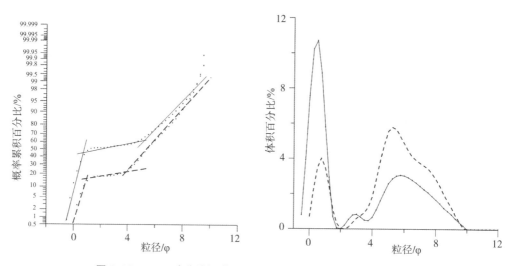

图 3-22 JY01 孔分流河道沉积物概率累积曲线和频率分布曲线

2）太湖沉积区沉积相特征

本次对JY07孔、JY08孔和JY09孔沉积物进行了沉积相研究。本区晚第四纪沉积物为三角洲平原相,全新世沉积物为冲湖积平原相,自下而上可划分为潮坪亚相、堤岸亚相、泛滥平原亚相和堤岸亚相(图3-23)。潮坪亚相沉积物的粒度较细,其中泥组分相对较多,砂质组分相对较少,概率累积曲线为两段式,频率分布曲线为双峰式。堤岸相沉积物砂组分含量高,泥组分含量低,沉积物的粒度概率累积曲线为两段式,频率分布曲线为单峰式,该段沉积物粒度较上段变大,粒度组成向上逐渐变细,上下均有明显的砂、泥界面,该段沉积物粒度参数的变化反映了相对较强的水动力条件。泛滥平原相沉积物粒度最细,砂组分含量最少,沉积物的粒度概率累积曲线为两段式,悬浮总体占比较大,含量为90%以上,频率分布曲线为多峰式,该段沉积物粒度较上段明显变细,泥组分明显增多,说明水动力变弱。下面对JY07孔沉积物的沉积相进行详细研究。

(1)潮坪相。位于JY07孔50.58～37.95 m层段。沉积物主要为灰黄色、青灰色粉质黏土和黏土,二者互层产出,见锈黄色斑点,含青灰色高岭土条带或团块,局部见少量泥钙质结核。沉积物主要为粉砂组分,平均含量为77.23%,泥组分次之,平均含量为19.70%,砂组分含量最少,平均含量为3.08%。粒径为6.14φ～7.99φ,平均为6.86φ;分选系数为1.21～2.89,平均为1.74,分选较差到差;偏态变化较小,分布在−0.22～0.33,既有正偏态,又有负偏态,说明沉积物粒度分布的尾端组分出现了粗细两种颗粒;峰态为0.52～0.96,平均为0.80,为中等到宽峰态,表明分选较差。

沉积物的粒度概率累积曲线是以悬浮组分为主的两段式,悬浮总体占比较大,含量为90%以上,对应直线段倾角约45°,分选性较差。跳跃总体含量较少,含量小于10%,直线段倾角为50°～60°,跳跃和悬浮总体的截点在4φ左右。频率分布曲线为双峰式,主峰众数值为4.5φ～6φ,次峰众数值为7φ～8.5φ(图3-24)。以上特征表明本段沉积期的水动力条件在该段较弱,粗细颗粒组分交替沉积,这可能是沉积物在规律性增强和减弱的水动力条件影响下搬运和分选所致,即潮坪沉积。

(2)堤岸相。位于JY07孔37.95～30.80 m层段。沉积物主要为灰黄色粉砂和粉土,二者互层沉积,含白云母碎片和铁锰斑纹,粉砂中发育水平层理。沉积物主要为粉砂组分,平均含量为74.55%,砂组分含量次之,平均含量为19.78%,泥组分含量较少,平均含量为5.68%。粒径为5.20φ～5.69φ,平均为5.44φ;分选系数为1.45～1.72,平均为1.59,分选较差;偏态变化较小,分布在0.07～0.17,多为正偏,表明沉积物粒度分布的尾端组分以粗颗粒为主;峰态为0.80～0.90,平均为0.84,为宽峰态类型,说明沉积物大小混杂,分选性较差。

沉积物的粒度概率累积曲线为两段式,悬浮总体含量约80%,对应直线段倾角约45°,分选性较差。跳跃总体含量为20%,直线段倾角为60°,跳跃和悬浮总体的截点在3φ～4φ之间。频率分布曲线为单峰式,众数值在4φ～7φ之间(图3-25)。该段沉积物粒度组成向上逐渐变细,砂、泥互层沉积,沉积物分选较差,显示为快速堆积的产物,其形成是由于流速的突然降低而急速堆积造成的,为堤岸沉积。

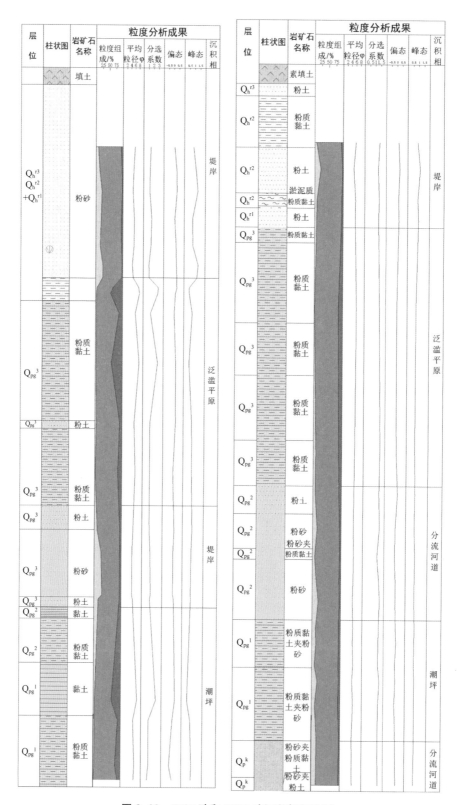

图 3-23 JY07 孔和 JY09 孔沉积相剖面图

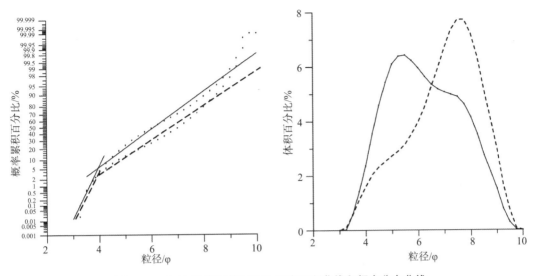

图 3-24　JY07 孔潮坪相沉积物概率累积曲线和频率分布曲线

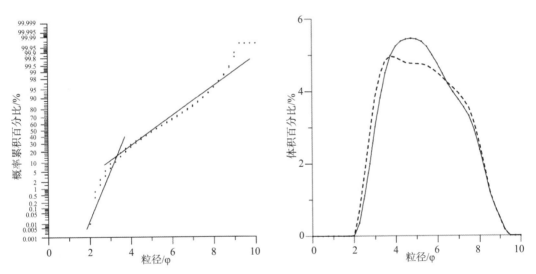

图 3-25　JY07 孔堤岸相沉积物概率累积曲线和频率分布曲线

（3）泛滥平原相（滆湖组上段）。位于 JY07 孔 30.80～14.80 m 层段。沉积物主要为灰黄色、褐黄色粉质黏土，中部夹薄层粉土，含白云母碎片、铁锰斑纹和铁锰结核，局部含少量青灰色高岭土条带或团块。沉积物主要为粉砂组分，平均含量为 69.55%，泥组分含量次之，平均含量为 26.58%，砂组分含量较少，平均含量为 3.90%。粒径为 5.84φ～8.19φ，平均为 7.11φ；分选系数为 1.42～2.98，平均为 2.18，分选差到较差；偏态变化较小，分布在 0.02～0.31，多为正偏；峰态为 0.51～0.83，平均为 0.66，为宽—很宽峰态类型，表明沉积物分选差。该段沉积物粒度较上段明显变细，泥组分明显增多，说明水动力变弱，为冲湖积平原相的泛滥平原沉积。

沉积物的粒度概率累积曲线为两段式,悬浮总体占比较大,含量为90％以上,对应直线段倾角约30°,分选性差。跳跃总体含量较少,含量小于10％,直线段倾角为60°左右,跳跃和悬浮总体的截点在4φ～5φ之间。频率分布曲线为多峰式,主峰众数值为12φ,次峰众数值为5φ～6φ和7φ～8φ(图3-26)。该段沉积物粒度较上段明显变细,泥组分明显增多,说明水动力变弱,为冲湖积平原相的泛滥平原沉积。

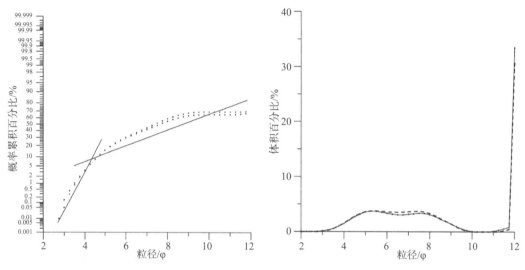

图3-26　JY07孔泛滥平原相沉积物概率累积曲线和频率分布曲线

(5) 堤岸相。位于JY07孔14.80～1.20 m层段。沉积物主要为暗灰色、灰黄色粉砂,夹少量粉土和粉质黏土薄层,块状构造,局部含未碳化的植物碎屑和完整贝壳。沉积物主要为粉砂组分,平均含量为79.23％,砂组分含量次之,平均含量为16.44％,泥组分含量较少,平均含量为4.34％。粒径为4.66φ～5.88φ,平均为5.26φ;分选系数为1.11～1.62,平均为1.33,分选较差;偏态变化较小,分布在0.09～0.30,均为正偏态类型,表明沉积物粒度分布的尾端组分以粗颗粒为主;峰态为0.79～1.34,平均1.07,为中等—宽峰态类型,说明沉积物大小混杂,分选性较差。该段沉积物砂质组分较多,且砂、泥互层沉积,沉积物分选较差,推测为洪水期河水漫过河岸时携带的粉砂级和泥质沉积物沿河床两岸堆积形成的天然堤。

沉积物的粒度概率累积曲线为悬浮总体居多的两段式,悬浮总体含量约90％,对应直线段倾角约45°,分选性较差。跳跃总体含量为10％,包含两个跳跃次总体,直线段倾角为40°～60°,跳跃和悬浮总体的截点在3φ～4φ之间。频率分布曲线为双峰式,主峰众数值在4φ～5φ之间,次峰众数值在7φ～8φ之间。该段沉积物粒度组成中砂质组分较多,粉砂中夹粉土保持,沉积物中见植物碎屑,该段沉积物分选较差,显示为快速堆积的产物,推测为堤岸沉积(图3-27)。

3) 岩相古地理

根据吴标云和李从先主编的《长江三角洲第四纪地质》所述,晚更新世早期,距今10万年至7万年,大陆冰川退缩,气候普遍回暖,降水增加,海面上升,海水沿长江古河床

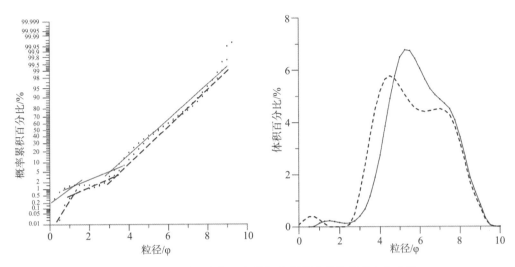

图 3-27　JY07 孔堤岸相沉积物概率累积曲线和频率分布曲线

溯江而上。随着时间的推移,不断地向河床两侧扩张,当海侵达到高潮时(太湖海侵),在镇江—江阴—常熟—太仓—上海一带形成河口环境,调查区此时全部处于河口—滨海沉积环境,因此形成了一套海陆过渡相沉积,即潮控型三角洲平原沉积(图 3-28)。由上述 JY01 至 JY09 孔的沉积相类型的研究结果可知,调查区钻孔揭露的晚更新世早期的昆山组地层的沉积环境均为三角洲平原相的分流河道沉积,地层主要特征为灰黄色—暗灰色粉砂,局部夹粉土。

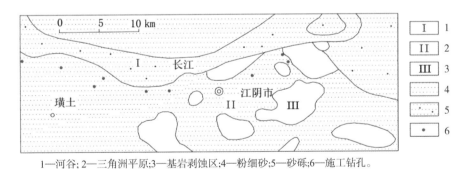

1—河谷;2—三角洲平原;3—基岩剥蚀区;4—粉细砂;5—砂砾;6—施工钻孔。

图 3-28　调查区晚更新世早期岩相古地理图

晚更新世晚期,当前期三角洲沉积形成之后,海水退出本区,气温再度下降,气候转冷,海平面下降,三角洲沉积开始恶化和退缩,长江进入垂向侵蚀为主的发育阶段。大约距今 2.5 万年至 3.9 万年间,海水自东向西推进,当海侵达到最盛时期,海水最大影响范围达到长江南岸的镇江、常州、丹阳延陵、溧阳、宜兴丁蜀一线,呈曲折的古海岸线,这次海侵是第四纪期间规模最大的海侵,即滆湖海侵。当海侵盛期过后,处于稳定阶段时,长江水动力条件逐渐加强,海河争夺不断进行,最终两种营力趋向动平衡,从而在本区形成滆湖海侵期三角洲古地理，形成了常州以北至江阴一带的海冲积平原。至晚更新世末期大理盛冰期阶段，距今1.5万年至2万年，海面下降，海水退出本区，长江三角洲由于海面逐渐降低到最低位置，长江古河床比暖期海侵期有显著的退缩，河面变窄，长江河谷两侧发育江流阶地，而后又被全新世海侵所淹没。由图3-29可知，调查区西部此时处于河口—滨海沉积环境，因此形成了一套海陆过渡相沉积，即潮控型三角洲平原沉积。由上述JY01至JY06孔的沉积相类型的研究结果可知，调查区钻孔揭露的晚更新世中上部的涌湖组地层的沉积环境均为三角洲平原相的分流河道和潮坪沉积，地层主要特征分别为灰黄色—暗灰色粉砂和灰色—灰黄色粉质黏土。

1— 河谷；2—三角洲平原；3—冲湖积平原；4—基岩剥蚀区；5—黏性土；6—砂砾；7—粉细砂；8—钻孔。

图3-29　调查区晚更新世晚期岩相古地理图

太湖沉积区在晚更新世末期，由于海水大规模退出本区，陆地上升，山区水流活跃，不断向平原排泄，支流河床纵横交错，湖泊星罗棋布，沉积了黄褐色、青灰色粉质黏土，形成冲湖积平原。由上述JY07至JY09孔的沉积相类型的研究结果可知，调查区钻孔揭露的晚更新世上部的涌湖组地层的沉积环境为冲湖积平原相的堤岸相和泛滥平原相。

全新世初期，气候开始转暖，世界海面上升，发生了冰后期海侵，海侵年代距今约8700年至6000年，属全新世中期，即镇江海侵。这次海侵溯长江及其支流河谷而上，充塞河道，淹没阶地。最大海侵时，海水波及镇江、仪征一带，长江三角洲地区从晚更新世末期以侵蚀作用为主，到全新世转向三角洲沉积体系。调查区西部此时处于河口沉积环境，因此形成了一套潮控型三角洲平原沉积。但是JY01至JY06孔的地层研究结果显示，调查区西部钻孔揭露的晚更新世上部的如东组地层较薄，该套地层大部分已被长江侵蚀殆尽，只保留了如东组上段地层。此时海水尚未大规模到达太湖地区，调查区东部的太湖沉积区仍为河湖相平原，沉积相为堤岸相和泛滥平原相，分别沉积了暗灰色粉砂和灰黄色粉质黏土。

全新世晚期，随着海平面逐渐下降，陆域扩大，长江河床及南部河漫滩继续沉积了粉质黏土、粉土和粉砂等，组成了本区的最低级阶地。靖江和张家港地区发育了马驮沙河、常阴沙河床砂体沉积(图3-30)。

综合分析总结研究区内JY01孔、JY05孔、JY07、JY08孔和JY09孔的沉积相类型和特征，得出了调查区东西向沉积相分布特征。调查区西部(JY01至JY06)：晚更新世时期，即7万年至1万年时期，沉积物的沉积相为长江三角洲平原相、潮坪相；全新世时期，

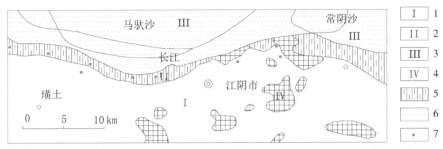

1—冲湖积平原；2—河漫滩；3—河床砂体；4—基岩剥蚀区；5—砂黏性土；6—砂；7—施工钻孔。

图 3-30 调查区全新世晚期岩相古地理图

即1万年前到如今，调查区西部沉积物的沉积相分为长江三角洲平原相和河漫滩相。调
查区东部（JY07 至 JY09）：晚更新世早期为潮坪相，晚更新世晚期至全新世为冲湖积平
原相。

第四章
长江江阴段岸线变化和环境地质特征

4.1 长江江阴段岸线特征

长江岸线不仅是一种重要的国土资源,承担着建设港口和过江通道、供排水、展示城市形象、保护生物多样性、稳定河势等多种功能,同时地处水陆交错带的长江岸线对保护长江生态环境也具有极其重要的作用。因此只有科学利用长江水环境容量,合理布局岸线各项功能,才能取得经济效益和生态效益的双赢。

长江江阴段岸线上游自与常州交界的老桃花港起,下游至与张家港交界处止,全长35 km。老桃花港口江面宽 3.5 km;中部申港港口江面稍宽,约 4.3 km;经黄山地段,江面最窄,仅为 1.25 km;过黄山向东,江面扩展呈喇叭形;至福姜沙(现名双山沙)两侧,宽达 6 km。长江江阴段河漫滩主要沿南岸分布,自西向东由宽变窄。长江水体对江阴市的水资源、水环境、水生态、防洪等有很大贡献,岸线也具有很高的利用价值。

长江江阴段河道变迁的研究对于该流域长远经济规划、国土开发以及江河整治等理论研究和生产实践均有重大意义。河道变迁既指河流的自然演化过程,即河道侵蚀、扩张、淤积和缩窄等过程,也包括人类活动对河流的影响。河道演变带来的环境和经济问题不容忽视。淤积阻碍了航运,威胁水运安全;河道侵蚀导致岸线不断后退,威胁堤防的稳定性;河道扩张影响农田及城镇和工矿厂房等基础设施的安全等,这些问题都会对当地生态和经济造成重大影响。

本次选择覆盖整个调查区的遥感影像共 5 种数据源,包括 GF6(2022-03-11)、ZY3(2017-04-02)和(2013-10-21)、SPOT 卫星(2008-05-19)和(2003-12-15)、Landsat5(1993-11-01)和(1986-05-22)以及锁眼(SY)(1976-01-01、1966-02-08),辅助数据是奥维和野外调查。

本次工作取得的解译成果包括 1966 年至今的长江岸线变迁的复杂化程度、长江水面面积变化和长江岸线变迁速率分析等。

4.1.1 长江江阴段岸线变迁的复杂化程度

长江岸线变迁的复杂化程度研究包括长江岸线长度变化和岸线曲率变化,其特征反映了长江岸线的地质作用,包括侵蚀、扩张、淤积和缩窄等差异趋势。岸线长度越大,曲率越大,则表明江岸进退的差异越大,岸线变迁越复杂。

本次调查区岸线长度和面积统计表见表 4-1,图 4-1~图 4-3,北岸线最长的是

2017 年的 ZY3 数据,长度为 36.81 km,北岸线最短的是 1966 年的 SY 数据,长度为 33.77 km;南岸线长度最长的是 2004 年的 SPOT 数据,长度是 44.26 km,南岸线长度最短的是 1976 年的 SY 数据,长度是 38.08 km;长江水域面积最大的是 1966 年的 SY 数据,面积是 103.78 km^2,长江水域面积最小的是 2008 年的 SPOT 数据,面积是 89.27 km^2。

表 4-1　江阴岸线长度和面积统计表

数据源	北岸线长度/km	北岸直线距离/km	南岸线长度/km	南岸直线距离/km	水域面积/km^2
SY1966	33.77	31.22	39.16	35.46	103.78
SY1976	33.80	31.22	38.08	35.04	94.96
LT1986	33.80	31.18	38.20	35.04	95.88
LT1993	33.81	31.18	39.78	35.04	90.71
SPOT2004	34.38	31.18	44.26	35.04	90.71
SPOT2008	34.09	31.18	43.30	35.04	89.27
ZY3 2013	36.38	31.17	44.03	34.66	89.72
ZY3 2017	36.81	31.17	43.34	34.71	90.86
GF6 2022	36.75	31.16	43.28	34.70	91.07

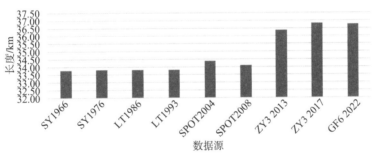

图 4-1　江阴岸线北岸长度直方图

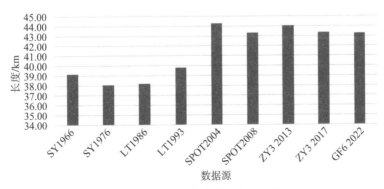

图 4-2　江阴岸线南岸长度直方图

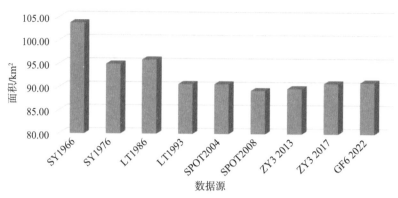

图 4-3　江阴长江水域面积柱状图

岸线曲折度见表 4-2、图 4-4 和图 4-5,北岸线曲折度最大的是 2022 年的 GF6 数据和 2017 年 ZY3 数据,曲折度为 1.18,北岸线曲折度最小的是 1966 年与 1976 年的 SY 数据、1986 年 LT 的数据和 1993 年 LT 数据,曲折度为 1.08;南岸线曲折度最大的是 2013 年的 ZY3 数据,曲折度为 1.27,南岸线曲折度最小的是 1976 年 SY 数据和 1986 年 LT 数据,曲折度为 1.09。

表 4-2　江阴岸线曲折度统计表

数据源	北岸线曲折度	南岸线曲折度
SY1966	1.08	1.10
SY1976	1.08	1.09
LT1986	1.08	1.09
LT1993	1.08	1.14
SPOT2004	1.10	1.26
SPOT2008	1.09	1.24
ZY3 2013	1.17	1.27
ZY3 2017	1.18	1.25
GF6 2022	1.18	1.25

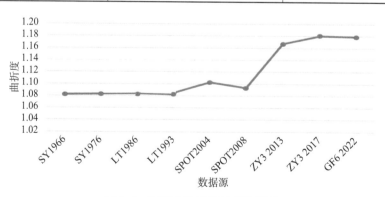

图 4-4　江阴北岸线曲折度折线图

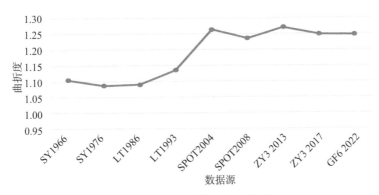

图 4-5 江阴南岸线曲折度折线图

综合以上研究结果可知,长江江阴段北岸线 1966 年长度最短,曲率最小,变化程度最简单,2017 年长度最大,曲率最大,变化程度最复杂;南岸线 1976 年长度最小,曲率最小,变化程度最简单,2013 年长度为 44.03 km,稍小于 2004 年的 44.26 km,但其岸线曲率最大,变化程度最复杂。

4.1.2 长江江阴段水域面积变迁

除了 1966 年和 1976 年的遥感影像数据为枯水期时拍摄,其余年份的数据均为平水期时拍摄。1976—1986 年长江江阴段水域变化较小,因此枯水期和平水期的遥感对水面范围的影响较小。江阴长江水域面积变化情况见表 4-3 和图 4-6。其中水域面积增加的周期有 1976—1986 年、2008—2013 年、2013—2017 年和 2017—2022 年,水域面积分别增加了 0.92 km^2、0.45 km^2、1.14 km^2 和 0.22 km^2;水域面积减少的周期分别有 1966—1976 年、1986—1993 年和 2004—2008 年,水域面积分别减少 8.82 km^2、5.17 km^2 和 1.44 km^2;其中 1993—2004 年,水域面积大小没有变化;从 1966 年到 2022 年,水域面积合计减少了 12.71 km^2。

表 4-3 江阴长江水域面积变化表

时段(周期)	水域面积变化/km^2
1966—1976	−8.82
1976—1986	0.92
1986—1993	−5.17
1993—2004	0.00
2004—2008	−1.44
2008—2013	0.45
2013—2017	1.14
2017—2022	0.22
合计	−12.71

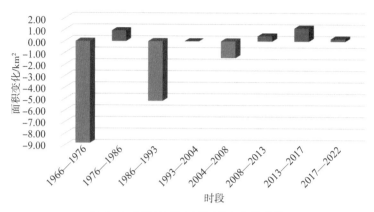

图 4-6　江阴长江水域面积变化柱状图

4.1.3　长江江阴段岸线变迁速率

运用 GIS 和 EPR 模型,定量分析江阴段长江岸线的时空变迁情况,自北向南沿着长江切了 16 个剖面,北岸线编号 n1~n16,南岸线编号 s1~s16。长江南北岸线变迁速率和变迁累计总量分别见表 4-4~表 4-7。

1) 1966—2022 年长江岸线总体变迁分析

1966—2022 年,北岸线的 n1、n5、n7~n11 和 n13~n16 剖面表现为向陆地后退,平均后退速率最快的为 n14 剖面的 1.12 m/a,最慢的为 n7 剖面的 0.14 m/a;北岸线的 n2、n3、n4、n6 和 n12 剖面表现为向长江河面前进,平均前进速率最快的为 n3 剖面的 2.18 m/a,最慢的为 n6 剖面的 0.30 m/a(图 4-7,表 4-4,表 4-5)。

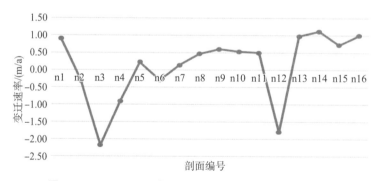

图 4-7　1966—2022 年江阴北岸线平均变迁速率曲线图

北岸线表现为向陆地后退,周期后退累计总量最大的为 n14 剖面的 62.80 m,最小的为 n7 剖面的 7.83 m;北岸线表现为向长江河面前进,周期前进累计总量最大的为 n3 剖面的 122.08 m,最小的为 n6 剖面的 16.54 m(图 4-8,表 4-4,表 4-5)。

1966—2022 年,南岸线的 s4、s11 和 s13 剖面表现为向陆地后退,平均后退速率最快的为 s13 剖面的 0.30 m/a,最慢的为 s11 剖面的 0.15 m/a;南岸线 s1~s3、s5~s10、s12、s14~s16 表现为向长江河面前进,前进速率最快的为 s1 剖面的 23.63 m/a,最慢的为

s12 剖面的 0.15 m/a(图 4-9,表 4-6,表 4-7)。

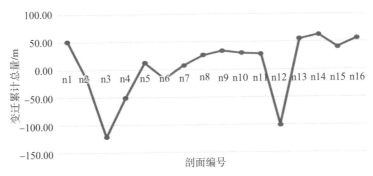

图 4-8   1966—2022 年江阴北岸线变迁累计总量曲线图

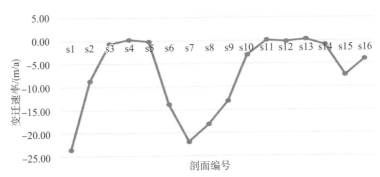

图 4-9   1966—2022 年江阴南岸线平均变迁速率曲线图

南岸线表现为向陆地后退,周期变迁后退总量最大的为 s13 剖面的 16.92 m,最小的为 s11 剖面的 8.51 m;南岸线表现为向长江河面前进,周期前进总量累计最大的为 s1 剖面的 1 323.30 m,最小的为 s12 剖面的 8.47 m(图 4-10,表 4-6,表 4-7)。

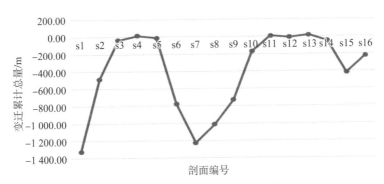

图 4-10   江阴南岸线变迁累计总量曲线图

2) 1966—2022 年长江岸线周期变迁分析

1966—1976 年,北岸线的 n1、n9、n10、n13~n15 剖面表现为向陆地后退,平均后退速率最快的为 n14 剖面的 1.97 m/a,最慢的为 n15 剖面的 0.27 m/a;北岸线的 n2~n8、n11、 n12 和 n16 剖面表现为向长江河面前进,平均前进速率最快的为 n3 剖面的 8.24 m/a,最慢的为 n11 剖面的 0.49 m/a(图 4-11,表 4-5)。

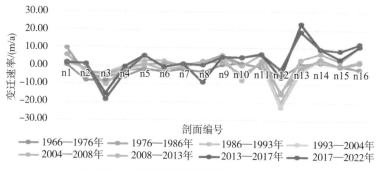

图 4-11　江阴北岸线周期变迁速率曲线图

北岸线表现为向陆地后退,周期后退总量最大的为 n14 剖面的 19.66 m,最小的为 n15 剖面的 2.72 m;北岸线表现为向长江河面前进,周期前进总量最大的为 n3 剖面的 82.37 m,最小的为 n11 剖面的 4.89 m(图 4-12)。

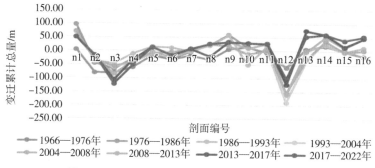

图 4-12　江阴北岸线周期变迁累计总量曲线图

南岸线的 s12、s13 剖面表现为向陆地后退,平均后退速率最快的为 s13 剖面的 4.07 m/a,最慢的为 s12 剖面的 1.97 m/a;南岸线的 s1～s11、s14～s16 剖面表现为向长江河面前进,平均前进速率最快的为 s9 剖面的 74.28 m/a,最慢的为 s11 剖面的 1.15 m/a(图 4-13,表 4-7)。

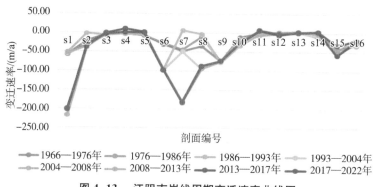

图 4-13　江阴南岸线周期变迁速率曲线图

南岸线表现为向陆地后退,周期变迁后退最大的为 s13 剖面的 40.67 m,最小的为 s12 剖面的 19.71 m;南岸线表现为向长江河面前进,周期前进总量最大的为 s9 剖面的 742.79 m,最小的为 s11 剖面的 11.48 m(图 4-14,表 4-6)。

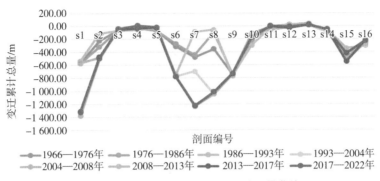

图 4-14　江阴南岸线周期变迁累计总量曲线图

1976—1986 年,北岸线的 n1 至 n10、n13～n14 剖面表现为向陆地后退,平均后退速率最快的为 n1 剖面的 9.27 m/a,最慢的为 n13 剖面的 0 m/a;北岸线的 n11、n12、n15 和 n16 剖面表现为向长江河面前进,平均前进速率最快的为 n15 剖面的 0.30 m/a,最慢的为 n11 剖面的 0.01 m/a(图 4-11,表 4-5)。

北岸线表现为向陆地后退,周期后退总量最大的为 n1 剖面的 92.74 m,最小的为 n13 剖面的 0.02 m;北岸线表现为向长江河面前进,周期前进总量最大的为 n15 剖面的 3.04 m,最小的为 n11 剖面的 0.09 m(图 4-12,表 4-4)。

南岸线的 s1,s3～s9、s11～s16 剖面表现为向陆地后退,平均后退速率最快的为 s8 剖面的 25.52 m/a,最慢的为 0 m/a;南岸线的 s2 和 s10 剖面表现为向长江河面前进,平均前进速率最快的为 s10 剖面的 10.83 m/a,最慢的为 0 m/a(图 4-13,表 4-7)。

南岸线表现为向陆地后退,周期后退总量最大的为 s8 剖面的 255.22 m,最小的为 0 m;南岸线表现为向长江河面前进,周期前进总量最大的为 s10 剖面的 108.28 m,最小的为 0 m(图 4-14,表 4-6)。

1986—1993 年,北岸线的 n2～n7、n11、n14 和 n16 剖面表现为向陆地后退,平均后退速率最快的为 n6 剖面的 5.75 m/a,最慢的为 n7 剖面的 0.34 m/a;北岸线 n1、n8～n10、n12、n13、和 n15 剖面表现为向长江河面前进,平均前进速率最快的为 n12 剖面的 14.31 m/a,最慢的为 n8 剖面的 0.23 m/a(图 4-11,表 4-5)。

北岸线表现为向陆地后退,周期后退总量最大的为 n6 剖面的 40.28 m,最小的为 n7 剖面的 2.37 m;北岸线表现为向长江河面前进,周期前进总量最大的为 n12 剖面的 100.16 m,最小的为 n8 剖面的 1.58 m(图 4-12,表 4-4)。

南岸线 s1、s2、s4、s5、s7、s8、s12、s14 和 s15 剖面表现为向陆地后退,平均后退速率最快的为 s7 剖面的 50.69 m/a,最慢的为 s12 剖面的 0.48 m/a;南岸线的 s3、s6、s9～s11、s13 和 s16 剖面表现为向长江河面前进,平均前进速率最快的为 s6 剖面的 68.38 m/a,最慢的为 s3 剖面的 0.60 m/a(图 4-13,表 4-7)。

表 4-4 江阴北岸线周期变迁总量

位置	1966—1976年/m	1976—1986年/m	1986—1993年/m	1993—2004年/m	2004—2008年/m	2008—2013年/m	2013—2017年/m	2017—2022年/m	变迁总量/m	变迁速率/(m/a)
n1	4.34	92.74	-27.27	1.98	-0.17	-20.35	-1.41	1.41	51.27	0.92
n2	-80.78	35.04	6.96	2.24	0.00	7.96	11.30	-0.04	-17.34	-0.31
n3	-82.37	15.20	19.92	-11.66	0.00	-27.36	-20.07	-15.74	-122.08	-2.18
n4	-60.72	32.85	17.46	-34.18	7.15	-0.49	4.95	-17.69	-50.67	-0.90
n5	-17.61	3.14	29.76	-23.39	0.00	2.66	17.93	0.12	12.60	0.22
n6	-31.87	2.74	40.28	-16.93	0.00	-17.25	6.45	0.04	-16.54	-0.30
n7	-17.64	14.54	2.37	7.20	0.00	-5.51	6.97	-0.08	7.83	0.14
n8	-32.57	54.29	-1.58	2.85	0.00	2.65	-46.63	47.38	26.40	0.47
n9	6.89	54.63	-2.69	-39.45	0.00	14.37	0.07	-0.07	33.75	0.60
n10	14.95	0.07	-65.80	39.50	0.00	22.17	18.95	-0.10	29.76	0.53
n11	-4.89	-0.09	24.54	-17.36	0.00	24.62	1.61	-0.53	27.91	0.50
n12	-59.05	-0.94	-100.16	-27.55	33.77	-5.17	36.91	21.64	-100.55	-1.80
n13	8.20	0.02	-6.38	-38.13	7.13	26.51	79.46	-21.65	55.17	0.99
n14	19.66	0.21	5.14	12.46	0.00	14.68	10.59	0.07	62.80	1.12
n15	2.72	-3.04	-1.77	-0.22	0.00	15.15	4.60	23.07	40.50	0.72
n16	-17.01	-1.20	32.34	-10.69	0.00	45.55	0.00	7.13	56.12	1.00

表 4-5 江阴北岸线周期变迁速率

位置	1966—1976 年 /(m/a)	1976—1986 年 /(m/a)	1986—1993 年 /(m/a)	1993—2004 年 /(m/a)	2004—2008 年 /(m/a)	2008—2013 年 /(m/a)	2013—2017 年 /(m/a)	2017—2022 年 /(m/a)
n1	0.43	9.27	−3.90	0.18	−0.04	−4.07	−0.35	0.28
n2	−8.08	3.50	0.99	0.20	0.00	1.59	2.82	−0.01
n3	−8.24	1.52	2.85	−1.06	0.00	−5.47	−5.02	−3.15
n4	−6.07	3.29	2.49	−3.11	1.79	−0.10	1.24	−3.54
n5	−1.76	0.31	4.25	−2.13	0.00	0.53	4.48	0.02
n6	−3.19	0.27	5.75	−1.54	0.00	−3.45	1.61	0.01
n7	−1.76	1.45	0.34	0.65	0.00	−1.10	1.74	−0.02
n8	−3.26	5.43	−0.23	0.26	0.00	0.53	−11.66	9.48
n9	0.69	5.46	−0.38	−3.59	0.00	2.87	0.02	−0.01
n10	1.50	0.01	−9.40	3.59	0.00	4.43	4.74	−0.02
n11	−0.49	−0.01	3.51	−1.58	0.00	4.92	0.40	−0.11
n12	−5.90	−0.09	−14.31	−2.50	8.44	−1.03	9.23	4.33
n13	0.82	0.00	−0.91	−3.47	1.78	5.30	19.87	−4.33
n14	1.97	0.02	0.73	1.13	0.00	2.94	2.65	0.01
n15	0.27	−0.30	−0.25	−0.02	0.00	3.03	1.15	4.61
n16	−1.70	−0.12	4.62	−0.97	0.00	9.11	0.00	1.43

表 4-6 江阴南岸线周期变迁总量

位置	1966—1976年/m	1976—1986年/m	1986—1993年/m	1993—2004年/m	2004—2008年/m	2008—2013年/m	2013—2017年/m	2017—2022年/m	变迁总量/m	变迁速率/(m/a)
s1	−570.90	0.40	37.31	−32.29	0.00	−818.85	72.16	−11.12	−1 323.30	−23.63
s2	−221.01	−93.12	203.29	−369.42	0.00	−18.95	27.68	−16.77	−488.30	−8.72
s3	−58.43	0.00	−4.22	−2.53	0.16	16.46	−1.11	13.87	−35.82	−0.64
s4	−31.99	0.00	30.98	−47.12	−0.58	2.75	14.93	46.13	15.10	0.27
s5	−67.12	0.00	24.06	11.11	−0.23	7.40	5.38	8.87	−10.52	−0.19
s6	−309.24	40.78	−478.63	−24.85	0.00	−2.37	0.00	0.00	−774.32	−13.83
s7	−478.78	37.64	354.84	−608.86	−543.31	10.74	0.56	−0.56	−1 227.72	−21.92
s8	−348.13	255.22	40.83	−996.03	0.00	34.80	1.18	−1.18	−1 013.32	−18.09
s9	−742.79	0.02	−23.00	23.96	−0.58	12.52	0.13	−0.13	−729.86	−13.03
s10	−112.61	−108.28	−76.23	171.49	0.00	−45.19	−0.79	0.79	−170.82	−3.05
s11	−11.48	0.57	−10.75	−37.79	0.00	45.90	14.67	7.37	8.51	0.15
s12	19.71	0.00	3.39	−38.49	0.00	6.92	−18.37	18.37	−8.47	−0.15
s13	40.67	0.00	−11.74	−13.80	0.00	1.79	5.48	−5.48	16.92	0.30
s14	−98.04	0.00	36.29	−33.11	31.98	−13.08	26.00	0.33	−49.65	−0.89
s15	−421.97	0.00	74.55	−137.44	0.00	−51.79	−12.78	129.71	−419.72	−7.49
s16	−265.68	0.00	−39.67	29.29	0.00	21.19	29.17	1.94	−223.77	−4.00

表 4-7　江阴南岸线周期变迁速率

位置	1966—1976 年 /(m/a)	1976—1986 年 /(m/a)	1986—1993 年 /(m/a)	1993—2004 年 /(m/a)	2004—2008 年 /(m/a)	2008—2013 年 /(m/a)	2013—2017 年 /(m/a)	2017—2022 年 /(m/a)
s1	−57.09	0.04	5.33	−2.94	0.00	−163.77	18.04	−2.22
s2	−22.10	−9.31	29.04	−33.58	0.00	−3.79	6.92	−3.35
s3	−5.84	0.00	−0.60	−0.23	0.04	3.29	−0.28	2.77
s4	−3.20	0.00	4.43	−4.28	−0.15	0.55	3.73	9.23
s5	−6.71	0.00	3.44	1.01	−0.06	1.48	1.34	1.77
s6	−30.92	4.08	−68.38	−2.26	0.00	−0.47	0.00	0.00
s7	−47.88	3.76	50.69	−55.35	−135.83	2.15	0.14	−0.11
s8	−34.81	25.52	5.83	−90.55	0.00	6.96	0.30	−0.24
s9	−74.28	0.00	−3.29	2.18	−0.14	2.50	0.03	−0.03
s10	−11.26	−10.83	−10.89	15.59	0.00	−9.04	−0.20	0.16
s11	−1.15	0.06	−1.54	−3.44	0.00	9.18	3.67	1.47
s12	1.97	0.00	0.48	−3.50	0.00	1.38	−4.59	3.67
s13	4.07	0.00	−1.68	−1.25	0.00	0.36	1.37	−1.10
s14	−9.80	0.00	5.18	−3.01	8.00	−2.62	6.50	0.07
s15	−42.20	0.00	10.65	−12.49	0.00	−10.36	−3.20	25.94
s16	−26.57	0.00	−5.67	2.66	0.00	4.24	7.29	0.39

南岸线表现为向陆地后退，周期后退总量最大的为 s7 剖面的 354.84 m，最小的为 s12 剖面的 3.39 m；南岸线表现为向长江河面前进，周期前进总量最大的为 s6 剖面的 478.63 m，最小的为 s3 剖面的 4.22 m(图 4-14，表 4-6)。

1993—2004 年，北岸线的 n1、n2、n7、n8、n10 和 n14 剖面表现为向陆地后退，平均后退速率最快的为 n10 剖面的 3.59 m/a，最慢的为 n1 剖面的 0.18 m/a；北岸线的 n3~n6、n9、n11~n13、n15 和 n16 剖面表现为向长江河面前进，平均前进速率最快的为 n9 剖面的 3.59 m/a，最慢的为 n15 剖面的 0.02 m/a(图 4-11，表 4-5)。

北岸线表现为向陆地后退，周期后退总量最大的为 n10 剖面的 39.50 m，最小的为 n1 剖面的 1.98 m；北岸线表现为向长江河面前进，周期前进总量最大的为 n9 剖面的 39.45 m，最小的为 n15 剖面的 0.22 m(图 4-12，表 4-4)。

南岸线的 s5、s9、s10 和 s16 剖面表现为向陆地后退，平均后退速率最快的为 s10 剖面的 15.59 m/a，最慢的为 s5 剖面的 1.01 m/a；南岸线的 s1~s4、s6~s8 和 s11~s15 剖面表现为向长江河面前进，平均前进速率最快的为 s8 剖面的 90.55 m/a，最慢的为 s3 剖面的 0.23 m/a(图 4-13，表 4-7)。

南岸线表现为向陆地后退，周期后退总量最大的为 s10 剖面的 171.49 m，最小的为 s5 剖面的 11.11 m；南岸线表现为向长江河面前进，周期前进总量最大的为 s8 剖面的 996.03 m，最小的为 s3 剖面的 2.53 m(图 4-14，表 4-6)。

2004—2008 年，北岸线的 n4、n12 和 n13 剖面表现为向陆地后退，平均后退速率最快的为 n12 剖面的 8.44 m/a，最慢的为 0 m/a；北岸线的 n1 剖面表现为向长江河面前进，平均前进速率为 0.04 m/a(图 4-11，表 4-5)。

北岸线表现为向陆地后退，周期后退总量最大的为 n12 剖面的 33.77 m，最小的为 0 m；北岸线表现为向长江河面前进，周期前进总量最大的为 0.17 m，最小的为 0 m(图 4-12，表 4-4)。

南岸线的 s3 和 s14 剖面表现为向陆地后退，平均后退速率最快的为 s14 剖面的 8.00 m/a，最慢的为 0 m/a；南岸线的 s4、s5、s7 和 s9 剖面表现为向长江河面前进，平均前进速率最快的为 s7 剖面的 135.83 m/a，最慢的为 0 m/a(图 4-13，表 4-7)。

南岸线表现为向陆地后退，周期后退总量最大的为 s14 剖面的 31.98 m，最小的为 0 m；南岸线表现为向长江河面前进，周期前进总量最大的为 s7 剖面的 543.31 m，最小的为 0 m(图 4-14，表 4-6)。

2008—2013 年，北岸线的 n2、n5、n8~n11 和 n13~n16 表现为向陆地后退，平均后退速率最快的为 n16 剖面的 9.11 m/a，最慢的为 n8 剖面的 0.53 m/a；北岸线的 n1、n3、n4、n6、n7 和 n12 表现为向长江河面前进，平均前进速率最快的为 n3 剖面的 5.47 m/a，最慢的为 n4 剖面的 0.10 m/a(图 4-11，表 4-5)。

北岸线表现为向陆地后退，周期后退总量最大的为 n16 剖面的 45.55 m，最小的为 n8 剖面的 2.65 m；北岸线表现为向长江河面前进，周期前进总量最大的为 n3 剖面的 27.36 m，最小的为 n4 剖面的 0.49 m(图 4-12，表 4-4)。

南岸线的 s3~s5、s7~s9、s11~s13 和 s16 表现为向陆地后退，平均后退速率最快的为 s11 剖面的 9.18 m/a，最慢的为 s13 剖面的 0.36 m/a；南岸线的 s1、s2、s6、s10、s14 和

s15 剖面表现为向长江河面前进,平均前进速率最快的为 s1 剖面的 163.77 m/a,最慢的为 s6 剖面的 0.47 m/a(图 4-13,表 4-7)。

南岸线表现为向陆地后退,周期后退总量最大的为 s11 剖面 45.90 m,最小的为 s13 剖面的 1.79 m;南岸线表现为向长江河面前进,周期前进总量最大的为 s1 剖面的 818.85 m,最小的为 s6 剖面的 2.37 m(图 4-14,表 4-6)。

2013—2017 年,北岸线的 n2、n4~n7、n9~n15 剖面表现为向陆地后退,平均后退速率最快的为 n13 剖面的 19.87 m/a,最慢的为 n9 剖面的 0.02 m/a;北岸线的 n1、n3 和 n8 剖面表现为向长江河面前进,平均前进速率最快的为 n8 剖面的 11.66 m/a,最慢的为 n1 剖面的 0.35 m/a(图 4-11,表 4-5)。

北岸线表现为向陆地后退,周期后退总量最大的为 n13 剖面的 79.46 m,最小的为 n9 剖面的 0.07 m;北岸线表现为向长江河面前进,周期前进总量最大的为 n8 剖面的 46.63 m,最小的为 n1 剖面的 1.41 m(图 4-12,表 4-4)。

南岸线的 s1、s2、s4、s5、s7~s9、s11、s13、s14 和 s16 剖面表现为向陆地后退,平均后退速率最快的为 s1 剖面的 18.04 m/a,最慢的为 s9 剖面的 0.03 m/a;南岸线的 s3、s10、s12 和 s15 剖面表现为向长江河面前进,平均前进速率最快的为 s12 剖面的 4.59 m/a,最慢的为 s10 剖面的 0.20 m/a(图 4-13,表 4-7)。

南岸线表现为向陆地后退,周期后退总量最大的为 s1 剖面的 72.16 m,最小的为 s9 剖面的 0.13 m;南岸线表现为向长江河面前进,周期前进总量最大的为 s12 剖面的 18.37 m,最小的为 s10 剖面的 0.79 m(图 4-14,表 4-6)。

2017—2022 年,北岸线的 n1、n5、n6、n8、n12、n14~n16 剖面表现为向陆地后退,平均后退速率最快的为 n8 剖面的 9.48 m/a,最慢的为 n6 剖面的 0.01 m/a;北岸线的 n2~n4、n7、n9~n11、n13 剖面表现为向长江河面前进,平均前进速率最快的为 n13 剖面的 4.33 m/a,最慢的为 n2 剖面的 0.01 m/a(图 4-11,表 4-5)。

北岸线表现为向陆地后退,周期后退总量最大的为 n8 剖面的 47.38 m,最小的为 n6 剖面的 0.04 m;北岸线表现为向长江河面前进,周期前进总量最大的为 n13 剖面的 21.65 m,最小的为 n2 剖面的 0.04 m(图 4-12,表 4-4)。

南岸线的 s3~s5、s10~s12、s14~s16 剖面表现为向陆地后退,平均后退速率最快的为 s15 剖面的 25.94 m/a,最慢的为 s14 剖面的 0.07 m/a;南岸线的 s1、s2、s7~s9 和 s13 剖面表现为向长江河面前进,平均前进速率最快的为 s2 剖面的 3.35 m/a,最慢的为 s9 剖面的 0.03 m/a(图 4-13,表 4-7)。

南岸线表现为向陆地后退,周期后退总量最大的为 s15 剖面的 129.71 m,最小的为 s14 剖面的 0.33 m;南岸线表现为向长江河面前进,周期前进总量最大的为 s2 剖面的 16.77 m,最小的为 s9 剖面的 0.13 m(图 4-14,表 4-6)。

3) 1966—2022 年长江岸线变迁特点分析

1966—2022 年,江阴段长江岸线经历了复杂的变化,岸线变迁较快区域分布比较集中。其中长江北岸线剖面线 n3 和 n12 位置,表现为向长江河面前进,推进的累计量分别是 122.08 m 和 100.55 m,平均变迁速率分别为 2.18 m/a 和 1.80 m/a;其中长江北岸线剖面位置 n14 和 n16 位置,表现为向陆地后退,后退的累计量分别是 62.80 m 和

56.12 m,平均变迁速率分别为 1.12 m/a 和 1.00 m/a(表 4-4)。

其中长江南岸线剖面线 s1 和 s7 位置,表现为向长江河面前进,推进的累计量分别是 1 323.30 m 和 1 227.72 m,平均变迁速率分别为 23.63 m/a 和 21.92 m/a;其中长江南岸线剖面位置 s4 和 s13 位置,表现为向陆地后退,后退的累计量分别是 15.10 m 和 16.92 m,平均变迁速率分别为 0.27 m/a 和 0.30 m/a(表 4-6)。

4.1.4 长江江阴段岸线变化特征评价

1966—2022 年,江阴段长江岸线经历了复杂的变化,岸线变迁较快区域分布比较集中。近 60 年来,长江江阴段岸线整体向长江江心前进,其中常州与江阴交界处的新村岸线与江阴汽渡和长宏国际港口岸线(图 4-15 和 4-16)表现为向长江江心前进距离最大,推进的累计量分别是 1 323.30 m 和 1 227.72 m,平均变迁速率分别为 23.63 m/a 和 21.92 m/a。

图 4-15　常州与江阴交界处的新村岸线　　　**图 4-16　江阴汽渡和长宏国际港口岸线**

以上特征表明,随着江阴地区经济的发展,用地需求和城市建设的需求更为强烈,引起更大范围的填江造陆活动,因此长江江阴岸线利用程度非常高,表现为向长江江心前进得更多。据统计,20 世纪 90 年代开始,在沿江大开发的背景下,江阴市长江岸段过度使用、土地超强度开发等问题日益显现,高峰时期曾开发了超过三分之二的长江岸段,建设成 3 个沿江化工园区、12 个危化品码头,长江江阴段生产性岸线占比最高达 72%,沿江 1 km 范围内土地开发强度超过 50%。

1966—2022 年,长江江阴段岸线经历了复杂的变化,局部岸段进退幅度较大,具体强度和规律总结如下:

(1) 局部岸段变形强度大,其中有三处进退幅度大于 200 m 的岸段,分别为桃花港西侧至江阴与常州交界处的岸段、卢埠港以东至新夏港河以西岸段和白屈港以西至江阴与张家港交界处的岸段,这是长江岸线侵蚀淤积与人类生产活动共同作用的结果。上述三段岸线的变化幅度较大的时间主要在 1966—2008 年间,其中桃花港西侧至江阴与常州交界处的岸段变迁总量为 488.30~1 323.30 m,卢埠港以东至新夏港河以西岸段变迁总量为 729.86~1 227.72 m,白屈港以西至江阴与张家港交界处的岸段变迁总量为 223.77~419.62 m。

(2) 河床演变基本上遵循凸岸淤积、凹岸侵蚀的规律,但长江北岸崩坍后退幅度大于南岸,反映近 60 多年来长江下游具有总的向左摆动的趋势。同时,淤涨面积大于侵蚀后退面积,表明近60年来工作区长江段河床在左右摆动过程中有淤积束窄的趋势。

（3）长江江阴段岸线侵蚀和淤积方面,江岸变形强度有逐渐减弱的趋势。近60年来,长江江阴段岸线侵蚀总量为8.51～16.92 m,未发现大幅度的江岸全线侵蚀后退现象。

4.2　岸坡现状及其稳定性

4.2.1　岸坡现状

长江江阴段岸线位于长江河谷南岸,根据前人研究可知,长江南岸较北岸遭受的侵蚀冲刷更加强烈,这可由现今长江北岸比南岸保存着更多的阶地地貌所证明。因此长江江阴段岸坡多为人工岸坡。

长江江阴段堤坡除鹅鼻嘴公园处为以山代堤的自然岸坡外(图4-17),其余堤段均为人工修筑的硬质岸坡,护坡用材为钢筋混凝土和干砌石块(图4-18),部分岸段采用了生态护坡和石块护坡(图4-19)。堤岸的设防标准为7.25 m,堤顶高程为9.25～9.50 m。

图4-17　江阴鹅鼻嘴公园自然岸坡

图4-18　长江江阴岸线硬质岸坡

图 4-19　长江江阴岸线生态岸坡

4.2.2　岸坡稳定性

影响岸坡稳定的因素有多种,其中最主要的有岸坡岩土类型及性质、地质结构、水文地质条件等。除此之外,还有岩石风化、地表水和大气水的作用、地震及人类工程活动等。这些因素综合起来可分为两大方面,即内在因素和外在因素。内在因素包括岸坡岩土的类型和性质、岩土体结构等,外在因素包括水文地质条件及地表水和大气水的作用、岩石风化、地震以及人为因素等。对岸坡稳定性有影响的最根本因素为内在因素,它们决定岸坡变形破坏的形式和规模,对岸坡的稳定性起着控制作用,对岩质岸坡的影响尤为显著。外在因素只有通过内在因素才能对岸坡稳定性的变化起作用,致使岸坡变形破坏发生和发展。外在因素变化越频繁,其作用越强烈,有时成为岸坡破坏的直接原因。

1) 边界条件

(1) 岩土类型及性质的影响

岸坡岩土体的性质是决定岸坡斜坡抗滑力的根本因素。坚硬完整的岩石如花岗岩、石灰岩等,能够形成很陡的高边坡而不失其稳定。软弱岩石或土只能形成低缓的岸坡。

由沉积岩组成的岸坡最大特点是具有层理,而层理面具有控制岸坡稳定性的作用。沉积岩层常夹有软弱岩层,如厚层灰岩中夹泥灰岩,砂、砾岩中夹泥岩、页岩薄层等。这些软弱岩层常易构成滑动面(带)。

由岩浆岩组成的岸坡稳定性一般较好,但原生节理发育,也常有崩塌发生。特别是在风化强烈地区,小型崩塌和浅层滑坡较为多见,其主要原因是风化营力的作用,使风化带内的岩石强度降低,导致岸坡崩塌。在凝灰岩为主的火山岩系中,因其强度较低,常见滑坡发生。凝灰质页岩性质更差,往往成为滑坡面,依附于其上的一系列山坡均不稳定,滑坡成群出现。

变质岩的岸坡稳定性一般比沉积岩好,尤其是深变质岩,如片麻岩、石英岩等其性质与岩浆岩相近。片岩类依其矿物成分不同,工程地质性质有着极大差异。石英片岩、角闪片岩的强度很高,能维持较高的陡坡;而滑石片岩、绢云母片岩、绿泥石片岩等强度很低。千枚岩、泥质板岩因其易泥化,性质软弱,最易发生表层挠曲或弯折倾倒等变形。

（2）地质结构的影响

岸坡中的各种结构面对岸坡稳定性有着重要影响，特别是软弱结构面与斜坡临空面的关系，对岸坡稳定起着很大作用。这种关系多种多样，稳定性也各不相同，可以分为以下几种情况：①平叠坡：主要软弱结构面水平，这种岸坡比较稳定。②顺向坡：主要是指软弱结构面的走向与斜坡面的走向平行或比较接近，且倾向一致的岸坡。当结构面倾角 β 小于坡角 α 时，斜坡稳定性最差，极易发生顺层滑坡。自然界这种滑坡最为常见，人工斜坡也易遭破坏，当 β 大于 α 时，斜坡稳定性较好。③逆向坡：主要软弱结构面的倾向与坡面倾向相反，即岩层面倾向坡内。这种岸坡一般是稳定的，有时有崩塌现象，而滑动的可能性较小。但有其他断裂结构面配合时，也可形成滑坡。④斜交坡：主要软弱结构面与坡面走向成斜交关系，交角越小，稳定性越差。⑤横交坡：主要软弱结构面的走向与坡面走向近于垂直，这类岸坡稳定性较好，很少发生大规模滑坡。

（3）地表水和地下水的影响

每到雨季，崩塌和滑坡频繁发生，很多滑坡发生在地下水比较丰富的斜坡地带。水库蓄水后，周围岸坡因浸水而多有滑动。地表水、地下水对斜坡稳定性的影响十分明显。水的作用主要表现为对岩土的软化、泥化作用，水的冲刷作用，静水压力和动水压力等。

土坡或岩质边坡中的泥质岩层，在雨水渗入、地下水位升高而受到浸湿时就会改变其稠度，使之软化，抗剪强度降低，从而引起岸坡变形和破坏。页岩、凝灰岩、黏土岩等亲水性很强，水对其软化作用很显著。

水的冲刷作用使河岸变高、变陡。水流冲刷坡脚，切断滑动面使之临空或将趋于稳定的老滑坡的下部物质带走，从而导致滑坡的复活。

由于雨水渗入，河水位上涨或水库蓄水等原因，地下水位上升。水位抬高，又使孔隙水压力提高，降低了抗滑力，造成岸坡失稳。当地下水由斜坡岩土体中排出时，由于有一定的水力梯度，形成动水压力，增加了沿地下渗流方向的滑动力，对岸坡稳定不利。

（4）地震和人类活动的影响

地震是造成岸坡失稳最重要的触发因素之一，许多大型崩塌或滑坡的发生都与地震密切相关。从震源开始分布于地壳中的弹性振动，向周围介质传递时具有一定的加速度，因此产生地震力，其数值等于加速度与物体质量的乘积。同时，在地表物体和建筑物内部将产生一种与地震力大小相等、方向相反的惯性力，因此，地震总会在斜坡内引起一种附加应力，这种附加应力存在的时间同引起它的地震振动的延续时间一样，也是很短的。地震还可能引起岩土体结构和强度的变化。

随着科学技术的不断进步，人类工程活动的规模日益增大，因此，对岸坡稳定性的影响也越来越大。由于采矿掏挖坡脚逐步引起坡体失稳的实例举不胜举。另外，大量开挖的人工边坡对斜坡稳定性有较大影响。人工加载也是斜坡破坏的又一重要人为因素。

2）江岸组成物质

江岸稳定性与江岸组成物质的抗冲性密切相关，应用遥感图像解译，结合沿江工程地质钻孔资料和野外勘察，对长江江阴段沿江地貌、第四系沉积、地层结构等江岸边界条件进行了调查分析，着重从以下几个方面调查了江岸稳定性：

（1）丘陵

一般认为由基岩组成的江岸稳定性较好,诸多实际案例也证明如此。在长江江阴段,基岩于两岸零星分布,主要分布于江阴黄山和长山等地,江岸十分稳定,多呈矶头,节点濒临江边,对河道发育和演变起控制作用。

（2）长江三角洲冲积平原

主要分布在江阴申港以西岸段,为全新世晚期以来在三角洲发育过程中由河床摆动、沙洲并岸、河口向外延伸形成。长江三角洲冲积平原由河口相砂、粉砂、亚黏土组成,抗冲性差,岸线冲淤变化剧烈。

（3）太湖冲积平原

系全新世中期长江南岸沿岸沙洲与长江口沿海沙滩平原,沿江仅见于江阴弯道右岸申港至黄山一带,黏土层厚度较大,江岸相对比较稳定。

3）护岸工程

修建堤防、丁坝以及抛石、砌坡等护岸工程,改变了过去水流漫溢、宽浅摆动的自然状况,对稳定河势起到很大的作用。从河床演变的时空发展来看,20世纪70年代以后,崩岸段坍塌势头有所减弱,20世纪80年代以后更趋于缓和,反映了护岸工程建设和河道整治的效果。

4）岸坡稳定性评价

在遥感影像数据支持下,分析长江江阴段岸线变迁和堤防工程建设情况,研究河床时空演变规律,结合地质地貌背景资料的分析,对长江江阴岸段岸坡稳定性进行评价,划分出稳定岸、淤积岸和侵蚀岸三大类型。同时根据变化强弱程度和潜在发展趋势,将淤积岸和侵蚀岸又进一步分为弱淤积岸、强淤积岸和弱侵蚀岸3个亚类。

三大类划分的主要依据有两点:一是20世纪60年代以来江岸实际反映的侵蚀、淤积或稳定状况;二是边界条件,包括地质条件及护岸工程等。强淤积岸划分的依据是20世纪60年代以来平均淤积速率大于20 m/a,弱侵蚀岸划分的依据是20世纪60年代以来江岸后退平均速率小于10 m/a。

长江江阴段岸线稳定性评价的结果表明(图4-20),长江江阴段稳定岸占比39%,淤积岸占比52%,弱侵蚀岸占比9%,其中淤积岸汇总中弱淤积岸占比10%,强淤积岸占比42%。稳定岸线分为两段:一段分布在肖山港以东至江阴与张家港边界,另一段分布在肖山港以西至韭菜港。强淤积岸线分为两段:一段分布在南荣码头以西至江阴与常州边界,

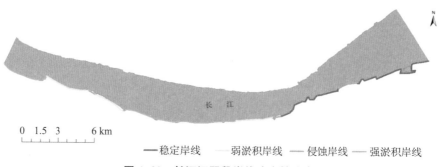

图 4-20 长江江阴段岸线稳定性分类

1966—2022年净淤积总面积为1.96 km²，另一段分布在芦埠港河口至江苏拆船厂处，1966—2022年净淤积总面积为5.69 km²。弱淤积岸线分为三段：一段分布于南荣码头至大龙港口，1966—2022年净淤积总面积为0.18 km²，第二段分布于利港河口以东至芦埠港河口，1966—2022年净淤积总面积为1.79 km²，第三段分布于江苏拆船厂至黄田港，1966—2022年净淤积总面积为1.93 km²。弱侵蚀岸线有三段：一段分布于大龙港口至利港河口，1966—2022年侵蚀总面积为0.02 km²，第二段分布于黄田港至韭菜港，1966—2022年侵蚀总面积为0.01 km²，第三段分布在肖山码头，1966—2022年侵蚀总面积为0.001 km²。

江阴城区段的堤岸全面硬化，能够抵御水流对陆地的冲刷和侵蚀，现有堤防工程重视可靠性和耐久性，采用坚硬的抗冲刷与抗冲击材料——混凝土驳岸和抛石护岸，主要是防止洪涝灾害以保障人民生命财产安全。随着近些年不断地提标升级改造，长江江阴段堤防建设均已达标，沿江的堤防和节制闸可实现关闸挡水，加之长江堤岸基本上是硬质护岸，防风暴潮的能力较强。通过调查我们发现，长江江阴段岸坡无变形迹象，均有可靠守护的岸坡，局部地段存在长江侵蚀现象，包括肖山码头、利港河口西侧和韭菜港公园等，但侵蚀作用不严重，风险可控。虽然堤坝下部5 m以浅部位存在透水性较强的粉砂或粉土层，但是所有堤坝均设置了防水墙，进行了防渗处理，有效地提高了堤防的抗渗透能力，保证了堤防的可靠性和稳定性。

总体来看，1966—2022年期间，长江岸线长度整体在增加，岸线曲折度也在增加，长江水域面积整体在减少，长江南岸线比北岸线变迁速率更快，向长江河面推进累计量也是更大。引起长江岸线变迁的主要原因有自然和经济两方面。

自然方面，江阴段长江南岸线受到水流的冲刷和侵蚀更为严重，岸线向陆地后退得更多，长江北岸线相对比较稳定。工作区所收集的数据源时相具有局限性，如果时相一致，降雨一致，对于研究结果影响更有利。

经济方面，长江南岸的江阴市，沿江经济活动更为强烈，用地需求和城市建设的需求更为强烈，引起更大范围的围填江活动。因此长江南岸线利用程度相对更高，表现为向长江江心前进得更多。

由于早期认识上的不足，特别是前些年经济发展观念的偏差，地方政府部门片面追求GDP，一些企业片面追求利益最大化，利用合法途径或非法手段，全力围筑吹填或抛泥填占长江河道，将大量近岸自然湿地改造成工业用地，修建了大量码头、造船厂、拆船厂、钢铁厂等沿江涉河建设项目。据不完全统计，1970—2012年，长江江阴段围滩面积累计达9.72 km²，陆域平均向长江中心线推进277.8 m。过度开发利用长江河道水土资源已导致申港、长山等段江滩大片芦苇、米草消失，人为减少了湿地植物带的蓄水固土能力。同时过度开发利用长江岸线改变了长江原有的地质地貌，造成长江流域环境污染严重，水域面积减少，生物多样性遭到破坏。目前长江白鲟、白鳍豚和鲥鱼均已灭绝，水生生物种类和数量不断减少。

4.3　近岸功能现状

江阴市拥有35 km的长江深水岸线、13条入江河道，是连接长江水系和太湖流域的重要通道,对常州、无锡等苏南地区的生态安全和用水安全具有重要意义。1966—1976年间,长江江阴岸段均为大片农田,沿江地带只有一处码头,即黄田港码头,其余地带均为原生态的滩涂;20世纪70年代末,江阴开启沿江开发,一批支柱企业崛起,为江阴乃至苏南乡镇企业的发展奠定了基础;从1986年的遥感影像图上,可见长江江阴岸段已有工厂和企业存在,沿江地带当时只存在黄田港一处码头,此时的长江宽阔,沿江地带仍然农田密布、河道纵横;20世纪90年代开始,在沿江大开发的背景下,江阴市长江岸段被过度使用,土地超强度开发等问题日益显现,1993年的遥感影像图显示,此时沿江利港电厂已经投产,申港口西侧的填江工程已初具规模,新夏港河口、黄田港口、黄山港口、白屈港口和大河港口附近的沿江地带已存在较多的现代企业工厂和码头。

2004年的遥感影像图显示桃花港口西侧和利港口东侧的化工园区有较大规模,江阴澄星石庄热电有限公司已建成投产,申港口东侧的填江工程初具规模,长宏国际港口、长江拆船厂和长达钢铁有限公司均已建设完毕,黄田港口、韭菜港口、白屈港口、大河港口和石牌港口两侧均已建设大片厂房和化工园区,此时江阴大桥已建成通车,滨江路、沿江高速等交通要道已相继竣工,兴澄特种钢铁有限公司的滨江一期工程和滨江二期工程已建设完毕;2008年的遥感影像图显示桃花港西侧的汉邦(江阴)石化有限公司已开始建设,江苏扬子嘉盛码头有限公司已建设使用,窑港口西侧的江阴澄西水厂已投入使用,利港口东侧江苏利士德化工有限公司全部建设完成,申港口东西两侧的填江工程基本完成,长宏国际港口仓储码头已投入使用,长江工业园南侧的长江之心公园及周边住宅开始建设,黄田港西侧的望江公园已开始建设,兴澄特钢开始建设三期工程;2013年的遥感影像图显示卢埠港口西南侧的江苏海伦石化有限公司年产120万t粗对苯二甲酸(K-EPTA)基本建设完成,卢埠港口东侧的中信中煤江阴码头有限公司、临港开发区六号码头和申港码头已建设完毕,滨江西路南侧的工厂和工业园区也已陆续建成投产,长江之心公园、江阴海关均已建设完成,黄田港和韭菜港附近的沿江企业和扬子江船厂已逐步拆除,临江路已进场施工,兴澄特钢滨江三期工程建设完成,由遥感影像图上可见,农田越来越少,调查区内大部分已经被建筑物所覆盖;2017年的遥感影像显示申港渡口已大体完工,振华港机、肖山码头等一批沿江工业企业和码头开始搬迁,黄田港和韭菜港周边土地均已平整,临江路二期工程基本完工,鹅鼻嘴公园西南侧的扬子华都已建设完毕。2017年江阴市35km的长江岸线中,已利用岸线32km,占比高达91%。

长江江阴岸段开发的热潮时期曾超过三分之二的岸线开展过工程建设,曾建成了3个沿江化工园区,12个危化品码头,沿江1km范围内土地开发强度超过50%。近年来,江阴以生态"三进三退"的生动实践,让"江阴外滩"从愿景走进现实。

4.3.1 近岸现状特征

长江江阴段岸线按利用功能可分为生产岸线、生活岸线、生态岸线、市政交通岸线和特殊占用岸线5种类型(图4-21)。

目前,生产岸线开发利用以工业企业及码头占用、集镇、开发区等为主,长江江阴段以临港工业、港口码头和仓储功能为主的生产岸线占比为48%。

生活岸线主要以城市生活用水的取水口资源保护区、城镇滨江绿地和风景区建设占用

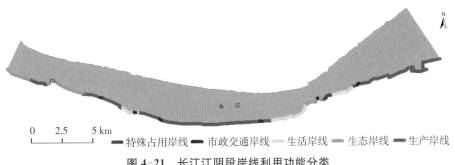

图 4-21　长江江阴段岸线利用功能分类

为主,居住、文化娱乐等复合型功能承载不足。2018 年 8 月,黄田港和韭菜港完成搬迁,并在原址修建了船厂公园、鲥鱼港公园、韭菜港公园、黄田港公园、长江大保护展示馆和江阴城市记忆馆,城区近 4 km 岸线实现还江于民。振华港机、肖山码头等一批工业企业和码头于 2018 年底完成搬迁,腾出岸线 2 km,目前生活岸线占比约为 20%。

生态岸线分布在黄山、西石桥等地,包括桃花港湿地、窑港口湿地和黄山湖湿地,承担保护水源、涵养水质等重要功能,生态岸线占比约为 30%。但上下游污染型企业密布,如西石桥水源地上下游 2~3 km 内分布了华西化工、阿尔法化工等 8 家大型化工企业。

当前,市政交通岸线主要指已建、在建和即将建设的长江大桥桥位以及过江汽渡、轮渡码头占用,包括利港轮渡、江阴汽渡和江阴大桥,岸线占比约为 1.5%。新长线江阴—靖江火车轮渡已于 2019 年 12 月 30 日零时起停止火车渡运业务,渡轮全部封存,未来该处将建成江阴第三过江通道,即公铁两用复合型大桥。

特殊占用岸线主要指军用和过江电缆及保护等类型占用,包括江阴"九五"基地等,岸线占比约为 0.5%。

4.3.2　岸线保护措施

江阴市围绕"共抓大保护 不搞大开发",加快建设长江生态安全示范区,把修复长江生态环境作为重中之重,持续优化沿江生产生活生态空间。随着长江经济带发展战略的推进,深入开展长江岸线整治专项行动,加强涉及长江岸线利用项目的核查监管,优化长江通航水域功能划分,完善港口配套设施,强化港口岸线和港口资源管理。大力开展长江生态保护提升行动,加强重要湿地保护修复,推进长江沿岸造林绿化工作。

"十四五"期间,江阴将加强港口岸线资源优化整合,逐步整合交通、水利等部门的相关经营性港口资产,划拨进国资统一平台,成立市政府批文筹建的市级一级国资江阴港口发展公司。服务现代化滨江花园城市建设,调整岸线布局,解决港城突出矛盾。港口集团码头上游至老锡澄运河段保留港口岸线调整为旅游客运功能和港口支持系统基地,新增旅游客运码头。同时将长山港区(中石化码头下游 410 m—江阴张家港界)岸线打造为港口岸线,承接黄田港区部分货运功能(图 4-22)。整合石利港区已利用码头,重点通过开放公共服务、优化货类结构提升岸线利用效率。

未来几年内,江阴将加快跨江通道建设,预计于 2025 年建成江阴—靖江长江隧道,推动江阴第三过江通道开工建设,并推进靖澄过江通道的前期研究。未来长江江阴岸线市

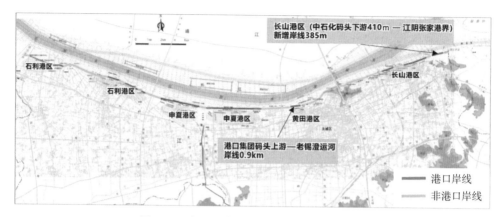

图 4-22　长江江阴段岸线规划(2021—2025)

政交通占比将会增加。

"十四五"期间,江阴将加快岸线整治,加大力度治理长江岸线非法码头、非法采砂,清理整顿化工行业和农业面源污染,以最严要求抓好沿江岸线的保护和开发利用。加快生态修复,提升沿江地区生态系统质量和稳定性,实施长江两岸及入江河道生态绿化、入湖入江排污口整治工程,推进滨江湿地和生态廊道建设与森林公园、湿地公园、植树造林建设有机协同,打造最美滨江岸线,完成长江干流沿岸 10 km 范围内废弃露天矿山生态修复工程,确保长江江阴段生态安全、生产安全。

水之安全关乎群众百姓的健康和生命,是经济发展和社会稳定的基础保障。近年来,随着社会工业化的发展,饮用水环境安全形势日益严峻。近年来,江阴市以生态环境部开展的饮用水水源地环境保护执法专项行动为契机,进行了集中式饮用水水源地环境状况调查工作,将饮用水水源地保护纳入日常环境管理体制中,提高了饮用水水源地环境安全保障水平。

4.4　土地利用现状

4.4.1　历史变迁

江阴市拥有 35 km 的长江岸线。很久以前江阴市人民就开始利用长江岸线作为南来北往的渡口。随着早些年大规模开发利用岸线进行经济活动,宝贵的长江岸线几乎被码头和工厂占用。近年来,随着长江大保护战略的实施,江阴市政府主动调整港口功能,腾退长江岸线土地,实施岸线生态修复,推动长江岸线资源整合和协调发展。

笔者所在研究团队通过采集影像数据得到了 1966 年、1986 年、2008 年和 2022 年的长江江阴岸段土地利用变化情况(图 4-23～图 4-26)。从图中可以看出,自 1966 年—2008 年间,长江江阴岸段农用地和水域面积逐年减少,建筑用地逐年增加,岸线上的大片农田变为码头和工厂,自 2008—2022 年间,沿岸农用地占比逐渐增加,而建筑用地占比明显减少。

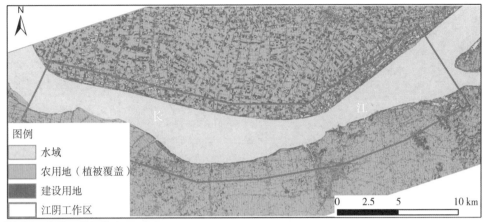

数据源：底图SY 单波段（1966年）

图 4-23　1966 年调查区土地利用情况

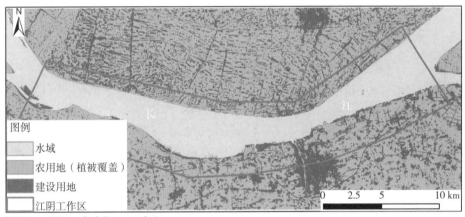

数据源：底图LT 多波段（1986年）

图 4-24　1986 年调查区土地利用情况

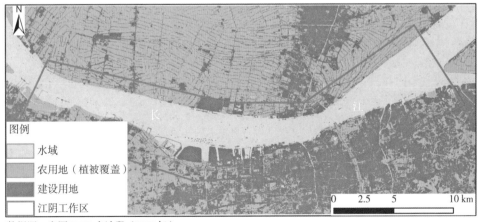

数据源：底图SPOT 多波段（2008年）

图 4-25　2008 年调查区土地利用情况

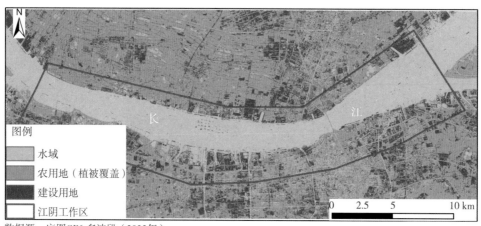

数据源：底图GF6多波段（2022年）

图 4-26　2022 年调查区土地利用情况

4.4.2　土地利用现状特征

根据调查工作范围及规范和土地功能要求，将工作区内土地分为 37 个类型，分别为城镇住宅用地、农村宅基地、公园与绿地、交通服务场站用地、其他草地、设施农用地、水田、水浇地、旱地、果园、其他园地、乔木林地、其他林地、河流水面、湖泊水面、坑塘水面、沟渠、港口和码头用地、水工建筑用地、城镇村道路用地、农村道路、公路用地、铁路用地、工业用地、特殊用地、科教和文卫用地、商业服务和设施用地、机关团体新闻出版用地、广场用地、物流仓储用地、公共设施用地、养殖坑塘、内陆滩涂、管道运输用地、采矿用地、竹林地、空闲地。其中占地面积较大的分别为河流水面、工业用地、城镇住宅用地、港口和码头用地、其他园地，占地面积分别为 47.54 km²、24.80 km²、8.88 km²、6.17 km² 和 5.07 km²。详细调查成果见表 4-8。

表 4-8　长江江阴段近岸土地利用分类统计表

序号	名称	面积/km²	描述	备注
1	城镇住宅用地	8.88	256 块，指城镇用于生活居住的各类房屋及其附属设施用地，不含配套的商业服务设施等用地	
2	农村宅基地	1.90	515 块，指农村用于生活居住的宅基地	
3	公园与绿地	3.94	474 块，指城镇、村庄范围内的公园、动物园、植物园、街心花园、广场和用于休憩、美化环境及防护的绿化用地	
4	交通服务场站用地	0.17	50 块，指城镇、村庄范围内交通服务设施用地，包括公交枢纽及其附属设施用地、大路长途客运站、公共交通场站、公共停车场、停车楼、教练场等用地，不包括交通指挥中心、交通队用地	
5	其他草地	2.28	308 块，指树木郁闭度小于 10%、表层为土质、不用于放牧的草地	

序号	名称	面积/km²	描述	备注
6	设施农用地	0.11	83 块,指直接用于经营性畜禽养殖生产设施及附属设施用地,直接用于作物栽培或水产养殖等农产品生产的设施及附属设施用地,直接用于设施农业工程帮助生产的设施用地、晾晒场、粮食果品烘干设施、粮食和农资临时存放场所、大型农机具临时存放场所等规模化粮食生产所必需的配套设施用地	
7	水田	3.93	519 块,指用于种植水稻、莲藕等水生农作物的耕地,包括实行水生、旱生农作物轮种的耕地	
8	水浇地	3.42	926 块,指有水源保证和浇灌设施,在一般年景能正常浇灌,种植旱生农作物(含蔬菜)的耕地,包括种植蔬菜的非工厂化的大棚用地	
9	旱地	0.90	214 块,指无浇灌设施,主要靠自然降水种植旱生农作物的耕地,包括没有浇灌设施、仅靠引洪淤灌的耕地	
10	果园	0.13	31 块,指种植果树的园地	
11	其他园地	5.07	24 块,指种植桑树、可可、咖啡、油棕、胡椒、药材等其他多年生作物的园地	
12	乔木林地	1.55	157 块,指乔木郁闭度大于等于20%的林地,不包括森林沼泽	
13	其他林地	3.41	689 块,包括疏林地(树木郁闭度大于等于10%、小于20%的林地)、未成林地、迹地、苗圃等林地	
14	河流水面	47.54	390 块,指自然形成或人工开挖河流常水位岸线之间的水面,不包括被堤坝拦截后形成的水库区段水面	
15	湖泊水面	0.14	4 块,指自然形成的积水区常水位岸线所围成的水面	
16	坑塘水面	1.80	393 块,指人工开挖或自然形成的蓄水量小于10万 m³ 坑塘常水位岸线所围成的水面	
17	沟渠	0.32	299 块,指人工修建,宽度大于等于 1 m,用于引、排、灌的渠道,包括渠槽、渠堤、护路林及小型泵站	
18	港口和码头用地	6.17	77 块,指用于人工修建的客运、货运、捕捞及工程、工作船舶停靠的场所及其附属建筑物的用地,不包括常水位以下局部	
19	水工建筑用地	1.42	105 块,至人工修建的闸、坝、堤路林、水电厂房、扬水站等常水位岸线以上的(建、构)筑物用地	
20	城镇村道路用地	4.81	608 块,指城镇、村庄范围内公用道路及行道树用地,包括快速路、主干路、次干路、支路、专用人行道和非机动车道及其交叉口等	
21	农村道路	0.31	370 块,在农村范围内,用于村间、田间交通运输,并在国家大路网络体系之外,以服务于农村农业生产为主要用途的道路	
22	公路用地	1.99	197 块,指用于国道、省道、县道和乡道的用地,包括征地范围内的路堤、路堑、道沟、桥梁、汽车停靠站、林木及直接为其服务的附属用地	

序号	名称	面积/km²	描述	备注
23	铁路用地	0.13	1块,指用于铁道线路及场站的用地,包括征地范围内的路堤、路堑、道沟、桥梁、林木等用地	
24	工业用地	24.80	428块,指工业生产、产品加工制造、机械和设备修理及直接为工业生产等服务的附属设施用地	
25	特殊用地	0.79	41块,指城镇村庄用地以外用于军事设施、涉外、宗教、监教、殡葬、风景名胜等的土地	
26	科教和文卫用地	2.09	76块,指用于各类训练,独立的科研、勘察、研发、设计、检验检测、技术推广、环境评估与监测、科普等科研事业单位,医疗、保健、卫生、防疫、康复和急救设施,为社会供给福利和慈善服务的设施,图书、展览等公共文化活动设施,体育场馆和体育训练基地等用地及其附属设施用地	
27	商业服务和设施用地	2.78	300块,指主要用于零售、批发、餐饮、旅馆、商务金融、消遣及其他商业服务的土地	
28	机关团体新闻出版用地	1.34	102块,指用于党政机关、社会团体、群众自治组织,播放电台、电视台、电影厂、报社、杂志社、通讯社、出版社等的用地	
29	广场用地	0.05	6块,指城镇、村庄范围内的广场用地	
30	物流仓储用地	0.66	23块,指用于物资储藏、中转、配送等场所的用地,包括物流仓储设施、配送中心、转运中心等	总面积134.82 km²
31	公共设施用地	1.21	75块,指用于城乡基础设施的用地,包括供水、排水、污水处理、供电、供热、供气、邮政、电信、消防、环卫、共用设施修理等用地	
32	养殖坑塘	1.83	88块,指人工开挖或自然形成的用于水产养殖的水面及相应附属设施用地	
33	内陆滩涂	3.28	38块,指河流、湖泊常水位至洪水位间的滩地,时令湖、河洪水位以下的滩地,水库、坑塘的正常蓄水位与洪水位间的滩地	
34	管道运输用地	0.02	8块,指用于运输煤炭、矿石、石油、自然气等管道及其相应附属设施的地上局部用地	
35	采矿用地	0.42	4块,指采矿、采石、采砂场、砖瓦窑等地面生产用地,排土(石)及尾矿堆放地,不包括盐田	
36	竹林地	0.11	9块,指生长竹类植物,郁闭度大于等于20%的林地	
37	空闲地	0.005	1块,指城镇、村庄、工矿范围内尚未使用的土地,包括尚未确定用途的土地	

4.4.3　岸线土地利用的合理性分析

（1）岸线开发程度高，但利用不尽合理。长江江阴段岸线深水和中深水岸线利用率高达42.7％，但大多占用单位沿江平行布局，陆域纵深较小，存在多占少用、重复建设现象，开发利用集约程度较低，主要表现在工业占用和仓储占用方面。

（2）江阴生产岸线已利用16.8 km，约占自然岸线总长度的48％，沿江布局有石利港、申夏港、黄田港和长山港4个港区，生产码头泊位89个，其中万吨级以上泊位47个。此外，城市生活、饮用水水源保护区、过江电缆、过江桥梁、军事基地等利用岸线约8 km。已利用岸线中，公用码头和企业码头间存在突出的结构性矛盾，其占用岸线长度分别为10 503 m和10 232 m，但岸线吞吐量平均分别为12 069 t/m和3 320 t/m，差距巨大。企业码头利用效率偏低，而公用码头明显供给不足。

（3）沿江分布3个以发展化工、石化行业为主的工业园区以及4座污水处理厂和12座化工专用码头，危险化学品码头存在环境风险，大型煤炭和物料堆场、沿江港口码头等存在扬尘现象，长江江阴段生态安全存在一定隐患。

（4）饮用水取水口附近有化工企业，对用水安全构成威胁。窑江取水口上下游均有化工企业，如有突发事件造成水体污染，将对整个地区的正常供水造成巨大的影响。

（5）岸线缓冲带和入江河流岸线人工硬化现象较为严重，缺乏多自然缓冲带，生态环境容量下降，动植物缺乏相应的栖息地，生物多样性下降。

4.4.4　岸线土地利用和保护建议

建议长江岸线利用和保护应该遵循以下原则：

（1）严格港口岸线使用审批管理，加强港口岸线利用方案合理性审查，防止深水浅用、多占少用、占而不用、乱占乱用、少批多占港口岸线，优化调整各类企业岸线利用横纵比例，加大陆域纵深，引导沿江产业向陆域纵深发展，占用较少长江岸线。

（2）完善合理利用港口岸线措施，积极探索沿江小、散、老码头的资源整合方案，推进沿江建设规模化、专业化港区，不断完善集疏运通道体系，研究企业专用码头向社会开放的准入条件和引导措施，研究提出长江港口岸线高效利用的量化控制指标。

（3）人水和谐、生态优先。岸线资源合理利用与科学管理必须遵循河流的自然属性，在保护中发展、在发展中保护。

（4）有效保护、合理布局。对岸线资源要保护和利用并重，统筹协调岸线资源的保护和社会服务功能，合理开发利用岸线资源，实现岸线资源的有效保护与合理布局。

（5）因地制宜、突出重点。根据河湖岸线的自然条件和特点、沿河（湖、江）地区经济社会发展水平以及岸线开发利用程度，针对岸线开发利用和保护中的主要矛盾，按照轻重缓急，合理确定近远期的规划目标和任务。

（6）依法行政、强化管理。按照相关法律法规的要求，研究提出岸线资源科学管理、有效保护与合理利用的保障措施，为制定岸线管理的相关政策、法规和管理制度奠定基础；针对岸线利用和保护中存在的突出问题，制定和完善岸线开发利用与保护的管理制度，研究制定强化岸线利用综合管理的措施，加强依法行政，切实加强岸线利用的公共服务和社会管理。

4.5　长江江阴段水文地质特征

江阴地区地表水调查以搜集资料和总结研究为主,地下水水文地质调查工作以施工钻孔(JY01～JY09)为载体,充分利用"地质云平台"收集了调查区及附近已有孔(19个水文孔和8个工程勘察孔),同时收集调查区的工民建孔64个。根据调查孔所处的地形地貌、地表岩性、地下水补径排条件、主要环境地质问题等,对施工孔的井口高程及水位埋深进行了统一测量。通过现场物理测试,获取了pH、EC等指标参数,绘制了调查区平面图和剖面图。

通过调查,初步了解了含水层空间结构与边界条件,地下水补给、径流、排泄条件,地下水质量及其污染情况,基本查清了调查区内主要环境地质类型、分布、规模以及基本特征。为探明含水层的富水性,获得相应的水文地质参数,了解含水层之间的相互连通性,对JY05钻孔进行了抽水试验工作,同时结合调查区内已有孔的水文参数,在工作过程中,利用调查区内已有的水文地质钻孔,对比确定年代地层,帮助进行水文地质分层。

4.5.1　地表水资源环境和利用情况

江阴市地处长江流域太湖水系,地表水系极为发育,水域面积为175.8 km²,占土地总面积的17.8%,其中长江水面面积为56.7 km²。区内河网密布,水道纵横,全境有干、支河流1 188余条,河网密度为4.98 km/km²,为典型的平原低洼河网区,区内天然河流和人工开凿的河道纵横交织,湖塘密布,沟通长江与京杭大运河及太湖,形成了极为便利的航运、灌溉、排涝河流网络。主要骨干河道有锡澄河、白屈港、张家港河、利港河、西横河、新沟河、东横河、二干河、新沙河、华塘河等。其中锡澄河是区内主干河道,多年平均水位为3.44 m,最高水位为5.04 m,最低水位为2.62 m。流经江阴的长江岸线长约35 km,江面宽为1.5～4 km,水深为30～40 m。水位受潮汐影响,每日两涨两落。据水文观测资料,多年平均高潮位为4.04 m,平均低潮位为2.40 m;多年平均径流量为9 730亿m³,1954年洪水年份径流量达13 590亿m³,1926年干枯年份径流量仅为6 320亿m³。长江江阴段2022年上半年平均高潮位为4.17 m,最大高潮位为5.88 m,平均低潮位为2.37 m,最小低潮位为1.32 m,长江江阴段出现1951年以来汛期最低潮位;长江干流1—10月来水量为7 018亿m³,较常年同期偏少14%。其中,上半年水量偏丰,来水量为4 929亿m³,较常年同期偏多23%,列历史同期第4位。自6月25日起,来水量持续下降,9月30日出现1951年以来同期最小流量为7 340 m³/s。8月、9月、10月径流量均位列1951年以来同期倒数第1位。

2022年,江阴市重点考核断面18个,其中包括国控断面6个、省控断面12个。按要求国控断面和省控断面每月监测一次,监测项目为《地表水环境质量标准》(GB 3838—2002)表1中24项指标及电导率、流量、流向、水位等。按《地表水环境质量评价方法(试行)》(环办〔2011〕22号)评价,评价指标为《地表水环境质量标准》(GB 3838—2002)表1中除水温、总氮、粪大肠菌群以外的21项指标。

2022年江阴市地表水水质总体较好,全部达到水质目标(表4-9),在江苏省县(市、区)地表水环境质量状况排名中排在第五位。18个重点监测断面中,Ⅱ类水质断面11个,占61.1%,Ⅲ类水质断面7个,占38.9%。与2021年相比,总体水质提升,无Ⅳ类及以下级别水质,在江苏省县(市、区)地表水环境质量变化程度排名中排在第三位。16条重点河流中,白屈港、长江、新夏港河、申港河、应天河、老夏港河、利港河、青祝河、石牌港等9条河流水质处于优水平,锡澄运河、新沟河、张家港河、东清河、东横河、桃花港、二干河等7条河流水质处于良好水平。与2021年相比,2022年全市16条重点河流中,新夏港河、应天河和青祝河水质由良好转为优,水质均有所好转,东横河和桃花港水质由优转为良好,水质变差,其余11条河流水质未有明显变化。

江阴市多年平均水资源总量为5.3亿 m^3,其中地表水资源量为4.0亿 m^3,地下水资源量为1.3亿 m^3。江阴市本地水资源不足,过境水资源量丰富,城乡供水90%以上的用水量依赖于长江客水,是典型的水质型缺水城市。江阴市集中式饮用水源地主要有长江肖山、小湾、西石桥、窑港4处地表水源地和1处地下水源地(图4-27)。江阴市生态环境局发布的江阴市饮用水源地水质监测结果显示,2022年长江水源地水质符合地表水Ⅱ类标准。

图4-27 江阴市集中饮用水水源地位置示意图

地表水源地分别向肖山水厂、小湾水厂、西石桥水厂以及澄西水厂、锡澄水厂供应原水,其中澄西水厂和锡澄水厂共用取水口,自来水供水范围覆盖江阴全境、无锡市区、常州市区等,目前总供水能力为246万 m^3/d,其中肖山水厂为60万 m^3/d,小湾水厂为30万 m^3/d,西石桥水厂为36万 m^3/d,无锡市锡澄水厂为100万 m^3/d,澄西水厂为20万 m^3/d。地下水源地作为江阴市应急备用水源地,位于临港街道黄丹港东侧,供水能力为12万 m^3/d,能满足7 d供水需求。

4.5.2 长江江阴段水位变化和补给状况

1) 长江水位变化

本次从长江江阴水文站收集了自2021年1月至2022年6月的潮位数据(表4-10),绘制了长江水位变化曲线图,总结规律以下:

表 4-9 江阴市 2022 年 1—12 月重点考核断面水质状况

序号	镇街	河流名称	断面名称	属性	目标	1月	2月	3月	4月	5月	6月	7月	8月	9月	10月	11月	12月	达标情况
1	高新区	白屈港	金瞳桥	国考	Ⅲ	达标Ⅱ	达标Ⅱ	达标Ⅱ	达标Ⅱ	达标Ⅱ	达标Ⅱ	达标Ⅱ	达标Ⅱ	达标Ⅱ	达标Ⅱ	达标Ⅱ	达标Ⅱ	达标Ⅱ
2	澄江街道	长江	小湾	国考	Ⅱ	达标Ⅱ	达标Ⅱ	达标Ⅱ	达标Ⅱ	达标Ⅱ	达标Ⅱ	达标Ⅱ	达标Ⅱ	达标Ⅱ	达标Ⅱ	达标Ⅱ	达标Ⅱ	达标Ⅱ
3	青阳镇	锡澄运河	润河桥	国考	Ⅲ	达标Ⅲ	达标Ⅲ	达标Ⅲ	达标Ⅲ	达标Ⅲ	达标Ⅲ	达标Ⅲ	达标Ⅲ	超标Ⅳ类 总磷 0.27 mg/L	达标Ⅲ	达标Ⅲ	达标Ⅲ	达标Ⅲ
4	夏港街道	新夏港河	长泾桥	国考	Ⅲ	达标Ⅲ	达标Ⅱ	达标Ⅱ	达标Ⅲ	达标Ⅲ	达标Ⅲ	达标Ⅲ	达标Ⅲ	达标Ⅱ	达标Ⅱ	达标Ⅲ	达标Ⅲ	达标Ⅱ
5	申港街道	新沟河	新沟桥	国考	Ⅲ	达标Ⅲ	达标Ⅲ	达标Ⅲ	达标Ⅲ	达标Ⅲ	达标Ⅲ	达标Ⅲ	达标Ⅲ	达标Ⅲ	达标Ⅲ	达标Ⅲ	达标Ⅲ	达标Ⅲ
6	顾山镇	张家港河	码头大桥	国考	Ⅲ	达标Ⅲ	达标Ⅲ	超标Ⅳ类 氨氮 1.04 mg/L	达标Ⅲ	达标Ⅲ	达标Ⅲ	超标Ⅳ类 溶解氧 4.5 mg/L	达标Ⅲ	超标Ⅳ类 溶解氧 4.1 mg/L	达标Ⅲ	达标Ⅲ	达标Ⅲ	达标Ⅲ
7	长泾镇	东青河	昊山桥	省考	Ⅲ	达标Ⅲ	达标Ⅲ	达标Ⅲ	达标Ⅲ	达标Ⅲ	达标Ⅲ	达标Ⅲ	达标Ⅲ	达标Ⅲ	达标Ⅲ	达标Ⅲ	达标Ⅲ	达标Ⅲ
8	高新区 周庄镇	东横河	顾家石桥	省考	Ⅲ	达标Ⅱ	达标Ⅲ	达标Ⅲ	达标Ⅲ	达标Ⅲ	达标Ⅱ	达标Ⅲ	达标Ⅲ	达标Ⅲ	达标Ⅲ	达标Ⅲ	达标Ⅲ	达标Ⅲ
9	徐霞客镇	白屈港	湖庄桥	省考	Ⅲ	达标Ⅱ	达标Ⅲ	达标Ⅱ	达标Ⅲ	达标Ⅱ	达标Ⅱ	达标Ⅱ	达标Ⅱ	达标Ⅱ	达标Ⅱ	达标Ⅱ	达标Ⅱ	达标Ⅱ

序号	镇街	河流名称	断面名称	属性	目标	单月达标情况												达标情况
						1月	2月	3月	4月	5月	6月	7月	8月	9月	10月	11月	12月	
10	申港街道	申港河	申港口	省考	Ⅲ	达标Ⅱ	达标Ⅱ	达标Ⅱ	达标Ⅱ	达标Ⅱ	达标Ⅱ	达标Ⅱ	达标Ⅲ	达标Ⅲ	达标Ⅲ	达标Ⅱ	达标Ⅱ	达标Ⅱ
11	澄江街道	应天河	彩云大桥	省考	Ⅲ	达标Ⅱ	达标Ⅱ	达标Ⅱ	达标Ⅱ	达标Ⅲ	达标Ⅲ	达标Ⅲ	达标Ⅱ	达标Ⅱ	达标Ⅱ	达标Ⅱ	达标Ⅱ	达标Ⅱ
12	黄土镇	桃花港	新河闸	省考	Ⅲ	达标Ⅲ	超标Ⅳ类氨氮1.34 mg/L	超标Ⅴ类五日生化需氧量6.6 mg/L	达标Ⅲ	达标Ⅲ	达标Ⅲ	超标Ⅳ类化学需氧量浓度24 mg/L	达标Ⅲ	达标Ⅲ	达标Ⅲ	达标Ⅲ	达标Ⅲ	达标Ⅲ
13	夏港街道	老夏港河	老夏港河桥	省考	Ⅲ	达标Ⅱ	达标Ⅱ	达标Ⅱ	达标Ⅱ	达标Ⅱ	达标Ⅱ	达标Ⅲ	达标Ⅲ	达标Ⅲ	达标Ⅲ	达标Ⅱ	达标Ⅲ	达标Ⅱ
14	利港街道	利港河	卫东桥	省考	Ⅱ	达标Ⅱ	达标Ⅱ	达标Ⅱ	达标Ⅱ	达标Ⅱ	达标Ⅱ	达标Ⅱ	超标Ⅲ类溶解氧5.2 mg/L	超标Ⅲ类溶解氧5.3 mg/L	达标Ⅱ	达标Ⅱ	达标Ⅱ	达标Ⅱ
15	华士镇	青祝河	长陆路桥	省考	Ⅲ	超标Ⅳ类氨氮1.04 mg/L	超标Ⅳ类氨氮1.09 mg/L	达标Ⅲ	达标Ⅲ	达标Ⅲ	达标Ⅲ	达标Ⅲ	达标Ⅲ	达标Ⅲ	达标Ⅲ	达标Ⅱ	达标Ⅱ	达标Ⅱ

序号	镇街	河流名称	断面名称	属性	目标	单月达标情况												达标情况
						1月	2月	3月	4月	5月	6月	7月	8月	9月	10月	11月	12月	
16	高新区	石埠港	堤闸管理处	省考	Ⅲ	达标Ⅱ	达标Ⅱ	达标Ⅱ	超标Ⅳ类 五日生化需氧量5.3 mg/L、化学需氧量浓度21 mg/L、氟化物1.26 mg/L	达标Ⅱ	达标Ⅲ	达标Ⅲ	达标Ⅲ	达标Ⅱ	达标Ⅱ	达标Ⅱ	达标Ⅱ	达标Ⅱ
17	顾山镇	三干河	栏杆桥	省考	Ⅲ	达标Ⅲ	达标Ⅲ	达标Ⅲ	达标Ⅱ	达标Ⅲ	达标Ⅲ	达标Ⅲ	达标Ⅲ	达标Ⅲ	达标Ⅱ	达标Ⅲ	达标Ⅲ	达标Ⅲ
18	澄江街道	锡澄运河	黄田港大桥	省考	Ⅱ	达标Ⅱ	达标Ⅱ	达标Ⅱ	达标Ⅱ	达标Ⅱ	达标Ⅱ	达标Ⅱ	达标Ⅱ	达标Ⅱ	达标Ⅱ	达标Ⅱ	达标Ⅲ	达标Ⅱ

表 4-10　长江江阴站潮位统计表

单位:m

日期	高潮(平均)	低潮(平均)	潮差(平均)
2021 年 1 月	1.616	−0.304	1.92
2021 年 2 月	1.696	−0.284	1.98
2021 年 3 月	1.936	−0.094	2.03
2021 年 4 月	2.156	0.206	1.95
2021 年 5 月	2.506	0.696	1.81
2021 年 6 月	2.726	1.036	1.69
2021 年 7 月	2.956	1.256	1.70
2021 年 8 月	2.856	1.126	1.73
2021 年 9 月	2.896	1.156	1.74
2021 年 10 月	2.616	0.836	1.78
2021 年 11 月	1.946	0.056	1.89
2021 年 12 月	1.586	−0.344	1.93
2022 年 1 月	1.656	−0.284	1.94
2022 年 2 月	1.886	0.096	1.79
2022 年 3 月	2.136	0.246	1.89
2022 年 4 月	2.236	0.396	1.84
2022 年 5 月	2.456	0.726	1.73
2022 年 6 月	2.806	1.206	1.60

(1) 枯水期:分布在 12 月份至次年 2 月份,此时长江江阴段潮位最低,月平均低潮位在 −0.344~0.096 m 范围内波动,出现低潮位为负值,表示潮位低于海平面,月平均高潮位在 1.586~1.886 m 范围内波动,月平均潮差为 1.79~1.94 m,潮差较大。

(2) 丰水期:分布在 7 月份至 9 月份,此时长江江阴段潮位最高,月平均高潮位在 2.856~2.956 m 范围内波动,月平均低潮位在 1.126~1.256 m 范围内波动,月平均潮差为 1.70~1.74 m,潮差波动最小。

(3) 平水期:分布在 3 月份至 6 月份、10 月份至 11 月份,此时长江江阴段潮位较低,月平均高潮位在 1.936~2.806 m 范围内波动,月平均低潮位在 −0.094~1.206 m 范围内波动,月平均潮差为 1.60~1.95 m。

4.5.3　地下水类型

根据地下水的赋存介质条件、水动力性质等基本特征分类,本次调查区涉及的地下水类型主要为松散岩类孔隙水和碎屑岩类构造裂隙水。

松散岩类孔隙水是江阴市主要的地下水类型,主要分布于江阴西部及南部平原地区松散堆积层中。根据含水砂层的成因时代、埋藏分布、水力联系及水化学特征等,自上而下可依次划分为孔隙潜水、第Ⅰ承压、第Ⅱ承压(本次工作未涉及)、第Ⅲ承压(本次工作未涉及)四个含水层(组),各含水层(组)的岩性特征、厚度及富水性均受制于沉积环境,呈现不同的变化规律。

碎屑岩类构造裂隙水主要分布于江阴中部孤山残丘周边,含水地层由志留系—泥盆系的一套碎屑岩组成。受岩性和构造的控制,富水性变化大,总体上含水性较为贫乏。地下水径流条件也较差。大气降水补给后,在径流汇集过程中,相当大一部分水被蒸发消耗或以泉水形式排泄于地表,一般不易形成较大的地下富水带。

4.5.4　水文地质分区

由于受基底地质构造条件、地层岩性、古长江活动及第四纪古气候冷暖、海平面升降等一系列因素的影响,调查区内沉积物厚度、颗粒、含水层结构、富水性等多方面呈现出明显的地域特征,水文地质条件较为复杂。

根据调查区 50 m 以浅内地层分布特征、含水砂层的空间分布规律、地下水流场及地下水循环中的径流条件等因素,可将调查区划分为长江三角洲沉积(A)、太湖沉积(B)两个水文地质区。长江三角洲沉积主要赋存松散岩类孔隙水,太湖沉积则以松散岩类孔隙水和碎屑岩类构造裂隙水为主。

4.5.5　各区水文地质特征

1) 长江三角洲沉积(A)

长江三角洲沉积位于调查区江阴西部,包括利港镇、申港镇及夏港镇。该区北依长江,西南与常州相接。区内地势平坦开阔,河流密布,水系极为发育。本区第四纪松散层广泛分布发育,沉积厚度为 140~240 m,自南向北渐厚,其间发育有孔隙潜水、第Ⅰ承压、第Ⅱ承压(本次工作未涉及)、第Ⅲ承压(本次工作未涉及)四个含水层组,含水层具有分布稳定、水量丰富等特点。

(1) 潜水含水层组

潜水含水层组近地表分布发育,一般埋藏于 10 m 以浅,厚度为 6~8 m,岩性主要为第四系全新统和上更新统冲积相,滨海相的灰、灰黄色粉质黏土,粉土或粉砂夹粉土薄层,透水性相对较差,单井涌水量一般在 5~20 m³/d。潜水位埋深受大气降水和地表水影响,一般随季节变化在 1~3 m。调查区潜水同时受潮汐影响,影响宽度约为 1 km。

(2) 第Ⅰ承压含水层组

第Ⅰ承压含水层(组)由上更新统冲积相沉积物组成。含水层呈多层状结构,一般由1~3 个砂层组成。依据砂层的展布规律可分为上下两段。

上段含水层顶板埋深一般为 10 m 左右,起伏变化不大,主要由晚更新世晚期沉积的灰黄、黄褐色粉砂、细砂组成,石庄、利港、申港、夏港沿江一带砂层厚度多大于 20 m,单井涌水量大于 500~1 500 m³/d。滨江西路以南大部分区域、锡澄运河附近砂层厚度多在10~15 m 之间,单井涌水量一般在 50~300 m³/d 之间。该段含水层与潜水间水力联系密切,又被称为微承压水。

下段含水砂层由晚更新世早期沉积而成,顶板埋深一般在 40 m 左右,石庄、利港、申港沿江一带含水层岩性主要为灰、灰黄色粉砂、细砂,厚度为 10~20 m,其他地段该含水层岩性以粉土、粉质黏土夹粉砂为主，厚2～10 m。该含水层与下部第Ⅱ承压含水层之间缺乏稳定的隔水层。

2）太湖沉积（B）

太湖沉积分布于调查区内江阴城区及其周边的要塞、长山沿江一带，地貌上属孤山丘岗区。区内出露的基岩地层主要有志留系、泥盆系砂岩、泥岩，第四系松散层堆积物厚度多在20～80 m，岩性以第四系上更新统、全新统黏性土为主，局部地带沉积有粉土薄层。

本区调查工作涉及地下水类型为碎屑岩类构造裂隙水和松散岩类孔隙地下水，总体上水量较贫乏。

（1）松散岩类孔隙含水层

调查区内分布发育有松散岩类孔隙潜水和第Ⅰ承压两个含水层组。

潜水含水层组：除基岩裸露区外普遍分布，主要接收大气降水入渗和山体基岩面侧向径流补给，因含水层岩性是由黏性土和碎石类相混合，透水性较差，单井涌水量一般小于5 m³/d。

第Ⅰ承压含水层组：仅要塞、萧山码头及长山沿江一带及山南一带缺失，调查区其余部分均有分布。含水砂层由上更新统堆积的1～2层粉土、粉砂组成，顶板埋深10 m左右，厚度多小于10 m，透水性和富水性差，单井涌水量一般小于100 m³/d。

（2）碎屑岩类构造裂隙含水岩组

含水岩组主要由泥盆系、志留系沉积的石英砂岩、粉细砂岩、泥质粉砂岩组成，富水性与地层岩性、构造密切相关。泥盆系茅山组石英砂岩、粉细砂岩岩性硬脆，在多期构造应力作用下，裂隙较为发育，有利于地下水的运移和富集，单井涌水量一般为100～200 m³/d，在张性断裂发育地带，单井涌水量可达500 m³/d。目前在澄江、月城等地有开采井。

4.5.6　近岸地下水特征

1）水位变化情况

本次调查区内施工孔位潜水和第Ⅰ承压水水位埋深分布情况见表4-11。

根据地下水观测结果，9个钻孔的水位变化如表4-11所示，长江江阴岸段潜水层总体水位埋深为0.45～3.75 m，从丰水期到平水期水位埋深逐渐增大，同时钻孔所处位置地形越高，水位埋深越大。根据《苏南现代化建设示范区1∶5万环境地质调查成果报告》可知，调查区潜水的水化学类型主要以 HCO_3—Ca 或 HCO_3—$Ca·Na$ 为主，矿化度小于1 g/L，总硬度为158～626 mg/L，为低矿化、中硬度—高硬度的淡水。

第Ⅰ承压含水层（组）为晚更新世沉积的一套河流—河口—滨海相沉积物，含水岩性以粉土、粉砂、粉细砂为主，局部夹粉质黏土薄层。区域资料显示含水砂层上段广布全区，顶板埋深27～35 m。根据本次工作统计，全区的9个钻孔均揭露了此含水层，埋深约5.9～16.7 m，厚度为20.48～38.23 m。根据《苏南现代化建设示范区1∶5万环境地质调查成果报告》可知，调查区第Ⅰ承压水的水化学类型为 HCO_3—$Ca·Na$，矿化度检出值多在0.5～1 g/L，总硬度检出值普遍低于潜水，一般介于217～477 mg/L，为低矿化、中硬度—高硬度的淡水。

本次工作对各水文孔地下水水位变化情况进行了统计（如表4-11），并绘制了施工孔

位的地下潜水位变化图(图 4-28),总结规律如下:

表 4-11 潜水及第 I 承压水水位变化表

孔号	水位/m				埋深/m	含水层厚度/m	备注
	7 月 27 日	8 月 9 日	8 月 23 日	11 月 7 日			
JY01	1.717	1.667	1.507	1.217	1.65	4.35	
JY02-1	1.107	1.043	0.886	1.006	1.62	6.08	
JY02	−3.851	−4.261	−4.341	−3.771	7.70	20.11	承压水
JY03	0.108	−0.272	−0.492	−1.032	2.64	2.36	
JY04	0.086	0.056	−0.064	0.946	3.75	7.7	
JY05-1	3.785	3.705	3.615	3.515	3.54	9.41	人工回填 6.35 m
JY05	0.751	0.691	0.551	0.411	12.95	25.45	承压水
JY06	2.49	2.07	1.29	1.72	0.45	6.35	
JY07-1	3.089	2.669	2.389	2.479	1.98	4.02	
JY07	2.984	2.504	2.334	2.434	30.80	7.15	承压水
JY08	1.984	1.984	1.654	1.764	1.13	1.17	
JY09	3.285	2.775	2.415	2.515	1.48	4.12	
SWGC1	—	1.340	1.170	—	—	—	
长江水位	0.186~2.106	0.316~2.036	0.306~1.706	−0.874~1.296			

备注:埋深和含水层厚度均以 2022 年 7 月 27 日数据计算,水位均依据 85 黄海高程测算。

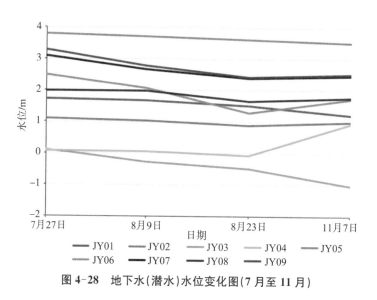

图 4-28 地下水(潜水)水位变化图(7 月至 11 月)

(1) 2022 年 1 月至 6 月随着季节变化,温度逐渐增高,降雨逐渐增多,长江水位逐渐增高,长江江阴段月平均高潮位从 1.656 m 升高至 2.806 m。但是自 7 月以来,受长江上游来水减少和持续高温少雨天气影响,长江江阴段水位连续回落,提前进入枯水期。从

7月末到11月初,JY01孔潜水水位缓慢降低,从7月27日的1.717 m到8月9日的1.667 m,再到8月23日的1.507 m,再到11月7日的1.217 m;JY02孔潜水水位由1.107 m降至1.043 m,然后又降至0.886 m,11月7日又升至1.006 m;JY03孔潜水水位由0.108 m降至-0.272 m,然后下降至-0.492 m,最后下降至-1.032 m;JY04孔潜水水位由0.086 m降至0.056 m,然后下降至-0.064 m,11月7日上升至0.946 m;JY05孔潜水水位由3.785 m降至3.705 m,然后降至3.615,最后降至3.515 m;JY06孔潜水水位由7月27日的2.49 m降至8月9日的2.07 m,然后又降至8月23日的1.29 m,11月7日升至1.72 m;JY07孔潜水水位由3.089 m降至2.669 m,再降至2.389 m,11月7日升至2.479 m;JY08孔潜水水位由1.984 m降至1.654 m,11月7日升至1.764 m;JY09孔潜水水位由3.285 m降至2.775 m,又降至2.415 m,11月7日升至2.515 m。

(2)地下水(承压水)水位变化图(图4-29)显示,JY02孔第Ⅰ承压水位从2022年7月27日的-3.851 m降至8月9日的-4.261 m,再降到8月23日的-4.341 m,11月7日又升至-3.771 m;JY05孔第Ⅰ承压水位由0.751 m降至0.691 m,再降到0.551 m,最后降至0.411 m;JY07孔的第Ⅰ承压水位由2.984 m降至2.504 m,又降至2.334 m,11月7日升至2.434 m。

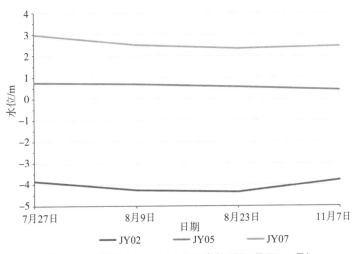

图4-29 地下水(承压水)水位变化图(7月至11月)

(3)地下水位总体变化趋势是由汛期到平水期,水位逐渐下降,由于8月份的持续高温和少雨天气,8月份地下水水位下降速率较大。

2) 水文地质参数

本次对JY05水文孔进行了单孔抽水试验,JY05水文孔的承压水含水层位为12.95~31.20 m,含水层岩性为粉砂,其特征为灰黄色、饱和、稍湿、可—硬塑、稍—中密,含云母片,局部富集呈层状分布,由石英、长石及少量暗色矿物组成。分选性好,韧性,干强度高—中,刀切面稍有光泽,局部夹粉土薄层。受地层结构及成井工艺等综合因素影响,该水文孔为非完整井,滤管深度为12.95~22.0 m。该水孔静止水位为6.5 m,故2次落程选取$S_2=3.5$ m,$S_1=2.0$ m。抽水试验现场记录如表4-12和表4-13所示,根据实测的流量与计算的降深绘制 Q-S-T 关系曲线,如图 4-30 和图 4-31 所示,由图中曲线可以看出,随降深增大,流量亦增加。

表 4-12　稳定流抽水试验观测记录(第一次落程)

观测时间		抽水孔水位/m		水量/(L/s)	温度/℃		备注
时间	间隔/min	水位埋深	下降深度		水温	气温	
7:25	5	8.44	1.92	0.766 9	19.5	30	
7:30	10	8.48	1.96	1.007 3			
7:35	15	8.50	1.98	1.323 5			
7:40	20	8.52	2.00	1.761 3			
7:45	25	8.52	2.00	2.088 1			
7:50	30	8.52	2.00	2.321 7			
8:20	60	8.56	2.04	4.305 6			
8:50	90	8.54	2.02	6.373 0			
9:20	120	8.54	2.02	8.239 8	19	33	
9:50	150	8.53	2.01	10.216 5			
10:20	180	8.525	2.005	12.298 2			
10:50	210	8.52	2.00	14.269 4			
11:50	270	8.53	2.01	18.236 2	19	36	
12:50	330	8.55	2.03	22.204 4			
13:50	390	8.56	2.04	26.160 4	19	38	

水表原始读数:0.310 3 m³;静水位:6.52 m;试验日期:2022-08-07

表 4-13　稳定流抽水试验观测记录(第二次落程)

观测时间		抽水孔水位/m		水量/(L/s)	温度/℃		备注
时间	间隔/min	水位埋深	下降深度		水温	气温	
8:05	5	9.16	2.56	27.581 2	19.6	33	
8:10	10	9.225	2.625	27.932 6			
8:15	15	9.265	2.665	28.517 3			
8:20	20	9.29	2.69	28.835 9			
8:25	25	9.31	2.71	29.385 4			
8:30	30	9.325	2.725	29.737 2			
9:00	60	9.41	2.81	32.548 6			
9:30	90	9.45	2.85	35.289 1			
10:00	120	9.72	3.12	38.042 1	19	36	

观测时间		抽水孔水位/m		水量/(L/s)	温度/℃		备注
时间	间隔/min	水位埋深	下降深度		水温	气温	
10:30	150	9.82	3.22	41.096 7			
11:00	180	9.825	3.225	44.099 7			
11:30	210	9.825	3.225	47.107 6			
12:30	270	9.78	3.18	53.123 1	19	38	
13:30	330	9.805	3.205	59.284 2			
14:30	390	9.835	3.235	65.347 5	19	38	
15:00	420	9.85	3.25	68.361 5			
15:30	450	9.87	3.27	71.372 9	19	38	

水表原始读数:27.040 6 m³;静水位:6.60 m;试验日期:2022-08-08

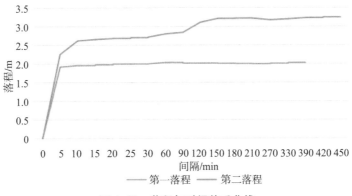

图 4-30　落程与时间关系曲线

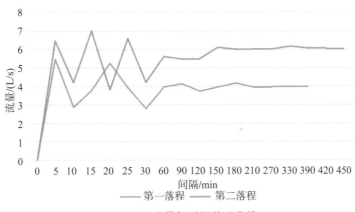

图 4-31　流量与时间关系曲线

本次选定为井壁进水的承压水不完整井,由于满足 $l/r_w > 5$,选择巴布什金公式:
$Q = 2\pi K l S_W / \ln(1.32 l/r_w)$,即 $K = Q\ln(1.32 l/r_w)/2\pi l S_W$;计算结果见表 4-14。

表 4-14　水文孔水位埋深变化表

抽水试验数据	抽水量 $Q/(m^3/d)$	落程 S_W/m	含水层厚度 M/m	过滤器长度 l/m	影响半径 r_w/m	渗透系数 $K/(m/d)$
各类参数	95.43	2.00	18.25	9	—	4.54
	145.30	3.22	18.25	9	—	4.29
最终结果	渗透系数 $K = 4.42$ m/d					

4.5.7　地下水补径排条件

赋存于不同含水层(组)中的地下水,一方面在各自的含水层(组)内运动,另一方面又通过其边界与外界进行交换。但由于埋藏条件不同,各含水层(组)补、径、排条件各异。为了进一步详细查明长江江阴段和周边地表水的相互补给关系,分别在 2022 年 8 月 20 日、10 月 7 日和 11 月 15 日对 JY05 钻孔的潜水和第Ⅰ承压水与附近的长江水位进行了 3 次 24 小时的动态观测(表 4-15~表 4-17、图 4-32~图 4-34)。

表 4-15　水位观测记录表(24 小时,85 高程,8 月 20 日)

序号	时间	潜水位/m	承压水位/m	长江水位/m	序号	时间	潜水位/m	承压水位/m	长江水位/m
1	8:30	3.63	0.71	1.27	14	21:30	3.64	0.72	1.70
2	9:30	3.64	0.73	1.35	15	22:30	3.64	0.76	1.75
3	10:30	3.64	0.74	1.17	16	23:30	3.64	0.77	1.59
4	11:30	3.64	0.73	0.92	17	00:30	3.64	0.77	1.34
5	12:30	3.63	0.71	0.75	18	1:30	3.63	0.77	1.14
6	13:30	3.64	0.69	0.57	19	2:30	3.65	0.76	0.99
7	14:30	3.64	0.65	0.40	20	3:30	3.64	0.74	0.78
8	15:30	3.64	0.62	0.20	21	4:30	3.64	0.71	0.59
9	16:30	3.64	0.60	0.16	22	5:30	3.64	0.69	0.47
10	17:30	3.64	0.57	0.16	23	6:30	3.66	0.66	0.38
11	18:30	3.64	0.57	0.54	24	7:30	3.66	0.64	0.39
12	19:30	3.64	0.62	1.10	25	8:30	3.66	0.64	0.56
13	20:30	3.64	0.67	1.50					

表 4-16　水位观测记录表(24 小时,85 高程,10 月 7 日)

序号	时间	潜水位/m	承压水位/m	长江水位/m	序号	时间	潜水位/m	承压水位/m	长江水位/m
1	8:30	3.513 6	0.370 6	1.179 6	14	21:30	3.514 6	0.380 6	1.499 6
2	9:30	3.513 6	0.380 6	1.289 6	15	22:30	3.516 6	0.440 6	1.659 6
3	10:30	3.513 6	0.410 6	1.109 6	16	23:30	3.516 6	0.453 6	1.519 6
4	11:30	3.514 6	0.410 6	0.889 6	17	00:30	3.516 6	0.449 6	1.259 6
5	12:30	3.519 6	0.391 6	0.739 6	18	1:30	3.514 6	0.450 6	1.089 6
6	13:30	3.517 6	0.370 6	0.519 6	19	2:30	3.513 6	0.440 6	0.909 6
7	14:30	3.518 6	0.335 6	0.339 6	20	3:30	3.517 6	0.415 6	0.819 6
8	15:30	3.519 6	0.298 6	0.159 6	21	4:30	3.519 6	0.390 6	0.619 6
9	16:30	3.517 6	0.265 6	0.089 6	22	5:30	3.519 6	0.368 6	0.499 6
10	17:30	3.516 6	0.253 6	0.069 6	23	6:30	3.518 6	0.345 6	0.419 6
11	18:30	3.515 6	0.254 6	0.439 6	24	7:30	3.517 6	0.318 6	0.339 6
12	19:30	3.513 6	0.278 6	0.909 6	25	8:30	3.517 6	0.322 6	0.889 6
13	20:30	3.516 6	0.335 6	1.309 6					

表 4-17　水位观测记录表(24 小时,85 高程,11 月 15 日)

序号	时间	潜水位/m	承压水位/m	长江水位/m	序号	时间	潜水位/m	承压水位/m	长江水位/m
1	8:30	3.424 6	0.270 6	1.059 6	14	21:30	3.428 6	0.230 6	1.369 6
2	9:30	3.424 6	0.250 6	1.139 6	15	22:30	3.427 6	0.240 6	1.609 6
3	10:30	3.424 6	0.300 6	0.989 6	16	23:30	3.426 6	0.260 6	1.429 6
4	11:30	3.427 6	0.240 6	0.839 6	17	00:30	3.426 6	0.250 6	1.209 6
5	12:30	3.426 6	0.250 6	0.659 6	18	1:30	3.423 6	0.260 6	0.959 6
6	13:30	3.427 6	0.260 6	0.439 6	19	2:30	3.423 6	0.255 6	0.879 6
7	14:30	3.429 6	0.200 6	0.189 6	20	3:30	3.422 6	0.250 6	0.659 6
8	15:30	3.429 6	0.190 6	0.049 6	21	4:30	3.424 6	0.250 6	0.479 6
9	16:30	3.426 6	0.160 6	−0.090 4	22	5:30	3.424 6	0.200 6	0.329 6
10	17:30	3.426 6	0.135 6	−0.110 4	23	6:30	3.426 6	0.170 6	0.179 6
11	18:30	3.428 6	0.138 6	0.279 6	24	7:30	3.426 6	0.180 6	0.259 6
12	19:30	3.427 6	0.180 6	0.759 6	25	8:30	3.426 6	0.190 6	0.809 6
13	20:30	3.429 6	0.200 6	1.109 6					

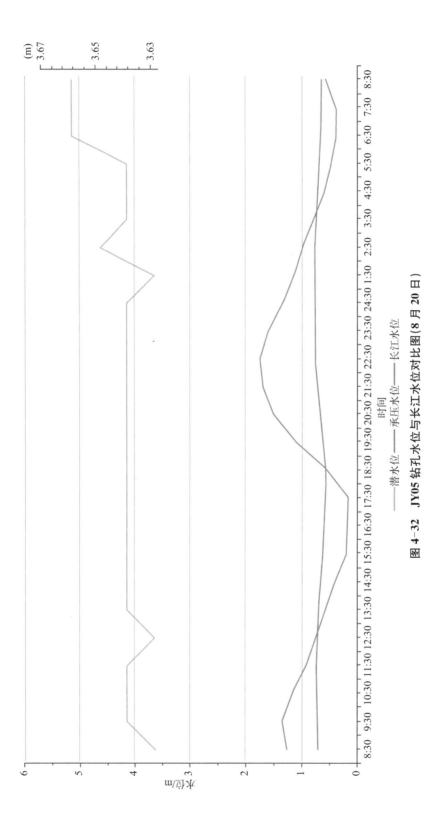

图 4-32 JY05 钻孔水位与长江水位对比图(8 月 20 日)

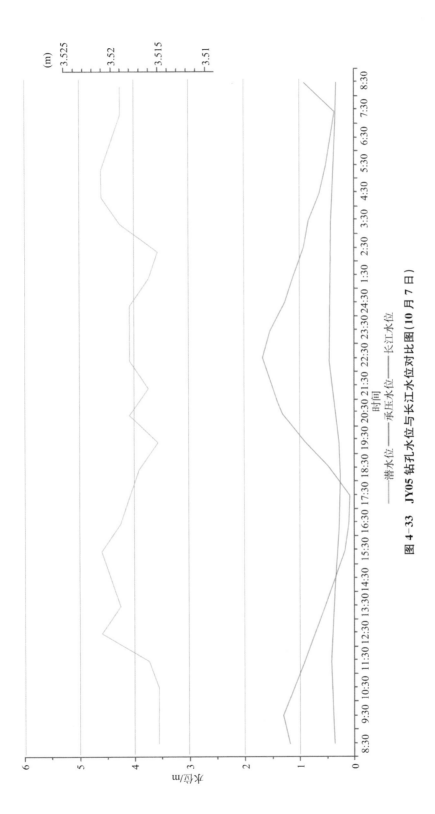

图 4-33　JY05 钻孔水位与长江水位对比图(10 月 7 日)

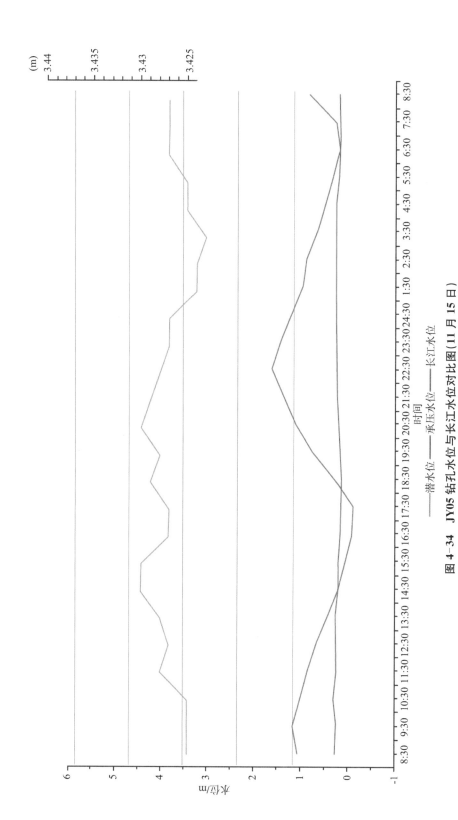

图 4-34 JY05 钻孔水位与长江水位对比图(11 月 15 日)

1）潜水

本区地处亚热带湿润气候带，雨量充沛，西部、南部平原区地形平坦，有利于大气降水和农田灌溉水入渗补给。根据地下潜水位和长江高低潮水位之间的关系（表4-10）可知，从7月至11月（实际经历了丰水期、枯水期和平水期），潜水与长江水体之间具有较好的水力联系，潜水与长江水体呈现出三种模式：第一种模式为潜水常年补给长江水，比如JY05孔、JY07孔和JY09孔，潜水水位常年高于长江高潮水位，潜水补给长江；第二种模式为长江水常年补给潜水，例如JY03孔，潜水水位常年低于长江低潮水位，长江补给潜水；第三种模式为潜水和长江相互补给，例如JY01、JY02、JY04、JY06和JY08孔，其潜水位位于长江低潮位和高潮位之间，两者相互补给。

研究发现，各水文孔地下水水位与长江水位变化情况除了与丰水期、枯水期有关外，与水文孔距长江的距离和地形高低也有关系，比如JY03孔距离长江较近，其潜水接收长江补给，JY04孔距离长江较远，其潜水和长江相互补给；JY05孔虽然距离长江较近，但是该处地形较高，导致其潜水位也较高，所以该处潜水始终补给长江。根据《苏南现代化建设示范区1：5万环境地质调查成果报告》，调查区潜水同时受潮汐影响，影响宽度约为1 km。

受地形地貌条件制约，潜水接收补给后一般由山前向平原、由高处往低处缓慢径流。由于区内地形坡降小，黏性土渗透性又差，总体来说潜水径流强度微弱。潜水的排泄方式主要有蒸发、枯水期泄入地表水体、越流补给承压水及民井开采等。

JY05孔的潜水位变化不大，分别在3.63～3.66 m，3.51～3.52 m和3.42～3.43 m之间波动；长江水位由于受海洋潮汐影响变化较大，水位变化区间分别为0.16～1.75 m、0.06～1.66 m和 −0.11～1.61 m。三次观测的结果显示，潜水位始终高于长江水位，表明潜水常年补给长江，且潜水位随着长江水位的变化波动较小，水位变化为毫米级，二者水位变化曲线均呈正弦曲线型。

2）第Ⅰ承压水

JY05孔的第Ⅰ承压水水位变化稍大，水位变化区间分别为0.57～0.77 m、0.25～0.45 m和0.14～0.30 m，最高水位和最低水位最大相差0.2 m；长江水位由于受海洋潮汐影响变化较大，水位变化区间分别为0.16～1.75 m、0.07～1.66 m和 −0.11～1.61 m。

第Ⅰ承压水随着长江水位的变化波动较大，水位变化为厘米级，二者水位变化曲线均呈正弦曲线型，每天均有2个波峰和2个波谷，且第Ⅰ承压水水位变化要比长江水位滞后约1个小时。上午8点半至中午12点半，长江水位高于第Ⅰ承压水水位，长江补给承压水；下午1点半至下午6点半，第Ⅰ承压水水位高于长江水位，承压水补给长江；下午7点半至凌晨3点半，长江水位高于第Ⅰ承压水水位，长江补给承压水；凌晨4点半至上午8点半，第Ⅰ承压水水位高于长江水位，承压水补给长江。

第Ⅰ承压水的补给来源以上部潜水的越流补给为主，侧向径流补给为辅。江阴西部平原区因第Ⅰ承压含水层顶板被长江切穿，在水力坡度作用下，直接接收长江水补给。另外在基岩与松散层交界处，第Ⅰ承压水可受到基岩裂隙水的侧向补给。

第Ⅰ承压水径流条件较潜水好。天然状态下，由于水力坡度较小，地下水径流缓慢，在开采条件下,地下水由周边向开采中心径流。但现状中第Ⅰ承压水开采程度较小,仅在局部地区形成水位降落漏斗,水力坡度较小,故径流较弱。深层地下水禁采后,区内浅层水井逐渐增多,人工开采已成为第Ⅰ承压水的主要排泄方式,其次是越流补给深部承压水。

4.5.8 地下水水质状况和利用情况

本次用于地下水评价的数据来自调查区三个水文钻孔的水质样品,每个水文孔采集2个样品,分别来自上部潜水层和下部承压水层,检测项目包括色、嗅和味、浑浊度、肉眼可见物、pH、总硬度、溶解性总固体、硫酸盐、氯化物、铁、锰、铜、锌、铝、挥发性酚类、阴离子表面活性剂、耗氧量、氨氮、硫化物、钠、亚硝酸盐、硝酸盐、氰化物、氟化物、碘化物、汞、砷、硒、铬(六价)、铅、三氯甲烷、四氯化碳、苯、甲苯,取得的评价结果可为今后调查区地下水质量变化趋势对比研究提供基础成果资料。

1)地下水评价指标和方法

(1)评价指标

根据《地下水质量标准》(GB/T 14848—2017),参评指标分为一般化学指标和毒理性指标。其分类测试项目如表4-18所示。

表4-18　地下水质量标准基本项目和特定项目标准限值(GB/T 14848—2017)

序号	指标	Ⅰ类	Ⅱ类	Ⅲ类	Ⅳ类	Ⅴ类
感官性状及一般化学指标						
1	pH	6.5≤pH≤8.5			5.5≤pH<6.5 8.5<pH≤9.0	pH<5.5 或 pH>9.0
2	浑浊度/NTU[a]	≤3	≤3	≤3	≤10	>10
3	色(铂钴色度单位)	≤5	≤5	≤15	≤25	>25
4	嗅和味	无	无	无	无	有
5	肉眼可见物	无	无	无	无	有
6	总硬度(以 $CaCO_3$ 计)/(mg/L)	≤150	≤300	≤450	≤650	>650
7	溶解性总固体/(mg/L)	≤300	≤500	≤1 000	≤2 000	>2 000
8	硫酸盐/(mg/L)	≤50	≤150	≤250	≤350	>350
9	氯化物/(mg/L)	≤50	≤150	≤250	≤350	>350
10	铁/(mg/L)	≤0.1	≤0.2	≤0.3	≤2.0	>2.0
11	锰/(mg/L)	≤0.05	≤0.05	≤0.10	≤1.50	>1.50
12	铜/(mg/L)	≤0.01	≤0.05	≤1.00	≤1.50	>1.50
13	锌/(mg/L)	≤0.05	≤0.50	≤1.00	≤5.00	>5.00

序号	指标	Ⅰ类	Ⅱ类	Ⅲ类	Ⅳ类	Ⅴ类
	感官性状及一般化学指标					
14	铝/(mg/L)	≤0.01	≤0.05	≤0.20	≤0.50	>0.50
15	挥发性酚类/(mg/L)	≤0.001	≤0.001	≤0.002	≤0.01	>0.01
16	阴离子表面活性剂/(mg/L)	不得检出	≤0.1	≤0.3	≤0.3	>0.3
17	耗氧量(COD_{Mn}法)/(mg/L)	≤1.0	≤2.0	≤3.0	≤10.0	>10.0
18	氨氮(以N计)/(mg/L)	≤0.02	≤0.10	≤0.50	≤1.50	>1.50
19	硫化物/(mg/L)	≤0.005	≤0.01	≤0.02	≤0.10	>0.10
20	钠/(mg/L)	≤100	≤150	≤200	≤400	>400
	毒理性指标					
21	亚硝酸盐(以N计)/(mg/L)	≤0.01	≤0.10	≤1.00	≤4.80	>4.80
22	硝酸盐(以N计)/(mg/L)	≤2.0	≤5.0	≤20.0	≤30.0	>30.0
23	氰化物/(mg/L)	≤0.001	≤0.01	≤0.05	≤0.1	>0.1
24	氟化物/(mg/L)	≤1.0	≤1.0	≤1.0	≤2.0	>2.0
25	碘化物/(mg/L)	≤0.04	≤0.04	≤0.08	≤0.50	>0.50
26	汞/(mg/L)	≤0.0001	≤0.0001	≤0.001	≤0.002	>0.002
27	砷/(mg/L)	≤0.001	≤0.001	≤0.01	≤0.05	>0.05
28	硒/(mg/L)	≤0.01	≤0.01	≤0.01	≤0.1	>0.1
29	六价铬/(mg/L)	≤0.005	≤0.01	≤0.05	≤0.10	>0.10
30	铅/(mg/L)	≤0.005	≤0.005	≤0.01	≤0.10	>0.10
31	三氯甲烷/(μg/L)	≤0.5	≤6	≤60	≤300	>300
32	四氯化碳/(μg/L)	≤0.5	≤0.5	≤2.0	≤50.0	>50.0
33	苯/(μg/L)	≤0.5	≤1.0	≤10.0	≤120	>120
34	甲苯/(μg/L)	≤0.5	≤140	≤700	≤1400	>1400

注:NTU为散射浊度单位

（2）评价方法

①单组样品的单指标水质分级

参照《地下水质量标准》(GB/T 14848—2017)中各指标级别限值,对每一组样品的各项指标进行质量分级。不同类别指标限值相同时,从优不从劣,确定单组样品所有指标的质量等级。

②区域地下水单指标质量评价

对每组样品的所有指标的质量等级进行评价和统计，计算全区所有样品每项指标的质量等级数量和百分比，列出区域地下水单指标质量等级评价结果。

③地下水质量等级

依据我国地下水质量状况和人体健康基准值，参照生活、工业、农业等用水水质要求，将地下水质量划分为五类。此分类适用于除地下热水、矿水、盐卤水以外的地下水。

Ⅰ类：主要反映地下水化学组分的天然低背景含量，适用于各种用途；

Ⅱ类：主要反映地下水化学组分的天然背景含量，适用于各种用途；

Ⅲ类：以人体健康基准值为依据，主要适用于集中式生活饮用水水源及工农业用水；

Ⅳ类：以农业和工业用水要求为依据，适用于农业和部分工业用水，适当处理后可作生活饮用水；

Ⅴ类：不宜作生活饮用水，其他用水可根据使用目的选用。

2）潜水

（1）一般化学指标

一般化学指标主要为天然来源，其分布遵从自然规律，大体较为稳定，部分指标随地下水动态产生较大变迁，同时受人为因素的影响。

对潜水进行一般化学指标评价，其中 1 个样品的水质等级为Ⅳ类，占比为 33.3%，2 个样品的水质等级为Ⅴ类，占比为 66.7%。从区域分布看，Ⅳ类水分布在调查区东部的太湖沉积地层区，Ⅴ类水分布在调查区西部的长江三角洲沉积地层区。

潜水中，Ⅳ类水主要影响指标为铁、锰、铝和氨氮，Ⅴ类水主要影响指标为嗅和味、硫酸盐、铁、锰、铝（表 4-19）。

表 4-19　长江江阴岸段丰水期（8 月份）地下水水质状况评价汇总（一般化学指标）

序号	样品号	pH	浑浊度	色	嗅和味	肉眼可见物	总硬度	溶解性总固体	硫酸盐	氯化物	铁	锰	铜	锌	铝	挥发性酚类	阴离子表面活性剂	耗氧量	氨氮	硫化物	钠
	潜水																				
1	JY02-S1	Ⅰ	Ⅰ	Ⅲ	Ⅰ	Ⅰ	Ⅱ	Ⅰ	Ⅰ	Ⅰ	Ⅴ	Ⅳ	Ⅱ	Ⅱ	Ⅴ	Ⅳ	Ⅰ	Ⅲ	Ⅲ	Ⅰ	Ⅰ
2	JY05-S1	Ⅰ	Ⅰ	Ⅲ	Ⅰ	Ⅳ	Ⅳ	Ⅲ	Ⅴ	Ⅲ	Ⅴ	Ⅴ	Ⅲ	Ⅲ	Ⅴ	Ⅲ	Ⅰ	Ⅲ	Ⅲ	Ⅰ	Ⅱ
3	JY07-S1	Ⅰ	Ⅰ	Ⅲ	Ⅰ	Ⅰ	Ⅲ	Ⅲ	Ⅲ	Ⅴ	Ⅳ	Ⅴ	Ⅳ	Ⅳ	Ⅳ	Ⅰ	Ⅳ	Ⅱ	Ⅰ	Ⅰ	
	承压水																				
4	JY02-S2	Ⅰ	Ⅰ	Ⅲ	Ⅰ	Ⅰ	Ⅲ	Ⅱ	Ⅱ	Ⅳ	Ⅳ	Ⅳ	Ⅴ	Ⅲ	Ⅳ	Ⅰ	Ⅰ				
5	JY05-S2	Ⅰ	Ⅰ	Ⅲ	Ⅰ	Ⅰ	Ⅲ	Ⅲ	Ⅱ	Ⅳ	Ⅲ	Ⅳ	Ⅳ	Ⅳ	Ⅳ	Ⅰ	Ⅰ				
6	JY07-S2	Ⅰ	Ⅰ	Ⅲ	Ⅰ	Ⅰ	Ⅲ	Ⅱ	Ⅱ	Ⅳ	Ⅳ	Ⅳ	Ⅳ	Ⅰ	Ⅳ	Ⅱ	Ⅰ	Ⅰ			

（2）毒理性指标

对调查区潜水毒理性指标进行评价，3个样品的水质等级均为Ⅳ类，占比100％，主要影响指标为亚硝酸盐和铅（表4-20）。

3）第Ⅰ承压水

（1）一般化学指标

通过对第Ⅰ承压水进行一般化学指标分析，1个样品的水质等级为Ⅳ类，占比为33.3％，2个样品的水质等级为Ⅴ类，占比66.7％。从区域分布看，Ⅳ类水分布在调查区东部的太湖沉积地层区，Ⅴ类水分布在调查区西部的长江三角洲沉积地层区。

第Ⅰ承压水中，Ⅳ类水主要影响指标为铁、锰、铝、挥发性酚类和氨氮，Ⅴ类水主要影响指标为嗅和味及阴离子表面活性剂（4-19）。

（2）毒理性指标

对调查区第Ⅰ承压水毒理性指标进行评价，3个样品的水质等级均为Ⅳ类，占比100％，主要影响指标为亚硝酸盐和铅（表4-20）。

表4-20　长江江阴岸段丰水期(8月份)地下水水质状况评价汇总(毒理性指标)

序号	样品号	亚硝酸盐	硝酸盐	氰化物	氟化物	碘化物	汞	砷	硒	六价铬	铅	三氯甲烷	四氯化碳	苯	甲苯	水质类别	水质目标	定类项目	超标项目(超标倍数)	达标情况
	潜水																			
1	JY02-S1	Ⅳ	Ⅰ	Ⅰ	Ⅰ	Ⅰ	Ⅰ	Ⅲ	Ⅰ	Ⅰ	Ⅳ	Ⅰ	Ⅰ	Ⅰ	Ⅰ	Ⅴ	Ⅲ	铁、铝	1.03、1.89	×
2	JY05-S1	Ⅰ	Ⅰ	Ⅱ	Ⅰ	Ⅰ	Ⅰ	Ⅲ	Ⅲ	Ⅰ	Ⅰ	Ⅰ	Ⅰ	Ⅰ	Ⅰ	Ⅴ	Ⅲ	硫酸盐、铁、锰、铝	1.26、1.94、1.09、4.46	×
3	JY07-S1	Ⅰ	Ⅰ	Ⅰ	Ⅰ	Ⅰ	Ⅰ	Ⅲ	Ⅲ	Ⅰ	Ⅰ	Ⅰ	Ⅰ	Ⅰ	Ⅰ	Ⅳ	Ⅲ	铁、锰、铝、氨氮、铅	均未超过Ⅳ类水范围最大值	×
	承压水																			
4	JY02-S2	Ⅳ	Ⅰ	Ⅱ	Ⅰ	Ⅰ	Ⅰ	Ⅲ	Ⅲ	Ⅰ	Ⅱ	Ⅰ	Ⅰ	Ⅰ	Ⅰ	Ⅴ	Ⅲ	阴离子表面活性剂	1.33	×
5	JY05-S2	Ⅳ	Ⅰ	Ⅱ	Ⅰ	Ⅰ	Ⅰ	Ⅲ	Ⅲ	Ⅰ	Ⅳ	Ⅰ	Ⅰ	Ⅰ	Ⅰ	Ⅴ	Ⅲ	嗅和味		×
6	JY07-S2	Ⅰ	Ⅰ	Ⅰ	Ⅰ	Ⅰ	Ⅰ	Ⅲ	Ⅲ	Ⅰ	Ⅳ	Ⅰ	Ⅰ	Ⅰ	Ⅰ	Ⅳ	Ⅲ	铁、锰、铝、挥发性酚类、氨氮、铅	均未超过Ⅳ类水范围最大值	×

4）地下水利用情况

江阴市已形成覆盖全市的供水网络，目前保留的深井除澄常水厂用于生活饮用外，其他5眼井均用于特殊工业用水，基岩井多由原来的生活饮用改为工业用水或生活用水的补充水源。2021年，全市共开采井眼数为65眼，其中第Ⅱ承压水(保留井)4眼、浅层井(含第Ⅰ承压水)48眼、基岩井13眼。全市共开采各类地下水43.52万t，其中第Ⅱ承压水(保留井)开采量为13.47万t、浅层井(含第Ⅰ承压水)开采量为22.56万t、基岩井开采量为7.49万t。

4.6 长江江阴段工程地质特征

江阴市位于江苏省无锡市中心北约 40 km 处,北临长江,南抵太湖。江阴所临的江面是长江下游的最窄处,宽不足 2 km,这里历代都被称为"长江咽喉"。江阴又处于长江南、太湖北的走廊地带上,对于控制走廊、防敌向纵深进攻有着重要的军事价值。江阴北扼长江咽喉,实为军事之要地。江阴附近的长山、肖山、黄山等几座小山,临江屹立,可瞰制江面,从江阴沿长江往下游距离 18 km,有个张家港市,这里是江河、江海联运的纽带,水陆交通便利。连接长江和太湖的锡澄运河宽 27~42 m,常年水深 2~3 m,可通航 200 吨位的轮船。江阴与吴淞、镇海两要塞形成犄角,有"三江之雄镇、五湖之腴膏"之称。

江阴沿江断裂大致呈东西向展布,长约 100 km,航磁呈正常场,江阴长江大桥勘探孔岩芯破碎,推断为正断裂,断面向北倾。长江江阴市要塞曾因为是基岩江岸,多年来形成了良好的天然港口。长江江阴北部沿江一带是长江三角洲冲积平原区,地势平坦,地面标高 3~6 m 不等,地势向长江微倾,地表土层主要为全新世长江漫滩相沉积的粉质黏土、粉质砂土。

关于长江中、下游堤岸和堤防的主要工程地质问题,前人曾进行了大量的研究,但研究区域长江中、下游范围广泛笼统,针对长江江阴局部岸段的工程地质问题缺乏精细的地质特征和岩石力学特性分析和评价。

长江中、下游堤岸长度在 3 800 km 以上,沿岸地带的工程地质条件是影响堤岸安全的重要因素。渗漏、管涌、崩岸、堤身滑坡和裂缝、软土变形等灾害的发育和分布与一定的工程地质条件呈对应关系。因此,加强长江堤岸工程施工中的地质管理是保证堤岸工程质量和水平的重要工作之一。对于一些重大工程,必须加强勘查、设计和施工队伍的资质管理,并应增加灾害防治的内容,以避免不按客观地质条件施工,而导致严重的安全问题和环境地质问题。同时,完善堤岸工程项目的勘查、设计、施工和监理等有关规章制度建设,把地质工作作为不可缺少的审查内容,纳入重大项目开工报批手续。

4.6.1 岩体工程地质岩组划分

本区地层隶属于扬子地层区下扬子地层及江南地层分区,中志留系至晚白垩系地层发育。地层出露残缺不全,地表出露的地层主要为中志留系茅山组及泥盆系观山组的石英砂岩、粉砂岩、泥岩等,常组成区褶皱构造背斜的核部,构成低山残丘的景观,主要见于江阴的皇山—花山—崎山—定山一线、沿江—君山—长山一线及中部的毗山、砂山、乌龟山,市区的陆区—阳山、惠山及太湖沿岸,宜兴市的南部山区等,其余地段的基岩多被第四系松散层覆盖。据区域地质资料及钻孔揭露,区基岩地层主要分布有奥系、志留系、泥盆系、石炭系、二叠系、三叠系、侏罗系、白垩系和第三系。

区岩浆活动主要发生在燕山期,该时期既有岩浆的侵入,又有火山的喷发作用,喜马拉雅山期仅有小规模的火山喷发,其活动在空间上受北北东向和东西向构造控制。

燕山期火成岩主要分布在无锡市区的西南部,即宜兴市的烟山一带,主要岩性为侏罗系龙王山组的安山岩、英安岩、流纹岩和火山碎屑岩,在市区中部的安阳山、狮子山以及南部山区的百脚山—屏风山一带亦有发育分布,隐伏岩体则主要分布在北塘、安镇、泾和严家桥等地带,形成于燕山期的第二次侵入。喜马拉雅山期火成岩仅在宜兴市的都山有小范围的分布,出露面积约 0.4 km²,岩性为橄榄玄武岩,具柱状节理。江阴市地表地层出露情况见图 4-35。

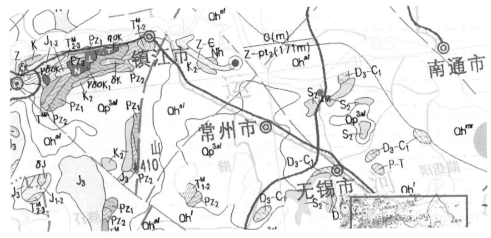

图 4-35 江阴市地表地层出露简图

江阴市北部的山丘总体上呈北东、北东东—近东西走向,最高峰为惠山的三茅峰,海拔 328.98 m。江阴境内低山主要分布在月城、云亭、华士一带,山体多呈北东或近东西向展布。基岩主要由志留系、泥盆系砂岩组成,抗风化能力较强。山顶多呈尖浑圆状,山坡坡度多大于 25°。

区内岩体主要分布于江阴市要塞社区西北部、长山村等沿江一带、任桥村—香山村—南沙社区一带。岩性以泥盆系、志留系坚硬的中厚层砂岩为主,岩质坚硬、强度高。但是在长期的构造作用下,该类岩体节理裂隙比较发育,并且在部分地区软弱夹层较多,主要为粉砂质泥岩和泥岩透镜体,易产生塑性变形。

4.6.2 土体工程地质层组划分

1)工程地质层组划分原则

区内平原地带第四系厚达 5～200 m 左右,表层主要为人工填土。主要考虑土体的沉积时代、成因类型和形成环境、物质成分和结构特征、工程特性指标等因素,对调查区范围内土体工程地质层进行了系统研究和统一分层。

依据《岩土工程勘察规范》(GB 50021—2001)(2009 版),参考以往工程地质层组划分方案,结合工作区具体情况,确定各沉积单元内工程地质层组的划分原则如下:

(1)考虑岩土体的沉积时代和沉积环境

不同沉积时代、沉积环境的土体,工程性质存在明显差异。以岩性地层所属沉积结构单元(人工填土,如东组、滆湖组上段、滆湖组中段、滆湖组下段、昆山组)作为 1 级单元,进行工程地质层组划分。

(2)考虑土体性质和状态

结合土工试验参数统计,在 1 级单元内根据土体性质(黏性土、粉土、砂土)和状态(黏性土的软硬、粉土和砂土的密实度)划分亚组。

(3)考虑工程地质层组分布的连续性

考虑工程地质层组在测区同一地貌单元内分布的连续性、普遍性,参考岩性地层中各组别内段的划分,对所分亚组的部分土体进行进一步划分和合并。

黏性土状态、砂性土密实度以及土体压缩性指标划分标准参照《岩土工程勘察规范》(GB 50021—2001)(2009 版)(表 4-21~表 4-24)。

表 4-21 黏性土状态划分标准

液性指数 I_L	$I_L \leqslant 0$	$0 < I_L \leqslant 0.25$	$0.25 < I_L \leqslant 0.75$	$0.75 < I_L \leqslant 1$	$I_L > 1$
状态	坚硬	硬塑	可塑	软塑	流塑

表 4-22 砂性土密实度划分标准

标准贯入击数 N	$N \leqslant 10$	$10 < N \leqslant 15$	$15 < N \leqslant 30$	$N > 30$
密实度	松散	稍密	中密	密实

表 4-23 粉土密实度划分标准

孔隙度	$e \leqslant 0.75$	$0.75 < e \leqslant 0.9$	$e > 0.9$
密实度	松散	稍密	密实

表 4-24 土体压缩性判断

压缩系数 a_{1-2}/MPa^{-1}	$a_{1-2} \leqslant 0.1$	$0.1 < a_{1-2} \leqslant 0.5$	$a_{1-2} > 0.5$
压缩性	低	中等	高

2)工程地质层组划分结果

本次主要通过钻孔采集土工试验样品 110 件,在每个钻孔中采取 12~13 个岩心样品,采样深度分别为-1.7~-32 m 范围内,每隔 2 m 采集一个样品,并使用专门的铁皮封装送交实验室,主要测试分析了第四系上部地层的含水率、比重、密度、孔隙度、塑性指数、液性指数、压缩系数、抗压强度(黏聚力、内摩擦角)等项目(表 4-25)。对长江江阴段沿线浅层地层的物理性质和力学性质分析如下:

表 4-25 工程地质调查统计表

阶段	内容	数量
野外勘察	测放孔/个	9
	机钻总进尺/米	459.31
	取原状土样/件	110
室内试验	常规/组	110

所取土样质量满足规范要求,所取土样空间分布合理,在统计指标前,按地质单元进行划分,并剔除异常值后进行统计。勘察报告将性质相近的划分为一层,提供了样本平均值、样本数及变异系数,详见各土层物理力学性质指标综合表(表 4-26)。根据统计结果,各土层物理力学指标除少量指标存在中等以上变异性外,其余指标均为低—很低变异性,说明土层划分合理及地层存在不均匀性。

表 4-26 调查区各土层物理力学性质指标综合表

土层	含水率 /%	密度 ρ /(g/cm³)	孔隙度 e	塑性指数 I_P	液性指数 I_L	压缩模量 $E_{s\,0.1-0.2}$ /MPa	压缩系数 $a_{0.1-0.2}$ /MPa⁻¹	承载力特征值	标准贯入/击
1									
2-1	28.8~40.2	1.79~1.94	0.81~1.13	12.3~13.9	0.69~0.98	3.55~6.45	0.28~0.60	80~180	4
2-2	24.5~33.4	1.88~2.01	0.67~0.93	11.9	0.96	5.68~11.11	0.15~0.34	70~120	3~7
2-3	24.7~33.7	1.85~2.02	0.679~0.996	12.8~13.5	0.55~1.13	2.73~5.60	0.30~0.72	50~110	
2-4	24.5~31.2	1.91~2.01	0.666~0.855	5.6~6.5	1.16~1.58	9.38~10.31	0.11~0.19	130~150	9~11
2-5	25.8~26.1	1.97~1.98	0.728~0.741	11.6~15.6	0.44~0.81	4.35~5.96	0.29~0.40	<150	9~15
3-1	24.8~25.1	1.99~2.01	0.693~0.706	13.3~15.5	0.34~0.45	6.32~6.77	0.25~0.27	150~200	15~21
3-2	27.9~31.1	1.90~1.96	0.768~0.87	8.2~9.3	0.89~1.31	5.84~7.98	0.23~0.32	140~160	12~16
3-3	21.7~24.7	1.93~2.01	0.597~0.669			8.17~10.43	0.16~0.22	200~220	22~33
4-1	27.4~33.5	1.89~1.95	0.764~0.921	6.7~13.6	0.79~0.99	5.19~5.88	0.30~0.37	200~200	18

评价岩土性状的指标如天然含水量、天然密度、液限、塑限、塑性指数、液性指数等选用指标的平均值,正常使用极限状态计算需要的岩土参数如压缩系数、压缩模量等,选用指标的平均值,承载力极限状态计算需要的岩土参数,如抗剪强度指标选用标准值。

对调查区范围内土体工程地质层进行了系统研究,对土体工程地质层进行了统一分层,主要考虑土体的沉积时代、成因类型和形成环境、物质成分和结构特征、工程特性指标等因素。将本区土体(主要是地表以下 50 m 深度范围)划分为 6 个工程地质层,其中部分工程地质层根据物质成分和工程特性指标的差异又划分出若干亚层,调查区土体工程地质层层序特征详见表 4-27。

表 4-27　调查区土体工程地质层序特征表

时代	地层	层号	亚层	名称	顶部埋深/m	厚度/m	岩性描述	分布
全新世	如东组	1	1	填土	0	0.8~6.35	可分杂填土、素填土和回填土,一般属欠压实土,高压缩性,工程地质性质差	全区
		2	2-1	粉质黏土	0.8~6.90	0.9~3.45	灰黄色—褐黄色,软—可塑,局部为可—硬塑,水平层理发育,干强度中等,切面光滑,土质松软,含水量较高,中等偏高压缩性,可作为一般民用建筑基础持力层	新沟河东、白屈港东、芦埠港和黄田港
			2-2	粉土、粉砂	0.9~5.6	0.7~14.4	灰黄色—褐黄色,灰色—暗灰色,松散—稍密,矿物组分以石英、长石为主,含云母碎片,中等压缩性,工程力学性质一般,局部易液化	主要在调查区东部及新沟河西部
			2-3	淤泥质粉质黏土	0.7~16.7	0.7~20.5	灰色—暗灰色,偶见贝壳碎屑,软塑,干强度低,具中高压缩性,工程性质较差	桃花港西侧、利港河与芦埠港河之间、夏港河与长江大桥之间、白屈港东
			2-4	粉砂、粉土	1.7~9.70	1.3~6.0	灰色—褐黄色—暗灰色,主要矿物为石英、长石,含云母碎片,局部含贝壳碎屑、云母和腐殖物,稍密—中密,中等压缩性,工程性质一般,局部易液化	丁家丹和陈墅村及江阴要塞东部
			2-5	粉质黏土	14.8~17.5	1.59~2.83	灰褐色—青灰色,软塑—可塑,偶见贝壳和植物碎屑,干强度低—中等,工程性质一般	澄张公路北侧

时代	地层	层号	亚层	名称	顶部埋深/m	厚度/m	岩性描述	分布
晚更新世	涡湖组	3	3-1	粉质黏土、黏土	2.45~20.33	1.3~16.43	灰色、灰绿色—灰褐色,可塑—硬塑,局部可塑,见大量铁锰结核,切面光滑,中等偏低压缩性,干强度高、韧性高,是良好的天然地基和短桩基持力层	全区
			3-2	粉土、粉质黏土夹粉土	4.6~27.4	1.95~5.95	浅灰色、灰黄色,稍密,摇振反应迅速,含铁锰质浸染,粉质黏土为可—软塑,切面稍有光泽,中等压缩性,工程性质一般	窑江西和江峰村北及澄张公路北侧
			3-3	粉砂、粉细砂	5~11.45	12.14~22.3	灰黄色、褐黄色,中密,局部埋藏较浅处为稍密,较深处为密实,中等压缩性,工程性质良好,是良好的桩基持力层	江阴要塞以西
		4	4-1	粉质黏土(夹粉土或粉砂)	21.61~32.75	2.35~10.38	粉质黏土为灰黄色,可—硬塑,切面光滑,见大量铁锰结核,中等偏低压缩性,干强度高、韧性高;黏土和粉砂为灰黄色—褐黄色,中密—密实,主要由石英、长石组成,含云母片,偶见铁锰浸染,中等压缩性。该层是良好的天然地基和短桩基持力层	全区
			4-2	黏土、粉质黏土	32.22~37.95	3.90~4.28	灰黄色、深色,可塑—硬塑,含铁锰结核,局部含腐殖质,中等压缩性	澄张公路北侧
			4-3	粉砂或粉土	25.1~36.8	0.96~2.40	灰黄色、暗灰色,中密—密实,中等压缩性,工程地质性质较好,是良好的桩基持力层	窑江西和夏港
		5	5-1	黏土、粉质黏土	27.5~41.85	3.23~11.6	灰黄色,局部褐黄色,硬塑,韧性、干强度高,切面稍有光泽,含铁锰浸染,局部粉粒含量高,中等偏低压缩性,是良好的桩基持力层	全区
			5-2	粉土	35.2~36.82	1.0~2.1	灰黄色,稍—中密,水平层理发育,中等压缩性,工程性质一般	黄丹村、仁和村
			5-3	粉质黏土夹粉砂	40.74	4.94	灰黄色—深灰色,可塑—硬塑,水平层理发育,中等压缩性,工程性质一般	江阴要塞以西
	昆山组	6	6-1	粉砂夹粉质黏土或粉土	36.7~48.4	1.4~13.86	灰黄色、暗灰色,中—密实,主要矿物为石英、长石,中等压缩性,工程力学性质良好	全区
			6-2	粉土	43.0~47.58	1.2~3.3	灰黄色、浅灰色,稍密,韧性、干强度低,摇振反应中等—迅速,发育水平层理,中等压缩性,工程地质性质一般	江阴要塞以西
			6-3	粉砂	46.3~48.78	2.0~4.77	灰黄色、灰绿色,中—密实,主要矿物为石英、长石,中等压缩性,工程力学性质良好	江阴要塞以西

3）不良工程地质层

根据搜集到的企业和住宅等建设项目的工程地质勘察资料可知,调查区内普遍存在软弱土层,为一层淤泥质粉质黏土或淤泥质粉土,一般为灰色—深灰色,可塑—流塑状态,含少量有机质及腐殖质,具摇振反应,韧性及干强度低,层厚一般为 0～6 m,最厚可达 20.5 m。该"软土层"一般位于调查区填土下面的第 3 工程地质层,即 2～3 m 工程地质层,为河滩相沉积软土,主要分布于桃花港西侧、利港河与芦埠港河之间、夏港河与长江大桥之间、白屈港东等地区,根据江阴地区经验,属于中等灵敏性软土,工程性质较差,层厚起伏较大,桩基施工时易产生超孔隙水压力,挤土效应导致桩身上抬,基坑开挖后易产生侧向位移,为调查区不良工程地质层(图 4-36)。

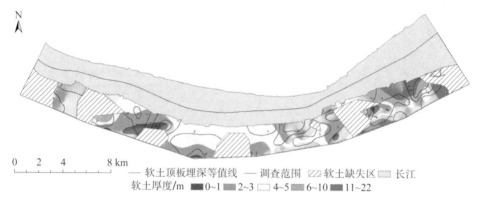

图 4-36　调查区软土分布图

调查区局部地段场地下存在古河道或古冲沟,包括江阴泓联镀锌钢板有限公司场地、汉邦石化场地、江阴长发耐指纹钢板有限公司等。古河道沉积土层因土体强度与周边土层存在差异,同时受密实程度影响,易产生不均匀沉降和液化,应引起足够的重视。

江河地区岸坡变形的控制因素主要为岸坡地质结构、河势及地下水外渗产生的内水压力。岸坡地质结构是岸坡变形的内部控制因素。不同的物质组成以及不同物质的空间组合具有不同的稳定性。发生岸坡变形的常见地质结构主要有 5 类,各类特点详见表 4-28。

表 4-28　易发生岸坡变形的常见地质结构类型

类型	地质结构	基本特征
I		全部由砂性土组成,结构较松散,有利于地下水排出,但抗冲刷能力差,在风浪作用下易破坏,岸坡后退速率较大
II		上部为砂性土,下部为黏性土,在二者结合带部位黏性土易软化形成软弱面,产生滑坡,同时上部砂性土抗风浪能力较差
III		上部黏性土较薄,下部为砂性土,当砂性土在风浪等的作用下被掏空时,上部黏性土将发生崩岸险情

类型	地质结构	基本特征
Ⅳ		上部为全新统黏性土,一般含水量相对较高,下部为老黏土,含水量较低,透水性相对较小,外江水位下降时易产生滑坡,如耙铺大堤卫家矶滑坡
Ⅴ		薄层黏性土与砂性土互层,砂性土排水性能较好,当地下水外渗时,砂颗粒易被带出,从而导致岸坡破坏

显然,基岩岸坡的稳定性比松散堆积层岸坡好得多。而在松散堆积层岸坡中,砂质岸坡的稳定性比黏性土岸坡要好。土质岸坡主要由第四系全新统地层组成,部分为上更新统地层,很少为中、下更新统。

4)工程地质分区

工程地质分区主要按地貌成因类型进行划分。江阴市地处长江冲积平原南部,太湖水网平原北端,除孤山残丘外,多为平坦开阔的沉积平原,区内地貌按成因类型可划分为丘陵区、冲湖积平原区和冲积平原区。根据调查区的地貌形态、沉积物类型、土体结构及岩土体工程地质条件,将调查区划分为丘陵工程地质区、冲湖积平原工程地质区和冲积平原工程地质区三个工程地质区(表 4-29)。

表 4-29　调查区工程地质分区说明表

工程地质区	工程地质特征	主要工程地质问题
丘陵工程地质区(Ⅰ)	主要由泥盆系、志留系坚硬的中厚层砂岩组成,岩体工程力学性质良好,区内有多条断裂穿过,均为早第四纪断裂,第四纪以来未见活动迹象;局部裂隙发育,岩体较破碎,且岩性差异大,岩体完整性和均匀性较差,岩石坚硬程度不一,工程地质条件复杂	局部的裂隙发育问题及沿软弱面发生形变或滑动
冲湖积平原工程地质区(Ⅱ)	主要工程地质层组为 2、3、4、5,2-2 层粉土、粉砂层易液化,2-3 层软土层分布广泛,局部厚度较大,3-1 层、4-1 层和 5-1 层三套硬土层分布稳定,厚度大,工程地质条件复杂	砂土液化、软土承载力低、变形大,易引起地基失稳
冲积平原工程地质区(Ⅲ)	缺失 2-5、6-2 和 6-3 工程地质层组,3-1 硬土层埋深较浅,新沟河东部缺失 2-2 层工程地质层组,中密状砂层埋藏深度适中,工程地质条件较好,天然地基条件良好。新沟河西部以 2-2 层组中的松散—稍密砂层为主,中密状砂层埋藏较深,工程地质条件较差	表层松散粉土液化、渗透变形等问题,富水砂层导致的基坑疏排水困难,软土对基坑支护及边坡稳定性等的影响

(1)丘陵工程地质区(Ⅰ)

主要分布在江阴市以东沿江一带,一般高程为 100～200 m,定山高 273.8 m,为最高。其岩体建造类型主要为碎屑岩建造,其中主要为泥盆系、志留系坚硬的中厚层砂岩,抗压强度达 10 000 kPa 以上,软化系数为 0.91～0.92,岩质坚硬,强度高,属良好工程地质岩组。但是在长期的构造作用下,该类岩体节理裂隙比较发育,并且在部分地区软弱夹层较多,主要为粉砂质泥岩和泥岩透镜体,易产生塑性变形。

（2）冲湖积平原工程地质区（Ⅱ）

主要分布于调查区东部的低山丘陵、残丘的坡麓和山前地带及广大平原地区，出露高程一般为 3～9 m，主要由湖沼积、冲湖积相的粉质黏土、粉砂为主，局部为淤泥质粉质黏土，除局部地区淤泥质软土层较厚、工程地质条件较差外，大部分地区工程地质条件一般－较好。地表除部分地段存在厚度不等的填土之外，湖沼积、冲湖积相的粉质黏土、粉砂广泛分布，被称为第一硬土层，该层属晚更新世冲积相黏性土，厚度为 5～10 m 不等，局部地段大于 10 m。岩性为棕黄、黄褐色粉质黏土或黏土，含铁锰结核和钙质结核，硬塑－可塑，土质均匀，含水量低，压缩性低，承载力高，一般大于 180 kPa，是良好的天然地基持力层，工程地质条件较好。该区主要工程地质问题是砂土粉土的渗透变形和软土问题。

（3）冲积平原工程地质区（Ⅲ）

分布于调查区的中东部和西北部，主要位于江阴长江沿江地带，由软塑－可塑粉质黏土、淤泥质粉质黏土、粉细砂组成。淤泥质软土特别发育，土体软弱，含水量高，厚度因地而异，复杂多变，承载力较低，且常年处于高水位下，工程地质条件较差。主要工程地质问题有软土问题、涌水涌砂、江岸坍塌淤积。

4.6.3　近岸工程地质稳定性

1）区域地质条件

根据江阴地区的区域地质资料分析及勘察结果，调查区内不存在浅埋的全新活动断层，江阴地区距离地震活动水平很高和较高的郯庐断裂带、茅山断裂带和南黄海大断裂带 60 km 以上，新构造活动微弱，区域地质背景稳定，区内无显著重力梯度异常现象，航磁较平稳，地温和地下增温正常。公元 228 年至今，江阴附近发生有感地震 31 次，震级为 2.0～3.2 级，虽有震感，但都未造成破坏。

2）地形地貌和不良地质作用

调查区地处太湖水网平原北端，为长江南部冲积平原，地形以平原为主，地势平缓，大部分地区在海拔 10 m 以下，中部、东部有零星分布的低山丘陵，调查区内的丘陵区存在影响场地稳定性的滑坡地质作用，影响场地稳定性，不适宜进行工程建设。调查区的冲湖积平原和冲积平原区不存在影响场地稳定性的不良地质作用，场地稳定性好，适宜进行工程建设。

从地质角度分析，岸坡地质结构对岸坡稳定从有利到不利的顺序是基岩岸坡→老结土均→结构岸坡→黏性土均一结构岸坡→上砂性土，下黏性土结构岸坡→多层结构岸坡→上黏性土，下砂性土结构岸坡→砂性土均一结构岸坡。

岸坡地质结构对岸坡稳定性有着重要影响，岸坡失稳分类示意图见图 4-37。

3）地基土的构成和特征

根据勘察成果分析，填土层的土层结构松散，成分复杂，力学性质差，不宜作建筑物基础持力层；淤泥质粉质黏土层和稍密－中密状态的粉土层工程特性一般；可塑－硬塑状态的粉质黏土工程特性好，可作为一般建筑物基础持力层；稍密－中密状态粉砂工程特性一般；中密－密实状态粉砂及硬塑的黏土和粉质黏土工程特性较好，可作为大型建筑的基础持力层。

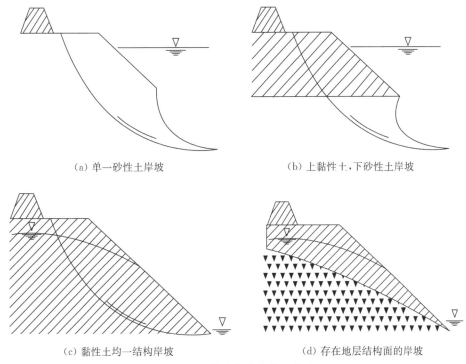

（a）单一砂性土岸坡   （b）上黏性土，下砂性土岸坡

（c）黏性土均一结构岸坡   （d）存在地层结构面的岸坡

图 4-37 岸坡失稳分类示意图

参考无锡地区的岩土工程勘查经验，将密实度为中密及以上等级、厚度大于 3 m 的砂层视为良好的桩基持力砂层。长江冲积平原工程地质区为普遍发育良好的桩基持力砂层。太湖冲积平原工程地质区适宜性好的地区主要分布于长山东，场地土主要为涡湖组硬—可塑状粉质黏土，岩土种类单一，土性较为均匀，中低压缩性，地基承载力较高。适宜性较好的区主要分布在江阴城区，场地土由可—硬塑粉质黏土、粉土粉砂组成。适宜性一般区主要分布于江阴东部要塞社区一带、长山一带，场地由砂性土、软—可塑粉质黏土、淤泥质土等组成。

根据已揭露的土层资料，调查区场地与地基稳定，但土层分布不均匀，局部存在软土，属软硬不均匀地基。根据上部荷载和场地地质情况，对天然基础作出如下建议：调查区内的 3-1 层为硬土层，适宜作为多层（5～7 层）建筑的天然地基，其他层位可作为 3 层以下建筑的天然地基，对于存在软土层的地区，要注意保证建筑构造的刚性基础，防止不均匀沉降。对桩基基础作出如下建议：长江冲积平原的短桩基可以选择 3-3 层中密的粉砂层，中桩基可以选择 4～3 层中密—密实的粉砂层，这两层粉砂厚度较大，密实度较高的砂层是良好的桩基持力层。太湖冲湖积平原区的 3-1 层硬塑的粉质黏土层可以作为该区的短桩基持力层，5-1 层硬塑的黏土层可以作为该区的中桩基持力层，这两层粉质黏土和黏土具有中等偏低压缩性，是良好的桩基持力层。

4.7 长江江阴段环境地质特征

综合分析长江江阴岸段地质环境条件、地质灾害隐患的分布特征、人类工程活动影响和气候趋势等因素,调查区存在的环境地质问题主要有三个:一是以崩塌为主的突发性地质灾害,发生时间主要集中在汛期强降雨、连续降雨、台风等极端天气时段;二是长江江阴段的淤积对港口和航道造成一定的影响,需要对港口和航道进行疏浚清淤;三是长江江阴岸段存在较多化工厂、电厂、钢铁厂、金属制品厂等企业,这些企业生产过程中会产生大量的废气、废水和固体排放物,如果处置不当,将会对土壤和水资源产生污染,因此存在潜在的污染风险。本次对长江江阴岸段的潜在污染源进行了详细调查。

滑坡、崩塌为突发型地质灾害,也是江阴市最重要的地质灾害类型,主要分布在关闭矿山遗留的宕口,是江阴市地质灾害防治工作的重点。调查区东部和中部的低山丘陵地区是滑坡、崩塌灾害重点防治区,尤其是鹅鼻嘴公园北坡、上海振华重工(集团)股份有限公司江阴分公司南侧黄山北坡和城东街道任桥村采矿宕口西侧等处,应重点关注和监测。因历史上开山采石留下的陡坡、危崖地段是发生滑坡、崩塌的主要地段,有些陡坡下还有厂房等设施,一旦发生意外将可能造成人员伤亡和财产损失,应引起属地政府的高度重视。突发地质灾害与强降雨密切相关,5月至9月下旬是地质灾害易发期和重点防范时段,尤其是在突发的强降雨、台风、强雷电等极端天气期间,要重点关注和防范连续降雨3 d以上或日降雨量超过30 mm、过程降雨量大于100 mm的时段以及雨后120 h内的时段,期间要更密切关注和防范,做好人员、物资、资金、技术等应急处置准备,防患于未然。

由于长江水含沙量较多,长江江阴段的泥沙淤积日趋严重,已经影响了部分港口和航道的正常运行,所以在2022年,多处码头和航道进行了疏浚施工。2022年3月,江阴苏龙热电码头前沿进行了维护性疏浚施工,作业水域为码头前沿500 m×30 m的水域;2022年6月,江阴港口集团五号码头进行了维护性数据施工,作业区范围为五号码头前沿900 m×100 m;2022年5月至8月,江阴长宏国际二号码头内档及一号港池西侧泊位进行了维护性疏浚工程,作业水域为江阴长宏国际二号码头内档前沿水域,作业区范围为80 m×60 m及一号港池西侧泊位前沿水域,作业区范围为500 m×60 m;2022年8月,江阴利士德化工码头维护性疏浚工程进行施工,作业区域位于码头前沿水域,作业区范围为265 m×50 m;2022年10月,江阴阿尔法码头前沿和江阴星南混凝土码头前沿进行了维护性疏浚工程,作业区范围分别为码头前沿水域280 m×50 m和160 m×50 m;2022年10月,江阴长宏国际四号码头内档及三号港池西侧泊位前沿水域进行了维护性疏浚施工,作业水域为四号码头内档前沿180 m×60 m及三号港池西侧泊位前沿390 m×80 m;2022年12月,江阴市黄山码头长江侧河道进行了疏浚施工,作业区域位于黄山港闸长江侧主江堤堤岸连线以北,作业区范围为289 m×30 m。

申港河口段航道位于调查区申港河入长江口,沿线港口码头众多,受水流、地形等条件影响,河口淤积严重,已经影响了申港河口进出港船舶的航行和靠泊安全。为消除水运安全隐患,完善江阴港集疏运体系,交通港航部门近年来对该段航道持续进行疏浚整治,江阴申港码头疏浚工程见图4-38。

图 4-38 江阴申港码头疏浚工程

长江江阴岸段电厂、钢铁厂、金属制品厂等传统产业占全市产业比重较高,并且多数企业分布在沿江地带,这些企业是重金属污染的潜在污染源。

目前,江阴沿江地带主要有利港电厂和苏龙电厂两个大型热电厂。热电厂属于重污染企业,具有高耗能、高污染的特点,其废气中含有一氧化碳、炭黑及其他碳化合物与重金属化合物,废渣中亦含有重金属化合物,如果处置不当,会对空气和水造成严重污染。长江江阴岸段的高铁厂主要有兴澄特种钢铁公司、江阴市长达钢铁有限公司和江阴市西城钢铁有限公司。钢铁企业在生产过程中,不仅需要投入大量的物质资源和能量资源,还会排出大量的废水、废气和固体废弃物,这些废弃物将对环境产生危害,对人类健康造成威胁。

长江江阴岸段存在的金属制品厂包括江阴长发耐指纹钢板有限公司、江阴市红源金属制品有限公司、贝卡尔特(中国)技术研发有限公司、江阴市沛力不锈钢纺织机械有限公司、江阴市正邦制管有限公司、江苏大江金属材料有限公司、江阴贝卡尔特钢丝制品有限公司、江苏耀坤液压股份有限公司、江阴市龙山管业有限公司、江苏新长江无缝钢管制造有限公司、江阴贝卡尔特合金材料有限公司、江阴市宏仁机械有限公司、江阴法尔胜杉田弹簧制线有限公司、江阴市博汇机械成套设备有限公司、江阴市马盛金属再生资源有限公司、中国贝卡尔特钢帘线有限公司、江阴申龙制版有限公司、江阴法尔胜线材制品有限公司、江苏法尔胜特钢制品有限公司、中船澄西船舶修造有限公司等。这些金属制品企业生产产生的废气、废水和废渣都是严重污染大气、水及土壤的物质,如果管理不当,会对环境造成极大的危害。

化工企业是调查区有机污染的潜在污染源。调查区内的化工企业较多,主要位于江阴临港化工园区内,园区规划面积为 6.437 km²,2020 年被认定为江苏省 14 家化工园区之一。目前园区共有入园企业 48 家,其中化工生产企业 24 家,化工仓储企业 11 家,非化工企业 13 家。企业类型主要为以汉邦石化、海伦石化、赛胜新材料等为代表的聚酯材料产业和以建滔化工、富菱化工、金牛玻璃钢材料为代表的合成树脂产业类型。园区现有主要化工及生物医药企业包括江苏海伦石化有限公司、汉邦(江阴)石化有限公司、江阴澄高包装材料有限公司、江阴赛胜新材料有限公司、江苏嘉盛新材料有限公司、江苏利士德化工有限公司、江阴市建恒化工有限公司、江苏富菱化工有限公司、江阴市金牛玻璃钢材料有限公司、建滔(江苏)化工有限公司、江阴市华亚化工有限公司、江阴骏友电子股份有限公司、江阴市广豫感光材料有限公司、江阴长盛化工有限公司、江阴恒兴涂料有限公司、江阴市涵丰科技有限公司、江阴市耀宇化工有限公司、江阴市华钰化工有限公司、江阴苏利化学股份有限公司、江苏苏利精细化工股份有限公司、江阴瑞昊化工有限公司、江苏中意漆业有限公司、江阴市宇大高分子材料有限公司、阿尔法(江阴)沥青有限公司、苏利制药科技江阴有限公司、江阴技源药业有限公司等。这些化工和医药企业生产过程中产生的废气、废水、废物等在一定浓度以上大多是有害的,进入环境就会造成污染,必须引起广泛重视。

总之,长江江阴岸段消耗型和污染型企业较多,如果生产和保护不当,极易对环境产生重金属或有机污染,特别是对长江水源地产生污染。所以生态环保部门需要对沿江重点企业实施严格的监控和管控,防止污染事件的发生。

4.8 三维地质建模

江阴地区第四系松散沉积物广泛发育,沉积物与城市建设密切相关,是城市建设尤其是地下空间资源的直接载体。为实现城市的科学合理规划以及可持续发展,有必要研究城市地下沉积层的地质特征。对于特定区域,查明一定深度内的地质结构特征是解决地质问题的有效途径。三维地质建模为实现这一研究目标提供了可行的技术支撑。

SWAT(Soil and Water Assessment Tool)模型是美国农业部农业研究局开发的基于流域尺度的一个具有很强物理机制的长时段分布式流域水文模型。以 GIS 为基础的数学模型是在空间尺度上对面源污染进行分析评估以及制定管理措施的有效工具。近年来,随着 RS、GIS 技术的迅速发展,集成 DEM 技术的分布式流域水文模型研究已成为现代水文模拟研究的热点,也是解决流域水文、生态和面源污染问题的一个有效手段。它能够利用 GIS 和 RS 提供的空间数据信息,模拟复杂大流域中多种不同的水文物理过程,包括水、沙、化学物质和杀虫剂的输移与转化过程。SWAT 模型水文物理过程见图 4-39。

SWAT 模型由水文、气象、泥沙、土壤温度、作物生长、养分、农药(杀虫剂)和农业管理 8 个组件构成,是由 701 个数学方程、1 013 个中间变量组成的综合模型体系,主要用来预测人类活动对水、沙、农业、化学物质的长期影响,它可以模拟流域内多种不同的水循环物理过程。SWAT 模型建立在物理基础之上,运算效率高,适宜较长周期的水土预测研究。通常而言,一般意义下,运行 SWAT 模型的数据都可以较为容易地从政府机构获取。对于较大流域或管理措施较为复杂的流域,利用 SWAT 模型不需要额外的时间和财力。

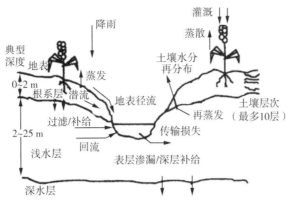

图 4-39 SWAT 模型水文物理过程图

近些年来,国内对 SWAT 模型的应用和改进的实例已有很多,主要集中在径流模拟、面源污染模拟、流域综合水资源管理等方面。

1)工区地质结构建模步骤

建模步骤包括钻孔数据的收集整理、钻孔筛选、钻孔标准化、数据电子化、钻孔解译、地层解译、透镜体及地层尖灭等地质现象的调整,详细过程见图 4-40。

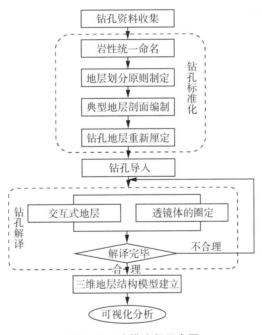

图 4-40 建模流程示意图

(1)收集资料

准备各类地质资料,包括满足建模精度需求的钻孔数据、地质图、地形地貌图、古河道分布图等。大量的钻孔资料是建模的重要依据,本次工作充分收集了江阴地区内各类钻孔,包含本次施工钻孔、工程勘察资料、地质灾害报告以及其他基础地质资料能获取的钻孔信息。从众多资料中筛选出 73 个钻孔,这些钻孔基本分布均匀,基本达到每平方千米 1 个钻孔,钻孔深度集中在地下 30~50 m,能够满足建模需求。

（2）标准化岩石命名

原始地质数据的准确性和全面性直接决定了模型的精确度和实用性,因此原始地质数据的分析工作至关重要。钻孔资料作为本次研究的基础数据,需要对其数据(基本信息、分层信息、物理力学参数等)做出详细归并、整理,统一岩性命名。由于钻孔来源各异,地层岩性命名未得到统一,因此首先需要实现地层命名的统一性与标准化。将收集钻孔的地层数据划分为 5 大类:杂填土层、粉质黏土层、黏土层、粉砂层、粉土层,详细信息见表 4-30。

表 4-30　调查区 0~50 m 层序控制孔详细信息

成因年代	编号	岩性符号	深度范围/m	地层岩性	岩性描述
人工填土层	①		0~6.35	杂填土	杂色、松散,以粉质黏土和粉土为主
第四系松散沉积层	②		1.30~9.75	粉土	灰黄色,很湿,稍密—松散,水平层理可见
	③		1.75~10.65	粉砂	灰黄色,很湿,稍密,含云母片,水平层理隐约可见
	④		13.85~32.95	粉质黏土	灰黄色,稍湿,硬塑,见铁锰结核,韧性、干强度高
	⑤		15.60~21.70	粉土	灰黄色,很湿,稍密,含少量铁质浸染,水平层理发育,含少量锈黄色斑纹
	⑥		18.60~33.00	粉砂	灰黄色,饱和,中密,水平层理发育,偶见砂质结核、锈黄色斑纹
	⑦		29.50~40.50	粉质黏土	灰黄色,局部褐黄色,稍—很湿,硬塑,韧性、干强度高,局部见虫孔构造
	⑧		32.30~42.30	粉土	灰黄色,很湿,稍—中密,局部见少量泥钙质结核
	⑨		40.50~45.60	粉砂	灰黄色,饱和,中密,含云母片,偶见砂浆及锈黄色斑纹
	⑩		45.50~50.00	粉质黏土	灰色,湿,软—可塑,水平层理发育,韧性、干强度中等—高

（3）绘图方法

研究区受古河道的变迁及海平面的升降控制,东西部仅沉积厚度有变化,沉积相变情况相对简单。①首先将主层连接,同时完成层内透镜体、黏土或局部基岩的单独编号,并保证同一透镜体编号的一致性与唯一性。②如果在地层连接时,相邻钻孔上下属性相同,则按照坡度小的进行连接。对于坡度过大的一般不考虑进行连接。③参考物理参数属性在不同岩性内的分布特征,保证结构与属性一致。④进行透镜体的划分时,如果没有钻孔控制边界,透镜体厚度超过 0.5 m,钻孔左右两端尖灭。如果小于 0.5 m 厚度,一般采取在二分之一处尖灭。⑤本次建模精度,纵向比例为 1∶100,在进行划分时,理论上合并小于 50 cm 的地层。

2）三维地质结构模型

将整理后的标准钻孔数据导入建模平台(图 4-41),经钻孔解译与地层解译后搭建模型基本框架。对于局部透镜体,尤其是复杂沉积背景下的多重透镜体,钻孔解译易出现矛盾,本次工作选择手动创建,即根据标准化地层剖面,由地质专业人员对照已搭建的主要地层,结合钻孔中透镜体的分层信息(层顶与层顶数据等),利用软件平台提供的人机交互工具创建单独透镜体模型。最终将透镜体合并到相应主层内,形成完整的三维地质结构模型。

图 4-41　三维地质建模平台

3）模型验证

模型验证主要考虑模型地层是否与实际地层吻合。根据实际建模过程,有两种验证方法:钻孔验证法与地层剖面验证法。前者通过对比模型地层与预留验证孔地层进行验证,后者则通过对比切割模型剖面与实际地层剖面进行验证。需要注意的是,不同地区建模过程存在差异,可供验证精度的方法亦多种多样。本次研究认为传统的预留钻孔验证法具有代表性。

所建三维结构模型符合地质规律,与实际地质情况基本吻合,能够直观展示工作范围内的地层分布与结构特征。但在局部地层的高程、透镜体位置方面仍与实际存有差异,后期可进一步完善。对于出现误差的原因可概括为 3 个方面:①钻孔分布并非完全均匀,某些地区资料有限,钻孔数量较少;②沉积环境复杂,松散层尤其是浅部地层变化较大,即使相邻钻孔也极有可能存在较大差异;③实际地质剖面编制时考虑两点定一线,而三维结构中地层划分采用离散光滑插值方法,造成地层的部分差异。

通过建立三维地质模型(图 4-42)可以将地层的分布、空间形态、岩性、厚度以及各地层的物理力学参数性质整合于一体,以三维形式予以储存或展现。模型充分验证了调查区 50 m 以浅内地层分布特征、含水砂层的空间分布规律、地下水流场等因素。潜水一般埋藏 10 m 以浅,厚度为 6～8 m。第 I 承压含水层(组)呈多层状结构,江阴要塞、萧山码头及长山沿江一带及山南一带缺失。在工程地质方面,充分验证了"粉质黏土"标志层的分布情况,对工程地质层划分有指导意义,同时展示了软弱土不良地质层的空间展布。这种直观展示的地下三维地质结构对于分析地质环境、合理利用地下空间资源以及保障地下空间地质安全具有重要意义。

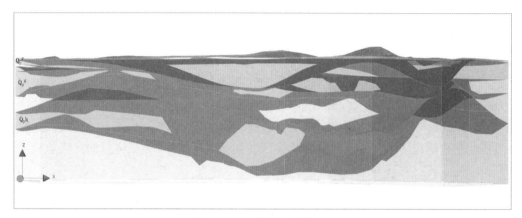

图 4-42 三维地层结构图

SWAT 模型主要用来预测人类活动对水、沙、农业、化学物质的长期影响,它可以模拟流域内多种不同的水循环物理过程。由于流域下垫面和气候因素具有时空变异性,为了提高模拟的精度,SWAT 模型通常将研究流域细分成若干个单元流域。流域离散的方法有三种:自然子流域(subbasin)、山坡(hillslope)和网格(grid)。

从模型结构看,SWAT 模型属于第二类分布式水文模型,即在每一个网格单元(或子流域)上应用传统的概念性模型来推求净雨,再进行汇流演算,最后求得出口断面流量。它明显不同于 SHE 模型等第一类分布式水文模型,即应用数值分析来建立相邻网格单元之间的时空关系。从建模技术看,SWAT 模型采用先进的模块化设计思路,水循环的每一个环节对应一个子模块,十分方便模型的扩展和应用。在运行方式上,SWAT 采用独特的命令代码控制方式,用来控制水流在子流域间和河网中的演进过程,这种控制方式使得添加水库的调蓄作用变得异常简单。SWAT 还能够用来模拟和分析水土流失、非点源污染、农业管理等问题。

(1) 水循环的陆面部分

水循环的陆面部分流域内蒸发量随植被覆盖和土壤的不同而变化,可通过水文响应单元(HRU)的划分来反映这种变化。每个 HRU 都单独计算径流量,然后演算得到流域总径流量。在实际的计算中,一般要考虑气候、水文和植被覆盖这三个方面的因素。

①气候因素

流域气候(特别是湿度和能量的输入)控制着水量平衡,并决定了水循环中不同要素的相对重要性。SWAT 所需要输入的气候因素变量包括日降水量、最大最小气温、太阳辐射、风速和相对湿度。这些变量的数值可通过模型自动生成,也可直接输入实测数据。

②水文因素

降水可被植被截留或直接降落到地面。降到地面上的水一部分下渗到土壤,一部分形成地表径流。地表径流快速汇入河道,对短期河流响应起到很大作用。下渗到土壤中的水可保持在土壤中被后期蒸发掉,或者经由地下路径缓慢流入地表水系统。

冠层蓄水:SWAT 有两种计算地表径流的方法。当采用 Green Ampt 方法时需要单独计算冠层截留。计算主要输入为冠层最大蓄水量和时段叶面指数(LAI)。当计算蒸发时,冠层水首先蒸发。

下渗:计算下渗考虑两个主要参数,即初始下渗率(依赖于土壤湿度和供水条件)和最终下渗率(等于土壤饱和水力传导度)。当用 SCS 曲线法计算地表径流时,由于计算时间步长为日,不能直接模拟下渗。下渗量的计算基于水量平衡。Green Ampt 模型可以直接模拟下渗,但需要次降雨数据。

重新分配:指降水或灌溉停止时,水在土壤剖面中的持续运动,它是由土壤水不均匀引起的。SWAT 中重新分配过程采用存储演算技术预测根系区每个土层中的水流。当一个土层中的蓄水量超过田间持水量,而下土层处于非饱和态时,便产生渗漏。渗漏的速率由土层饱和水力传导率控制。土壤水重新分配受土温的影响,当温度低于 0℃时该土层中的水停止运动。

蒸散发:包括水面蒸发、裸地蒸发和植被蒸腾。土壤水面蒸发和植被蒸腾被分开模拟。潜在土壤水蒸发由潜在蒸散发和叶面指数估算。实际土壤水面蒸发用土壤厚度和含水量的指数关系式计算。植物蒸腾由潜在蒸散发和叶面指数的线性关系式计算得到。

壤中流:壤中流的计算与重新分配同时进行,用动态存储模型预测。该模型考虑到水力传导度、坡度和土壤含水量的时空变化。

地表径流:SWAT 模拟每个水文响应单元的地表径流量和洪峰流量。地表径流量的计算可用 SCS 曲线方法或 Green Ampt 方法计算。SWAT 还考虑到冻土上地表径流量的计算。洪峰流量的计算采用推理模型,它是子流域汇流期间的降水量、地表径流量和子流域汇流时间的函数。

池塘:池塘是子流域内截获地表径流的蓄水结构。池塘被假定远离主河道,不接收上游子流域的来水。池塘蓄水量是池塘蓄水容量、日入流和出流、渗流和蒸发的函数。

支流河道:SWAT 在一个子流域内定义了两种类型的河道,即主河道和支流河道。支流河道不接收地下水,SWAT 根据支流河道的特性计算子流域汇流时间。

输移损失:这种类型的损失发生在短期或间歇性河流地区(如干旱半干旱地区),该地区只在特定时期有地下水补给或全年根本无地下水补给。当支流河道中输移损失发生时,需要调整地表径流量和洪峰流量。

地下径流:SWAT 将地下水分为两层,即浅层地下水和深层地下水。浅层地下径流汇入流域内河流,深层地下径流汇入流域外河流。

③植被覆盖因素

SWAT利用一个单一的植物生长模型模拟所有类型的植被覆盖。植物生长模型能区分一年生植物和多年生植物,被用来判定根系区水和营养物的移动、蒸腾和生物量或产量。

(2)水循环的水面部分

水循环的水面过程即河道汇流部分,主要考虑水、沙、营养物(N、P)和杀虫剂在河网中的输移,包括主河道以及水库的汇流计算。

①主河道(或河段)汇流

主河道的演算分为四个部分:水、泥沙、营养物和有机化学物质。其中进行洪水演算时若水流向下游,其一部分被蒸发和通过河床流失,另一部分被人类取用。补充的来源为直接降雨或点源输入。河道水流演算多采用变动存储系数模型或Muskingum方法。

②水库汇流演算

水库水量平衡包括入流、出流、降雨、蒸发和渗流。在计算水库出流时,SWAT提供三种估算出流量的方法以供选择:需要输入实测出流数据;对于小的无观测值的水库,需要规定一个出流量;对于大水库,需要一个月调控目标。

第五章
京杭大运河镇江段环境地质调查与评价

京杭大运河是中国古人开凿的世界级的交通运输工程,目前已演化成了中国的历史文脉。京杭大运河是公元 603 年建造的。在公元 7 世纪初,隋炀帝统治后,迁都洛阳。为了控制江南广大地区,将长江三角洲地区的丰富物资运往洛阳,隋炀帝于公元 603 年下令开凿从洛阳经山东临清至河北涿郡(今北京西南)长约 1 000 km 的"永济渠"。又于公元 605 年下令开凿洛阳到江苏清江(今淮安)约 1 000 km 长的"通济渠",直接沟通黄河与淮河的交通,并改造邗沟和江南运河;公元 607 年又开凿永济渠,北通涿郡,连通公元 584 年开凿的广通渠,形成多枝形运河系统。再于公元 610 年开凿江苏镇江至浙江杭州长约 400 km 的"江南运河",同时对邗沟进行了改造。这样,洛阳与杭州之间全长 1 700 多千米的河道可以直通船舶。扬州是里运河的名邑,隋炀帝时在城内开凿运河,从此扬州成为南北交通枢纽,借漕运之利,富甲江南,成为中国最繁荣的地区之一。

京杭大运河是世界上里程最长、工程最大的古代运河,京杭大运河全长 1 797 km(目前通航里程为 1 442 km)(见图 5-1)。京杭大运河北起涿郡(今北京),南至杭州(浙江省杭州市),经过北京、天津、河北、山东、河南、江苏和浙江等省市,沟通了海河、黄河、淮河、长江、钱塘江五大水系。全年通航里程为 877 km,主要分布在黄河以南的山东、河南、江苏和浙江。大运河对中国南北地区之间的经济、文化发展与交流,特别是对沿线地区工农业经济的发展和城镇的兴起均起到了推动作用。

京杭大运河全程河道地面高度不完全相等,在起始点北京和山东东平湖段地势最高,其全程河道地势概要图见图 5-2。京杭大运河的流向、水源和排蓄条件在各段均不相同,非常复杂,总体概括为四个节点、两种流向:节点 1 天津(海河)以北的通惠河、北运河向南流;节点 1 与节点 2 东平湖之间的南运河、鲁北运河向北流;节点 2 与节点 3 长江(清江)之间的鲁南运河、中运河、里运河向南流;节点 3 与节点 4 长江以南的丹阳之间河段向北流,丹阳以南河段(江南运河)向南流。

京杭大运河江苏段全长为 628 km,占全年通航里程数的三分之二,坐标范围为东经 116°22′ ~ 121°55′,北纬 30°46′ ~ 35°07′,基本建成了二级航道,成为京杭运河上等级最高、运输最繁忙的航道,实现了京杭运河苏南、苏北全线畅通,为江苏及华东地区提供了一条南北水上快速交通大动脉。苏北运河(徐州蔺家坝—淮阴—扬州六圩口)全长 404 km,纵跨徐州、邳州、宿迁、淮阴、扬州等 11 个县市,沟通了微山湖、骆马湖、洪泽湖、高邮湖等水系;苏南运河(镇江谏壁—常州—南浔)全长 224 km,贯穿江苏经济最发达的常州、镇江、无锡、苏州等县市,沟通了长江和太湖水系。

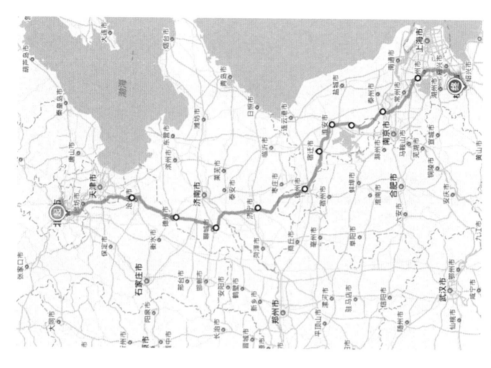

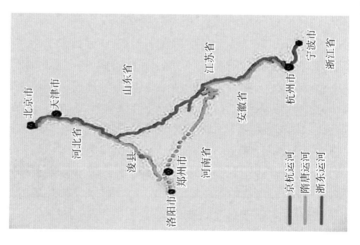

图 5-1 京杭大运河总体轮廓图

苏南江河环境地质调查模式探索与实践

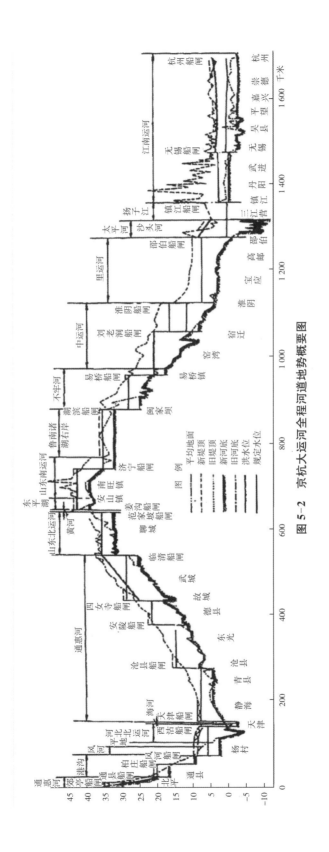

图 5-2 京杭大运河全程河道地势概要图

工作区位于京杭大运河镇江段(丹阳市、丹徒区辛丰镇和京口区谏壁镇),总长约42.6 km,其中由南向北依次为丹阳段30.1 km,丹徒区辛丰段7.3 km,京口区谏壁段5.2 km。工区调查范围不仅包括整个运河段,还包括运河沿岸两侧约2 km的区域,面积约为170 km²。

工区地处江苏省西南部的镇江市,长江下游南岸,东南接常州市,西邻南京市,北与扬州市、泰州市隔江相望。镇江市总面积3 843 km²,占全省面积的3.7%,人口密集,人口数量为322.60万人(2017年末统计),工农业生产、科学研究和文化教育事业均较发达。区内交通方便,沪宁铁路横贯东西,兼有长江、京杭大运河水路航运,公路四通八达,将南京、镇江、句容、丹阳等市县和村镇连通,并可通达扬州、常州及邻近省市(图5-3)。

图5-3 工作区交通位置图

(蓝色加粗线条为工作河段,虚线闭合面积为镇江市下属丹阳市区域)

京杭大运河的历史意义在于,大运河开通后贯穿了河北、山东、河南、江苏、浙江等省,连接了海河、黄河、淮河、长江和钱塘江五大水系,加强了南北联络,维护了国家统一,大运河成为南北政治、经济、文化联络的枢纽工程,是我国古代劳动人民创造的一项伟大工程,是祖先留给我们的珍贵的物质和精神财富,是活着的、流动的重要人类遗产。

本研究严格按照项目任务书和设计书的要求,开展了测地工作、水下地形测量、水文地质环境调查、底泥污染调查、土壤地球化学调查、近岸第四系沉积柱调查、敏感污染源目标调查、样品采集及测试、污染状况初步评价和综合研究等工作,基本查明了京杭大运河镇江段环境地质基本特征,完成了运河两岸各1 km范围的土壤地球化学等级评价、地下水水质和水环境评价,较为圆满地完成了预期的各项目标任务,成效显著,实物工作量完成情况见表5-1。

表 5-1　实物工作量完成情况一览表

序号	工作项目名称		单位	设计工作量	完成工作量	完成率/%	检查数	检查率/%
1	GPS 工程点测量		点	40	42	105	10	23.8
2	地图编制		幅	1	1	100		
3	调查剖面水下地形测量		条	7	7	100	7	9.2
4	环境地质综合调查	运河干流地表水样	组	28	30	107.1	2	7.1
5		入河支流地表水样	组	20	20	100		
6		地下水样	组	6	6	100		
7		底泥沉积物样	件	14	16	114.3	4	14.3
8		近岸土工试验	件	24	24	100		
9		钻孔内沉积柱样品	件	56	56	100		
10		近岸污染源调查	点	若干	115			
11	土壤环境测量	自由网布设	km²	85.2	85.2	100		
12		土壤样品采集	件	320	319	99.7	16	5.3
13	钻探	地质取芯钻探	m	400	393.2	98.3		
14		水文观测	台班	18	18	100		

5.1　自然地理与经济发展概况

镇江市处于宁镇低山丘陵与长江三角洲平原两大地貌单元结合部,北部主要为低山丘陵、山间谷地,南部大部分为冲积平原,地势总体呈北高南低、西高东低,其中丘陵山地占51.1%,圩区占19.7%,平原占15.5%,水面占13.7%。海拔一般为200~400 m,最高峰为句容的大华山,高437.2 m,市区最高峰为十里长山,高349 m,冲积平原区一般地形平坦,海拔多在20~40 m。境内除长江和京杭大运河外,其余河流较短小,被宁镇山脉、茅山山脉分隔,分别流入长江、太湖、秦淮河。本段运河主要流入太湖,城区段干流在特定时期流入长江。

镇江市为北亚热带季风气候,镇江市区常年平均气温15.4 ℃。镇江市雨量充沛,年降水量为1 000~1 100 mm,4—10月份降水量占全年的80%,常年平均降水日数为119天。新中国成立后,常年平均降水量:市区为1 063.1 mm,丹阳为1 056.5 mm,扬中为1 062.4 mm,句容为1 018.6 mm。区内植被比较发育,物理风化作用不甚显著,化学风化作用较为显著。

镇江市土壤类型以黄棕壤为主,在平原地带主要为水稻土,这两种类型占土壤总面积的95%以上。植被类型主要是落叶、常绿阔叶混交林。由于人类活动的影响,原生自然植被已很少存在,主要为材林、薪炭林、经济林和农作物组成的人工植被。

镇江市为长江三角洲重要的港口、风景旅游城市,总面积约为 3 840 km²,辖 3 个区、3 个县级市。镇江地区开展地质工作的历史悠久,近年来所积累的生态环境地质、农业地质、区域地球化学调查等方面的成果资料较为丰富。地质工作始于 20 世纪 50 年代,主要用来配合地质找矿,从区域性小比例尺普查到重点矿区和异常详查,投入工作以次生晕为主,70 年代以后,原生晕工作陆续展开。

镇江地区以往的地质资料总体上可利用程度较高,在区域基础地质、水文地质调查、多目标地球化学调查和城市地质调查工作中积累了大量的钻孔、土壤地球化学背景值、土壤环境质量及重金属区域分布等基础资料,尤其以往找矿为目的的化探工作,及由江苏省地质调查研究院完成的《江苏省 1∶25 万多目标区域地球化学调查》《江苏省南京及周边地区多目标区域地球化学调查与评价》《镇江城市地质资源与环境——镇江城市地质调查研究报告》,中国地质大学(北京)完成的《江苏镇江扬州地区多目标地球化学调查成果报告》和《江苏镇江丹阳市小城镇水工环地质综合调查成果报告》等项目报告,为本次工作的开展奠定了良好的基础。但是,仍存在以下一些不足:①以往工作服务于矿产地质的多,服务于环境地质的较少。以往区域调查比例尺介于 1∶50 万～1∶5 万,比例尺多偏小,采样密度稀疏,如 1∶5 万土壤地球化学调查工作,每平方千米采集 1～4 件土壤样品,主要针对矿产调查,分析元素与环境调查明显不同,且位于运河近岸的样品有限。②以往工作针对性不足。本次调查对象为运河及周边的环境问题,工作范围主要为京杭大运河镇江段(长约 42.6 km)及沿河两岸各 2 km 区域,研究内容既有水文,又有土壤和第四系沉积,还有底泥,这就导致了可借用的前人资料较少。③以往工作对二次污染研究较少,对河流综合性环境研究不多。本次研究侧重于对区域内底泥沉积物进行综合环境地质调查评价,特别对底泥导致的二次污染进行研究,包括风险预警研究。

5.2 区域地质背景

5.2.1 前第四纪地质

宁镇山脉处于长江以南,西起南京,经镇江地区,东至常州市武进区孟河镇,东西长 100 余千米,呈略向北凸出的弧形展布。

镇江地区地层出露较全,自震旦系至第四系皆有分布,前第四系地层总厚约 12 000 m,详见镇江地区地层岩性简表(表 5-2)。

震旦系下统包括莲沱组和南沱组,为一套变质砂岩和含冰碛的千枚岩,是苏南地区最老的地层(距今约 6.5 亿年),仅分布于丹徒区纪庄至后朱巷和谏壁至丹阳高桥一带,均为第四系覆盖;震旦系上统至中奥陶系,以海相镁质碳酸盐(白云岩)为主,夹少量灰岩,分布于谏壁以东地区。

奥陶系上统至志留系主要为海相碎屑岩—砂岩、页岩及少量硅质岩。

泥盆系至下石炭系主要为陆相、海陆交互相的砂岩、泥岩,夹少量灰质白云岩,分布在五洲山、高丽山、十里长山。

石炭系中统至二叠系下统为一套海相灰岩。

二叠系下统上部至二叠系上统主要为海陆交互相含煤碎屑岩。

三叠系下统为海相灰岩,多呈薄层状,是本区主要石灰矿赋存部位;三叠系中统上部主要为陆相砂岩、泥岩;三叠系中统下部为咸化海至潟湖相碳酸盐沉积岩,是本区石膏矿床产出部位。

侏罗系中下统为陆相砾岩、砂岩、页岩。

白垩系下统下部为陆相粉砂岩、泥岩,夹少量砾岩,上部为陆相火山岩,是膨润土、珍珠岩、沸石等的产出部位;白垩系上统为陆相干热环境下的砂岩、砾岩、岩石,多呈紫红、珠红色。

第三系本区缺失。

表 5-2　镇江地区地层岩性简表

界	系	统	地层名称		代号	厚度/m	主要岩性
新生界	第四系	全新统	如东组	上段	$Q_4 r^3$	2~8	灰黄色亚黏土、灰色亚黏土夹粉砂
				中段	$Q_4 r^2$	4~12	灰、灰黑粉砂、细砂,粉砂和淤质土互层
				下段	$Q_4 r^1$	3~12	灰色粉砂、亚黏土夹粉砂
		上更新统	滆湖组	上段	$Q_3 g^{2-3}$	4~5	灰黄色亚黏土,灰绿色含泥质粉细砂
					$Q_3 g^{2-2}$	11~15	灰黄、灰绿色粉细砂,灰色亚黏土夹粉砂
					$Q_3 g^{2-1}$	3~7	灰褐色亚黏土、亚黏土夹粉细砂,灰绿、黄色细砂、粗砂
		中更新统	启东组	上段	$Q_2 q^2$	4~10	肉红色、灰白色、灰黄色细砂,含砾细砂、砾石
				下段	$Q_2 q^1$	12	黄绿色、灰黄色细砂,含砾中粗砂,砾卵石
		下更新统	海门组	上段	$Q_1 h^3$	8	灰黄亚黏土、中砂、含砾中粗砂
中生界	白垩纪	上统	赤山组		$K_2 c$	>150	砖红色粉砂岩、细砂岩
			浦口组		$K_2 p$	>586	紫红色砾岩、砂岩
		下统	圌山组		$K_1 c$	>521	碱性流纹岩、火山碎屑岩,夹凝灰质粉砂岩
			上党组		$K_1 s$	>2 174	石英粗安岩、英安流纹岩夹玄武岩
			杨冲组		$K_1 y$	>574	钙质粉砂岩、泥岩夹砾岩
	侏罗纪	中统	北象山组		$J_2 b$	>1 017	紫红、灰黄、灰白色砂岩夹泥岩
	三叠纪	中统	黄马青组		$T_2 h$	100~1 059	上部紫红色杂砂岩与粉砂岩、泥岩互层,下部灰黄色、灰绿色细粒砂岩与粉砂岩互层
			周冲组		$T_1 z$	120~410	灰色、灰黄色角砾状灰岩、白云岩
		下统	上青龙组		$T_1 s$	272	薄层灰岩夹瘤状灰岩
			下青龙组		$T_1 x$	192	上部为灰岩,下部以钙质泥岩为主

界	系	统	地层名称		代号	厚度/m	主要岩性
古生界	二叠系	上统	大隆组		P_2d	3~24	杂色硅质页岩、页岩
			龙潭组		P_2l	60~113	灰黑色、灰色砂岩,炭质页岩
		下统	堰桥组		P_1y	21~58	砂岩、页岩
			孤峰组		P_1g	10~45	燧石岩、硅质页岩
			栖霞组		P_1q	177	深灰色、灰黑色厚层灰岩,含燧石灰岩
	石炭系	上统	船山组		C_3c	47	灰、灰白色厚层灰岩
		中统	黄龙组		C_2h	94	灰、浅灰色厚层灰岩,粗晶灰岩
		下统	老虎洞组		C_1l	7~16	浅灰色厚层白云岩
			和州组		C_1h	3~18	灰色中薄层泥质灰岩
			高骊山组		C_1g	53	杂色粉砂岩、砂岩夹黏土岩
			金陵组		C_1j	2~9	灰黑色厚层灰岩
	泥盆系	上统	五通组		D_3w	128~146	灰白、黄褐色石英砂岩、砂岩夹黏土岩
	志留系	上统	茅山组		S_3m	0~26	紫红色细砂岩
		中统	坟头组		S_2f	318	黄绿色细砂岩夹页岩
		下统	高家边组		S_1g	1 538	黄绿色页岩夹砂岩
	奥陶系	上统	五峰组		O_3w	17~19	硅质岩、硅质页岩
			汤头组		O_3t	9	页岩夹泥灰岩
		中统	宝塔组		O_2b	45	泥灰岩、钙质泥岩、龟裂纹灰岩
			大田坝组		O_2d	2~3	泥质灰岩
		下统	牯牛潭组		O_1g	12	灰岩、白云质灰岩
			大湾组		O_1d	>24	泥灰岩、泥岩
			红花园组		O_1h	172~205	生物碎屑岩
			娄山组		O_1l	98	灰岩、白云质灰岩、白云岩
	寒武系	中上统	观音台群		$\in_{2-3}gn$	623	白云岩、灰质白云岩
		下统	炮台山组		$\in_1p$	39~77	白云岩、灰质白云岩
			幕府山组		$\in_1m$	116	上部白云岩,下部硅质页岩
晚元古代	震旦系	上统	灯影组		Z_2dn	>287	白云岩、泥质白云岩
			陡山陀组	上段	Z_2d^2	187	灰岩夹白云质灰岩
				下段	Z_2d^1	206	千枚状泥岩
		下统	南沱组		Z_1n	1 239	含冰砾千枚岩、砂岩
			莲沱组		Z_1l	>1 319	变质砂岩(未见底)

5.2.2　第四纪地质

镇江地区第四系分布广泛。北部、东部长江冲积平原沉积厚度约 100 m,下更新统沉积发育不全,仅有下更新统上段长江冲积层沉积,中更新统为长江古河床相沉积,上更新统为长江古河床相和漫滩相沉积,全新统为三角洲平原相和海陆交互相沉积。西部、南部丘陵及山麓一带厚度为 20~60 m,上更新统以风成下蜀黄土为主,冲坡、坡洪积次之。全新统分布于沟谷、冲沟,以冲积为主。

采用长江三角洲第四纪地质地层划分原则进行对比划分,从而建立本区第四纪沉积系列,南部丹阳段沉积与之对比略有差异。

1)早更新世海门组(Q_1h)

地层距今 78 万~180 万年。灰黄色亚黏土、中砂,含砾中粗砂,厚 8 m。平原区仅见姚桥钻孔,为河流相,该层相为长江三角洲第四纪地层区海门组上段,其中段和下段缺失。丘陵区缺失,地表亦未出露,埋深在 90 m 以下。

2)中更新世启东组(Q_2q)

地层距今 12.8 万~78 万年。下段(Q_2q^1)为黄绿色、灰黄色细砂,含砾中粗砂、砾卵石,厚 12 m,属河床相。上段(Q_2q^2)为肉红色、灰白色、灰黄色的细砂,含砾细砂、砾石,厚 4~10 m,属河床相,本统沿长江冲积平原分布广泛。丘陵区缺失沉积,埋深在 50~68 m以下,地表缺失。

3)晚更新世滆湖组(Q_3g)

埋深在 18~22 m 以下。上更新统平原区地下发育较好,丘陵区主要分布下蜀黄土沉积,一般组成二级阶地,岩性为红棕色、褐棕色、黄棕色亚黏土,含铁锰质结核化壤土,厚20 m 左右,市区沿江一带如狮子山、云台山发育较好。据有关研究,下蜀黄土成因主要以风成为主,其次为冲坡、洪坡积。下段(Q_3g^1)为灰色、灰黄色、灰绿色的细砂、粗砂、含砾中粗砂、砾石,厚 13~20 m。属河床相。本段相当于昆山组,埋深在 35~48 m 以下。上段(Q_3g^2)根据岩性、沉积韵律、时代可划分为三个亚段,自下而上分别为:①(Q_3g^{2-1}):灰褐色亚黏土或亚黏土夹粉细砂或灰绿色、黄绿色细砂、粗砂,厚 3~7 m,属河床相—漫滩相;②(Q_3g^{2-2}):灰黄、灰绿色粉砂、细砂及含砾细砂或灰色、灰绿色亚黏土夹粉砂薄层,厚11~15 m,属河床相—漫滩相;③(Q_3g^{2-3}):灰黄色亚黏土或灰绿色含泥质粉细砂,厚 4~5 m,属河流相或漫滩相。

4)全新世如东组(Q_4r)

下段(Q_4r^1):灰色粉砂或亚黏土夹粉砂,厚度 3~12 m,海陆交互相、河床相。中段(Q_4r^2):灰色、灰黑色粉砂、细砂、粉砂和淤质亚黏土互层,厚 4~12 m,海陆交互相、河床相,局部夹有淤泥、泥炭。上段(Q_4r^3):灰黄色亚黏土,黄色、灰色亚黏土夹粉砂,2~8 m,属冲积平原相。区内全新统以沿长江河道、古河道、古沟谷分布为主,沿坳沟也有分布。

5.2.3　岩浆岩

镇江地区岩浆活动主要发生在燕山晚期,具有多旋回、多阶段的特点。长期强烈的喷发、侵入活动形成了本区的中酸性火山—侵入杂岩体，它们大体东西分布，主要分布于五洲山和天王山之间以及十里长山至高丽山之间，如石马、韦岗、谏壁一带。

（1）侵入岩：①花岗岩类及脉岩，主要有花岗岩、钾长花岗岩、花岗闪长岩、石英二长（斑）岩等；②闪长岩类及其脉岩，主要有石英闪长岩、闪长岩、闪长玢岩等。

（2）火山岩：本区火山活动主要发生在早白垩世，分布在上党火山岩盆地和镇江圌山一带。根据火山活动时期、活动间隙以及喷发物质的变化特点，由下而上可分为两个旋回：①上党旋回。时代 $K_1(K_1s)$，同位素年龄值为 $84.4 \sim 110.1$ Ma，主要是石英安山岩、石英安山质凝灰岩、角砾岩、凝灰岩；②圌山旋回。时代 K_1，同位素年龄值为 $64.3 \sim 16.5$ Ma，主要是石英粗面岩、火山角砾岩、凝灰质砂岩。

5.2.4 构造特征

1）区域构造

镇江地区属于扬子准地台的下扬子台坳带的盐城—南京台拱褶皱带下的镇江—溧水断隆。中生代以来，本地区经历了四个构造演化阶段：①印支期宁镇地区由于近南北向的水平挤压，形成了东西向宽缓褶皱；②燕山早期由于近南北向应力的进一步挤压，形成了一系列近东西向展布的线性褶皱及伴生的纵向断裂；③燕山中期构造发展到了鼎盛时期，因太平洋板块北北西向俯冲及郯庐断裂的左行剪切，形成了系列叠加在近东西向褶皱上的北北东向断裂和褶皱；在两组北北东向断裂所夹持的断块内左行扭动派生了北北西向破碎带和北北东向破碎带。到扭动松弛期，北北东向压扭转化为张性，导致大规模的岩浆活动与成矿作用，形成了本地区主要的控岩、控矿构造系统；④燕山晚期，构造发展到了一个新阶段，应力发展到以南北拉张为主，形成了宁镇山脉南北两侧系列东西向的阶梯状正断裂。

归纳起来，本区中部为宁镇褶皱束，北侧为仪征凹陷，南侧为句容和常州两个凹陷，三个凹陷均为中新生代碎屑岩和火山岩沉积。

2）新构造活动

新构造活动以差异升降和断裂活动为主。

（1）断块的差异性升降

茅山断裂在区内控制了宁镇隆起的南东边界，分布在金山—焦山北侧的长江断裂带则控制了宁镇隆起的北界。夹于两条断裂之间的宁镇山脉自西南高骊山起，北东至焦山一段，被北西向活动性断裂分割为高骊山断块、五洲山断块、九华山断块和汝山断块，其山顶高程自南西向北东依次降低，相差数十到百余米。虽然对是否存在着统一的山顶剥蚀面尚有争论，但从断裂活动性和地震等因素来看，这种高程差异显示了断块的升降差异性。

（2）断裂的活动性

镇江市位于扬州—铜陵地震带东段，东台—溧阳北北东构造带，是我省主要地震强烈活动地带，历史上曾发生数次地震，其中 9 次为中型地震。自 20 世纪 60 年代以来，该构造带活动日益强烈，70 年代曾发生两次破坏性地震，其中 1975 年发生的 6.0 级地震不仅破坏性强，而且余震频率高，2 天内高达 200 余次，反映了本区地震活动的强烈性。其地震活动有以下特点：①以小震活动释放能量为主要特点，活动频数低，破坏性不大；②受邻区和沿海地震波及影响较大。历史上本区发生的震级大于四级的地震就达 11 次（表 5-3），证明本区属中强地震地区。

表 5-3　镇江市历史地震震级(大于四级)统计表

序号	地震时间 年 月 日	震中位置			震中烈度	震级
		北 纬	东 经	参考地名		
1	1320-07-19	31.7°	119.7°	丹徒东南		5
2	1454-12-19	32.2°	119.4°	镇江	5	4
3	1605-12-19	32.1°	119.7°	丹徒华山	7	4
4	1872-07-24	32.2°	119.3°	镇江西部	6	4.75
5	1888-04-22	32.2°	119.4°	镇江	5	4.5
6	1910-05-07	32.1°	119.4°	乔家门	5	4.5
7	1913-04-03	32.2°	119.4°	镇江	7	5.5
8	1913-04-03	32.13°	119.26°	镇江	5	4
9	1913-04-03	32.13°	119.26°	镇江	5	4
10	1918-06-02	32.2°	119.4°	镇江	5～6	4.25
11	1930-01-03	32.2°	119.4°	镇江	7	5

断裂活动性的证据有下列几个方面：①地震震中分布。区内分割各断块的活动性断裂上，尤其是与长江、茅山断裂交汇处，几乎都发生过小地震，如上党—高资断裂、蚕种场—大花山断裂和解放路断裂。②温泉。活动性断裂除出现小地震外还多有温泉出现，如韦岗温泉就位于上党—高资断裂带附近。③物探与形变资料。布伽重力异常图上，茅山断裂、上党—高资断裂明显处于重力异常梯度带上。另据研究，茅山断裂第四纪以来活动速率为 0.083 mm/a，1979 年以来变为 0.55 mm/a。

5.3　水文地质概况

1) 地表水概况

镇江市共有河流 63 条，总长约 700 km，多为人工运河。全市河网密度为 0.18 km/km²，其中丹阳市河网密度最大，达 0.22 km/km²。全市水面面积占 13.7%（不含长江），是江苏省水面较少的地区之一。新中国成立以来，镇江市兴建了大量与水资源开发利用相关的水利工程，其中节制闸 24 座，翻水站 3 座，主要河道 59 条，水库 101 座（总库容达 376.31×10⁶ m³），塘坝 9.8 万个（总库容 190.66×10⁶ m³）。根据地形分布情况，以宁镇山脉与茅山山脉为自然分水岭，河流可分为沿江水系、秦淮河水系和太湖湖西水系等三个部分,秦淮河水和太湖之水最终通向长江,因此,后两个水系也是长江水系的组成部分。苏南地下水类型及分布见图5-4。

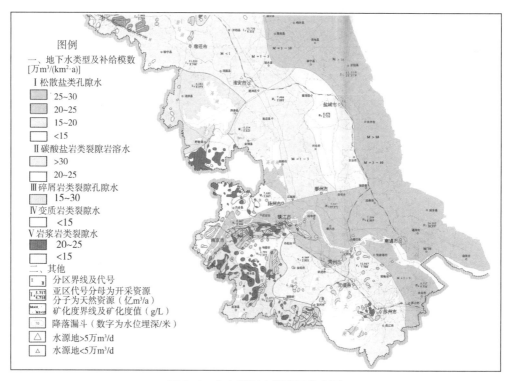

图 5-4　苏南地下水类型及分布图

（1）长江沿江水系

该水系包括市区、扬中全部及句容、丹徒、丹阳沿江一带,流域面积约 1 260 km²。长江流经境内长度共为 103.70 km。其中长江镇江段自句容大道河口起至丹徒五峰山止,长 52 km;长江五澄段(五峰山至江阴)的镇江部分(五峰山至九圩港)长 51.7 km;另扬中与丹徒、丹阳、武进之间夹江长 54 km。直接注入长江的河流主要有太平河、便民河、九曲河、大道河、高资港、沙腰河、捆山河等,这些河流均直接从山丘流入长江,长度较短,超过 20 km 的仅有九曲河和太平河。扬中 12 条港道全部汇入长江,长度均在 10 km 以下。

（2）秦淮河水系

该水系全部位于句容境内,流域面积为 960 km²,占句容市面积的 70%。主要河流有南河(52.4 km)、句容河(49.09 km)、高阳河、汤水河、中河、北河等。

（3）太湖湖西水系

该水系包括丹阳大部分地区,句容、丹徒部分地区,流域面积为 1 590 km²。主要河流有香草河(全长 22.4 km)、通济河(境内 20.5 km)、鹤溪河(境内 19.5 km)、丹金溧漕河(18.4 km)、简渎河(全长 16.5 km)、胜利河(全长 11.7 km)等。

（4）流经市区的主要河流

流经市区的主要河流有京杭大运河镇江段、古运河、运粮河和御桥港。京杭大运河镇江段全长 42.6 km,流经镇江京口区谏壁镇、丹徒辛丰镇,穿过丹阳市区、陵口镇及吕城镇。古运河入江口原有 5 个,自西向东分别为大京口、小京口、甘露口、丹徒口和谏壁口,其中甘露口、大京口已废弃。小京口自平政桥经京口闸,到丹徒闸与丹徒口汇合,再南至谏壁与大运河汇合,全长 16.70 km,其中平政桥至南门塔山桥,以及塔山桥至丹徒闸长度均约 5 km,目前已成为市区排污、引水冲污河道,丹徒口以下 6 km 尚能利用丹徒闸引水起调节作用。1958—1960 年开挖的谏壁河口已成为主要入江河道。

运粮河两头通江,西起丹徒区高资镇九摆渡江口,向东流经八摆渡入镇江市区,再过金山桥由新河桥入长江,全长 12.8 km,其中市区江口至御桥港口长 9.2 km,御桥港以东至入江口长 3.6 km。

御桥港是运粮河的主要支流,承受长山、五洲山等 36 km^2 面积来水,自长山提水站至运粮河全长 5.9 km,源于长山与州山之间的河是主要源流。现河底高程 1.5～2 m,底宽 7.0 m,是长江水引向提水站的主要通道。

2) 地下水概况

特定的地形、地貌、水文、地质环境形成了区内水文地质条件,控制着地下水的分布。地下水资源不丰富且分布不均匀,大片的火山岩区和碎屑岩区为贫水区,地下水主要为第四系冲积层中的孔隙水、基岩中的裂隙水(单井涌水量平均少于 100 m^3/d)和裂隙岩溶水(单井涌水量平均约 1 000 m^3/d)。地下水资源总量(年可开采量)约 3.285 × 10^8 m^3,其中孔隙水占 80%。

早侏罗世以来的断裂构造和岩浆活动使区内地层破碎,含水岩体呈块状零散分布于各处。前第四纪基岩地下水赋存于基岩裂隙及构造带中,统称裂隙水,可分为三种类型:网状裂隙水、脉状裂隙水和岩溶裂隙水。

第四系的水文地质条件可分为:①山区残坡积层贫水带,层厚 1～2 m,为透水不含水层;②丘陵谷地地下水弱富水带,该区地下水一般具承压性质,埋深一般为 1～3 m,水量为 0.1～0.5 L/s,水质多为 HCO$_3$—Ca 型,矿化度小于 1 g/L,适于饮用,可作为小型分散居民点的供水水源;③河谷漫滩地下水富水带,主要含水层为粉细砂层,水位在 0.5～3.6 m 之间,单位涌水量约 0.02～0.15 L/(s·m),水质多属 HCO$_3$—Ca 型或 HCO$_3$—Ca·Mg 型,矿化度为 0.3～0.7 g/L,适于饮用。工区属于河谷漫滩地下水富水带。

通过对资料的分析和野外水文地质调查研究发现,按地下水赋存条件和分区范围可以将镇江市地下水分为 8 个主要的富水区块。各个富水区块面积、地下水储存总量及各块段允许开采量见表 5-4。工区位于其中的沿江浸漫孔隙水、孟家湾—丹徒—谏壁裂隙水等富水块段。

表 5-4　镇江市地下水富水块段统计表

地下水		面积 /km^2	含水层平均 厚度/m	补给资源量 /(10^4 m^3/a)	可开采资源量 /(m^3/d)	地下水储存 总量/(10^4 m^3)
分类	富水块段					
孔隙水	沿江漫滩	213.47	50	3 898	106 792	213 470
	四摆渡	5.28	150	120	3 296	7 920
	乔家门	4.17	150	45	1 236	6 255

地下水		面积 /km²	含水层平均厚度/m	补给资源量 /(10⁴ m³/a)	可开采资源量 /(m³/d)	地下水储存总量/(10⁴ m³)
分类	富水块段					
岩溶水	南山—凌家湾	20.55	150	273	7 489	30 825
	大港	42.61	150	219	6 003	63 915
	十里长山南麓	5.27	200	142	3 877	10 540
	小力山—古洞	11.88	200	67	1 839	23 760
裂隙水	孟家湾—丹徒—谏壁	51.06	100	866	2 000	5 106
合计		—	—	5 630	132 532	361 791

注:据李洪文等,2009,镇江市地下水特征及规划应急水源地分析。

5.4 工程地质概况

工区内与京杭运河关系最密切的工程地质概况包括中部丘陵谷地区(Ⅱ)和北部沿江漫滩区(Ⅲ),其主要土层的物理力学性质指标见表 5-5。

表 5-5 主要土层的物理力学性质

编号	岩性	含水率 w /%	重度 γ / (kN/m³)	孔隙度 e	塑性指数 I_p	液性指数 I_L	内摩擦角 ψ	黏聚力 c /kPa	压缩系数 a /kPa⁻¹
Ⅱ-2	亚黏土	28.8	19.7	0.810	16.1	0.51	21°	38.24	2.75×10^{-4}
Ⅱ-3	淤泥质土	32.8	19.2	0.880	12.7	1.10	24°35′	11.76	4.90×10^{-4}
Ⅱ-5	下蜀土	23.4	20.3	0.670	16.3	0.29	24°59′	47.07	1.83×10^{-4}
Ⅲ-2	亚黏土	28.6	19.5	0.800	11.7	0.82	23°	20.59	4.89×10^{-4}
Ⅲ-3	淤泥质土	44.5	17.8	1.200	10.9	1.82	27°	13.72	6.43×10^{-4}
Ⅲ-4	粉细砂	29.4	19.4	0.830					2.96×10^{-4}

1) 中部丘陵谷地区(Ⅱ)

人工填土 Q_4(Ⅱ-1)以杂填土为主,成分复杂,极不均一,在水平与垂直方向均变化较大。分布以城区为主,厚度变化大且无规律,一般超过 4.0 m,厚者达 9.0 m,易产生不均匀沉降,该层容许承载力一般为 49~78.4 kPa,不能用作天然地基。

亚黏土 Q_4(Ⅱ-2)为褐灰色、灰黄色、褐黄色、黄色,含铁锰结核,局部可见有机质,不均匀,软—可塑状态,系 Q_3 下蜀组土层搬运再沉积而成,具中—高压缩性,容许承载力一般为 127.5~147.1 kPa,厚度不一,可作一般建筑物的天然地基。

淤泥质土 Q_4(Ⅱ-3)以亚黏土为主,夹有轻亚黏土,灰色、灰黑色,含夹有机质及淡水螺壳,主要分布于冲(坳)沟及古河道中。呈流塑状态,强度低,压缩性高,厚度变化在 0~35 m。该层局部夹有泥炭层,呈褐色,含大量腐殖质,淤泥质土层的容许承载力一般为 39.2~88.2 kPa,一般是天然地基建筑物的主要压缩层及软弱下卧层。

亚黏土 Q_4（Ⅱ-4）为灰绿色、灰黄绿色,中密,可塑状态,一般为Ⅱ-3与Ⅱ-5层的过渡带,厚度1～3 m,分布不均,实用意义不大。

亚黏土、黏土 Q_4（Ⅱ-5）系长江泛溢堆积物,分布于谷底及阶地。多为褐黄、棕黄、棕红色,局部可见灰黄、灰色,可塑—硬塑状态。垂直节理发育,富含铁锰结核,也可见少量灰绿色条纹。此层厚度大,一般为25～453 m,根据不同物理力学性质还可分为三四个亚层,其土质均匀,中—低压缩性,容许承载力为196.1～274.6 kPa,是建筑物良好的天然地基或桩基持力层。

2）北部沿江一带漫滩堆积物（Ⅲ）

人工填土 Q_4（Ⅲ-1）同 Q_4（Ⅱ-1）所述。

亚黏土（硬壳层）Q_4（Ⅲ 2）为黄色、褐黄色,被铁质渲染,夹云母及少量钙质结核、贝壳等,具中—高压缩性,容许承力为98 kPa左右,厚1 m左右。

淤泥质亚黏土 Q_4（Ⅲ-3）为褐灰色,稍密,饱和,软—流塑状态,夹贝壳、腐殖物及薄层粉砂,层理清晰,具韵律构造。容许承载力一般为58.8～78.5 kPa,高压缩,此层垂直及水平向分布变化较大,由北而南逐渐尖灭。

粉细砂 Q_4（Ⅲ-4）为灰、深灰色,稍—中密,饱水,含较多螺壳、蚌壳碎片,层厚1～5 m,容许承载力为98 kPa。

亚黏土 Q_4（Ⅲ-5）为褐灰色、灰色,含少量云母,中密,软—可塑状态,中—高压缩性,容许承载力为98～137.2 kPa,层厚变化较大,一般下伏地层为 Q_3 下蜀组。

5.5 环境地质概况

5.5.1 空气环境

2017年,镇江市区环境空气质量总体有所下降,空气质量达标率较2016年下降9.6个百分点,空气中主要污染物浓度均有不同程度的上升或保持稳定,其中 $PM_{2.5}$ 年均浓度较2016年上升12.0%,较2015年下降5.1%,较2013年下降22.2%,达到国家提出的"比2015年下降3%"和"比2013年下降20%"的目标要求。受颗粒物、臭氧和二氧化氮影响,7个辖市区环境空气质量均未达二级标准要求。

（1）城市空气

2019年开展工作时间段,镇江市区环境空气中 $PM_{2.5}$、PM_{10}、二氧化硫、二氧化氮年均浓度分别为56 $\mu g/m^3$、90 $\mu g/m^3$、15 $\mu g/m^3$ 和43 $\mu g/m^3$；一氧化碳和臭氧（最大8小时）按评价规定计算,浓度分别为0.9 mg/m^3 和108 $\mu g/m^3$。与2016年相比,$PM_{2.5}$、PM_{10}、臭氧（最大8小时）和二氧化氮浓度分别上升12.0%、12.5%、12.5%和13.2%,二氧化硫和一氧化碳浓度保持稳定。按照《环境空气质量标准》（GB 3095—2012）二级标准进行年评价,空气质量总体未达标。

7个辖市区环境空气质量总体均未达标,超标污染物为 $PM_{2.5}$、PM_{10}、臭氧和二氧化氮。其中 $PM_{2.5}$ 浓度范围为46～59 $\mu g/m^3$,与2016年相比,扬中市和丹阳市有所下降,其中扬中降幅最大,下降了7.7%；其他辖市区均有所上升,其中润州升幅最大,上升了

15.7%。7个辖市区环境空气质量优良天数达标率范围为56.1%～84.3%,与2016年相比,丹阳市、扬中市、句容市有所上升,其中丹阳升幅最大,达3.4个百分点;润州区、京口区、镇江新区、丹徒区有所下降,其中镇江新区降幅最大,达13.0个百分点。

2017年,全市共发生18次重污染天气过程,市环境监测中心站共发布预警快报25期,其中重污染预警23期、东部地区污染预警2期,编制预警短信息300余条。

（2）酸雨

2017年,全市酸雨平均发生率为7.7%,降水年均pH为6.11。镇江新区、丹阳市、扬中市、句容市酸雨发生率分别为10.1%、9.1%、3.6%、2.7%。与2016年相比,全市酸雨平均发生率上升1.8个百分点。

5.5.2　土壤环境

土壤类型主要为黄棕壤、黄褐土、石灰岩土、紫色土和水稻土等,土壤酸碱度为中酸性,分述如下:

（1）黄棕壤:主要由岩石风化形成的残积层、残坡积层及冲坡积层发育而成,其母岩富含硅质,如富含硅质条带的白云岩、安山质火山岩、石英岩及石英砂岩等。

（2）黄褐土:分黄褐土和黏盘黄褐土两个土属,以棕红色、黄褐色、棕黄色冲积亚黏土为主,局部含少量砾石。该类土壤主要以旱地作物为主,地貌上与二级、三级阶地具有对应性。

（3）石灰岩土:由灰岩、白云岩经风化成土作用而成,该土分布位置较高,一般发育于山体陡坡或山顶,岩性以棕红色黏土—亚黏土为主,厚度较小。

（4）紫色土:一般发育于地形较缓的坡脚地带,由紫红色砂岩、砂砾岩、砾岩组成。

（5）水稻土:大面积分布于宁镇农业区丘陵区冲沟中,以潴育型水稻土为主,主要为灰黄色亚黏土。

2017年,镇江市对36个"十一五"全国土壤污染状况调查历史基础点位和3个"七五"背景点位开展了监测。根据《土壤环境质量标准》（GB 15618—1995）、《全国土壤污染状况评价技术规定》（环发〔2008〕39号）进行评价,39个监测点位中有37个达到《全国土壤污染状况评价技术规定》（环发〔2008〕39号）二级标准,达标率为94.9%。

5.5.3　危险废物

2017年,镇江市危险废物产生量为20.0万t,综合利用量为12.9万t,处置量为3.2万t,贮存量为3.9万t。

截至2017年底,全市共建成危险废物集中处置设施6座,其中焚烧处置设施3座,焚烧处置能力为3.54万t;填埋处置设施3座,填埋处置能力为12万t。全市基本建成危险废物综合利用和集中处置网络。

2017年,镇江市完成网上转移联单8 361份,办理危废跨省转移手续19份,按要求发放沿途省辖市环保局告知函。总体上看,2017年镇江市危废跨省移出总量明显大于移入总量。

5.6 区域地球化学概况

5.6.1 影响因素

从宁镇中段区域地质发展演化特征来看,虽然风化淋滤作用可以引起各类地质体(包括矿化体)的化学组分富集与分散,但其影响非常有限,仅限于浅表范围,难以显著改变该区的基本地球化学面貌。沉积作用和岩浆活动决定了该区化学组分的基本类型及其原始分布规律,构造活动(包括褶皱变形和破裂变形,尤其是破裂变形)是该区各类化学组分宏观再分配的重要因素,而特定地壳演化背景所控制的构造、岩浆及地层的联合作用则是引起各类化学组分局部富集与分散的关键因素。

工区土壤环境质量评价技术标准为《土壤环境质量农用地土壤污染风险管控标准(试行)》(GB 15618—2018),《土壤环境质量建设用地土壤污染风险管控标准(试行)》(GB 36600—2018),同时参照《土地质量地球化学评价规范》(DZ/T 0295—2016),根据综合污染指数进行分级。采用的评价标准见表5-6,污染分级标准见表5-7。

表 5-6   土壤环境质量标准值

单位:mg/kg

项目	一级	二级			三级
土壤 pH	自然背景	<6.5	6.5~7.5	>7.5	>6.5
镉(≤)	0.20	0.30	0.30	0.6	1.0
汞(≤)	0.15	0.30	0.50	1.0	1.5
砷水田(≤)	15	30	25	20	30
旱地(≤)	15	40	30	25	40
铜农田等(≤)	35	50	100	100	400
果园	—	150	200	200	400
铅(≤)	35	250	300	350	500
铬水田(≤)	90	250	300	350	400
旱地(≤)	90	150	200	250	300
锌(≤)	100	200	250	300	500
镍(≤)	40	40	50	60	200
总六六六(≤)	0.05	0.50			1.0
总滴滴涕(≤)	0.05	0.50			1.0

注:① 重金属(铬主要是三价)和砷均按元素量计,适用于阳离子交换量>5 cmol(+)/kg 的土壤,若≤5 cmol(+)/kg,其标准值为表内数值的半数。② 水旱轮作地的土壤环境质量标准,砷采用水田值,铬采用旱地值。③ 六六六为四种异构体总量,滴滴涕为四种衍生物总量。

表 5-7　土壤污染分级表

污染等级	清洁	轻微污染	轻度污染	中度污染	重度污染
P_i	$P_i \leqslant 1$	$1 < P_i \leqslant 2$	$2 < P_i \leqslant 3$	$3 < P_i \leqslant 5$	$5 > P_i$

本次用于土壤评价的参数有单项污染指数以及综合污染指数。

①土壤单项污染指数 P_i：

$$P_i = \frac{X_i}{X_0}$$

式中：P_i——土壤单项污染指数；

X_i——土壤污染物监测结果；

X_0——污染物质量标准。

②土壤综合污染指数 $P_{综}$：

$$P_{综} = \sqrt{\frac{\left(\dfrac{\sum P_i}{n}\right)^2 + (\max(P_i))^2}{2}}$$

式中：$P_{综}$——土壤综合污染指数；

n——监测点位数。

5.6.2　岩石地球化学特征

1）各地层微量元素

本区自震旦系至白垩系各地层微量元素的分配具有如下特点：

（1）时代最老的震旦系，几乎所有元素的丰度都是最低的。

（2）以碎屑岩为主的志留系、泥盆系，各元素丰度普遍较高，包括有碎屑岩与火山岩的白垩系，多数元素亦有较高的丰度。

（3）以碳酸盐岩为主的奥陶系，As、Sb、Ba 元素明显富集，这主要与该系汤山组上段、汤头组的高丰度有关。

（4）主要由碳酸盐岩所组成的石炭系多数元素比较贫化，这是由于石炭系黄龙组、船山组的低丰度所引起的。

（5）Mo 元素在二叠系和寒武系中特别富集，这是由于二叠系大隆组和寒武系幕府山组下段 Mo 丰度甚高起了主要作用。

2）土壤地球化学特征

根据江苏省 2003—2006 年开展的 1∶25 万多目标区域地球化学调查结果，发现区域内存在重金属污染的国土占调查区总面积的 44.16％。受污染的土地可分为两种类型：一种主要由人类活动及工农业生产等后天因素引起的重金属污染，以各种河流为代表；另一种主要由包括地质背景在内的多因素造成的多种化学组分的富集，以长江沿岸多元素富集带为代表。其土壤部分元素的背景见表 5-8。

表 5-8　宁镇地区土壤与全国土壤部分元素背景含量对比

元素	As	Cd	Hg	Pb	Cr	Ni	Co	Cu	Zn	F	Se	V	Mn
宁镇 AM（浅） /（mg/kg）	9.43	0.16	0.09	28.84	75.8	32.1	14.0	29.9	74.4	513	0.24	89.3	635
宁镇 GM（深） /（mg/kg）	10.17	0.10	0.028	23.02	80.4	35.9	15.0	28.0	69.0	553	0.093	97.3	706
宁镇 AM（深） /（mg/kg）	10.80	0.091	0.025	23.45	81.5	36.9	15.6	29.2	70.2	565	0.083	98.5	722
宁镇 AG 相差 /%	6.0	9.4	11.3	1.8	1.4	2.7	3.9	4.2	1.7	2.1	11.4	1.2	2.2
全国 GM /（mg/kg）	9.2	0.061	0.026	22.3	52.8	24.3	11.7	19.8	64.7	464	0.160	76.9	508
全国 AM /（mg/kg）	11.5	0.084	0.044	24.7	60.8	28.6	13.4	23.1	71.1	507	0.246	84.3	597
全国 AG 相差 /%	22.2	31.7	51.4	10.2	14.1	16.3	13.5	15.4	9.4	8.8	42.4	9.2	16.1

注：AM—算术平均值；GM—几何平均值；浅—浅层土壤；深—深层土壤；AG 相差—AM 与 GM 相对偏差，等于同一元素 AM 与 GM 的差值与其均值的百分比。据廖启林等，2004，南京—镇江地区多目标地球化学调查初步成果。

5.7　工区调查内容和方法

项目在区域地质调查和水文地质普查的基础上，运用地质学、土壤学、生态学、水文、工程、环境等相关科学方法和理论，对京杭大运河镇江段的地表水质、入河支流、地下水、底泥、岸坡和近岸区域进行环境地质综合调查，特别对底泥的污染状况进行重点调查，从而查明京杭大运河镇江段流域水土本底情况和后期变化状况，针对调查中发现和圈定的污染状况进行初步评价，探讨污染底泥修复的可行性，为当地经济的可持续发展、生态环境建设和保护提供基础性地质资料，为运河水土的污染治理和修复提供可操作性建议，从而满足地方建设的需求。

5.7.1　环境地质综合调查

1）交通位置及工作区范围

运河江苏段航道全部达到四级标准，可通航 500 t 级船队。2020 年，年货运量已超过 1 亿 t，超过江苏境内长江航道的运量，相当于沪宁铁路单线货运量的 3 倍。沿运河 8 个设区市经济总量占全省近三分之二，常住人口超过 60%。运河沿线文化遗产和旅游资源丰富，拥有 5 座全国文明城市、10 座国家历史文化名城、13 个中国历史文化名镇、20 个大运河古镇古街、24 座古塔、24 处后备遗产项目、101 项国家级非物质文化遗产、128 个全国重点文物保护单位、20 家 5A 级景区、4 家国家旅游度假区、12 座中国优秀旅游城市、33 家省级旅游度假区,沿运河 8 个设区市均为国家园林城市。

设计目的依据运河的水体功能、水文要素和污染源、污染物排放等实际情况,力求以最低的采样频次和数量,取得最有时间代表性的样品,既能反映水质状况的要求,又要切实可行,如有污染则弄清导致污染的原因。

调查参照《地表水和污水监测技术规范》(HJ/T 91—2002),《地表水环境质量标准》(GB 3838—2002),《污水综合排放标准》(GB 8978—1996),《环境影响评价技术导则地表水环境》(HJ 2.3—2018)。

2)主要调查内容

京杭大运河镇江段全长 42.6 km(见图 5-5),流经镇江京口区谏壁镇、丹徒辛丰镇,穿过丹阳市区、陵口镇及吕城镇,主要支流有九曲河、香草河、简渎河、丹金溧漕河等,主要河段长度、底宽、底高和边坡如表 5-9 所示。河道底宽为 40～50 m,两岸之间的宽度近百

图 5-5　工作区分布图（红色粗线为京杭大运河镇江段）

米,部分河段分隔为2条干流,主要河流量如表5-10所示。运河水系具有防洪、排涝、航运、灌溉、景观等多种功能,其河道水质的好坏对镇江市的城市建设和社会经济发展有着十分重要的作用。随着镇江市社会经济的迅猛发展,占用河道、排放污水等破坏环境的问题较为突出,致使部分河段出现了水质恶化的趋势,影响了周边居民的正常生活,也严重制约了镇江市社会经济的可持续发展。

2008年按综合污染指数评价,谏壁桥(三岔河)、辛丰镇、王家桥、练湖砖瓦厂、人民桥断面水质属尚清洁,宝塔湾、吕城断面水质属轻污染,主要污染指标集中在氨氮、溶解氧、阴离子表面活性剂、挥发酚、高锰酸盐指数,有机污染特征明显。镇江监测站于2009年1月从上游谏壁桥至下游吕城断面监测到的水质结果分析见表5-11和表5-12,部分河段污染程度仍然较高,氨氮最大超标2.53倍,出界断面超标0.21倍,总磷最大超1.11倍。

表5-9 京杭运河镇江段部分河道资料

河道名称	起始点	河长/m	底宽/m	底高/m	边坡/(°)	是否硬质化
京杭运河镇江段	长江口—谏壁闸	1 500	50	-1.5	18	否
	谏壁闸—老越河南口	1 500	50	1~1.5	18~22	否
	老越河南口—辛丰铁路桥	10 610	40	0	18~22	否
	辛丰铁路桥—七里桥	11 500	40	0	18~22	否
	七里桥—吕城永济河	17 100	40	0	18~22	否
小金河	凌塘水库—天喜闸	3 290	4~5	13.6~10.8	22	否
	天喜闸—莱村闸	2 560	6	8.7~6.2	22	否
	莱村闸—南岗闸	2 300	7	5.7~6.2	22	否
中心河	312国道—大运河口	7 300	16	3	18~22	否
九曲河	长江	27 600	20~30	0	22	否
香草河	南门—三叉河	19 500	7	0	18	否
胜利河	丁角—王甲洋	4 500	4	1.5	34	否
	王甲洋—建新涵	2 000	4	0.5	34	否
	建新涵—香草河	5 200	4	1	22	否
洛阳河	仑山水库—出口(干河)	30 160	4~8	1~9.4	18~22	否
	解家村北—蒋庄坝(糜墅河干河)	7 260	1~8	1~10	18~27	否
	衣庄北—解家村北(糜墅河东昌支河)	8 300	4	19~49	27	否
	张家村—解家村北(糜墅河光明支河)	5 500	3	19~42	27	否
丹金溧漕河	大运河—丹金闸	18 400	15	0	18~27	否

表 5-10 京杭运河镇江段区内主要河流流量统计(2007 年)

河流	断面	年平均流量/(m³/s)	年最小流量		年最大流量	
			流量/(m³/s)	发生月份	流量/(m³/s)	发生月份
运河镇江段	辛丰镇	97.79	48.6	1	137.2	9
	谏壁桥	88.7	48.6	1	139.2	9
	吕城	17.81	1.9	1,2	45.1	7
香草河	宝塔湾	21.19	2	1,2	50.2	8
丹金溧漕河	前腾庄	17.24	1.4	1	49.9	7
	黄埝桥	15.35	1.4	1	48.2	7

表 5-11 京杭大运河镇江段水质现状(2009)

河流名称	断面名称	指标	化学需氧量	高锰酸盐指数	总磷	氨氮	石油类
京杭运河镇江段 Ⅳ类	Z2 谏壁桥	最小值/(mg/L)	15.0	2.3	0.20	1.19	0.01
		最大值/(mg/L)	18.0	2.8	0.24	1.47	0.03
		平均值/(mg/L)	16.0	2.5	0.22	1.35	0.03
		污染指数	0.53	0.25	0.74	0.90	0.06
京杭运河镇江段 Ⅲ类	Z3 王家桥	最小值/(mg/L)	13.0	2.7	0.21	1.96	0.01
		最大值/(mg/L)	16.0	3.5	0.23	2.89	0.01
		平均值/(mg/L)	14.2	3.2	0.22	2.53	0.01
		污染指数	0.71	0.53	1.11	2.53	0.20
京杭运河镇江段 Ⅳ类	Z4 人民桥	最小值/(mg/L)	15.0	2.5	0.22	1.97	0.01
		最大值/(mg/L)	17.0	3.6	0.23	2.80	0.01
		平均值/(mg/L)	15.7	3.0	0.23	2.30	0.01
		污染指数	0.52	0.30	0.76	1.53	——
京杭运河镇江段 Ⅲ类	Z8 陵口镇	最小值/(mg/L)	13.0	2.9	0.19	1.23	0.01
		最大值/(mg/L)	19.0	3.6	0.22	1.79	0.01
		平均值/(mg/L)	15.3	3.2	0.20	1.46	0.01
		污染指数	0.77	0.54	1.00	1.46	0.20
京杭运河镇江段 Ⅲ类	Z9 吕城	最小值/(mg/L)	14.0	2.9	0.19	1.01	0.01
		最大值/(mg/L)	19.0	3.6	0.19	1.37	0.02
		平均值/(mg/L)	16.2	3.3	0.19	1.21	0.02
		污染指数	0.81	0.54	0.95	1.21	0.30

表 5-12　京杭大运河镇江段水质类别(2009)

断面名称	化学需氧量	高锰酸盐指数	总磷	氨氮	石油类
谏壁桥	III	II	IV	IV	I
王家桥	II	II	IV	劣V	I
人民桥	III	II	IV	劣V	I
陵口镇	III	II	III	IV	I
吕城	III	II	III	IV	I

京杭大运河镇江段的主要支流是干流的重要补给水源,因此支流水质的好坏直接影响干流水质,主要支流为九曲河、中心河、香草河等河道,这些河道会承纳区内工业污染、生活污染、农村面源污染等污染源,最终进入运河。据 2018 年 8 月江苏省环保专项行动第二督查组通告可知,镇江段运河上游 9 条入河支流中有 6 条为劣 V 类。因此,加强生活污水的集中处理,合理规划工业布局并完善工业点源监管,以及有效控制面源污染均应引起高度重视。

尤其是在太湖流域水环境问题日益严峻的背景之下,作为太湖流域上游河流之一的京杭大运河镇江段日趋严峻的水环境态势引起了社会的广泛关注,加强京杭大运河镇江段水环境综合整治的要求显得日益迫切。近年来,镇江市政府对京杭大运河镇江段也进行了多次整治工作,实施了部分河道清淤、重点污染源整治、景观工程建设、河道保洁养护、河道保护宣传教育等一系列工程与非工程措施,整治和保护工作取得了一定的成效,京杭大运河(镇江段)水质有了一定的改善,水质恶化的趋势得到了初步遏制。但从总体上看,京杭大运河(镇江段)水环境问题还没有得以根本解决。

环境地质综合调查主要从水文地质环境调查、底泥沉积物污染调查和近岸环境地质调查 3 个层面展开。

(1)水文地质环境调查主要围绕:①运河地表水水质调查。分段设置调查剖面,采集等比例混合水样进行化学分析,查明运河地表水在不同时期(枯水期、平水期和丰水期)的水质状况;②入河支流水质调查。通过对入河支流的入河口水样调查,查明支流水质状况及其对干流水质的影响;③地下水水质调查。对应运河水质调查剖面,设置水文地质钻孔,获取地下水样,定时观测地下水位,查明运河沿岸地下水的水质状况及地下水与河水的相互影响关系。上述几个方面调查是河道水体主体调查的最重要的部分。

(2)底泥沉积物污染调查:①运河底泥样品分析。通过对底泥沉积物采样及化学分析测试,查明运河底泥的质量状况;与运河和入河支流水质比较,查明河水对底泥的影响关系;②测量运河调查剖面水下地形,形成相应的地形图,并建立京杭大运河(镇江段)水下地形地质剖面对比图。

(3)近岸环境地质调查:①运河两岸各 1 km 范围内的土壤地球化学调查。查明第四系土壤的质量状况及周边环境对运河水质的污染影响,建立近岸 1 km 范围内土壤中不同污染因子异常平面图。②近岸第四系沉积柱调查。通过钻孔取芯和编录了解运河近岸第四系地层沉积特征,通过第四系沉积柱采样分析,查明土壤本底特征和地层污染情况,并与底泥调查结果进行比较,建立运河镇江段沉积柱和底泥状况对比一览图。③运河两岸 2 km 范围内敏感污染源调查。对污染行业企业的污染源或重要潜在的污染源进行野外调查和资料搜集,调查污染源的类型、空间分布特征及对运河水质污染的影响,建立近岸 2 km 范围内重点行业污染企业分布平面图。

在上述环境调查的基础上,对运河镇江段上中下游及支流节点的水质指数进行数理分析,对应点位进行底泥沉积物的对比研究,结合近岸污染源目标调查结果,建立运河镇江段污染影响因子与污染流向规律展示图;初步评价不同污染源可能影响的深度和广度,并对可能存在的污染底泥提出修复治理建议,服务于地方生态环境建设。

5.7.2 工作方法与质量评述

1) 地表水调查

地表水调查分为京杭大运河(镇江段)干流调查和入河支流调查,分别在平水期和丰水期进行两次采样。干流调查主要在三岔河、谏壁桥、辛丰桥、辛丰铁路桥、王家桥、陵口大桥和吕城大桥等 7 条调查剖面进行。在运河水质调查剖面两端近左、右岸有明显水流处设置两条采样垂线,采样人员乘坐调查船到达采样地点,使用直立式采水器进行采样工作,取样位置为水面下 0.5 m 处。入河支流调查主要在人民沟、民治沟、大叶沟、中心河、城北分洪道、九曲河、丹金溧漕河、越渎河、窦庄新河、永丰河等 10 条入河支流河口交接处上游约 20 m 处,使用直立式采水器采集水面下 0.5 m 处水样。采样质量符合设计和规范要求,操作要领如下:①采样人员通过岗前培训,切实掌握了采样技术,熟知水样固定、保存、运输条件。②采样断面均在桥梁附近,具有明显的标志物,并且断面两端均用油漆标记,采样人员不得擅自改动采样位置。③采样船位于下游方向,逆流采样,避免搅动底部沉积物造成水样污染。采样人员在船前部采样,尽量使采样器远离船体。在同一采样点上分层采样时,自上而下进行,避免不同层次的水体混扰。④采样时,除油类、DO、粪大肠菌群等有特殊要求的项目外,先用采样水荡洗采样器与水样容器 2~3 次,然后再将水样采入容器中,并按要求立即加入相应的固定剂,贴好标签。⑤干流水样加采 2 组重复样,与样品一起送实验室分析。⑥送样前,现场人员对样品数量、质量、送样单进行核对和整理,确定无误后由专人送交实验室,与实验室人员交接时根据送样检测委托单核对样品,确认后在检测委托单上签字,样品委托单双方各存一份备查。

因为运河干流宽度在 80~120 m 之间,所以在运河干流水质调查剖面两端近左、右岸有明显水流处设置两条采样垂线,每条调查剖面的采样点距在 65~100 m 之间;运河支流宽度小于 50 m,因此在运河支流进入河口处采集一组水质样品。本项工作取得的资料包括地表水采样记录表、采样现场图片、样品检测委托单和样品测试分析报告,各项资料齐全完整。

2) 地下水调查

地下水调查主要包括辛丰桥、王家桥和吕城大桥等 3 处的水文钻孔 ZK3、ZK5 和 ZK7,在水文孔中使用贝勒管分别采集 10 m 处潜水层样品和 50 m 处混合水样进行调查。所有地下水样均按照设计要求采集完成并进行了测试分析,质量控制要求如下:①所有参与采样工作的人员均通过相关知识和技能的学习和培训才进行地下水采样工作。②在采样前,从实验室获取所需数量的有机采样瓶和容器,避免容器引起新的沾污;容器能严密封口,且易于开启;容易清洗,并可反复使用。如新启用容器,则需要更充分的清洗,水样容器应做到定点、定项。确定好送检样和送样时间,以便及时检测,自备野外采样冷藏箱。③地下水采样分浅部和深部,第一次打穿潜水层后洗井,静止一天再洗井采浅部样,第二次则在终孔1天后洗井,静止2天后洗井再采深部样。洗井期间水质指标参数测量五次,直到最后连续三次符合各项水质指标参数的稳定标准。④采集水样后,立即将水样容器瓶盖紧、密封,贴好标签,字迹要端正、清晰,各栏内容填写齐全。采样结束前,核对采样计划、采样记录与水样。现场采样设备和取样装置在一口井采样结束后,下一口井采样前要均进行清洗。⑤水温、pH、溶解氧、电导率、色、嗅和味、肉眼可见物等指标均在现场测定,同时测定静止水位、气温、描述天气状况和近期降水情况。

在水文孔 ZK3、ZK5 和 ZK7 中分别采集 10 m 处潜水层样品和 50 m 处混合水样进行调查,本项工作取得的资料包括地下水采样记录表、采样现场图片、样品检测委托单和样品测试分析报告,各项资料齐全完整。

3)底泥调查

底泥主要是水下沉积物最上面的一层,位于运河干流水质采集位置正下方,一般在设计位置进行采集,组成混合样,每个剖面靠近两岸的河流底部各采集 2 个样品。采完运河水质样品后,再采集运河底泥样,使用抓斗式采泥器采集运河底部表层沉积物。质量控制要求如下:①底泥采样点位于干流水质采样点正下方。②底泥采样点要避开河床冲刷、沉积不稳定及水草茂盛、易受搅动之处。③底泥采样量约为 2 kg,单次采样量不够时,在附近多采集几次,剔除样品中的砾石、贝壳、动植物残体等杂物,样品在尽量沥干水分后置于自封袋。袋口保持干净,以保证自封袋完全封闭。

运河底泥采样与运河干流水质采样同时进行,每条调查剖面采集两件底泥样品,采样点距在 65~100 m 之间。本项工作取得的资料包括底泥采样记录表、采样现场照片、样品检测委托单和样品测试分析报告,各项资料齐全完整。

4)土壤地球化学调查

按照设计要求,首先在工区地形图(比例尺 1∶5 万)上进行土壤采集点的自由网布设,确定采样位置,统计各采样点的千米网坐标,输入手持 GPS,通过找点采样,如发现个别采样点因特殊原因难以采集,则移动一定距离采集(偏离点位小于 100 m),或作弃点处理。另外在采样过程中如发现污染较严重的区域应适当加密采样,并在记录表上说明调整采样的原因,且使用手持 GPS 测定采样点坐标。质量控制要求如下:

(1)采样地点

施工前先踏勘,根据实地情况设计采样点位坐标,避开建筑物或其他障碍物,在重点企业周边加密采样。为使样品具有代表性,本次一般在农田、菜地、林带地、岸坡及路边地采样,避免在田边、沟边、路边、旧房基、肥堆边、粪堆及微地形高低不平无代表性地段及水土流失严重或表土被破坏处采样。在采样范围内无法采集到自然表层土壤的情况下,一般选择人工改造时间较长的表层土壤,并考虑第四纪地质和土壤类型分布。

(2)采样要求

在布设的采样点上,以 GPS 定位点为中心,距离 20 m 范围内向四周辐射确定 4 个分样点,等份组合成一个混合样,点与点之间的距离大致相等,每个分样点的采土部位、深度及质量要求一致。各分样点土壤要用手掰碎(戴专用一次性手套),去除杂物,取好样放入瓶中。每次采样后,清洁采样工具,避免二次污染。

(3)采样深度

①城镇工业用地土壤样品采集选择居民区、幼儿园、中小学校等建设用地间较大面积绿化带或公园绿地,样品采集深度为0～10 cm;②农用地土壤样品采集选择控制范围内主要耕地作为采样对象,采集深度为0～20 cm,详细描述记录样点的周围环境;③采样前清除地表杂物。

(4)采样质量

每个样品混合后采集质量约250 g,使用实验室提供的棕色瓶子装填,一般每5天送样一次。

(5)重复样采集

①重复样采集点按样品总量的5%布设;②由不同的采样人员在不同时间同一采样位置找点进行,并做好采样记录。

(6)采样编号

样品编号原则为H+位置{W(west)表示西侧,E(east)表示东侧,S(south)表示南侧,N(north)表示北侧}+三位数样品序号,自北向南、由西向东依次编号,如HW001表示运河西侧第1个样品。重复样编号从201号开始编号。

(7)采样标志

样品采集完成后,在采样点附近相对固定的物体上用红绸带加以标记,红绸带上用油性笔写上样品号和采样位置指向。

(8)采样记录

①统一使用标准化的土壤地球化学采样记录表。使用简明文字记录样品各种特征或周边情况;②记录表使用2H铅笔填写,同时进行现场拍照;③记录卡填写应真实、正确、齐全,字迹工整,没有涂改,需相关人员签字;④野外工作均携带采样手图(比例尺为1:2.5万)和采样设计点位表,采样过程中及时在手图上标记;⑤当天采样结束后,将手持GPS上的采样点地理坐标和工作航迹输入计算机,并在野外实际材料图上进行标记。

(9)送样和交接

送样前,现场人员对样品数量、重量、送样单进行核对和整理,将样品全部放入保温箱,确定无误后由专人送交实验室,与实验室人员交接时根据送样检测委托单核对样品,确认后在检测委托单上签字,样品委托单由双方各存一份备查。

近岸土壤地球化学调查的比例尺为1:5万,布点方式为自由网,点距约500 m。本项工作取得的资料包括土壤样品采集记录表、采样现场照片、采样航迹图、样品检测委托单、样品外检交接单、土壤地球化学调查小结和样品测试分析报告,各项资料齐全完整。

5)钻探工程

根据工区地层和相关的技术要求,结合类似项目的施工经验,本次钻探投入GXY-1A型钻机(额定钻探深度为150 m)1台,主要揭露了运河两岸50 m以浅地层,通过钻孔取芯和编录了解运河近岸第四系地层沉积特征,通过第四系沉积柱土壤采样和分析查明

地下土壤本底特征和地层污染情况。钻探质量符合设计和规范要求,操作要领如下:

①钻孔施工前,首先校正钻机立轴的垂直度,以保证在钻探过程中避免孔斜;丈量所有下入孔内的钻具、机杆及钻机高度,精确到厘米;内管口采用卡瓦,防止在提钻过程中由于钻杆内压力过大造成岩芯的脱落。除表层(4 m以浅)采用干孔钻进外,其余均采用清水泥浆钻进。

②每小班(提钻后、提钻前)至少测一次水位及冲洗液消耗。钻探过程中遇到涌水、漏水等,应及时记录其深度。如停钻时间较长,在24 h内每4 h观测一次,超过24 h每8 h观测一次。单孔施工结束后,机台提交钻探原始记录和钻孔简易水文观测表,记录详细、清楚、真实,数字准确,报表整洁,如实反映整个钻探情况,并有当班班长的亲笔签字。

③每钻进至终孔时,进行孔深校正。对于钻进深度和岩土分层深度的量测精度误差均在±5 cm范围内。采用上海力擎地质仪器厂生产的KXP-2X型数字罗盘测斜仪,因孔深较浅(约50 m),每口钻井均在终孔时进行测斜,仪器使用前在校验台上进行校验,孔斜率应不超过1°。

④一般在钻孔结束后采用黏土封孔,并用水泥固定,固定深度约1 m,并复测孔位坐标。对于水文钻孔,则在扩孔(直径为108 mm)的基础上,下入浅层PVC套管(直径为95 mm),沿套管外侧灌入滤料,孔口套上塑料帽,上方再用水泥板盖住,并按时进行水文观测。

⑤严格控制回次进尺,潜水位以上孔段采用干钻。回次进尺一般为2.0 m。钻进采样前孔内干净无浮土,取样器或测试工具均准确到位,黏性土取芯率为100%,砂性土取芯率均在90%以上,全孔取芯率介于96.5%～99.1%之间。

所取岩芯均依照钻孔名称、回次、顺序、深度放置在统一编号的岩芯箱内,岩芯箱应牢固,隔板齐全,回次牌用塑料袋装好后放入岩芯箱内,回次牌应记录齐全,内容清楚,并拍摄照片备案。另外,对岩芯回次进行详细记录。

⑥原始地质编录要及时、真实客观。主要编录内容包括测量工作、钻探工程、岩芯采样、地质描述、样品采集情况等,并编制岩芯沉积柱状图,当天进行检查、修正、补充和归纳、整理,按规定格式整理。

⑦沉积柱样品采集均按照设计,使用专门的棕色玻璃瓶装填,样重为250 g,每孔采集7个土壤样品,在0～−10 m井段采集3个土壤样,采样井深分别为0～−2 m、−2～−5 m和−5～−10 m,−10～−50 m每隔10 m采集1个样品,8口钻孔共采集56件土壤样。土工试验样品采自钻孔沉积柱的上层,每孔采集3件,先用塑料纸包裹,再用专门的铁皮封装,采样井深分别为−5.0 m、−10.0 m、−15.0 m。

6)样品测试与质量控制

为了保证分析测试质量,所有样品均在检测时效期内送往江苏实朴检测服务有限公司(简称江苏实朴)进行分析测试。另外,随机挑选了16件土壤样品的副样送交江苏雁蓝检测科技有限公司(简称江苏雁蓝)进行外部质控检测,外检率为5.3%,符合规范要求。土工试验样品由钻探施工人员采集,当天送至南京勘察工程有限公司(原江苏省有色金属华东地质勘查局813队)实验室进行分析测试。分析方法严格按照相关规范和设计要求,测试分析具体过程则按实验室制度执行。

(1) 近岸土壤内控验证

本批次一共采集近岸土壤样 319 件,其中重复样 16 件,约占样品总量的 5.28%。项目部在送检分析的样品中安插重采样 16 件。获得分析数据后,对比基本分析值(A_1)和重复样分析值(A_2),计算两次分析值之间的相对偏差 RD (%),如式(5-1),质量控制如表 5-13 所示。

$$RD(\%) = \frac{A_1 - A_2}{\frac{1}{2}(A_1 + A_2)} \times 100 \tag{5-1}$$

表 5-13　重复采样分析监控限

含量范围	监控要求
检出限三倍以内	≤66.6%～ 85%
检出限三倍以上	≤50%～ 66.6%

质量关作为质量检测内控,以土壤样品作为代表,因有机物和其他的测试项数据检出限很小,仅列出了数值范围。在此主要评价重金属元素的分析结果,根据基本样和重复样的测试数据,计算得到其相对偏差,符合表 5-13 中条件者为合格。

在全部 16 件重复样中,Cu、Zn 、As、Cd、Cr 等元素的合格率为 100%;Pb 不合格样品数均为 1 件,即合格率为 93.8%;Hg 不合格样品数为 2 件,即合格率为 87.5%,偏差分别为 69.0%～93.3%,主要由于其挥发性所致;Ni 不合格样品数均为 3 件,即合格率为 81.3%,偏差为 73.3%～110.4%,经检查,不达标的原因是土壤样品本身的不均一性引起的。

由此表明,土壤采集样品严格按照规范执行,其采样质量可信。

(2) 近岸土壤分析结果外检验证

土壤基本样分析测试共 303 件,随机挑选了 16 件样品送交外部江苏雁蓝实验室进行检测。同样,因有机物和其他的测试项数据检出限很小,仅列出了数值范围。在此主要评价江苏实朴测试分析重金属元素数据的准确性。

根据江苏实朴和江苏雁蓝复测的数据,计算得到其相对偏差,符合表 5-13 中条件者为合格。在全部 16 件外检样中,Cu、Zn 、Pb、Cr 等元素的合格率为 100%;As 不合格样品数为 1 件,即合格率为 93.8%;Ni、Hg 和 Cd 不合格样品数均为 2 件,即合格率均为 87.5%;Ni 和 Hg 外检数据略偏小,偏差分别为 73.7%～78.3% 和 70.6%～106.2%,前者偏差由样品中 Ni 的不均一性引起,后者容易挥发,使得部分样品数据偏小;Cd 外检数据略偏大,偏差分别为 72.7%～80.0%,可能与测量仪器的操作误差有关。

总体上分析测试合格率较高,由此表明,江苏实朴对土壤样品的测试按照实验室规范执行,其分析测试的质量基本可控。

7) 地质编录与资料整理

为了确保原始地质资料的统一性和准确性,项目组及时做好原始编录和阶段性资料的汇编整理工作,确保当天工作当天完成,并及时制定项目工作的统一图表、采样和分析标准;建立月报制度,及时反馈信息,指导项目组开展工作;邀请专家对项目进行技术指导;及时申请并配合做好质量检查部门及其他部门要求的各类检查、监督工作。

项目工作实行 ISO9001 质量管理体系管理,各项工作在严格遵守国家现行地勘行业的各项规范和规定的基础上进行。

8) 工程点测量

本次工程点测量工作采用网络 RTK 技术,使用的仪器为南方灵锐 S86-GPS 接收器,信号系统使用千寻 CORS 系统,所获取的资料包括江苏省大地控制点成果、RTK 检测验证记录表、RTK 工程点测量原始记录表、RTK 工程点测量整理表和测量工作总结,各项资料齐全完整。

9) 运河剖面水下地形测量

水下地形测量的比例尺为 1∶1 000,每条剖面测量点距为 10 m。本项工作取得的资料包括运河剖面水下地形测量记录表、测量小结和断面地质剖面图,资料齐全完整,总体符合规范和设计书要求。

10) 第四系沉积柱调查

通过钻孔取芯和编录了解运河近岸第四系地层沉积特征,通过第四系沉积柱采样分析,查明地下土壤本底特征和地层污染情况,总计 8 口钻孔,其中 7 口钻孔位于 7 个运河干流调查剖面的河岸附近,另外 1 口钻孔位于运河干流上的折柳大桥东北侧,钻孔间距在 2.0～12 km 之间。本项工作取得的资料包括钻探工程施工任务书、钻孔开孔终孔通知书、钻探原始记录班报表(含孔深校正及弯曲度测量)、简易水文观测、钻孔岩芯回次记录表、钻探野外地质编录表、钻孔岩芯照片、土工试验样品检测委托单、钻孔岩芯土壤样品检测委托单、钻探质量验收报告、钻孔柱状图、钻探小结和样品测试分析报告,各项资料齐全完整。

5.8 河岸工程地质特征

本次调查过程中,根据调查目的主要采用了工程地质点调查和搜集工程勘察资料两项工作相结合的方法。工区内工程地质研究和勘查单位众多,不同单位之间的工程地质规划混乱。为方便地质资料的交流、共享和社会化利用,虽未进行实际工作量的勘查,但是通过第四纪钻孔,结合搜集的工勘资料,将区域内工程地质层重新进行了梳理,为更好地评价工程地质问题提供了基础材料。

土体工程地质综合剖面划分主要考虑以下因素:

(1) 沉积时代、成因类型和形成环境。土是自然历史的产物,其性质与其自然历史密切相关,静水中沉积的土与流水中沉积的土性质不同,干燥环境下形成的土与温暖潮湿环境中形成的土的工程性质也有差异。不同时代、不同成因类型的土体,即使其物理力学指标相近,其工程特性亦可能相差悬殊。

(2) 物质成分和结构特征。土的物质成分和结构特征是决定土的工程地质性质的最本质的因素。土的物质成分和结构不同,其工程特性亦不同,物质成分和结构特征是层组划分的重要因素之一。

（3）工程特性指标。沉积时代、成因类型及岩性与结构特征相同或相近的土体，其工程特性指标也可能在空间上变化很大，工程特性指标是层组划分需要考虑的重要因素之一。

根据上述原则及钻探施工资料，将工作区 50 m 以浅的土壤自上而下划分为 6～7 层，详见表 5-14 和表 5-15。

表 5-14　工作区工程地质综合剖面划分表（谏壁段和辛丰段）

层号	名称	特征描述	层顶埋深/m	厚度/m	分布
1	素填土	杂色，以黏性土为主，土质不均匀	0.00	3.10～5.90	普遍分布
2	粉质黏土	浅灰、深灰、褐黄色，软塑—硬塑	3.10～5.90	4.37～8.26	普遍分布
3	黏土、粉质黏土或粉细砂	灰白—褐黄色，硬塑，局部夹厚粉土层	7.60～11.43	14.4～20.92	普遍分布
4	粉质黏土或黏土混砂	浅灰色、灰绿、褐黄色，可塑—硬塑	23.30～28.52	2.51～4.82	普遍分布
5	粉质黏土、黏土	灰白色至褐黄色，硬塑	30.42～31.04	12.3～14.72	普遍分布，ZK3 孔缺失
6	黏土混砂	褐黄色，硬塑，混砂，夹少量砾石	25.90～45.23	4.77～15.70	普遍分布
7	含砾砂岩	褐黄色，中风化—强风化	41.60	6.00	ZK3 孔揭露

表 5-15　工作区工程地质综合剖面划分表（丹阳段）

层号	名称	特征描述	层顶埋深/m	厚度/m	分布
1	素填土	杂色，松散，以黏性土为主	0.00	2.20～4.70	普遍分布
2	粉质黏土	浅灰、褐黄色，软塑—可塑	2.20～4.70	1.26～11.50	普遍分布
3	粉质黏土	灰白、褐黄色、局部灰绿色，硬塑	5.60～13.70	9.90～20.00	普遍分布
4	粉质黏土或黏土	浅灰绿、灰色，软塑—硬塑	21.22～25.60	2.00～4.56	普遍分布
5	粉质黏土、黏土	褐黄色、灰色、局部灰绿色，可塑—硬塑	23.97～30.16	13.69～21.36	普遍分布
6	粉质黏土和泥质粉砂	褐黄色、棕红色，可塑—硬塑	43.60～45.33	1.75～6.40	普遍分布

5.8.1 浅部地层特征

根据江苏省地貌分区,运河谏壁段和辛丰段位于宁镇扬丘陵岗地区与长江下游冲积平原的交汇区,属于河漫滩和河谷平原,主要由长江冲积物堆积而成。运河丹阳段位于太湖水网平原区,属于三角洲平原中的高亢平原,地表覆盖长江近代泛滥物质,下部可能为古长江和古潟湖混合沉积物。根据8个钻孔编录成果与区域性地层对比,本区50 m以浅土壤已揭示地层大约分为7层,其中第④层为区域性标志层,尽管镇江市区段与丹阳段第四纪地层沉积略有差异,总体上第①、②层对应全新世如东组(Q_4r),第③、④、⑤层对应晚更新世滆湖组(Q_3g),第⑥、⑦层对应中更新世启东组(Q_2q)。

1)运河谏壁段和辛丰段

根据钻孔 ZK01、ZK02、ZK03、ZK04 等的地层编录和对比,显示 ZK03 缺失第5层,但揭示了第7层,另外3个钻孔1~6层均有揭露,各层特征综述如下(图5-6):

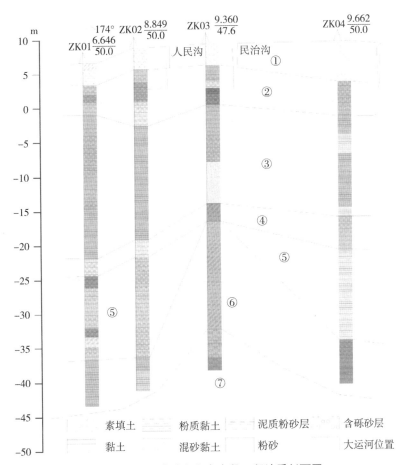

图 5-6 运河谏壁段和辛丰段工程地质剖面图

①填土层:大都为新近人工堆积的扰动土层,根据其物质成分可以分为素填土和杂填土。杂色,松散,以黏性土为主,含有少量碎石子、碎石块、砖屑、砼块和生活垃圾等,土质不均匀。工作区内普遍分布,厚度约3.0~6.0 m。

②粉质黏土:浅灰、深灰、褐黄色,顶板埋深3.10~5.90 m,层厚4.0~8.0 m,软塑—硬塑,土质均匀,含少量铁锰质结核及氧化物,偶见灰色团块和腐殖物,局部夹粉土薄层。干强度,韧性中等—高,切面稍有光泽—光滑。该层工程地质条件较差——一般。

③黏土、粉质黏土或粉细砂:灰白—褐黄色,顶板埋深7.60~11.43 m,层厚13.0~20 m,硬塑,含铁锰质结核及氧化物,夹高岭土团块及条带,偶见钙质结核;干强度,韧性高,刀切面光滑。钻孔ZK3该层位见6.1 m厚粉土层,浅灰色,很湿,中密,摇振反应迅速;干强度,韧性低,无光泽反应,偶见粉质黏土薄层,底部含有腐殖物。该层局部层位工程地质性质较差——一般,可做低层建筑持力层,大部分层位工程性质较好,是较好的基础持力层。

④粉质黏土:浅灰色、灰绿、褐黄色,顶板埋深23.30~28.52 m,层厚3~5 m,可塑,可见锈斑,含铁锰质氧化物,夹灰色团块,偶见腐殖物,干强度,韧性中等,稍有光泽。ZK3孔此处为黏土混砂,灰绿色,硬塑,混砂,干强度,韧性高,砂质含量为30%~35%,砂质粒径为0.05~1.00 cm,主要矿物成分为石英、长石、方解石等,可作为本区的标志层。该层工程地质条件较好,是良好的中长桩持力层。

⑤粉质黏土和黏土:灰白色—褐黄色,局部为青灰色,顶板埋深30.42~31.04 m,层厚12~16 m,硬塑,干强度,韧性高,刀切面光滑,局部含有铁锰质氧化物和高岭土团块,局部夹粉土薄层。钻孔ZK1该层位局部混砂,ZK3缺失该层位。该层工程地质条件较好,是良好的中长桩持力层。

⑥黏土混砂:褐黄色,顶板埋深25.90~45.23 m,层厚约5.0~16.0 m,硬塑,混砂,干强度,韧性高,砂质成分占10%~40%,主要矿物成分为石英、长石、方解石等,偶见钙质结核。本层中夹有少量砾石,含量为1%~2%,砾石以长石、石英砂岩为主,大小不一,直径为0.15~7.0 cm,次棱角—次圆状。该层工程地质条件较好,是良好的中长桩持力层。

⑦含砾砂岩:褐黄色,顶板埋深41.60 m,层厚大于6 m,在仅钻孔ZK3揭示,中风化—强风化,含砾砂状结构,层状构造,节理裂隙稍发育,岩芯呈短柱状。该层承载力较高,具低压缩性,是较好的中长桩持力层。

2)运河丹阳段

根据钻孔ZK5、ZK6、ZK7、ZK8等的地层编录和对比,①~⑥层分布比较齐全,各层特征综述如下(图5-7):

①素填土:杂色松散,厚约2~5 m,以黏性土为主,含有少量粉土,土质不均匀,偶见碎石块、砼块和生活垃圾。该层工程性质较差,一般不宜直接作建筑物基础持力层。

②粉质黏土:浅灰、褐黄色,顶板埋深2.20~4.70 m,层厚2~10 m不等,饱和,软塑—可塑,局部为硬塑,土质均匀,含少量铁锰质结核及氧化物,偶见灰色团块和腐殖物,局部夹粉土薄层。干强度,韧性中等—高,切面稍有光泽—光滑。该层工程地质条件较差——一般。

③粉质黏土:灰白、褐黄色,局部灰绿色,顶板埋深5.60~13.70 m,层厚10~20 m,硬

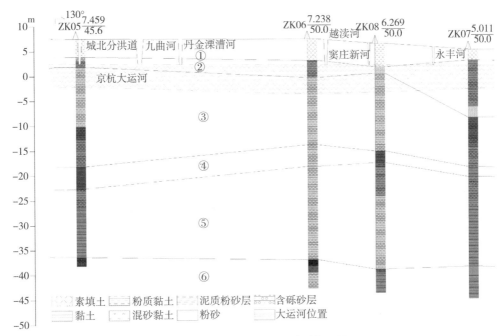

图 5-7　运河丹阳段工程地质剖面图

塑,偶见铁锰质结核及氧化物;干强度、韧性高,刀切面光滑。ZK5 上部为淤泥质粉质黏土,浅灰色,饱和,软塑,夹薄层粉土,局部粉粒含量高;干强度,韧性高,稍有光泽;局部为淤泥,可塑,含有腐殖物。该层局部层位工程地质性质较差——一般,可作低层建筑持力层,大部分层位工程性质较好,是较好的基础持力层。

④粉质黏土和黏土:浅灰绿、灰色,顶板埋深 21.22～25.60 m,层厚 2～5 m,软塑—硬塑,含铁锰质结核及氧化物,可见锈斑,偶见高岭土团块和钙质结核,局部夹薄层砖混黏土;干强度,韧性中等—高,刀切面稍有光泽—光滑。该层工程地质条件较好,是良好的中长桩持力层。

⑤粉质黏土和黏土:褐黄色、灰色,局部灰绿色,顶板埋深 23.97～30.16 m,层厚大于 16 m,可塑—硬塑,干强度,韧性中—高,刀切面光滑,局部含铁锰质氧化物和高岭土团块,偶见钙质结核。该层工程地质条件较好,是良好的中长桩持力层。

⑥粉质黏土和泥质粉砂:褐黄色、棕红色,顶板埋深 43.60～45.33 m,层厚大于 2 m,丹阳段未揭穿本层,可塑—硬塑,干强度,韧性中等—高;砂质成分占 10%～40%,主要矿物成分为石英、长石、方解石等,含有少量铁锰质结核及其氧化物,夹高岭土团块,岩性较软。该层工程地质条件较好,是良好的中长桩持力层。

5.8.2　河道断面地质和水文特征

在设计好的 7 条调查剖面上进行了水下地形测量,这些剖面比较均匀地分布在京杭大运河(镇江段)河道上。通过本次水下地形剖面测量基本查明了京杭大运河(镇江段)河道的断面形态特征、土层分布特征、河流水文特征,测量数据如表 5-16 所示。

1）断面形态特征

京杭大运河(镇江段)河道从长江口开始,由北向南再向东南方向约 135°延伸至常州交界,中间弯曲少,多圆滑;横断面大致为梯形结构,两岸均由混凝土浇筑成大坝,上面宽下面窄,一般两侧陡,中间缓,两侧浅,中间深,平水期时中间最深达 5.86 m(陵口大桥附近),两侧最浅处为 0.99 m(辛丰铁路桥附近)。

2）土层分布特征

三岔河断面宽为 91 m,最大水深为 5.04 m,与其对应的 ZK01 钻孔深度为 9.00 m,河道断面两侧分布的地层为素填土层、粉质黏土层和黏土层。

谏壁桥断面宽为 89 m,最大水深为 5.32 m,与其对应的 ZK02 钻孔深度为 11.53 m,河道断面两侧分布的地层为素填土层和粉质黏土层。

辛丰桥断面宽为 96 m,最大水深为 5.15 m,与其对应的 ZK03 钻孔深度为 11.77 m,河道断面两侧分布的地层为素填土层、粉质黏土层和黏土层。

辛丰铁路桥断面宽为 91 m,最大水深为 5.23 m,与其对应的 ZK04 钻孔深度为 12.09 m,河道断面两侧分布的地层为素填土层、粉质黏土层和黏土层。

王家桥断面宽为 119 m,最大水深为 4.66 m,与其对应的 ZK05 钻孔深度为 9.64 m,河道断面两侧分布的地层为素填土层、粉质黏土层和黏土层。

陵口大桥断面宽为 91 m,最大水深为 5.86 m,与其对应的 ZK06 钻孔深度为 10.98 m,河道断面两侧分布的地层为素填土层、粉质黏土层和黏土层。

吕城大桥断面宽为 90 m,最大水深为 4.74 m,与其对应的 ZK07 钻孔深度为 7.93 m,河道断面两侧分布的地层为素填土层和粉质黏土层。

3）河流水文特征

在平水期(测量时间在 2019 年 6 月份),整个河道干流的水面高程略有不同,由表 5-16 可知,调查剖面在谏壁桥—辛丰铁路桥段水面最高,平均高程为 2.79~2.83 m,两端较低,如靠近长江口的三岔河附近水面高程为 2.70 m,靠近常州的吕城大桥附近水面高程为 1.82 m,表明从三岔河—辛丰铁路桥,运河水面标高逐渐增大,增量较小,而从辛丰铁路桥—吕城大桥,运河水面标高逐渐减小,落差较大。相关资料也显示,水面高程最高处在丹阳市北部靠近丹徒区的某一位置,这与我们测定的数据基本一致。

水面高程直接影响到河流的流向,但相差十几厘米,一般影响不大。在枯水期可能有点影响,流速也小,但在丰水期时,因长江涨潮,河水的流向由北往南、由西向东,流速较大,一般由长江注入,有助于提高河道的过流能力,便于污水向下游排放。

在枯水期和平水期,如果有污染物排入运河,由于运河自身的纳污和净化能力有限,一些污染物的测试数据就会偏高。但在丰水期,因长江水进入,加上各入河支流的水流入,整个运河的水向下游流去,相当于运河水体更换了一遍,变化很大,其水体污染物的测试数据肯定会发生变化。从理论上说,受长江水体的影响更大些。对于河道中的底泥,一般由沉积形成,因运河丰水期时间较短,水体常年流速总体不大,其污染状况应是长期积累的结果,特别是在每年的枯水期和平水期。

表 5-16　京杭大运河(镇江段)水下地形剖面测量综合成果表

序号	剖面编号	工程点号	6度带坐标			h_1/m	h_2/m	h_3/m	h_4/m
			X	Y	h/m				
1	三岔河	SC1	3 562 581.088	741 224.694	4.886	2.18	2.71	1.75	5.04
2		SC2	3 562 581.909	741 315.718	4.875	2.18	2.70		
3	谏壁桥	JB1	3 560 594.503	740 524.546	4.163	1.33	2.83	1.54	5.32
4		JB2	3 560 569.779	740 611.224	4.152	1.32	2.83		
5	辛丰桥	XF1	3 557 956.351	741 776.318	4.087	1.29	2.80	1.397	5.15
6		XF2	3 558 000.199	741 861.150	4.069	1.28	2.79		
7	辛丰铁路桥	XT1	3 553 178.219	742 516.695	4.097	1.31	2.79	0.99	5.23
8		XT2	3 553 135.689	742 597.912	4.100	1.33	2.79		
9	王家桥	WJ1	3 547 151.973	742 966.703	3.954	1.46	2.50	1.07	4.66
10		WJ2	3 547 170.437	743 085.046	5.929	3.45	2.48		
11	陵口大桥	LK1	3 538 501.415	751 217.219	4.028	1.90	2.13	1.11	5.86
12		LK2	3 538 581.846	751 258.663	4.077	1.94	2.14		
13	吕城大桥	LC1	3 534 101.611	758 501.084	4.079	2.26	1.82	0.85	4.74
14		LC2	3 534 181.571	758 543.910	4.128	2.30	1.83		

备注：h 为 85 黄海高程，h_1 为大坝到水面距离，h_2 为水面高程(2019 年 6 月)，h_3 为已测剖面的最小水深，h_4 为已测剖面的最大水深，上述 5 类数据均在 2019 年 6 月测定。

5.8.3　工程地质物性特征

本次主要通过钻孔采集土工实验样品 24 件，在每个钻孔中采取 3 个岩芯样品，采样深度分别约为－5 m、－10 m、－15 m，并使用专门的铁皮封装送交实验室，主要测试分析了第四系上部地层的含水率、比重、密度、孔隙度、塑性指数、液性指数、压缩系数、抗压强度(黏聚力、内摩擦角)等项目。依据《岩土工程勘察规范》(GB 50021—2001)(2009 版)对京杭大运河(镇江段)沿线浅层地层的物理性质和力学性质分析如下：

由分析测试数据可知，在塑性指数、液性指数、含水率和孔隙度等方面，市区段(京口区和丹徒区)与丹阳段差别较明显。在土质分类上，结合其颗粒级别(一般＜0.075 mm)和塑性指数，市区段主要为粉质黏土，少量为黏土，塑性指数 I_p 介于 12.1～24.2 之间；丹阳段主要为粉质黏土，少量为淤泥粉质黏土、黏土和粉土，塑性指数 I_p 介于 9.1～26.9 之间。在土壤塑性上，市区段主要为可塑，少量为软塑，液性指数 I_L 介于 0.25～0.90 之间；丹阳段主要为软塑和流塑，液性指数 I_L 介于 0.81～1.59 之间，在吕城附近为可塑，液性指数 I_L 介于 0.24～0.48 之间。

在土壤湿度上,市区段表现为湿,含水率 w 主要介于 24.4% ~ 32.2% 之间;丹阳段主要为很湿,含水率 w 主要介于 30.8% ~ 39.9% 之间。在土壤密实程度上,市区段主要表现为密实,少量为中密,孔隙度 e_0 主要介于 0.696 ~ 0.883 之间;丹阳段主要表现为稍密,少量中密,孔隙度 e_0 主要介于 0.843 ~ 1.126 之间。

在土壤的比重、密度方面差别不明显,比重介于 2.71 ~ 2.75 之间,密度介于 1.80 ~ 2.01 g/cm^3 之间。

5.8.4 工程地质安全性和稳定性评价

根据土工试验分析和钻孔编录,综合各层在物性和力学方面的特征,京杭大运河(镇江段)近岸 50 m 以浅的土壤可划分为 7 层,其工程地质安全性表现如下:

第①层填土层的结构不均匀、欠固结等,均是不利于工程安全的特性,因此,本层工程性能较差;第②层粉质黏土的承载力一般小于 100 kPa,压缩性中等—高,工程性能一般;第③层黏土和粉质黏土的承载力多为 120 ~ 150 kPa,压缩性中等,工程性能较好;第④、⑤和第⑥层分布广泛,其地基承载力一般在 180 kPa 以上,中低压缩性,工程性能好;第⑦层含砾砂岩的承载力较高,并具有中低压缩性,工程性能好。

根据近岸第四系浅部地层物性特征,结合近岸地层的工程地质特征可知,市区段河岸两侧地层的稳定性好于丹阳段。另外,京杭大运河(镇江段)"四改三"整治工程,即将四级航道改造升级为三级航道自 2007 年开工建设,到 2016 年基本竣工。河道口宽由原来的 60 m 扩大到现在的 90 m 以上,航道拓宽为 80 m 以上,实现了两艘千吨级船舶交汇航行。同时两岸采用混凝土浇筑成河坝护坡,增加了岸堤的稳定性和安全性,确保岸堤不会垮塌,京杭大运河(镇江段)岸堤见图 5-8。

图 5-8 运河河坝现状(左为谏壁镇,右为丹阳市)

5.9 工作区土壤质量特征与评价

5.9.1 近岸表层土壤质量特征与评价

1）重金属元素地球化学特征

京杭大运河（镇江段）近岸土壤中的重金属主要包括 Cu、Pb、Zn、As、Hg、Cd、Cr 和 Ni 等 8 种元素，其分析特征如表 5-17 所示。

表 5-17　京杭大运河（镇江段）流域表层土壤重金属元素统计特征值

参数	Cu	Pb	Zn	As	Hg	Cd	Cr	Ni
最小值/(mg/kg)	5	5.8	29.7	1.62	0.041	0.02	12	5
最大值/(mg/kg)	4 540	4 570	22 000	43.3	3.53	926	232	140
平均值/(mg/kg)	26.41	17.71	98.66	8.58	0.23	0.19	58.32	31.26
变异系数	1.11	0.62	1.89	0.53	1.28	7.87	0.30	0.40
江苏土壤背景值/(mg/kg)	22.78	20.39	73.02	8.80	0.163	0.116	65.72	29.12
江苏表层土壤平均值/(mg/kg)	26.0	26.8	73.0	9.4	0.082	0.151	76.0	32.9
全国土壤平均值/(mg/kg)	23	27	74	11	0.065	0.097	61	27

注：本书采用数据全部由江苏实朴检测服务有限公司测试完成，计算平均值时剔除了最大值数据。

重金属 Cu 元素的最大值为 4 540 mg/kg（HE076，即化探东部的样品编号），最小值为 5 mg/kg，平均含量显著高于江苏土壤背景值和全国土壤平均值，略高于江苏表层土壤平均值。重金属 Pb 元素的最大值为 4 570 mg/kg（HE076），最小值为 5.8 mg/kg，平均含量低于江苏土壤背景值，显著低于江苏表层土壤平均值和全国土壤平均值。重金属 Zn 元素的最大值为 22 000 mg/kg（HE076），最小值为 29.7 mg/kg，平均含量是江苏表层土壤平均值、江苏土壤背景值和全国土壤平均值的 1.35 倍、1.35 倍和 1.33 倍。重金属 As 元素的最大值为 43.3 mg/kg（HE076），最小值为 1.62 mg/kg，平均含量略低于江苏土壤背景值，低于江苏表层土壤平均值，显著低于全国土壤平均值。重金属 Hg 元素的最大值为 3.53 mg/kg（HE073），最小值为 0.041 mg/kg，平均含量分别是全国土壤平均值、江苏表层土壤平均值和江苏土壤背景值的 3.54 倍、2.80 倍和 1.41 倍。重金属 Cd 元素的最大值为 926 mg/kg（HE076），最小值为 0.02 mg/kg，平均含量分别是全国土壤平均值、江苏土壤背景值和江苏表层土壤平均值的 1.96 倍、1.64 和 1.26 倍。重金属 Cr 元素的最大值为 232 mg/kg（HE024），最小值为 12 mg/kg，平均含量低于全国土壤平均值和江苏土壤背景值，显著低于江苏表层土壤平均值。重金属 Ni 元素的最大值为 140 mg/kg（HE076），最小值为 5 mg/kg，平均含量高于全国土壤平均值和江苏土壤背景值，略低于江苏表层土壤平均值。

2) 主要有机物地球化学特征

主要有机物选定了苯并[a]芘、六六六总量和滴滴涕总量等 3 个污染因子来判定。苯并[a]芘在环境中广泛存在,来源主要是工业生产和生活过程中煤炭、石油和天然气等燃料不完全燃烧产生的废气,包括汽车尾气、橡胶生产以及吸烟产生的烟气等,这类物质通过对水源、大气和土壤的污染,进入蔬菜、水果、粮食、水产品和肉类等人类赖以生存的食物中。六六六与滴滴涕是使用历史比较长的有机氯农药,20 世纪 80 年代后,大部分发达国家和一些发展中国家已禁止生产六六六和滴滴涕。我国历史上曾大量在农田中使用过这 2 种有机氯农药,所以调查农田土壤中六六六和滴滴涕的残留状况一直是有机物污染研究的一个重点。

在京杭大运河(镇江段)近岸区域共采集 303 件土壤样品,分别测定苯并[a]芘、六六六总量和滴滴涕总量。测试结果显示表层土壤中苯并[a]芘浓度绝大部分低于检出限,即小于 0.1 mg/kg,12 个样品超过检出限,其中最大值为 1.00 mg/kg(HW084),平均值为 0.29 mg/kg;六六六总量浓度基本上低于检出限,即小于 0.10 mg/kg,仅 1 个样品超过检出限,其值为 0.10 mg/kg(HE101);土壤中滴滴涕总量浓度基本上低于检出限,即小于 0.10 mg/kg,仅 5 个样品超过检出限,其中最大值为 1.70 mg/kg(HE139),平均值为 0.56 mg/kg(表 5-18)。

表 5-18　京杭大运河(镇江段)流域土壤主要有机物统计特征值

参数	苯并[a]芘	六六六总量	滴滴涕总量
检出限/(mg/kg)	<0.1	<0.1	<0.1
最小值/(mg/kg)	<0.1	<0.1	<0.1
最大值/(mg/kg)	1.00	—	1.70
低于检出限个数	291	302	298
超过检出限个数	12	1	5
超过检出限样品平均值/(mg/kg)	0.29	0.10	0.56

3) 近岸表层土壤环境质量现状评价

(1) 划分标准

在测地工作的基础上,本次在野外相继开展了土壤地球化学测量和钻探取芯工作,获取了近岸表层样品,经过测试分析,与《土壤环境质量　农用地土壤污染风险管控标准(试行)》(GB 15618—2018)和《土壤环境质量　建设用地土壤污染风险管控标准(试行)》(GB 36600—2018)进行对比发现,绝大部分测试项数值远低于建设用地土壤污染标准,本次采用农用各项指标(见表 5-19～表 5-21)进行评价。

表 5-19 农用地土壤污染风险筛选值(基本项目)

单位:mg/kg

序号	污染物项目①②		风险筛选值			
			pH≤5.5	5.5<pH≤6.5	6.5<pH≤7.5	pH>7.5
1	镉	水田	0.3	0.4	0.6	0.8
		其他	0.3	0.3	0.3	0.6
2	汞	水田	0.5	0.5	0.6	1.0
		其他	1.3	1.8	2.4	3.4
3	砷	水田	30	30	25	20
		其他	40	40	30	25
4	铅	水田	80	100	140	240
		其他	70	90	120	170
5	铬	水田	250	250	300	350
		其他	150	150	200	250
6	铜	果园	150	150	200	200
		其他	50	50	100	100
7	镍		60	70	100	190
8	锌		200	200	250	300

注:①重金属和类金属砷均按元素总量计。
②对于水旱轮作地,采用其中较严格的分析筛选值。

表 5-20 农用地土壤污染风险筛选值(其他项目)

单位:mg/kg

序号	污染物项目	风险筛选值
1	六六六总量①	0.10
2	滴滴涕总量②	0.10
3	苯并[a]芘	0.55

注:①六六六总量为 α-六六六、β-六六六、γ-六六六、δ-六六六四种异构体的含量总和。
②滴滴涕总量为 p,p'-滴滴伊、p,p'-滴滴滴、o,p'-滴滴涕、p,p'-滴滴涕四种衍生物的含量总和。

表 5-21 农用地土壤污染风险管制值

单位:mg/kg

序号	污染物项目	风险管制值			
		pH≤5.5	5.5<pH≤6.5	6.5<pH≤7.5	pH>7.5
1	镉	1.5	2.0	3.0	4.0
2	汞	2.0	2.5	4.0	6.0
3	砷	200	150	120	100
4	铅	400	500	700	1 000
5	铬	800	850	1 000	1 300

根据农用地土壤质量标准,对测区内 8 种重金属元素和 3 种有机物测试数据与农用地土壤污染风险筛选值(不同 pH 下)进行比值 P_i 计算。1.0 作为污染下限,比值 $1.0 < P_i \leqslant 5.0$ 表明样品超过农用地土壤污染风险筛选值,确定为异常区域,比值 $P_i > 5.0$ 表明样品超过农用地土壤污染风险管控值,则确定为危险地块。在 MAPGSI 6.7 软件环境下绘制近岸土壤测量异常平面图。

(2)土壤中重金属污染评价

京杭大运河(镇江段)近岸土壤样品中重金属污染评价分析结果如表 5-22 所示。

表 5-22　京杭大运河(镇江段)流域土壤重金属元素污染评价结果统计

重金属元素	实测值与筛选值比值 P_i						超标率/%
	$P_i \leqslant 1$		$1 < P_i \leqslant 5$		$P_i > 5$		
	个数	百分率/%	个数	百分率/%	个数	百分率/%	
Cu	299	98.68	3	0.99	1	0.33	1.32
Pb	301	99.34	1	0.33	1	0.33	0.66
Zn	298	98.35	3	0.99	2	0.66	1.65
As	301	99.34	2	0.66	0	0	0.66
Hg	293	96.70	8	2.64	2	0.66	3.30
Cd	295	97.36	6	1.98	2	0.66	2.64
Cr	302	99.67	1	0.33	0	0	0.33
Ni	299	98.68	4	1.32	0	0	1.32

所有土壤样品中,有 4 个测试样品的 Cu 元素实测值与筛选值比值 $P_i > 1$,超标率为 1.32%,其中 3 个样品 $1 < P_i \leqslant 5$(HE068、HE073、HE153),超过土壤污染风险筛选值;1 个样品 $P_i > 5$(HE076),超过土壤污染风险管控值;98.68% 的测试样品的 Cu 元素含量没有超过土壤污染风险筛选值,表明京杭大运河(镇江段)近岸土壤中 Cu 元素含量总体达标,仅局部地区存在 Cu 污染情况。

所有土壤样品中,有 2 个测试样品 Pb 元素实测值与筛选值比值 $P_i > 1$,超标率为 0.66%,其中 1 个样品 $1 < P_i \leqslant 5$(HE073),超过土壤污染风险筛选值;1 个样品 $P_i > 5$(HE076),超过土壤污染风险管控值;99.34% 的测试样品的 Pb 元素含量未超过土壤污染风险筛选值,表明京杭大运河(镇江段)近岸土壤中 Pb 含量总体达标,仅局部地区存在 Pb 污染情况。

所有土壤样品中,有 5 个样品 Zn 实测值与筛选值比值 $P_i > 1$,超标率为 1.65%,其中 3 个样品 $1 < P_i \leqslant 5$(HW064、HE006、HE155),超过土壤污染风险筛选值;2 个样品 $P_i > 5$(HE073、HE076),超过了土壤污染风险管控值;98.35% 的测试样品的 Zn 元素含量未超过土壤污染风险筛选值,表明京杭大运河(镇江段)近岸土壤中 Zn 元素含量总体达标,仅局部地区存在 Zn 污染情况。

所有土壤样品中,有 2 个样品 As 实测值与筛选值比值 $P_i > 1$(HE073、HE076),超标率为 0.66%,超标的比值 P_i 分别为 1.173 和 1.732,数值较小,无 $P_i > 5$ 样品,99.34% 的测试样品的 As 元素含量没有超过土壤污染风险筛选值,表明京杭大运河(镇江段)近岸土壤中 As 含量达标。

所有土壤样品中,有 10 个样品 Hg 实测值与筛选值比值 $P_i>1$,超标率为 3.30%,其中 8 个样品 $1<P_i\leqslant5$(HW044、HW056、HW088、HW138、HW141、HE076、HE153),超过土壤污染风险筛选值;2 个样品 $P_i>5$(HE071、HE073),超过了土壤污染风险管控值;96.70% 的测试样品的 Hg 元素含量没有超过土壤污染风险筛选值,表明京杭大运河(镇江段)近岸土壤中 Hg 含量总体达标,仅局部地区存在 Hg 污染情况。

所有土壤样品中,有 8 个样品 Cd 实测值与筛选值比值 $P_i>1$,超标率为 2.64%,其中 6 个样品 $1<P_i\leqslant5$(HW064、HW066、HW071、HW072、HW076、HE071),超过土壤污染风险筛选值;2 个样品 $P_i>5$(HE073、HE076),超过土壤污染风险管控值;97.36% 的测试样品的 Cd 元素含量没有超过土壤污染风险筛选值,表明京杭大运河(镇江段)近岸土壤中 Cd 含量总体达标,仅局部地区存在 Cd 污染情况。

所有土壤样品中,有 1 个样品 Cr 实测值与筛选值比值 $P_i>1$,超标率为 0.33%,超标的比值 P_i 为 1.16,数值较小,无 $P_i>5$ 样品,99.67% 的采样点 Cr 含量未超过土壤污染风险筛选值,表明京杭大运河(镇江段)近岸土壤中 Cr 含量达标。

所有土壤样品中,有 4 个样品 Ni 实测值与筛选值比值 $P_i>1$(HW057、HW060、HE073、HE076),超标率为 1.32%,4 个样品超标的比值 P_i 分别为 1.01、1.05、1.09、1.40,比值较小,均接近 1,无 $P_i>5$ 样品,98.68% 的测试样品的 Ni 元素含量没有超过土壤污染风险筛选值,表明京杭大运河(镇江段)近岸土壤中 Ni 含量达标。

Cr、Ni、As 元素具有相对较小的变异系数,变化范围分别为 0.30、0.40 和 0.53,反映了 Cr、Ni、As 元素在区域上分布的相对均一性,Cu、Pb、Zn、Hg、Cd 元素具有较大的变异系数,均在 0.6 以上,Cd 高达 7.87,反映了这些元素在京杭大运河(镇江段)区域分布上具有较大波动性。

上述表明,京杭大运河(镇江段)近岸土壤的重金属含量总体达标,仅局部地区存在重金属污染情况,其中 Cr、Ni、As 未见污染,而 Cu、Pb、Zn、Hg、Cd 在局部地区存在不同程度的污染情况,尤其是 Cd 污染最严重。

(3)土壤中重金属异常分布特征

全区可分为 5 个异常区,由南向北分别为 ZJ1、ZJ2、ZJ3、ZJ4 和 ZJ5。比值计算结果如表 5-23 所示。

表 5-23　主要区域土壤中重金属测试值与农用地土壤标准筛选值之比

样号	Cu	Pb	Zn	As	Hg	Cd	Cr	Ni
ZJ1								
HE067	0.40	0.18	0.71	0.36	0.57	0.63	0.28	0.26
HE068	1.14	0.21	0.42	0.25	0.43	0.47	0.35	0.27
HE069	0.54	0.18	0.45	0.25	0.68	0.33	0.34	0.17
HE070	0.47	0.13	0.56	0.41	0.23	0.67	0.24	0.23

样号	Cu	Pb	Zn	As	Hg	Cd	Cr	Ni
ZJ1								
HE071	0.36	0.17	0.50	0.34	5.78	1.30	0.30	0.40
HE072	0.23	0.07	0.27	0.21	0.08	0.20	0.23	0.25
HE073	2.86	1.57	16.20	1.17	7.06	85.00	0.71	1.05
HE074	0.29	0.08	0.27	0.55	0.04	0.25	0.25	0.18
HE075	0.32	0.12	0.43	0.59	0.10	0.32	0.27	0.17
HE076	45.40	38.08	880.00	1.73	4.85	3 086.67	0.80	1.40
HE077	0.20	0.07	0.39	0.26	0.20	0.22	0.22	0.19
HE078	0.30	0.17	0.39	0.32	0.19	0.40	0.31	0.29
HE079	0.28	0.15	0.54	0.30	0.48	0.60	0.32	0.40
HE080	0.27	0.10	0.38	0.29	0.15	0.27	0.24	0.20
HE082	0.30	0.20	0.43	0.29	0.29	0.57	0.33	0.40
HW067	0.42	0.18	0.60	0.91	0.33	0.83	0.35	0.56
HW068	0.46	0.16	0.75	0.54	0.18	0.83	0.19	0.21
HW069	0.37	0.11	0.65	0.36	0.17	0.75	0.22	0.20
HW070	0.29	0.09	0.30	0.58	0.07	0.23	0.18	0.19
HW071	0.34	0.17	0.64	0.39	0.64	1.13	0.25	0.31
HW072	0.18	0.09	0.53	0.37	0.08	1.25	0.16	0.05
HW073	0.38	0.10	0.62	0.37	0.22	0.63	0.22	0.15
HW074	0.31	0.17	0.43	0.34	0.81	0.30	0.34	0.45
HW076	0.37	0.16	0.60	0.39	0.15	1.20	0.33	0.32
HW077	0.32	0.09	0.29	0.44	0.06	0.20	0.23	0.20
ZJ2								
HW060	0.90	0.26	0.61	0.60	0.19	0.47	0.56	1.09
HW064	0.33	0.12	1.02	0.58	0.07	1.68	0.22	0.30
HW066	0.31	0.16	0.55	0.41	0.18	1.30	0.29	0.47
ZJ3								
HE153	4.99	0.95	0.63	0.50	1.03	1.00	0.27	0.54
ZJ4								
HE024	0.35	0.11	1.00	0.54	0.26	0.47	1.16	0.37
ZJ5								
HE006	0.53	0.13	1.12	0.49	0.21	0.53	0.32	0.39
HE155	0.40	0.50	2.17	0.60	0.21	0.68	0.28	0.14

①ZJ1 重金属异常区域位于王家桥城北分洪道至丹阳市九曲河之间,面积约 4.6 km²,呈条带状,南北走向,污染采样点为 HW071、HW072、HW076、HE068、HE069、HE071、HE073 和 HE076。其中以 Cu、Cd、Pb 三种元素污染为主,可见轻微 Zn、Hg 元素污染。该区域北侧某钢铁厂在产,区内同时存在一处已经停产的钢铁厂,重金属污染推测由两家钢铁厂引起。由于该区位于丹阳市区附近,城市汽车尾气以及居民生活对该处重金属污染也有一定的影响。

②ZJ2 位于 ZJ1 北侧练湖村,面积约 0.87 km²,污染元素为 Hg、Cd,呈串珠状,走向为南北向,污染采样点为 HW60、HW64 和 HW66。该区重金属污染主要受丹阳龙江钢铁厂的影响,此处分布有大量的养殖池塘,需要加以关注。

③ZJ3 重金属异常区域位于辛丰镇民治沟以东某电器公司附近,面积约 0.75 km²,污染采样点为 HE153。污染元素以 Cu 为主,伴有 Hg、Cd 污染,呈点状,规模较小。该区污染主要来自某电器公司,排污口附近可见明显的孔雀绿颜色的碱式碳酸铜,该处东侧有两家金属制品公司,也为该处重金属污染的重要污染源。

④ZJ4 重金属异常区域位于辛丰镇塔岗河附近前湖田村和麻村之间,主要为 Zn 元素污染,呈点状,强度小。该处为单点污染,污染采样点为 HE024,该区域周边的轴承厂、电子设备厂、汽车零配件制造厂等金属制品厂为其重金属污染的主要污染源。

⑤ZJ5 位于谏壁街道三岔河天龙化工厂附近,可见 Ni 元素污染,呈面状,强度小。主要污染采样点为 HE006、HE155。天龙化工厂特征污染物包含 Ni 元素,该处污染主要受其影响。

(4)土壤中主要有机物评价

有机物主要选定了苯并[a]芘、六六六总量和滴滴涕总量等 3 个污染因子来判定污染异常。与重金属相比,有机污染强度较弱,无面源性污染,如表 5-24 所示。

表 5-24 土壤中主要有机物测试值与农用地土壤标准筛选值之比

样号	苯并[a]芘	六六六总量	滴滴涕总量
HE069	—	—	1.00
HE101	—	1.00	1.00
HE139	—	—	17.00
HW038	—	—	7.00
HW040	—	—	2.00
HW084	1.82	—	—

有机污染主要为单点异常,滴滴涕总量超筛选值,为采样点异常,苯并[a]芘和六六六总量只有 1 个单点异常。HE139 位于吕城大桥附近,HW038、HW040 位于辛丰铁路桥北黄泥林业队,HW084 位于丹金溧漕河与京杭大运河交叉处的七里桥,附近没有相关的工厂,可能污染源来自农药使用。

5.9.2 近岸深层土壤质量特征与评价

水体沉积物中的重金属绝大部分来自降尘、降水、地表径流、土壤冲刷、各种污水、固体废弃物和农药等。重金属进入水环境后,绝大部分迅速由液相转为固相,结合到悬浮物中。悬浮物中的重金属在被水流搬运过程中,当负荷超过搬运能力时,最终固化到沉积物中。因此,沉积物是水环境中重金属的主要受纳体,可以反映河流受重金属污染的状况。针对京杭大运河沉积物中重金属柱状样品在不同深度垂直方向上含量分布的研究,可以帮助了解其重金属的沉积迁移历史,并通过潜在生态风险指数法对沉积物中重金属的潜在生态风险进行分析和评价。

1) 重金属元素地球化学特征

京杭大运河(镇江段)近岸深部土壤中的重金属含量特征如表 5-25 所示。

表 5-25   京杭大运河(镇江段)流域深部土壤重金属元素统计特征值

单位:mg/kg

参数	Cu	Pb	Zn	As	Hg	Cd	Cr	Ni
最小值	0.07	0.06	0.14	0.05	0.12	0.02	0.09	0.04
最大值	0.80	0.41	0.43	0.93	0.48	0.73	0.59	0.67
平均值	0.27	0.13	0.24	0.35	0.24	0.17	0.27	0.29
江苏土壤背景值	22.78	20.39	73.02	8.80	0.163	0.116	65.72	29.12
全国土壤平均值	23	27	74	11	0.065	0.097	61	27

重金属 Cu 元素的最大值为 0.80 mg/kg,最小值为 0.07 mg/kg,平均含量显著低于江苏土壤背景值和全国土壤平均值。重金属 Pb 元素的最大值为 0.41 mg/kg,最小值为 0.06 mg/kg,平均含量显著低于江苏土壤背景值和全国土壤平均值。重金属 Zn 元素的最大值为 0.43 mg/kg,最小值为 0.14 mg/kg,平均含量显著低于江苏土壤背景值和全国土壤平均值。

重金属 As 元素的最大值为 0.93 mg/kg,最小值为 0.05 mg/kg,平均含量显著低于江苏土壤背景值和全国土壤平均值。重金属 Hg 元素的最大值为 0.48 mg/kg,最小值为 0.12 mg/kg,平均含量分别是全国土壤平均值和江苏土壤背景值的 3.69 倍和 1.47 倍。重金属 Cd 元素的最大值为 0.73 mg/kg,最小值为 0.02 mg/kg,平均含量分别是全国土壤平均值和江苏表层土壤平均值的 1.75 倍和 1.46 倍。重金属 Cr 元素的最大值为 0.59 mg/kg,最小值为 0.09 mg/kg,平均含量显著低于全国土壤平均值和江苏土壤背景值。重金属 Ni 元素的最大值为 0.67 mg/kg,最小值为 0.04 mg/kg,平均含量显著低于全国土壤平均值和江苏土壤背景值。

2) 主要有机物地球化学特征

在京杭大运河(镇江段)近岸区域共有 56 件深土壤样品,分别测定苯并[a]芘、六六六总量和滴滴涕总量,测试结果显示苯并[a]芘浓度、六六六总量浓度和滴滴涕总量浓度均小于检出限 0.1 mg/kg。

3) 近岸深层土壤环境质量现状评价

为了解土壤深部的污染情况,通过 8 口钻孔共采集了 56 个岩芯土壤样品,即在每个钻孔的不同深度共采取 7 个样品,经与《土壤环境质量 农用地土壤污染风险管控标准(试行)》(GB 15618—2018)进行对比发现,所有的测试项,如 pH、重金属 8 项(Cu、Pb、Zn、As、Hg、Cd、Cr、Ni)、总六六六、总滴滴涕、苯并[a]芘等均在筛选值范围内,表明土壤深部没有受到污染。

5.10 工区地表水和地下水环境调查与评价

5.10.1 地表水调查与评价

1) 地表水系概况

本次调查工区地处长江沿江水系和太湖湖西水系交汇处,京杭大运河(镇江段)是连接长江与太湖水系的重要纽带。工区北部为长江沿江水系,主要入河支流有人民沟、民治沟、大叶沟、中心河、城北分洪道和九曲河等;南部为太湖湖西水系,主要入河支流有丹金溧漕河、萧梁河、越渎河、窦庄新河和永丰河等。主要河流位置如图 5-9 所示,基本情况见表 5-26。

图 5-9 京杭大运河(镇江段)周边水系分布图

表 5-26 区内主要河流概况一览表

河流名称	河流长度/km	河底宽/m	河口宽/m	水深/m	河流概况
运河镇江段	42.6	40～90	90～106	河底高程 0～1.75	主要功能为防洪、引水、排涝，兼顾调节苏南运河航运水位、改善水质。运河镇江段共有各类桥梁 24 座，其中铁路桥 5 座、公路桥 16 座、人行桥 3 座
人民沟	3.5	10	40	2	西起杜村，汇入苏南运河，主要功能为防洪和灌溉，在杜村以下段常年有水，水位与苏南运河相通；在杜村以上段被分隔成梯级河道，汛期排水时有水流，平时没有水流
民治沟	4.8	9	25	2	西起苏南运河，流经民治村、中心村，主要功能为防洪、灌溉
大叶沟	8.7	6	23	6～14	东起马迹水库，西至苏南运河，途径丹徒区和丹阳市，主要功能为防洪、排涝和灌溉
中心河	9.135	16	70	0～3	太湖湖西水系重要的行洪河道之一，上游两支汊分别起源于凌塘水库与西麓水库，下游汇入江南运河，集水面积为 158.39 km²，主要功能为防洪、排涝和灌溉
城北分洪道	4.5	2	52	河底高程 4.5	起于丹阳南门，止于七里庙，集水面积为 4 km²，主要功能为排涝和灌溉
九曲河	27.6	20～30	78～88	河底高程 0	主要功能为灌溉、排涝、供水和航运，集水面积为 326 km²。承泄通胜地区的山丘洪水，经九曲河枢纽北排入长江，同时将由丹金溧漕河转来的湖西腹部洪水北排长江，增加湖西区北排长江能力，减轻太湖防洪压力。干旱年份通过九曲河枢纽引入长江水输送至湖西地区，并补充太湖水源
丹金溧漕河	18.44	12～20	55～75	河底高程 0	北起自与苏南运河相交的丹阳市七里桥，镇江段则止于丹阳市和常州市金坛区交界处的里庄老丹金闸，集水面积为 120 km²，主要功能为灌溉、排涝、供水和航运
萧梁河	8.9	3	43	河底高程 1～3.5	北起张巷桥南，南至苏南运河，集水面积为 20 km²，主要功能为灌溉和排涝
越渎河	13.7	3	30～34	河底高程 0～2	北起苏南运河，南至新、老鹤溪河相交处，集水面积为 45 km²，主要功能为灌溉和排涝
窦庄新河	6.3	3～8	50	河底高程 1.0	北起九曲河，南至苏南运河，集水面积为 20 km²，主要功能为灌溉和排涝
永丰河	14.0	3	37～43	河底高程 1.0～1.5	西起访仙，东至浦河，南至苏南运河，主要功能为灌溉和排涝

2）地表水质量评价

参考《地表水环境质量标准》(GB 3838—2002)(如表 5-27)对区内水质进行评价。

表 5-27　地表水环境质量标准基本项目和特定项目标准限值

序号	项　目	标准值分类				
		Ⅰ类	Ⅱ类	Ⅲ类	Ⅳ类	Ⅴ类
1	水温/℃	人为造成的环境水温变化应限制在： 周平均最大温升≤1　周平均最大温降≤2				
2	pH(无量纲)	6～9				
		以下参数单位为 mg/L				
3	溶解氧　≥	7.5	6	5	3	2
4	化学需氧量(COD)≤	15	15	20	30	40
5	铜　　　≤	0.01	1.0	1.0	1.0	1.0
6	铅　　　≤	0.01	0.01	0.05	0.05	0.1
7	锌　　　≤	0.05	1.0	1.0	2.0	2.0
8	砷　　　≤	0.05	0.05	0.05	0.1	0.1
9	汞　　　≤	0.000 05	0.000 05	0.000 1	0.001	0.001
10	镉　　　≤	0.001	0.005	0.005	0.005	0.01
11	六价铬　≤	0.01	0.05	0.05	0.05	0.05
12	挥发酚　≤	0.002	0.002	0.005	0.01	0.1
13	石油类　≤	0.05	0.05	0.05	0.5	1.0
14	粪大肠菌群　≤	200	2 000	10 000	20 000	40 000
15	六六六总量[①]	0.005	0.005	0.005	—	—
16	滴滴涕总量[②]	0.001	0.001	0.001	—	—

注：①六六六总量为地表水Ⅰ、Ⅱ、Ⅲ类水域有机化学物质特定项目标准值(GHZB 1—1999)。
　　②滴滴涕总量为集中式生活饮用水地表水源地特定项目标准限值(GB 3838—2002)。

本次水质评价分为单指标评价和综合评价两种。单指标评价采用"从优不从劣"的方法，综合评价采用"从劣不从优"的一票否决法进行评价。

运河干流往年监测数据主要从镇江市环保局收集，本次收集了 2017 年度和 2018 年度的运河干流监测数据，2019 年度水质数据全部为自采自测。

（1）运河干流 2017 年度地表水水质状况

通过将 2017 年京杭大运河(镇江段)的地表水水质基本分析数据与《地表水环境质量标准》(GB 3838—2002)对比，各项指标评价如表 5-28 所示。2017 年度京杭大运河(镇江段)干流地表水质主要受溶解氧、化学需氧量、挥发酚、高锰酸盐指数、五日生化需氧量、氨氮和总磷等指标影响较大。

溶解氧数值显示谏壁段 7 月份和 11 月份为Ⅲ类水质，辛丰段 8 月份为Ⅲ类水质，吕城段 7 月份、8 月份和 9 月份为Ⅳ类水质，其他月份谏壁段、辛丰段、王家桥和吕城均为Ⅰ类或Ⅱ类水质。

表 5-28 京杭大运河(镇江段)2017 年度地表水水质状况评价汇总

序号	测点	样品号	pH	溶解氧	化学需氧量	铜	铅	锌	砷	汞	镉	六价铬	挥发酚	总石油烃类	高锰酸盐指数	五日生化需氧量	氨氮	总磷	水质类别	水质目标	定类项目	超标项目(超标倍数)	达标情况
1		JB-1	Ⅰ	Ⅰ	Ⅰ	Ⅰ	Ⅰ	Ⅰ	Ⅰ	Ⅰ	Ⅰ	Ⅰ	Ⅰ	Ⅰ	Ⅱ	Ⅰ	Ⅳ	Ⅱ	Ⅳ	Ⅲ	氨氮	氨氮(1.12,超0.12倍)	×
2		JB-2	Ⅰ	Ⅰ	Ⅰ	Ⅰ	Ⅰ	Ⅰ	Ⅰ	Ⅰ	Ⅰ	Ⅰ	Ⅰ	Ⅰ	Ⅱ	Ⅰ	Ⅲ	Ⅱ	Ⅲ	Ⅲ	氨氮		√
3		JB-3	Ⅰ	Ⅰ	Ⅰ	Ⅲ	Ⅰ	Ⅰ	Ⅰ	Ⅰ	Ⅰ	Ⅰ	Ⅰ	Ⅰ	Ⅱ	Ⅰ	Ⅲ	Ⅲ	Ⅲ	Ⅲ	氨氮、总磷		√
4		JB-4	Ⅰ	Ⅰ	Ⅰ	Ⅰ	Ⅰ	Ⅰ	Ⅰ	Ⅰ	Ⅰ	Ⅰ	Ⅰ	Ⅰ	Ⅱ	Ⅰ	Ⅳ	Ⅱ	Ⅳ	Ⅲ	氨氮	氨氮(1.45,超0.45倍)	×
5		JB-5	Ⅰ	Ⅰ	Ⅰ	Ⅰ	Ⅰ	Ⅰ	Ⅰ	Ⅰ	Ⅰ	Ⅰ	Ⅰ	Ⅰ	Ⅱ	Ⅰ	Ⅲ	Ⅱ	Ⅲ	Ⅲ	氨氮		√
6	谏壁桥	JB-6	Ⅰ	Ⅰ	Ⅰ	Ⅰ	Ⅰ	Ⅰ	Ⅰ	Ⅰ	Ⅰ	Ⅰ	Ⅰ	Ⅰ	Ⅱ	Ⅰ	Ⅲ	Ⅲ	Ⅲ	Ⅲ	氨氮、总磷		√
7		JB-7	Ⅰ	Ⅲ	Ⅰ	Ⅰ	Ⅰ	Ⅰ	Ⅰ	Ⅰ	Ⅰ	Ⅰ	Ⅰ	Ⅰ	Ⅱ	Ⅰ	Ⅲ	Ⅲ	Ⅲ	Ⅲ	溶解氧、氨氮、总磷		√
8		JB-8	Ⅰ	Ⅰ	Ⅰ	Ⅰ	Ⅰ	Ⅰ	Ⅰ	Ⅰ	Ⅰ	Ⅰ	Ⅰ	Ⅰ	Ⅱ	Ⅰ	Ⅳ	Ⅱ	Ⅳ	Ⅲ	氨氮	氨氮(1.04,超0.04倍)	×
9		JB-9	Ⅰ	Ⅰ	Ⅰ	Ⅰ	Ⅰ	Ⅰ	Ⅰ	Ⅰ	Ⅰ	Ⅰ	Ⅰ	Ⅰ	Ⅱ	Ⅰ	Ⅲ	Ⅱ	Ⅲ	Ⅲ	氨氮		√
10		JB-10	Ⅰ	Ⅰ	Ⅰ	Ⅰ	Ⅰ	Ⅰ	Ⅰ	Ⅰ	Ⅰ	Ⅰ	Ⅰ	Ⅰ	Ⅱ	Ⅲ	Ⅲ	Ⅱ	Ⅲ	Ⅲ	五日生化需氧量、氨氮		√
11		JB-11	Ⅰ	Ⅲ	Ⅰ	Ⅰ	Ⅰ	Ⅰ	Ⅰ	Ⅰ	Ⅰ	Ⅰ	Ⅰ	Ⅰ	Ⅱ	Ⅰ	Ⅲ	Ⅱ	Ⅲ	Ⅲ	溶解氧、氨氮		√
12		JB-12	Ⅰ	Ⅲ	Ⅰ	Ⅰ	Ⅰ	Ⅰ	Ⅰ	Ⅰ	Ⅰ	Ⅰ	Ⅰ	Ⅰ	Ⅱ	Ⅰ	Ⅲ	Ⅱ	Ⅲ	Ⅲ	氨氮		√

续表

序号	测点	样品号	pH	溶解氧	化学需氧量	铜	铅	锌	砷	汞	镉	六价铬	挥发酚	总石油烃类	高锰酸盐指数	五日生化需氧量	氨氮	总磷	水质类别	水质目标	定类项目	超标项目（超标倍数）	达标情况
13	辛丰镇	XF-1	Ⅰ	Ⅰ	Ⅰ	Ⅰ	Ⅰ	Ⅰ	Ⅰ	Ⅰ	Ⅰ	Ⅰ	Ⅰ	Ⅰ	Ⅲ	Ⅰ	Ⅳ	Ⅲ	Ⅳ	Ⅲ	氨氮	氨氮（1.05，超0.05倍）	×
14		XF-2	Ⅰ	Ⅰ	Ⅰ	Ⅰ	Ⅰ	Ⅰ	Ⅰ	Ⅰ	Ⅰ	Ⅰ	Ⅰ	Ⅰ	Ⅱ	Ⅰ	Ⅲ	Ⅱ	Ⅲ	Ⅲ	氨氮		√
15		XF-3	Ⅰ	Ⅲ	Ⅰ	Ⅰ	Ⅰ	Ⅰ	Ⅰ	Ⅰ	Ⅰ	Ⅰ	Ⅲ	Ⅰ	Ⅲ	Ⅰ	Ⅲ	Ⅱ	Ⅲ	Ⅲ	挥发酚、高锰酸钾指数、氨氮		√
16		XF-4	Ⅰ	Ⅰ	Ⅰ	Ⅰ	Ⅰ	Ⅰ	Ⅰ	Ⅰ	Ⅰ	Ⅰ	Ⅰ	Ⅰ	Ⅲ	Ⅰ	Ⅳ	Ⅲ	Ⅳ	Ⅲ	氨氮	氨氮（1.27，超0.27倍）	×
17		XF-5	Ⅰ	Ⅰ	Ⅰ	Ⅰ	Ⅰ	Ⅰ	Ⅰ	Ⅰ	Ⅰ	Ⅰ	Ⅰ	Ⅰ	Ⅱ	Ⅰ	Ⅲ	Ⅲ	Ⅲ	Ⅲ	氨氮、总磷		√
18		XF-6	Ⅰ	Ⅰ	Ⅰ	Ⅰ	Ⅰ	Ⅰ	Ⅰ	Ⅰ	Ⅰ	Ⅰ	Ⅰ	Ⅰ	Ⅱ	Ⅲ	Ⅲ	Ⅲ	Ⅲ	Ⅲ	五日生化需氧量、氨氮、总磷		√
19		XF-7	Ⅰ	Ⅲ	Ⅰ	Ⅰ	Ⅰ	Ⅰ	Ⅰ	Ⅰ	Ⅰ	Ⅰ	Ⅰ	Ⅰ	Ⅱ	Ⅲ	Ⅲ	Ⅲ	Ⅲ	Ⅲ	五日生化需氧量、氨氮、总磷		√
20		XF-8	Ⅰ	Ⅲ	Ⅰ	Ⅰ	Ⅰ	Ⅰ	Ⅰ	Ⅰ	Ⅰ	Ⅰ	Ⅰ	Ⅰ	Ⅱ	Ⅲ	Ⅱ	Ⅲ	Ⅲ	Ⅲ	溶解氧、五日生化需氧量、总磷		√
21		XF-9	Ⅰ	Ⅰ	Ⅰ	Ⅰ	Ⅰ	Ⅰ	Ⅰ	Ⅰ	Ⅰ	Ⅰ	Ⅰ	Ⅰ	Ⅱ	Ⅲ	Ⅲ	Ⅲ	Ⅲ	Ⅲ	五日生化需氧量、氨氮、总磷		√
22		XF-10	Ⅰ	Ⅰ	Ⅰ	Ⅰ	Ⅰ	Ⅰ	Ⅰ	Ⅰ	Ⅰ	Ⅰ	Ⅰ	Ⅰ	Ⅲ	Ⅳ	Ⅲ	Ⅲ	Ⅳ	Ⅲ	五日生化需氧量	五日生化需氧量（4.5，超标0.125倍）	×
23		XF-11	Ⅰ	Ⅰ	Ⅰ	Ⅰ	Ⅰ	Ⅰ	Ⅰ	Ⅰ	Ⅰ	Ⅰ	Ⅰ	Ⅰ	Ⅱ	Ⅰ	Ⅲ	Ⅲ	Ⅲ	Ⅲ	氨氮、总磷		√
24		XF-12	Ⅰ	Ⅰ	Ⅰ	Ⅰ	Ⅰ	Ⅰ	Ⅰ	Ⅰ	Ⅰ	Ⅰ	Ⅰ	Ⅰ	Ⅱ	Ⅰ	Ⅲ	Ⅲ	Ⅲ	Ⅲ	氨氮、总磷		√

序号	测点	样品号	pH	溶解氧	化学需氧量	铜	铅	锌	砷	汞	镉	六价铬	挥发酚	总石油烃类	高锰酸盐指数	五日生化需氧量	氨氮	总磷	水质类别	水质目标	定类项目	超标项目(超标倍数)	达标情况
25		WJ-1	I	I	IV	II	I	I	I	I	I	II	I	I	II	III	III	III	IV	III	化学需氧量	化学需氧量(30,超0.5倍)	×
26		WJ-2	I	I	I	II	I	I	I	I	I	II	I	I	II	I	III	III	III	III	氨氮、总磷		√
27		WJ-3	I	I	I	II	I	I	I	I	I	II	III	I	II	III	III	III	III	III	挥发酚、五日生化需氧量、氨氮、总磷		√
28		WJ-4	I	I	I	II	I	I	I	I	I	II	I	I	II	III	III	III	III	III	五日生化需氧量、氨氮、总磷		√
29	王家桥	WJ-5	I	I	I	II	I	I	I	I	I	II	I	I	II	III	III	III	III	III	五日生化需氧量、氨氮、总磷		√
30		WJ-6	I	I	I	II	I	I	I	I	I	II	III	I	II	I	III	III	III	III	挥发酚、总磷		√
31		WJ-7	I	I	I	II	I	I	I	I	I	II	I	IV	II	III	IV	III	IV	III	石油类、氨氮	石油类(0.1,超1倍);氨氮(1.05,超0.05倍)	×
32		WJ-8	I	I	I	II	I	I	I	I	I	II	I	I	II	I	III	III	III	III	氨氮		√
33		WJ-9	I	I	I	II	I	I	I	I	I	II	I	I	II	I	III	III	III	III	氨氮、总磷		√
34		WJ-10	I	III	I	II	I	I	I	I	I	II	I	I	II	I	III	III	III	III	氨氮、总磷		√
35		WJ-11	I	I	I	II	I	I	I	I	I	II	I	I	II	III	III	III	III	III	五日生化需氧量、氨氮、总磷		√
36		WJ-12	I	I	I	II	I	I	I	I	I	II	I	I	II	III	III	III	III	III	五日生化需氧量、氨氮、总磷		√

序号	测点	样品号	pH	溶解氧	化学需氧量	铜	铅	锌	砷	汞	镉	六价铬	挥发酚	总石油烃类	高锰酸盐指数	五日生化需氧量	氨氮	总磷	水质类别	水质目标	定类项目	超标项目（超标倍数）	达标情况
37	昌城	LC-1	I	I	I	II	I	I	I	I	I	II	III	I	II	I	III	III	III	III	挥发酚、氨氮、总磷		√
38		LC-2	I	I	I	II	I	I	I	I	I	I	I	I	II	I	III	III	III	III	氨氮、总磷		√
39		LC-3	I	II	I	III	I	I	I	I	I	II	III	I	II	I	III	III	III	III	挥发酚、氨氮、总磷		√
40		LC-4	I	I	I	I	I	I	I	I	I	I	I	I	I	I	II	V	V	III	总磷	总磷（0.36，超0.80倍）	×
41		LC-5	I	I	I	I	I	I	I	I	I	I	I	I	II	I	III	III	III	III	氨氮、总磷		√
42		LC-6	I	II	I	I	I	I	I	I	I	I	I	I	I	I	III	III	III	III	氨氮、总磷		√
43		LC-7	I	IV	I	I	I	I	I	I	I	I	I	I	II	I	IV	III	IV	III	溶解氧、氨氮	溶解氧（4.7，超0.06倍）；氨氮（1.16，超0.16倍）	×
44		LC-8	I	IV	I	I	I	I	I	I	I	I	I	I	I	I	I	III	IV	III	溶解氧	溶解氧（4，超0.20倍）	×
45		LC-9	I	IV	I	I	I	I	I	I	I	I	I	I	I	III	I	III	IV	III	溶解氧	溶解氧（4，超0.20倍）	√
46		LC-10	I	I	I	I	I	I	I	I	I	I	I	I	I	III	II	IV	IV	III	总磷	总磷（0.27，超0.35倍）	×
47		LC-11	I	I	I	I	I	I	I	I	I	I	I	I	I	I	II	II	III	III	总磷		√
48		LC-12	I	I	I	I	I	I	I	I	I	I	I	I	II	I	III	III	III	III	氨氮、总磷		√

备注：样品号后面的数字表示当年的月份，如 LC-11 表示吕城监测断面当年 11 月份的监测数据。

化学需氧量数值显示王家桥 1 月份为Ⅳ类水质,其他月份谏壁段、辛丰段、王家桥和吕城均为Ⅰ类水质。

挥发酚数值显示辛丰段 3 月份为Ⅲ类水质,王家桥 3 月份和 6 月份为Ⅲ类水质,吕城 1 月份和 3 月份为Ⅲ类水质,其他月份谏壁段、辛丰段、王家桥和吕城均为Ⅰ类水质。

高锰酸盐指数数值显示辛丰段 1 月份、3 月份和 10 月份为Ⅲ类水质,其他月份谏壁段、辛丰段、王家桥和吕城均为Ⅰ类或Ⅱ类水质。

五日生化需氧量数值显示谏壁段 10 月份为Ⅲ类水质;辛丰段 6 月份、7 月份、8 月份、9 月份为Ⅲ类水质,10 月份为Ⅳ类水质;王家桥 1 月份、3 月份、4 月份、5 月份、7 月份、11 月份、12 月份为Ⅲ类水质;吕城 10 月份为Ⅲ类水质,其他月份谏壁段、辛丰段、王家桥和吕城均为Ⅰ类水质。

氨氮数值显示谏壁段 1 月份、4 月份、8 月份为Ⅳ类水质,其他月份为Ⅲ类水质;辛丰段 1 月份、4 月份为Ⅳ类水质,8 月份、11 月份为Ⅱ类水质,其他月份为Ⅲ类水质;王家桥 6 月份为Ⅱ类水质,7 月份为Ⅳ类水质,其他月份为Ⅲ类水质;吕城 7 月份为Ⅳ类水质,4 月份、11 月份为Ⅱ类水质,其他月份为Ⅲ类水质。

总磷数据显示谏壁段 3 月份、4 月份、6 月份、7 月份为Ⅲ类水质,其他月份为Ⅱ类水质;辛丰段 4～10 月份和 12 月份为Ⅲ类水质,其他月份为Ⅱ类水质;王家桥 8 月份为Ⅱ类水质,其他月份均为Ⅲ类水质;吕城 4 月份为Ⅴ类水质,10 月份为Ⅳ类水质,其他月份为Ⅲ类水质。

综合各项监测数据可知,2017 年度,谏壁段 1 月份、4 月份、8 月份水质不达标,均为Ⅳ类水质,超标项目均为氨氮,超标倍数为 0.04～0.45,其他月份均为Ⅲ类水质,达到水质目标;辛丰段 1 月份、4 月份水质不达标,均为Ⅳ类水质,超标项目均为氨氮,超标倍数为 0.05～0.27,除了 11 月份为Ⅱ类水质外,其他月份均为Ⅲ类水质,达到水质目标;王家桥 1 月份、7 月份水质不达标,均为Ⅳ类水质,1 月份超标项目为化学需氧量,超标倍数为 0.5,7 月份超标项目为石油类和氨氮,分别超标 1 倍和 0.05 倍,其他月份均为Ⅲ类水质,达到水质目标;吕城 4 月份、7 月份、8 月份、10 月份水质不达标,其中 4 月份为Ⅴ类水质,7 月份、8 月份、10 月份为Ⅳ类水质,4 月份超标项目为总磷,超标倍数为 0.8,7 月份超标项目为溶解氧和氨氮,超标倍数分别为 0.06 倍和 0.16 倍,8 月份超标项目为溶解氧,超标倍数为 0.2 倍,10 月份超标项目为总磷,超标倍数为 0.35 倍,其他月份为Ⅱ类或Ⅲ类水质,达到水质目标。

（2）运河干流 2018 年度地表水水质状况

2018 年度地表水水质基本分析数据与《地表水环境质量标准》（GB 3838—2002）对比,各项指标评价如表 5-29 所示。2018 年度京杭大运河（镇江段）干流地表水质主要受溶解氧、化学需氧量、挥发酚、高锰酸盐指数、五日生化需氧量、氨氮和总磷等指标影响较大。

溶解氧数值显示谏壁段 1—12 月份均为Ⅰ类或Ⅱ类水质;辛丰段 6 月份为Ⅲ类水质,其他月份为Ⅰ类或Ⅱ类水质;王家桥 8 月份为Ⅲ类水质,其他月份为Ⅰ类或Ⅱ类水质;吕城 7 月份为Ⅳ类水质,5 月份、6 月份、8 月份为Ⅲ类水质,其他月份为Ⅰ类或Ⅱ类水质。

化学需氧量数值显示谏壁段 4 月份为Ⅲ类水质,其他月份均为Ⅰ类水质;辛丰段均为Ⅰ类水质;王家桥 3 月份为Ⅳ类水质,12 月份为Ⅲ类水质,其他月份均为Ⅰ类水质;吕城 3 月份和 7 月份为Ⅲ类水质,其他月份均为Ⅰ类水质。

表 5-29 京杭大运河（镇江段）2018 年度地表水水质状况评价汇总

序号	测点	样品号	pH	溶解氧	化学需氧量	铜	铅	锌	砷	汞	镉	六价铬	挥发酚	总石油烃类	粪大肠菌群	高锰酸盐指数	五日生化需氧量	氨氮	总磷	水质类别	水质目标	定类项目	超标项目（超标倍数）	达标情况
1	谏壁桥	JB-1	Ⅰ	Ⅰ	Ⅰ	Ⅰ	Ⅰ	Ⅰ	Ⅰ	Ⅰ	Ⅰ	Ⅰ	Ⅰ	Ⅰ	Ⅳ	Ⅱ	Ⅲ	Ⅴ	Ⅲ	Ⅴ	Ⅲ	氨氮	氨氮（1.98,超 0.98 倍）	×
2		JB-2	Ⅰ	Ⅰ	Ⅰ	Ⅰ	Ⅰ	Ⅰ	Ⅰ	Ⅰ	Ⅰ	Ⅰ	Ⅰ	Ⅰ	Ⅲ	Ⅱ	Ⅲ	Ⅳ	Ⅱ	Ⅳ	Ⅲ	氨氮	氨氮（1.03,超 0.03 倍）	×
3		JB-3	Ⅰ	Ⅰ	Ⅲ	Ⅰ	Ⅰ	Ⅰ	Ⅰ	Ⅰ	Ⅰ	Ⅰ	Ⅰ	Ⅰ	Ⅲ	Ⅱ	Ⅲ	Ⅳ	Ⅱ	Ⅳ	Ⅲ	氨氮	氨氮（1.32,超 0.32 倍）	×
4		JB-4	Ⅰ	Ⅰ	Ⅰ	Ⅰ	Ⅰ	Ⅰ	Ⅰ	Ⅰ	Ⅰ	Ⅰ	Ⅰ	Ⅰ	Ⅳ	Ⅱ	Ⅲ	Ⅳ	Ⅱ	Ⅳ	Ⅲ	氨氮	氨氮（1.38,超 0.38 倍）	×
5		JB-5	Ⅰ	Ⅰ	Ⅰ	Ⅰ	Ⅰ	Ⅰ	Ⅰ	Ⅰ	Ⅰ	Ⅰ	Ⅰ	Ⅰ	Ⅳ	Ⅱ	Ⅲ	Ⅲ	Ⅱ	Ⅲ	Ⅲ	氨氮		√
6		JB-6	Ⅰ	Ⅰ	Ⅰ	Ⅰ	Ⅰ	Ⅰ	Ⅰ	Ⅰ	Ⅰ	Ⅰ	Ⅰ	Ⅰ	Ⅳ	Ⅱ	Ⅳ	Ⅴ	Ⅱ	Ⅴ	Ⅲ	氨氮	五日生化需氧量（5.8,超 0.45 倍）；氨氮（1.69,超 0.69 倍）	×
7		JB-7	Ⅰ	Ⅰ	Ⅰ	Ⅰ	Ⅰ	Ⅰ	Ⅰ	Ⅰ	Ⅰ	Ⅰ	Ⅰ	Ⅰ	Ⅳ	Ⅱ	Ⅲ	Ⅴ	Ⅲ	Ⅴ	Ⅲ	氨氮	氨氮（1.68,超 0.68 倍）	×
8		JB-8	Ⅰ	Ⅱ	Ⅰ	Ⅰ	Ⅰ	Ⅰ	Ⅰ	Ⅰ	Ⅰ	Ⅰ	Ⅰ	Ⅰ	Ⅳ	Ⅰ	Ⅲ	Ⅲ	Ⅲ	Ⅲ	Ⅲ	氨氮		√
9		JB-9	Ⅰ	Ⅱ	Ⅰ	Ⅰ	Ⅰ	Ⅰ	Ⅰ	Ⅰ	Ⅰ	Ⅰ	Ⅰ	Ⅰ	Ⅴ	Ⅰ	Ⅲ	Ⅰ	Ⅲ	Ⅲ	Ⅲ	总磷		√
10		JB-10	Ⅰ	Ⅲ	Ⅰ	Ⅰ	Ⅰ	Ⅰ	Ⅰ	Ⅰ	Ⅰ	Ⅰ	Ⅰ	Ⅰ	Ⅲ	Ⅰ	Ⅲ	Ⅰ	Ⅲ	Ⅲ	Ⅲ	溶解氧、总磷		√
11		JB-11	Ⅰ	Ⅲ	Ⅰ	Ⅰ	Ⅰ	Ⅰ	Ⅰ	Ⅰ	Ⅰ	Ⅰ	Ⅰ	Ⅰ	Ⅲ	Ⅰ	Ⅲ	Ⅲ	Ⅲ	Ⅲ	Ⅲ	氨氮		√
12		JB-12	Ⅰ	Ⅰ	Ⅰ	Ⅰ	Ⅰ	Ⅰ	Ⅰ	Ⅰ	Ⅰ	Ⅰ	Ⅰ	Ⅰ	Ⅲ	Ⅰ	Ⅲ	Ⅱ	Ⅲ	Ⅲ	Ⅲ	氨氮、总磷		√

序号	测点	样品号	pH	溶解氧	化学需氧量	铜	铅	锌	砷	汞	镉	六价铬	挥发酚	总石油烃类	粪大肠菌群	高锰酸盐指数	五日生化需氧量	氨氮	总磷	水质类别	水质目标	定类项目	超标项目（超标倍数）	达标情况
13		XF-1	I	I	I	I	I	I	I	I	I	I	I	I	—	Ⅱ	I	Ⅳ	Ⅲ	Ⅳ	Ⅲ	氨氮	氨氮（1.42，超0.42倍）	×
14		XF-2	I	I	I	I	I	I	I	I	I	I	I	I	—	Ⅱ	I	Ⅳ	Ⅲ	Ⅳ	Ⅲ	氨氮	氨氮（1.47，超0.47倍）	×
15		XF-3	I	I	I	I	I	I	I	I	I	I	I	I	—	I	I	Ⅳ	Ⅲ	Ⅳ	Ⅲ	氨氮	氨氮（1.42，超0.42倍）	×
16		XF-4	I	Ⅱ	I	I	I	I	I	I	I	I	I	I	—	Ⅱ	Ⅱ	Ⅲ	Ⅲ	Ⅲ	Ⅲ	氨氮、总磷		√
17		XF-5	I	Ⅲ	I	I	I	I	I	I	I	I	I	I		I	Ⅲ	Ⅲ	Ⅲ	Ⅲ	Ⅲ	五日生化需氧量、氨氮		√
18		XF-6	I	Ⅱ	I	I	I	I	I	I	I	I	I	I		I	Ⅱ	Ⅲ	Ⅲ	Ⅲ	Ⅲ	溶解氧		√
19		XF-7	I	Ⅱ	I	I	I	I	I	I	I	I	I	I		I	Ⅱ	Ⅲ	Ⅲ	Ⅲ	Ⅲ	总磷		√
20	辛丰镇	XF-8	I	Ⅱ	I	I	I	I	I	I	I	I	I	I	—	Ⅱ	Ⅳ	Ⅴ	Ⅲ	Ⅴ	Ⅲ	氨氮	五日生化需氧量（5.7，超0.43倍）；氨氮（1.57，超0.57倍）	×
21		XF-9	I	Ⅱ	I	I	I	I	I	I	I	I	I	I	—	Ⅱ	I	I	Ⅲ	Ⅲ	Ⅲ	溶解氧、高锰酸盐指数、总磷		√
22		XF-10	I	Ⅲ	I	I	I	I	I	I	I	I	I	I	—	Ⅱ	I	I	Ⅲ	Ⅲ	Ⅲ	溶解氧、高锰酸盐指数、总磷		√
23		XF-11	I	Ⅲ	I	I	I	I	I	I	I	I	Ⅴ	I	—	Ⅱ	I	Ⅲ	Ⅲ	Ⅴ	Ⅲ	挥发酚	挥发酚（0.0288，超4.76倍）	×
24		XF-12	I	I	I	I	I	I	I	I	I	I	I	I	—	Ⅱ	I	Ⅲ	Ⅲ	Ⅲ	Ⅲ	氨氮、总磷		√

序号	测点	样品号	pH	溶解氧	化学需氧量	铜	铅	锌	砷	汞	镉	六价铬	挥发酚	总石油烃类	粪大肠菌群	高锰酸盐指数	五日生化需氧量	氨氮	总磷	水质类别	水质目标	定类项目	超标项目（超标倍数）	达标情况
25		WJ-1	Ⅰ	Ⅰ	Ⅰ	Ⅱ	Ⅰ	Ⅰ	Ⅰ	Ⅰ	Ⅰ	Ⅱ	Ⅱ	Ⅰ	Ⅲ	Ⅱ	Ⅰ	Ⅲ	Ⅲ	Ⅲ	Ⅲ	氨氮、总磷		√
26		WJ-2	Ⅰ	Ⅰ	Ⅰ	Ⅱ	Ⅰ	Ⅰ	Ⅰ	Ⅰ	Ⅰ	Ⅰ	Ⅲ	Ⅰ	Ⅲ	Ⅲ	Ⅰ	Ⅲ	Ⅲ	Ⅲ	Ⅲ	挥发酚、高锰酸盐指数、氨氮、总磷		√
27		WJ-3	Ⅰ	Ⅰ	Ⅳ	Ⅱ	Ⅰ	Ⅰ	Ⅰ	Ⅰ	Ⅰ	Ⅰ	Ⅲ	Ⅰ	Ⅲ	Ⅳ	Ⅲ	劣Ⅴ	Ⅴ	劣Ⅴ	Ⅲ	氨氮	化学需氧量（26.0，超0.30倍）；高锰酸盐指数（6.4，超0.07倍）；氨氮（4.96，超3.96倍）；总磷（0.360，超0.80倍）	×
28	王家桥	WJ-4	Ⅰ	Ⅰ	Ⅰ	Ⅱ	Ⅰ	Ⅰ	Ⅰ	Ⅰ	Ⅰ	Ⅱ	Ⅱ	Ⅰ	Ⅲ	Ⅲ	Ⅰ	Ⅲ	Ⅲ	Ⅲ	Ⅲ	氨氮		√
29		WJ-5	Ⅰ	Ⅰ	Ⅰ	Ⅱ	Ⅰ	Ⅰ	Ⅰ	Ⅰ	Ⅰ	Ⅰ	Ⅰ	Ⅰ	Ⅲ	Ⅲ	Ⅰ	Ⅲ	Ⅲ	Ⅲ	Ⅲ	氨氮、总磷		√
30		WJ-6	Ⅰ	Ⅰ	Ⅰ	Ⅱ	Ⅰ	Ⅰ	Ⅰ	Ⅰ	Ⅰ	Ⅰ	Ⅰ	Ⅰ	Ⅲ	Ⅲ	Ⅰ	Ⅳ	Ⅲ	Ⅳ	Ⅲ	氨氮	氨氮（1.38，超0.38倍）	×
31		WJ-7	Ⅰ	Ⅰ	Ⅰ	Ⅱ	Ⅰ	Ⅰ	Ⅰ	Ⅰ	Ⅰ	Ⅰ	Ⅰ	Ⅰ	Ⅲ	Ⅲ	Ⅰ	Ⅲ	Ⅲ	Ⅲ	Ⅲ	氨氮		√
32		WJ-8	Ⅰ	Ⅲ	Ⅰ	Ⅱ	Ⅰ	Ⅰ	Ⅰ	Ⅰ	Ⅰ	Ⅰ	Ⅰ	Ⅰ	Ⅲ	Ⅲ	Ⅰ	Ⅲ	Ⅲ	Ⅲ	Ⅲ	溶解氧、氨氮		√
33		WJ-9	Ⅰ	Ⅲ	Ⅰ	Ⅱ	Ⅰ	Ⅰ	Ⅰ	Ⅰ	Ⅰ	Ⅰ	Ⅰ	Ⅰ	Ⅲ	Ⅲ	Ⅰ	Ⅲ	Ⅲ	Ⅲ	Ⅲ	溶解氧、铜、高锰酸盐指数、氨氮、总磷		√
34		WJ-10	Ⅰ	Ⅱ	Ⅰ	Ⅱ	Ⅰ	Ⅰ	Ⅰ	Ⅰ	Ⅰ	Ⅰ	Ⅰ	Ⅰ	Ⅲ	Ⅲ	Ⅰ	Ⅲ	Ⅲ	Ⅲ	Ⅲ	总磷		√
35		WJ-11	Ⅰ	Ⅱ	Ⅰ	Ⅱ	Ⅰ	Ⅱ	Ⅰ	Ⅰ	Ⅰ	Ⅰ	Ⅰ	Ⅰ	Ⅲ	Ⅲ	Ⅰ	Ⅲ	Ⅲ	Ⅲ	Ⅲ	铜、锌、高锰酸盐指数、氨氮、总磷		√
36		WJ-12	Ⅰ	Ⅱ	Ⅲ	Ⅱ	Ⅰ	Ⅰ	Ⅰ	Ⅰ	Ⅰ	Ⅰ	Ⅰ	Ⅰ	Ⅲ	Ⅲ	Ⅰ	Ⅲ	Ⅲ	Ⅲ	Ⅲ	化学需氧量、总磷		√

测点	序号	样品号	pH	溶解氧	化学需氧量	铜	铅	锌	砷	汞	镉	六价铬	挥发酚	总石油烃类	粪大肠菌群	高锰酸盐指数	五日生化需氧量	氨氮	总磷	水质类别	水质目标	定类项目	超标项目(超标倍数)	达标情况
吕城	37	LC-1	I	I	I	I	I	I	I	I	I	I	I	I	—	II	I	III	III	III	III	氨氮、总磷		√
	38	LC-2	I	I	I	I	I	I	I	I	I	I	I	I	—	II	I	III	III	III	III	氨氮、总磷		√
	39	LC-3	I	I	III	I	I	I	I	I	I	I	I	I	—	III	III	IV	III	IV	III	氨氮	氨氮(1.16,超0.16倍)	×
	40	LC-4	I	I	I	I	I	I	I	I	I	I	I	I	—	II	III	III	III	III	III	五日生化需氧量、氨氮		√
	41	LC-5	I	II	II	II	I	I	I	I	I	I	I	I	—	II	II	III	III	III	III	溶解氧、五日生化需氧量、总磷		√
	42	LC-6	I	II	I	I	I	I	I	I	I	I	I	I	—	II	I	III	III	III	III	溶解氧、氨氮、总磷		√
	43	LC-7	I	IV	III	I	I	I	I	I	I	I	I	I	—	III	V	V	IV	V	III	五日生化需氧量、氨氮	溶解氧(3.14,超0.372倍);五日生化需氧量(6.1,超0.53倍);氨氮(1.83,超0.83倍);总磷(0.260,超0.30倍)	×
	44	LC-8	I	II	I	I	I	I	I	I	I	I	I	I	—	II	I	III	III	III	III	溶解氧、总磷	√	
	45	LC-9	I	II	I	I	I	I	I	I	I	I	I	I	—	I	I	III	III	III	III	总磷		√
	46	LC-10	I	II	I	I	I	I	I	I	I	I	I	I	—	I	I	III	III	III	III	总磷		√
	47	LC-11	I	II	I	I	I	I	I	I	I	I	I	I	—	II	I	III	IV	V	III	总磷	总磷(0.32,超0.6倍)	×
	48	LC-12	I	I	I	I	I	I	I	I	I	I	I	I	—	II	I	III	III	III	III	氨氮、总磷	√	

备注:样品号后数字表示当年月份,如LC-11表示吕城监测断面当年11月份监测数据。

挥发酚数值显示谏壁段 1 月份—12 月份均为Ⅰ类水质,辛丰段 11 月份为Ⅴ类水质,其他月份均为Ⅰ类水质,王家桥 2 月份、3 月份、6 月份为Ⅲ类水质,其他月份均为Ⅰ类水质,吕城 1—12 月均为Ⅰ类水质。

高锰酸盐指数数值显示谏壁段和辛丰段 1—12 月均为Ⅰ类或Ⅱ类水质;王家桥 3 月份为Ⅳ类水质,2 月份为Ⅲ类水质,其他月份均为Ⅱ类水质;吕城 3 月份和 7 月份为Ⅲ类水质,其他月份为Ⅰ类或Ⅱ类水质。

五日生化需氧量数值显示谏壁段 6 月份为Ⅳ类水质,1 月份、4 月份、5 月份、7 月份、8 月份为Ⅲ类水质,其他月份均为Ⅰ类水质;辛丰段 8 月份为Ⅳ类水质,4 月份、5 月份为Ⅲ类水质,其他月份均为Ⅰ类水质;王家桥 3 月份、8 月份为Ⅲ类水质,其他月份为Ⅰ类水质;吕城 7 月份为Ⅴ类水质,3 月份、4 月份、5 月份为Ⅲ类水质,其他月份均为Ⅰ类水质。

氨氮数值显示谏壁段 1 月份、6 月份、7 月份为Ⅴ类水质,2 月份、3 月份、4 月份为Ⅳ类水质,5 月份、8 月份、11 月份为Ⅲ类水质,其他月份为Ⅰ类或Ⅱ类水质;辛丰段 8 月份为Ⅴ类水质,1 月份、2 月份、3 月份为Ⅳ类水质,5 月份、6 月份、11 月份、12 月份为Ⅲ类水质,其他月份为Ⅰ类或Ⅱ类水质;王家桥 3 月份为劣Ⅴ类水质,6 月份为Ⅳ类水质,1 月份、2 月份、4 月份、5 月份、7 月份、8 月份为Ⅲ类水质,其他月份为Ⅱ类水质;吕城 7 月份为Ⅴ类水质,3 月份为Ⅳ类水质,1 月份、2 月份、4 月份、5 月份、6 月份、12 月份为Ⅲ类水质,其他月份为Ⅱ类水质。

总磷数值显示谏壁段 1 月份、3 月份、7 月份、9 月份为Ⅲ类水质,其他月份为Ⅱ类水质;辛丰段 1 月份、2 月份、3 月份、4 月份、7 月份、8 月份、12 月份为Ⅲ类水质,其他月份为Ⅱ类水质;王家桥 3 月份为Ⅴ类水质,1 月份、2 月份、5 月份、10 月份、12 月份为Ⅲ类水质,其他月份为Ⅱ类水质;吕城 11 月份为Ⅴ类水质,7 月份为Ⅳ类水质,4 月份为Ⅱ类水质,其他月份为Ⅲ类水质。

综合各项监测数据后可知,在 2018 年度,谏壁段 1 月份、2 月份、3 月份、4 月份、6 月份、7 月份水质不达标,其中 1 月份、6 月份、7 月份为Ⅴ类水质,超标项目为氨氮和五日生化需氧量,超标倍数分别为 0.68～0.98 和 0.45;2 月份、3 月份、4 月份为Ⅳ类水质,超标项目均为氨氮,超标倍数为 0.03～0.38;其他月份均为Ⅱ类或Ⅲ类水质,达到水质目标。辛丰段 1 月份、2 月份、3 月份、8 月份、11 月份水质不达标,其中 8 月份、11 月份为Ⅴ类水质,8 月份超标项目为五日生化需氧量和氨氮,超标倍数分别为 0.43 和 0.57,11 月份超标项目为挥发酚,超标倍数为 4.76;1 月份、2 月份、3 月份为Ⅳ类水质,超标项目均为氨氮,超标倍数分别为 0.42、0.47 和 0.42;其他月份为Ⅱ类或Ⅲ类水质,达到水质目标。王家桥 3 月份、6 月份水质不达标,其中 3 月份为劣Ⅴ类水质,超标项目为化学需氧量、高锰酸盐指数、氨氮和总磷,超标倍数分别为 0.30、0.07、3.96 和 0.80;6 月份为Ⅳ类水质,超标项目为氨氮,超标倍数为 0.38;其他月份为Ⅱ类或Ⅲ类水质,达到水质目标。吕城 3 月份、7 月份、11 月份水质不达标,其中 7 月份、11 月份为Ⅴ类水质,7 月份超标项目为溶解氧、五日生化需氧量、氨氮和总磷,超标倍数分别为 0.372、0.53、0.83 和 0.30;11 月份超标项目为总磷,超标倍数为 0.6;3 月份为Ⅳ类水质,超标项目为氨氮,超标倍数为 0.16,其他月份均为Ⅲ类水质,达到水质目标。

（3）运河干流 2019 年度地表水水质状况

在测地工作的基础上,本次在野外相继开展了运河干流地表水、入河支流地表水等水质调查工作,分平水期(6月份)和丰水期(8月份)共采集了两次地表水样,其中干流水样30件,支流水样20件,经测试分析了水温、pH、浑浊度、色度、电导率、氧化还原电位、溶解氧(DO)、化学需氧量(COD)、重金属7项(Cu、Pb、Zn、As、Hg、Cd、六价Cr)、挥发酚、总石油烃类、粪大肠菌群、总六六六、总滴滴涕等14项。

①平水期地表水水质情况

通过将平水期的地表水水质基本分析数据与《地表水环境质量标准》(GB 3838—2002)对比,各项指标评价如表5-30所示。

干流地表水质主要受溶解氧、挥发酚、汞、总石油烃类和粪大肠菌群等指标影响较大。溶解氧数值显示全河道干流为Ⅱ~Ⅲ类水质,其中辛丰段为Ⅳ类水质;挥发酚数值显示从长江口到辛丰段为Ⅲ类水质;重金属汞数值显示从辛丰到吕城为Ⅲ~Ⅴ类水质;总石油烃类数值显示全河段主要为Ⅳ类水质;粪大肠菌群数值显示从辛丰到吕城为Ⅲ~Ⅴ类水质;其他项目数值显示为Ⅰ类水。上面数值显示靠近长江口,水质要好些,往下游或像辛丰镇沿岸污染企业较多的河段,有些因子仍然超标,显示为Ⅳ类或Ⅴ类水质,离达到Ⅲ类水质以上的目标仍然相距较远。

入河支流地表水质主要受溶解氧、汞、总石油烃类和粪大肠菌群等指标影响较大。溶解氧数值显示靠近吕城和陵口的入河支流主要为Ⅳ类水质;重金属汞数值显示9条入河支流为Ⅳ类水质,1条入河支流为Ⅴ类水质;总石油烃类数值显示9条入河支流为Ⅳ类水质,1条入河支流为Ⅰ类水质;粪大肠菌群数值显示6条入河支流为Ⅴ类水质,6条入河支流为Ⅳ类水质,1条入河支流为Ⅲ类水质。数值显示入河支流比起干流污染程度更大些,可能与其水体的流动性小或用作排污通道有关。

②丰水期地表水水质情况

因测试溶解氧的方法有误,导致丰水期的地表水水质基本分析数据出现系统误差,数值全部偏小,在此不纳入评价,通过与《地表水环境质量标准》(GB 3838—2002)对比,各项指标评价如表5-31所示。

干流地表水质主要受挥发酚、总石油烃类和粪大肠菌群等指标影响较大。挥发酚数值显示靠近长江为Ⅲ类水质,其他均为Ⅰ类水质;总石油烃类数值显示全河段基本为Ⅳ类水质;粪大肠菌群数值显示为Ⅴ类水质。其污染可能因过多的来往船只航行造成的,其他参数均显示为Ⅰ类水质,表明丰水期的水质整体情况要好于平水期。

入河支流地表水质主要受挥发酚、总石油烃类和粪大肠菌群等指标影响较大。挥发酚数值显示靠近吕城和陵口的2条支流为Ⅲ类和Ⅳ类水质;总石油烃类数值显示7条入河支流为Ⅳ类水质,3条入河支流为Ⅰ类水质;粪大肠菌群数值显示7条入河支流为Ⅴ类水质,3条入河支流为Ⅳ类水质。数值显示入河支流与干流相比,水质状况相近,但丰水期的水质好于平水期的水质。

③枯水期地表水水质情况

枯水期地表水水质情况参考2018年11—12月份运河干流监测数据,枯水期的干流通过将地表水水质基本分析数据与《地表水环境质量标准》(GB 3838—2002)对比,各项指标评价如表5-29所示。

表5-30　京杭大运河（镇江段）平水期（2019年6月）地表水水质状况评价汇总

序号	剖面及支流名称	样品号	pH	溶解氧	化学需氧量	铜	铝	锌	砷	汞	镉	六价铬	挥发酚	总石油烃类	粪大肠菌群	六六六总量	滴滴涕总量	水质类别	水质目标	定类项目	超标项目（超标倍数）	达标情况
1	三岔河	PSC-1	I	I	I	I	—	I	I	I	I	I	III	IV	I	—	—	IV	III	综合	总石油烃（0.10，超1倍）	×
2		PSC-2	I	II	I	I	—	I	I	I	I	I	II	II	II	—	—	III	III	综合		√
3	谏壁桥	PJB-1	I	III	I	I	—	III	I	I	I	I	III	IV	I	—	—	IV	III	综合	总石油烃（0.06，超0.20倍）	×
4		PJB-2	I	II	I	I	—	I	I	I	I	I	II	I	II	—	—	III	III	综合		√
5		PJB-3	I	III	I	I	—	I	I	I	I	I	III	I	III	—	—	III	III	综合		√
6		PJB-4	I	IV	I	I	—	I	I	IV	I	I	III	I	III	—	—	IV	III	溶解氧、汞		×
7	辛丰桥	PXF-1	I	III	I	I	—	II	I	IV	I	I	I	IV	V	—	—	IV	III	综合	汞（0.13，超0.3倍）；总石油烃类（0.22，超3.4倍）；粪大肠菌群（90 000，超8倍）	×
8	干流剖面	PXF-2	I	IV	I	I	—	I	I	III	I	I	III	IV	V	—	—	IV	III	综合	溶解氧（4.46，超0.108倍）；总石油烃类（0.17，超2.4倍）；粪大肠菌群（60 000，超5倍）	×
9	辛丰铁路桥	PXT-1	I	III	I	I	—	I	I	II	I	I	I	IV	V	—	—	IV	III	综合	溶解氧（4.73，超0.054倍）；总石油烃类（0.18，超2.6倍）；粪大肠菌群（25 500，超1.55倍）	×
10		PXT-2	I	III	I	I	—	I	I	II	I	I	I	IV	IV	—	—	IV	III	综合	总石油烃类（0.11，超0.1倍）；粪大肠菌群（18 500，超0.85倍）	×
11	王家桥	PWJ-1	I	III	I	I	—	I	I	III	I	I	I	IV	V	—	—	IV	III	综合	总石油烃类（0.15，超2倍）；粪大肠菌群（27 000，超1.7倍）	×
12		PWJ-2	I	III	I	I	—	I	I	III	I	I	I	I	V	—	—	III	III	综合		√
13	陵口大桥	PLK-1	I	II	I	I	—	I	I	V	I	I	I	IV	V	—	—	V	III	综合	汞（1.26，超11.6倍）；总石油烃类（0.11，超1.55倍）；粪大肠菌群（25 500，超1.2倍）	×
14		PLK-2	I	II	I	I	—	I	I	IV	I	I	I	IV	V	—	—	IV	III	综合	汞（0.28，超1.8倍）；总石油烃类（0.11，超3.05倍）；粪大肠菌群（40 500，超1.2倍）	×

序号	剖面及支流名称		样品号	pH	溶解氧	化学需氧量	铜	铝	锌	砷	汞	镉	六价铬	挥发酚	总石油烃类	粪大肠菌群	六六六总量	滴滴涕总量	水质类别	水质目标	定类项目	超标项目（超标倍数）	达标情况
15	干流剖面	昌城大桥	PLC-1	I	II	I	I	I	I	I	V	I	I	I	IV	V	—	—	V	III	综合	汞（14.3，超142倍）；总石油烃类（25 500，超1.55倍）；粪大肠菌群（0.14，超1.6倍）	×
16	干流剖面		PLC-2	I	III	I	I	I	I	I	V	I	I	I	IV	V	—	—	V	III	综合	汞（3.28，超31.8倍）；总石油烃类（46 000，超1.2倍）；粪大肠菌群（0.11，超3.6倍）	×
1	支流名称	永丰河	PYFZ-1	I	II	I	I	I	II	I	IV	I	I	I	IV	IV	—	—	IV	III	汞、总石油烃类、粪大肠菌群		×
2		窦庄新河	PDZZ-2	I	I	I	I	I	III	I	IV	I	I	I	IV	III	—	—	IV	III	汞、总石油烃类		×
3		越渎河	PYDZ-3	I	III	I	I	I	II	I	IV	I	I	I	IV	V	—	—	IV	III	汞、总石油烃类、粪大肠菌群		×
4		丹金溧漕河	PDJZ-4	I	III	I	I	I	II	I	I	I	I	I	I	I	—	—	IV	III	汞、总石油烃类、粪大肠菌群		×
5		九曲河	PJQZ-5	I	III	I	I	I	III	I	IV	I	I	I	IV	V	—	—	IV	III	汞、粪大肠菌群		×
6		城北分洪道	PCBZ-6	I	III	I	I	I	II	I	IV	I	I	I	IV	V	—	—	IV	III	汞、总石油烃类、粪大肠菌群		×
7		中心河	PZXZ-7	I	IV	I	I	I	III	I	IV	I	I	I	IV	IV	—	—	IV	III	溶解氧、总石油烃类、粪大肠菌群		×
8		大叶沟	PDYZ-8	I	IV	I	I	I	II	I	IV	I	I	I	IV	IV	—	—	IV	III	溶解氧、总石油烃类、粪大肠菌群		×
9		民冶沟	PMZZ-9	I	IV	I	I	I	I	I	IV	I	I	I	IV	V	—	—	IV	III	溶解氧、汞、粪大肠菌群		×
10		人民沟	PRMZ-10	I	III	I	I	I	II	I	IV	I	I	III	IV	V	—	—	IV	III	汞、总石油烃类、粪大肠菌群		×

表 5-31　京杭大运河(镇江段)丰水期(2019 年 8 月)地表水水质状况评价汇总

序号	剖面及支流名称	样品号	pH	溶解氧	化学需氧量	铜	铅	锌	砷	汞	镉	六价铬	挥发酚	总石油烃类	粪大肠菌群	六六六总量	滴滴涕总量	水质类别	水质目标	定类项目	超标项目(超标倍数)	达标情况
1	三岔河	FSC-1	Ⅰ	Ⅳ	Ⅰ	Ⅰ	Ⅰ	Ⅰ	Ⅰ	Ⅰ	Ⅰ	Ⅰ	Ⅲ	Ⅳ	Ⅴ	—	—	Ⅳ	Ⅲ	综合	溶解氧(3.82,超 0.236 倍);总石油烃类(0.09,超 0.8 倍);粪大肠菌群(22 000,超 1.2 倍)	×
2	三岔河	FSC-2	Ⅰ	Ⅰ	Ⅰ	Ⅰ	Ⅰ	Ⅰ	Ⅰ	Ⅰ	Ⅰ	Ⅰ	Ⅲ	Ⅳ	Ⅳ	—	—	Ⅳ	Ⅲ	综合	总石油烃类(0.08,超 0.6 倍);粪大肠菌群(15 000,超 0.5 倍)	×
3	谏壁桥	FJB-1	Ⅰ	Ⅴ	Ⅰ	Ⅰ	Ⅰ	Ⅰ	Ⅰ	Ⅰ	Ⅰ	Ⅰ	Ⅰ	Ⅰ	Ⅴ	—	—	Ⅲ	Ⅲ	综合	溶解氧(2.82,超 0.436 倍);粪大肠菌群(36 000,超 2.6 倍)	√
4	谏壁桥	FJB-2	Ⅰ	Ⅳ	Ⅰ	Ⅰ	Ⅰ	Ⅰ	Ⅰ	Ⅰ	Ⅰ	Ⅰ	Ⅰ	Ⅰ	Ⅴ	—	—	Ⅲ	Ⅲ	综合	溶解氧(3.7,超 0.26 倍);粪大肠菌群(24 000,超 1.4 倍)	√
5	辛丰桥	FXF-1	Ⅰ	Ⅳ	Ⅰ	Ⅰ	Ⅰ	Ⅰ	Ⅰ	Ⅰ	Ⅰ	Ⅰ	Ⅲ	Ⅰ	Ⅴ	—	—	Ⅲ	Ⅲ	综合	溶解氧(3.63,超 0.274 倍);粪大肠菌群(46 000,超 3.6 倍)	√
6	辛丰桥	FXF-2	Ⅰ	Ⅳ	Ⅰ	Ⅰ	Ⅰ	Ⅰ	Ⅰ	Ⅰ	Ⅰ	Ⅰ	Ⅰ	Ⅳ	Ⅴ	—	—	Ⅳ	Ⅲ	综合	溶解氧(4.06,超 0.188 倍);总石油烃类(0.06,超 0.2 倍);粪大肠菌群(44 000,超 3.4 倍)	×
7	辛丰铁路桥	FXT-1	Ⅰ	Ⅳ	Ⅰ	Ⅰ	Ⅰ	Ⅰ	Ⅰ	Ⅰ	Ⅰ	Ⅰ	Ⅰ	Ⅳ	Ⅴ	—	—	Ⅳ	Ⅲ	综合	溶解氧(3.88,超 0.224 倍);总石油烃类(0.12,超 1.4 倍);粪大肠菌群(30 000,超 2 倍)	×
8	辛丰铁路桥	FXT-2	Ⅰ	Ⅳ	Ⅰ	Ⅰ	Ⅰ	Ⅰ	Ⅰ	Ⅰ	Ⅰ	Ⅰ	Ⅰ	Ⅳ	Ⅴ	—	—	Ⅳ	Ⅲ	综合	溶解氧(3.8,超 0.24 倍);总石油烃类(0.06,超 0.2 倍);粪大肠菌群(50 000,超 4 倍)	×
9	王家桥	FWJ-1	Ⅰ	Ⅳ	Ⅰ	Ⅰ	Ⅰ	Ⅰ	Ⅰ	Ⅰ	Ⅰ	Ⅰ	Ⅰ	Ⅳ	Ⅴ	—	—	Ⅳ	Ⅲ	综合	溶解氧(3.85,超 0.23 倍);总石油烃类(0.17,超 2.4 倍);粪大肠菌群(85 000,超 7.5 倍)	×
10	王家桥	FWJ-2	Ⅰ	Ⅳ	Ⅰ	Ⅰ	Ⅰ	Ⅰ	Ⅰ	Ⅰ	Ⅰ	Ⅰ	Ⅰ	Ⅳ	Ⅴ	—	—	Ⅳ	Ⅲ	综合	溶解氧(3.63,超 0.274 倍);总石油烃类(0.11,超 1.2 倍);粪大肠菌群(150 000,超 14 倍)	×

注:序号 3~10 为干流剖面。

序号	剖面及支流名称	样品号	pH	溶解氧	化学需氧量	铜	铅	锌	砷	汞	镉	六价铬	挥发酚	总石油烃类	粪大肠菌群	六六六总量	滴滴涕总量	水质类别	水质目标	定类项目	超标项目（超标倍数）	达标情况
11	干流剖面 陵口大桥	FLK-1	I	IV	I	I	I	I	I	I	I	I	I	IV	IV	—	—	IV	III	综合	溶解氧（3.05，超0.39倍）；总石油烃类（0.09，超0.8倍）；粪大肠菌群（61 000，超5.1倍）	×
12	干流剖面 陵口大桥	FLK-2	I	IV	I	I	I	I	I	I	I	I	I	IV	V	—	—	IV	III	综合	溶解氧（3.56，超0.288倍）；总石油烃类（0.26，超7倍）；粪大肠菌群（80 000，超4.2倍）	×
13	干流剖面 吕城大桥	FLC-1	I	V	III	I	I	I	I	I	I	I	I	I	V	—	—	III	III	综合	溶解氧（2.95，超0.41倍）；粪大肠菌群（1 200 000，超119倍）	√
14	干流剖面 吕城大桥	FLC-2	I	V	I	I	I	I	I	I	I	I	I	I	V	—	—	III	III	综合	溶解氧（2.9，超0.426倍）；粪大肠菌群（32 000，超2.2倍）	√
1	支流名称 永丰河	FYFZ-1	I	V	I	I	I	I	I	I	I	I	I	IV	IV	—	—	IV	III	综合	溶解氧、总石油烃类、粪大肠菌群	×
2	支流名称 窦庄新河	FDZZ-2	I	V	I	I	I	I	I	I	I	I	I	IV	IV	—	—	IV	III	综合	溶解氧、总石油烃类、粪大肠菌群	×
3	支流名称 越渎河	FYDZ-3	I	IV	I	I	I	I	I	I	I	I	I	I	V	—	—	III	III	综合	溶解氧、总石油烃类、粪大肠菌群	√
4	支流名称 丹金溧漕河	FDJZ-4	I	IV	I	I	I	I	I	I	I	I	I	IV	V	—	—	IV	III	综合	溶解氧、总石油烃类、粪大肠菌群	×
5	支流名称 九曲河	FJQZ-5	I	IV	I	I	I	I	I	I	I	I	I	I	V	—	—	IV	III	综合	溶解氧、总石油烃类、粪大肠菌群	×
6	支流名称 城北分洪道	FCBZ-6	I	IV	I	I	I	I	I	I	I	I	I	IV	V	—	—	IV	III	综合	溶解氧、总石油烃类、粪大肠菌群	×
7	支流名称 中心河	FZXZ-7	I	IV	I	I	I	I	I	I	I	I	I	I	IV	—	—	IV	III	综合	溶解氧、总石油烃类、粪大肠菌群	×
8	支流名称 大叶沟	FDYZ-8	I	IV	I	I	I	I	I	I	I	I	III	I	V	—	—	V	III	综合	溶解氧、挥发酚	×
9	支流名称 民治沟	F mZZ-9	I	IV	I	I	I	I	I	I	I	I	V	I	IV	—	—	III	III	综合	溶解氧、挥发酚	√
10	支流名称 人民沟	FR mZ-10	I	IV	I	I	I	I	I	I	I	I	I	I	IV	—	—	IV	III	综合	溶解氧、总石油烃类、粪大肠菌群	×

干流地表水质主要受氨氮、总磷、挥发酚等指标影响较大。氨氮数值显示谏壁段、辛丰段、王家桥和吕城 2018 年 11—12 月为Ⅱ类、Ⅲ类水质；总磷数值显示吕城 2018 年 11 月份为Ⅴ类水质，其他月份各监测点为Ⅱ类、Ⅲ类水质；挥发酚数值显示辛丰段在 11 月份为Ⅴ类水质，其他月份各监测点为Ⅰ类水质。上面数值显示，在枯水期运河干流地表水主要影响因子为氨氮、总磷和挥发酚，表明水质主要受两岸企业排污情况影响。

我们将 2019 年实测水质数据与在环保局收集到的 2017 年度和 2018 年度的同一时间段的监测数据对比可知(表 5-32)，京杭大运河(镇江段)的地表水水质有变差的趋势，特别在平水期和枯水期，Ⅳ类或Ⅴ类水质较多，主要超标项目为溶解氧、汞和总石油烃类。

表 5-32　京杭大运河(镇江段)2017—2019 年同一时间段水质状况对比表

断面	时间							
	2017.6	2018.6	2019.6	2017.8	2018.8	2019.8	2017.11	2018.11
谏壁桥	Ⅲ	Ⅴ	Ⅲ/Ⅳ	Ⅳ	Ⅲ	Ⅲ	Ⅲ	Ⅲ
辛丰镇/桥	Ⅲ	Ⅲ	Ⅳ	Ⅲ	Ⅴ	Ⅲ/Ⅳ	Ⅱ	Ⅴ
王家桥	Ⅲ	Ⅳ	Ⅲ/Ⅳ	Ⅲ	Ⅲ	Ⅳ	Ⅳ	Ⅱ
吕城(大桥)	Ⅲ	Ⅲ	Ⅴ	Ⅳ	Ⅲ	Ⅲ	Ⅲ	Ⅴ

5.10.2　地下水调查与评价

1）地下水含水岩层特征

工作区第四系沉积主要为黏土、粉质黏土、粉细砂和含砾砂岩等松散沉积物，属中更新世(Q_2)、晚更新世(Q_3)和全新世(Q_4)坡积、坡洪积及河湖相产物，因而工作区浅部地下水类型主要为松散岩类孔隙水。透水含水介质为粉砂—砾石粗颗粒系列。组成系统的隔水层的地层为黏土、亚黏土等细粒物质，在空间分布上往往厚度不稳定，连续性也稍差。

2）地下水补径排条件

第四系孔隙水系统的补给主要来自大气降水入渗，同时也存在一些其他的补给来源：①汛期在沿江、沿河地带会接收长江以及其他地表水的侧向渗漏补给；②沿江地带通过天窗或以越流方式接收下伏其他地下水系统(侵入岩裂隙水系统、火山碎屑岩裂隙水系统、沉积岩裂隙岩溶水系统)的顶托补给。受地形、河流湖泊排泄基准面的控制以及地层结构的影响，不同地段地下水的径流方向略有差异，但总体指向长江，与补给、径流过程相统一。

第四系孔隙水的排泄也有多种方式：①绝大部分孔隙水排向长江；②局部地段如低山、丘陵区，部分孔隙水渗漏排入下伏地下水系统；③在旱季沿江地段部分孔隙水排入河流。

3）地下水化学类型

孔隙水可划分为松散岩类孔隙潜水与孔隙承压水，主要分布在沿江一带的长江漫滩，其次是冲沟与丘岗。

松散岩类孔隙潜水在长江漫滩与沟谷主要指表层(Q_4)，一般为 5 m 以浅的亚黏土及亚黏土与粉砂互层孔隙中赋存的地下水，在丘岗地段指亚黏土层孔隙中的地下水。潜水一般水量不大，多小于 10 m^3/a，主要供居民生活用水，无集中开采价值。水化学类型以 HCO_3—Ca 型为主，丘岗地区出现 $HCO_3 \cdot SO_4$—Ca(Ca·Mg)型，矿化度多小于 1 g/L。

水量贫乏的孔隙微承压水分布在工作区的一些沟谷中及漫滩边缘。含水层岩性主要为近代沉积亚黏土、亚砂土与粉砂互层。在镇江市区江边一带、丁岗南团结河、谏壁南大运河两岸以及高资南沟谷中,局部也有少量砂层。该地段含水层一般厚度小于 10 m,单井涌水量 10~100 m³/a,可作为分散供水水源,水化学类型比较单一,为 HCO_3—$Ca \cdot Mg$ 型,矿化度 0.58~0.76 g/L。

4)地下水质量评价

区域上该类型可划分为浅层地下水(潜水、微承压)和深层地下水(第Ⅰ、第Ⅱ、第Ⅲ及第Ⅳ承压水),但本次工作只针对潜水和深部混合水做了调查,故本次仅对潜水、深部混合水的污染情况进行评价。地下水的采样来自 ZK3、ZK5 和 ZK7 等 3 口水文孔,每口水文孔采集 2 个样品,分别来自上部-2 m 和下部-10 m 附近,反映潜水和浅部承压水的水质情况,其水质检测项目与地表水一样,因浑浊度和粪大肠菌群的分析受采样和测量时间影响,对地下水质的确定人为因素较大,在此不纳入评价指标。与《地下水质量标准》(GB/T 14848—2017)进行对比,地下水环境质量标准基本项目和特定项目标准限值分类见表 5-33,各项指标评价如表 5-34 所示。

地下水质主要受砷、汞、挥发酚等指标影响较大。砷数值显示 ZK3 的浅部为Ⅲ类水质、其深部为Ⅱ类水质;汞数值显示 ZK3 的深部为Ⅲ类水质;挥发酚数值显示 ZK3 的深部为Ⅳ类水质,ZK5 的浅部为Ⅲ类水质;其他基本上为Ⅰ类水质,表明地下水水质要好于地表水水质。

表 5-33 地下水环境质量标准基本项目和特定项目标准限值

序号	指标	Ⅰ类	Ⅱ类	Ⅲ类	Ⅳ类	Ⅴ类
1	pH	$6.5 \leqslant pH \leqslant 8.5$			$5.5 \leqslant pH < 8.5$ 或 $8.5 < pH \leqslant 9.0$	$pH < 5.5$ 或 $pH > 9.0$
2	浑浊度/NTU[a]	≤3	≤3	≤3	≤10	>10
3	色(铂钴色度单位)	≤5	≤5	≤15	≤25	>25
4	铜/(mg/L)	≤0.01	≤0.05	≤1.00	≤1.50	>1.50
5	铅/(mg/L)	≤0.005	≤0.005	≤0.01	≤0.10	>0.10
6	锌/(mg/L)	≤0.05	≤0.50	≤1.00	≤5.00	>5.00
7	砷/(mg/L)	≤0.001	≤0.001	≤0.01	≤0.05	>0.05
8	汞/(mg/L)	≤0.0001	≤0.0001	≤0.001	≤0.002	>0.002
9	镉/(mg/L)	≤0.0001	≤0.001	≤0.005	≤0.01	>0.01
10	六价铬/(mg/L)	≤0.005	≤0.01	≤0.05	≤0.10	>0.10
11	挥发酚/(mg/L)	≤0.001	≤0.001	≤0.002	≤0.01	>0.01
12	总大肠菌群/(MPN[b]/100 mL 或 CFU[c]/100 mL)	≤3.0	≤3.0	≤3.0	≤100	>100
13	六六六总量/(mg/L)[d]	≤0.01	≤0.50	≤5.00	≤300	>300
14	滴滴涕总量/(mg/L)[e]	≤0.01	≤0.10	≤1.00	≤2.00	>2.00

注:a. NTU 为散射浊度单位;b. MPN 表示最可能数;
c. CFU 表示菌落形成单位;d. 六六六总量为地表水Ⅰ、Ⅱ、Ⅲ类水域有机化学物质特定项目标准值(GHZ B1—1999);e. 滴滴涕总量为集中式生活饮用水地表水源地特定项目标准限值(GB 3838—2002)。

表 5-34 京杭大运河(镇江段)丰水期(7～8月份)地下水水质状况评价汇总

序号		地名	样品号	pH	浊度	色度	溶解氧	化学需氧量	铜	铅	锌	砷	汞	镉	六价铬	挥发酚	总石油烃类	粪大肠菌群	六六六总量	滴滴涕总量	水质类别	水质目标	定类项目	超标项目(超标倍数)	达标情况
1	浅部	辛丰公路桥	ZK3-1	I	V	III	—	—	I	I	I	III	I	I	I	I	—	V	II	II	III	II	综合	砷、粪大肠菌群	×
2		王家桥	ZK5-1	I	IV	III	—	—	I	I	I	I	I	II	I	III	—	IV	II	II	III	II	综合	挥发酚、粪大肠菌群	×
3		吕城大桥	ZK7-1	I	V	IV	—	—	I	I	I	I	I	II	I	I	—	V	II	II	II	II	综合		√
4	深部	辛丰公路桥	ZK3-2	I	IV	I	—	—	I	I	II	I	III	I	I	IV	—	V	II	II	IV	II	综合	汞、挥发酚、粪大肠菌群	×
5		王家桥	ZK5-2	I	V	III	—	—	I	I	III	I	I	I	I	I	—	V	II	II	II	II	综合		√
6		吕城大桥	ZK7-2	I	V	III	—	—	I	I	I	I	I	I	I	I	—	I	II	II	II	II	综合		√

各水文孔地下水水位变化情况如表5-35所示,7—9月份为丰水期,10月份为平水期,由丰水期到平水期,各孔水位下降,ZK3水位标高由7.06 m降到6.54 m,附近辛丰桥平水期运河水面标高平均为2.80 m,河面和地下水面标高相差最少为3.84 m;ZK5水位标高由5.76 m降到5.20 m,附近王家桥平水期运河水面标高平均为2.49 m,河面和地下水面标高相差最少为2.71 m;ZK7水位标高由2.91 m降到2.06 m,附近吕城平水期运河水面标高平均为1.82 m,河面和地下水面标高相差最少为0.24 m。

以上数据表明,由王家桥往辛丰桥方向,地下水位与运河水位不在同一高度,相差较大,在吕城附近,二者高度慢慢接近,但仍然存在一定的高差,总体上地下水位明显高于运河水面,表明浅部潜水层与运河水体不连通或连通性不好。

表5-35 水文孔地下水水位变化记录表

单位:m

孔号	时间					
	7月15—17日	7月25—27日	8月5—7日	8月15—17日	9月27日	10月18日
ZK3	2.50	2.30	2.70	2.30	2.70	2.82
ZK3水位标高	6.86	7.06	6.66	7.06	6.66	6.54
ZK5	1.70	1.80	1.90	1.98	2.00	2.20
ZK5水位标高	5.76	5.66	5.56	5.48	5.46	5.26
ZK7	2.10	2.30	2.40	2.20	2.50	2.95
ZK7水位标高	2.91	2.71	2.61	2.81	2.51	2.06

备注:均为2019年观测结果,水位均为井口到地下水面间的距离,ZK3井口标高9.355 m,ZK5井口标高7.459 m,ZK7井口标高5.014 m。

5.11 工区河道底泥特征

底泥是众多污染物质在环境中迁移转化的载体、归宿和蓄积库,是流域生态系统的重要组成部分,同时,底泥污染也是全球范围内重大的环境问题。污染物质通过各类污水排放、雨水冲刷、土壤淋洗、大气沉降等作用进入水体,最后一部分富集到底泥中存储起来。这些污染物质对底泥造成严重的污染,在适宜的外界环境作用下,会释放出来对水体造成二次污染。

1)评价方法及标准

运河底泥的采集与运河干流地表水的采集同步,采样位置位于其正下方,本次共采集了16件样品,将分析测试数据与《农用污泥污染物控制标准》(GB 4284—2018)和《土壤环境质量 农用地土壤污染风险管控标准(试行)》(GB 15618—2018)进行对比,各项指标评价如表5-36和表5-37所示。

表 5-36 污泥产物的污染物浓度限值

单位:mg/kg

序号	控制项目	污染物限值	
		A 级污泥产物	B 级污泥产物
1	总铜（以干基计）	<500	<1 500
2	总铅（以干基计）	<300	<1 000
3	总锌（以干基计）	<1 200	<3 000
4	总砷（以干基计）	<30	<75
5	总汞（以干基计）	<3	<15
6	总镉（以干基计）	<3	<15
7	总铬（以干基计）	<500	<1 000
8	总镍（以干基计）	<100	<200
9	矿物油（以干基计）	<500	<3 000
10	苯并[a]芘（以干基计）	<2	<3

表 5-37 全国土壤普查养分分级标准

序号	丰缺度	有机质/(g/kg)	全氮/(g/kg)	全磷/(g/kg)	碱解氮/(mg/kg)
1	很丰富	>40	>2	>1	>150
2	丰富	30~40	1.5~2	0.8~1	120~150
3	中等	20~30	1~1.5	0.6~0.8	90~120
4	低	10~20	0.75~1	0.4~0.6	60~90
5	很低	6~10	0.5~0.75	0.2~0.4	30~60
6	极低	<6	<0.5	<0.2	<30

2）结果及分析

京杭大运河(镇江段)底泥的各项指标评价如表 5-38 所示，数据显示有机质和总氮的含量很低，但总磷的含量很丰富。铅数值在谏壁桥剖面西侧和陵口大桥剖面东侧超过筛选值；镉数值在三岔河剖面东侧、谏壁桥剖面西侧、王家桥剖面东侧超过筛选值，均没有超过管控值；总石油烃和苯并[a]芘均数值显示为 A 级污泥产物(适合耕地、园地和牧草地)。表明底泥总体上受污染较小，仅局部区域存在少许污染。

表 5-38 京杭大运河（镇江段）底泥状况评价汇总

序号	剖面名称	样品号	有机质	全磷	全氮	碱解氮	铜	铅	锌	砷	汞	镉	铬	镍	总石油烃类	苯并[a]芘	六六六总量	滴滴涕总量
1	三岔河	YSC-1	极低	很丰富	极低	极低	—	—	—	—	—		—	—	A	A	—	—
2		YSC-2	低	很丰富	很低	极低	—	超过筛选值	—	—	—	超过筛选值	—	—	A	A	—	—
3	谏壁桥	YJB-1	低	很丰富	极低	极低	—	超过筛选值	—	—	—	超过筛选值	—	—	A	A	—	—
4		YJB-2	很低	很丰富	很低	极低	—	—	—	—	—		—	—	A	A	—	—
5		YJB-3	很低	很丰富	很低	极低	—	—	—	—	—		—	—	A	A	—	—
6		YJB-4	低	很丰富	低	极低	—	—	—	—	—		—	—	A	A	—	—
7	辛丰桥	YXF-1	很低	很丰富	极低	很低	—	—	—	—	—		—	—	A	A	—	—
8		YXF-2	很低	很丰富	很低	极低	—	—	—	—	—		—	—	A	A	—	—
9	辛丰铁路桥	YXT-1	很低	很丰富	很低	极低	—	—	—	—	—		—	—	A	A	—	—
10		YXT-2	很低	很丰富	极低	极低	—	—	—	—	—		—	—	A	A	—	—
11	王家桥	YWJ-1	很低	很丰富	很低	极低	—	—	—	—	—		—	—	A	A	—	—
12		YWJ-2	低	很丰富	很低	极低	—	超过筛选值	—	—	—	超过筛选值	—	—	A	A	—	—
13	陵口大桥	YLK-1	很低	中等	极低	极低	—	—	—	—	—		—	—	A	A	—	—
14		YLK-2	极低	中等	很低	极低	—	—	—	—	—		—	—	A	A	—	—
15	吕城大桥	YLC-1	极低	丰富	很低	极低	—	—	—	—	—		—	—	A	A	—	—
16		YLC-2	极低	中等	极低	极低	—	—	—	—	—		—	—	A	A	—	—

底泥主要由黏土、粉细砂、有机物或各种矿物质组成,其矿物成分以石英、黏土矿物为主,含少量重金属元素化合物。根据其水流的流向,基本判定其物质来源主要为长江入河所携带的泥沙,其次为一些入河支流携带的复杂成分。

3)底泥与上覆水体关系浅析

前人对底泥与上覆水体进行了研究,发现两者存在紧密联系,进入水体的污染物大部分最终沉入水底,逐步累积形成水下沉积物(表层称为底泥)。当水下环境条件发生改变时,沉积在底泥中的污染物会缓慢向水体中释放,成为二次污染源。

在本区,通过将存在重金属异常的底泥样品,即 YSC-2、YJB-1、YWJ-2 和 YLK-2 与其上覆水体,即 PSC-2、PJB-2、PWJ-2 和 PLK-2 中的元素对比可知,上覆水体中的 Pb 和 Cd 元素含量均较低,均表现为 I 类水质,从而说明其受地表水体自身流动的影响远大于底泥对地表水体的影响。

5.12　工区污染源分布及影响特征

这次污染源调查以搜集和主要调查镇江运河两岸 2 km 范围内重点行业企业污染源的类型、空间分布特征和某些特征污染物信息为主。敏感污染源调查的范围为运河两岸各 2 km 内范围,面积约 170.4 km^2。

5.12.1　主要污染源附近工矿企业特征

工区范围内共采集企业信息 115 家,按主要行业分为金属制造业(冶炼、压延、电镀等)、非金属制造业(橡胶、塑料、纺织等)、化工(石油化工、印染等)、水上运输(码头、堆场)、其他(电子设备,特殊材料,农副产品加工、养殖等)等五个类别,都记录在重点行业企业信息调查统计表上。然后根据企业所处位置坐标和占地面积大小形成京杭大运河(镇江段)疑似污染场地采样点位分布图(图 5-10)。

从图中显示可看出疑似污染场地主要分布在谏壁和辛丰段,另外在丹阳段的北部大致成片区存在。特征污染物主要有 pH、悬浮物、COD、硫化物、氰化物、挥发酚、氟化物、铜、锌、镉、汞、铅、六价铬、有机氯、苯类、多环芳烃、苯胺类、石油类等。

5.12.2　污染物的产生、迁移途径分析

污染物进入环境后,将继续处于动态的迁移和转化过程中,各种具体因素之间发生一系列物理、化学和生物化学反应,不同的污染物其迁移和转化的特点是不同的,污染物迁移转化的方向、速度和强度决定于污染物质本身的特性和环境因素。污染源对土壤和地下水的污染可能来自:①如果取用地下水作为供水水源,则超采可能降低当地的地下水水位,形成漏斗。②物料堆存,包括废料、矿粉、煤炭、各种渣、灰泥等的大量长期堆存使得残留于地表以下一定深度的土壤层内的一些元素含量很高,主要有 Pb,Hg,Cd,Zn,Fe 等。③烟尘飘落致使污染物进入土壤,它们携带的污染物经过降雨和灌溉等进入土壤,污染地下水。④处理设施中废水、废液的直接渗漏。这些设施包括产品表面处理、污水处理、排水管网和污水排放沟渠等,污水中含有的重金属和有机污染物会大量进入土壤,并慢慢污染地下水。

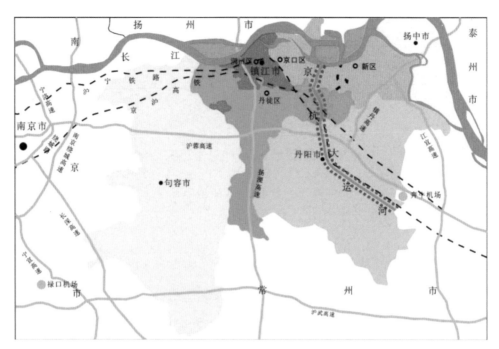

图 5-10　工作区位置及采样点位图(红色虚线内)

5.12.3　一般河流附近污染修复治理的方法及治理措施研究

1)河道水体污染修复

河道污染指未经处理的工业废水、生活污水、农田排水以及其他有害物质直接或间接进入河流,超过河流的自净能力,引起水质恶化和生物群落变化的现象。河道污染严重制约了生态环境的可持续发展,威胁到生态安全,因此恢复河道的生态功能已成为治理环境的关键。现阶段河道水体治理与修复的一些关键技术如下:

(1)河道护岸整治。河道护岸整治可有效抗洪和维护河势稳定,丁坝、沉排、现浇混凝土等传统的护坡技术可达到上述要求,但破坏了河流原有的生态结构,降低了河流的自净能力。近几年,我国开始重视生态护坡建设,并取得了一定成果。如陈海波提出了以网格反滤生物组合为主体的护岸方案,植物护岸、绿化混凝土植被护岸、土工合成材料护岸和土壤生物工程护岸也得到了较为广泛的应用。总之,在保证抗洪和维稳的前提下,河道护岸宜保持河道自我修复的能力及生态系统内部的合理结构功能。

(2)物理治理技术一般做法有截污分流和实施河道底泥疏浚。截污分流与引水冲污稀释污染物,该方法并不能从根本上消除污染,只是降低污染物在局部区域的分布浓度,根本上还得截断污染的源头。截断污染源是河道治理的前提,主要包括周边排污企业的整治、生活污水的处理、堤岸渗滤带的构建和雨污水管道的分流等。截污可从根本上解决河道水体再污染的问题,但截污分流难度较大,涉及水利、市政及公路部门,同时需要政府部门的管理及相关企业的配合。引水冲污是以洁净水体置换或稀释原有被污染水体,降低水中污染物浓度,从而达到降低水体黑臭程度的目的。如太湖水质通过"引江济太"工程得到改善,上海市通过引入张家塘清水对黄浦江进行冲污,在短期内取得了较好效果。引水冲污只能转移或稀释污染物,但费用较高,因此目前较少采用该方法治理河道水体污染。实施河道底泥疏浚:河道底泥是部分污染物迁移转化的载体和储存库,在外源污染物得到控制后,沉积物成为主要污染源。底泥中的有机物在微生物的作用下分解,产生 H_2S 气体,使水体变黑发臭。底泥疏浚可将沉积物转移外运,减少向水体释放底泥中污染物。目前较为先进的设备是绞吸式挖泥船,配以自动控制和监视系统,以管道抽吸的方式清除底泥,有很高的精确度。同时,底泥疏浚存在工程量大、费用高和极易破坏河流原有生态系统等弊端。

(3)实施曝气复氧。曝气复氧是指向水体连续或间接地通入空气或纯氧,加速水体的复氧过程,提高氧含量,增强好氧微生物的活性,从而达到改善河道水质的目的。较常用的曝气复氧技术包括微孔曝气、叶轮吸气推流式曝气、水下射流曝气和纯氧曝气等,该技术对消除河道黑臭有较为显著的效果,具有操作简单、成本低和见效快等优势,发展前景广阔。

2)化学治理技术除污

化学治理技术一般包括化学除藻和化学固定两种。

化学除藻是向富营养化的水体中投加除藻剂,通过混凝沉淀或化学氧化等方式除藻,常见的化学除藻剂有纳米 TiO_2、高锰酸钾、聚合氯化铝和臭氧等。化学除藻具有速度快、操作简单和短期内可提高水体透明度等优势,但除藻剂的投加易导致二次污染,生物富集和放大作用可能破坏生态系统。

化学固定是向污染水体中投加化学药剂,将磷或重金属沉淀于底泥中的技术。化学固定具有工艺简单、见效快和可有效抑制底泥释放造成的内源污染等优势,但化学固定剂的投加同样会对环境生态系统产生不良影响。

3)生物—生态修复技术除污

生物—生态修复技术包括微生物强化、植物修复、人工湿地和生物膜净化等方法。

河道水体中污染物的降解主要依靠微生物作用。微生物强化技术包括人为创造适宜环境条件、投加微生物菌制剂和生物促进剂等,可以利用的微生物包含细菌、真菌和原生动物等。微生物强化具有无须新增构筑物、工艺简单及节省基建费用等优势,核心技术是研发、分离和提纯高效微生物菌制剂。目前,该技术在国内水处理行业受到普遍重视。

植物修复技术是以植物超量利用积累污染物质为理论依据,通过收割成熟植物,将污染物转移外运,从而达到水体修复的目的。植物可通过根系、茎和叶等器官吸收有机物、重金属和氮磷等污染物,也可通过分泌化感物质、营养竞争和遮光等方式限制水华的生成。目前,该技术的应用还受多种因素的影响,如水生植物的生态因子、水生植物的恢复机制、物种选择和群落配置等。

人工湿地通过水生植物、填料和微生物共同作用,利用物理、化学和生物的方法实现对污染水体的修复。人工湿地具有能耗低、便于管理、景观和谐等特点,已经在国内外得到广泛应用,但在设计过程中要考虑填料、植物的配比及占地面积等,工艺较复杂。

生物膜净化技术是将多种菌、原生动物及藻类固定在滤料或载体上的高效水处理生态系统,对有机物及氨氮污染水体有较好的净化效果,对水质、水量及水温变动适应性强,具有处理效果高、接触时间短、占地面积小和节省投资等优势。

河道水体修复涉及生态、环境和水利等多个学科,修复过程受河道水体流态、污染物含量及环境条件等影响较大,应该根据河道实际情况,结合物理、化学和生物等多种技术优势才能保证修复效果。本项目存在的水体污染主要采用了河道护岸整治(包括沿岸绿化、化工厂拆迁)、丰水期引长江水冲污等措施。

5.12.4 底泥污染修复除污

底泥是河湖的沉积物,是自然水域的重要组成部分。当水域受到污染后,水中部分污染物可通过沉淀或颗粒物吸附而蓄存在底泥中,在适当条件下重新释放,成为二次污染源,这种污染称为底泥污染。底泥污染可分为重金属污染、营养物质污染和有机物污染。底泥污染归根结底是对水体的污染和对底栖生物的危害。如果能消除其对水体和底栖生物的作用,就能有效降低污染底泥的环境影响。因而,底泥污染的控制既可采用固定的方法阻止污染物在生态系统中的迁移,也可采用各种处理方法降低或消除污染物的毒性,以减小其危害。目前国内外修复底泥污染的方法主要有以下几个方面:

(1) 控制和减少外源污染物

外源污染物大量输入是造成河流底泥污染的重要原因,要解决污染问题首先就要截断污染源:①实现流域内工业废水的达标排放,生活污水集中处理,从根本上截断外部输入源。②建设城市河流污染缓冲带。缓冲带是指河道与陆地的交接区域,在这一区域种植植被可起到阻挡污染物进入河流的最后一道屏障的作用,使溶解的和颗粒状的营养物经生物群落消耗或转化。

(2) 物理修复

底泥中含有大量的有机物、氮、磷、重金属等污染物质。清除水底淤泥,可削减水体内源性污染物的释放量,同时还可达到增大环境容量的目的。物理修复是借助工程技术措施消除底泥污染的一种方法。常见的物理修复方法有底泥疏浚、引水冲污、水体曝气、底泥覆盖等方法。这原先是一种湖泊净化技术,在湖泊富营养化治理中有应用实例,对于污染严重且流动缓慢的城市河流也可考虑采用。采用人工方式向水体中充氧,加速水体的复氧过程,提高水中好氧微生物的活力,增强河流自净能力,从而改善水质。通过在底泥表面敷设渗透性小的塑料膜或卵石,削减波浪扰动时的底泥翻滚,有效抑制底泥营养盐的释放,提高湖水透明度,促进沉水植物的生长。但此方法存在治标不治本、成本高、难以大面积使用等缺点,而且影响湖体固有的生态环境。在物理修复方法中,疏浚是最常用的方法。

(3) 化学修复

化学修复是一个人工化学的自然过程,用来改变自然界物质的化学组成。化学修复主要靠向底泥加入化学修复剂与污染物发生化学反应,从而使被污染物易降解或毒性降低,底泥不需再处理。常见的化学修复方法如下:①投加除藻剂。这是一种简便、应急的控制水华的办法,短期效果明显,常用的除藻剂有硫酸铜、西玛三嗪等。当除藻剂与絮凝剂联合使用时,可加速藻类聚集沉淀。值得注意的是,除藻剂具有副作用,应根据水体的功能要求慎重使用。②絮凝沉淀(也叫底泥封闭技术)。水体中的磷是水体富营养化的一个主要影响因素,絮凝沉淀技术可控制河流内源磷的释放。方法是向水体投加铝盐、铁盐、钙盐等药剂,使之与河水中溶解态磷形成不溶性固体转移到底泥中。常采用的沉磷化学药剂有三氯化铁、碳酸钙、明矾等。③重金属的化学固定。调高 pH 是将重金属结合在底泥中的主要化学方法。在较高 pH 环境下,重金属会形成硅酸盐、碳酸盐、氢氧化物等难溶性沉淀物。加入石灰、硅酸钙炉渣、钢渣等碱性物质可以抑制底泥中的重金属进入水体。

(4)生物修复

底泥的生物修复技术是指利用培育的植物或培养、接种的微生物的生命活动,对底泥中的污染物进行转移、转化及降解,从而达到修复底泥的目的。常见的生物修复技术如下:①微生物修复技术。微生物可以将受污染水体中的有机物降解为无机物。对部分无机污染物如氨氮进行氧化从而去除。当河流污染严重而又缺乏有效微生物作用时,投加微生物以促进有机污染物降解。适合于河流净化的微生物主要有硝化菌、有机污染物高效降解菌和光合细菌。②植物净化技术。主要包括水生植被恢复技术、水培技术、生物浮床技术等。自然界可以净化环境的植物有 100 多种,比较常见的水生植物有水葫芦、浮萍、芦苇、灯芯草、香蒲和凤眼莲。植物修复技术主要有以下优点:低投资、低能耗;处理过程与自然生态系统有着更大的相融性,无二次污染;能实现水体营养平衡,改善水体的自净能力,对水体的各种主要污染物均有良好的处理效果。但由于有些水生植物繁殖速度太快,当打捞速度跟不上其生长速度时,易使大面积水面受其覆盖,降低水体的自净能力,并且未打捞的水生植物腐烂物还会对水体形成二次污染,所以应慎重采用水生植物净化水体。③生物调控技术。人为调节生态环境中各种生物的数量和密度,通过食物链中不同生物的相互竞争关系来抑制藻类的生长。该技术具有以下优点:处理效果好,工程造价低,运行成本低,不会形成二次污染,还可适当提高水库的经济效益。④生物膜技术。根据天然河床上附着生物膜的过滤作用及净化作用,人工填充滤料和载体。利用滤料和载体比表面积大,附着生物种类多、数量大的特点,使河流的自净能力成倍增长。生物膜技术因其降解能力强、接触时间短、占地面积小以及投资少等特点,得到了长足的发展与应用,一些发达国家已经在工程实践中运用多种生物膜技术对污染严重的中小河流进行净化并获得良好效果。⑤土地处理技术。污水特别是生活污水中含有大量的氮、磷等营养物质,用污水通过慢速渗滤方式进行农业灌溉可以满足农作物和其他植物生长所必需的营养,同时也去除了污染物质,能在很大程度上缓解我国水资源的紧缺状况。该方法水力负荷一般较低,渗流速度慢。

由于河流河段不同,污染源差异较大,因此底泥的污染程度和成分也有一定的区别。所以应加强底泥性质及处理技术优缺点的相关性研究,以确保采用最佳的处理方式。具体来说,就是要结合我国国情,实现底泥减量化、无害化和资源化利用,降低或者减少底泥对环境和人体的危害,走一条适合我国国情的经济有效型、环境友好型的底泥可持续发展道路。本项目因在"四改三"整治工程中进行了底泥疏浚,本次采集的底泥样品经测试分析,没有发现受到污染。

5.12.5　土壤污染修复

土壤污染修复技术是指采用化学、物理和生物的技术与方法以降低土壤中污染物的浓度,固定土壤污染物,将土壤污染物转化为低毒或无毒物质,以阻断土壤污染物在生态系统中的转移途径的技术总称。污染土壤修复对阻断污染物进入食物链,防止对人体健康造成危害,促进土地资源保护和可持续发展具有重要意义。土壤污染修复方法主要有:

(1) 物理修复。物理修复主要包括客土、换土和深耕翻土与污土混合等措施。通过这些方法可以降低土壤中重金属的含量,减少重金属对土壤、植物系统产生的毒害,从而使农产品达到食品卫生标准。

(2) 物理化学修复。物理化学修复主要包括以下三种方法:①电动修复是在电场的作用下,使土壤中的重金属离子(如 Pb、Cd、Cr、Zn 等)和无机离子以电渗透和电迁移的方式向电极运输,然后进行集中收集处理。②电热修复是利用高频电压产生电磁波,进而产生热能,对土壤进行加热,使污染物从土壤颗粒内解吸出来,加速一些易挥发性重金属从土壤中分离,从而达到修复的目的。③土壤淋洗是利用淋洗液把土壤固相中的重金属转移到土壤液相中,再把富含重金属的废水进一步回收处理的土壤修复方法。该方法的技术关键是寻找一种既能提取各种形态的重金属又不破坏土壤结构的淋洗液。

(3) 化学修复。化学修复是利用经济有效的石灰、沸石、碳酸钙、磷酸盐、硅酸盐等不同改良剂,通过对重金属的吸附、氧化还原、拮抗或沉淀作用来降低重金属的生物有效性。

(4) 生物修复。生物修复是目前普遍认为的一种比较经济的修复技术,也称生物恢复、生物整治等,是利用生物技术来治理污染土壤使其恢复正常功能的方法。针对受重金属、农药、石油、有机污染物等中轻度污染的农业土壤,应选择能大面积应用的、廉价的、环境友好的生物修复技术和物化稳定技术,实现边修复边生产,以保障农村生态环境、农业生产环境和农民居住环境安全;针对化工、冶炼等各类重污染场地土壤,应选择原位或异位的物理、化学及其联合修复工程技术,选择土壤—地下水一体化修复技术与设备,形成系统的场地土壤修复标准和技术规范,以保障人居环境安全和人群健康;针对各类矿区及尾矿污染土壤,应着力选择能控制生态退化与污染物扩散的生物稳定化与生态修复技术。将矿区边际土壤开发利用为植物固碳和生物质能源生产的基地,以保障矿区及周边生态环境和饮用水源安全。

5.12.6　京杭大运河(镇江段)污染影响范围和深度调查评价

污染调查工作中采集的土壤样品为土壤表层样品和第四次沉积柱样品,其中第四系沉积柱样品的采样深度为 $-1.00 \sim -46.00$ m,京杭大运河(镇江段)近岸土壤中重金属元素组合异常图见图 5-13。

由图 5-11 调查结果可看出,第四系沉积柱样品所有的测试项均在筛选值范围内,表明 -1.00 m 以下部深层土壤基本上没有受到污染,而地表发现有 5 个重金属面状污染区和零星分布的有机物点状污染。

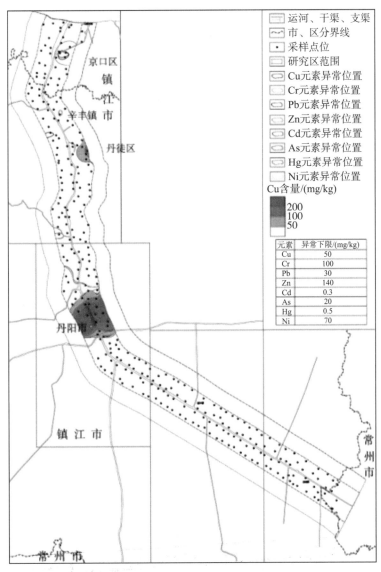

元素	异常下限/(mg/kg)
Cu	50
Cr	100
Pb	30
Zn	140
Cd	0.3
As	20
Hg	0.5
Ni	70

图5-11 京杭大运河(镇江段)近岸土壤中重金属元素组合异常图(1∶5万)

5.13 初步认识与结论

本研究根据工区实际情况,在前人各项地质工作的基础上,以京杭大运河(镇江段)作为主要调查对象,遵循以环境地质综合调查为主、兼顾社会效益与生态效益的部署原则。施工时按照"由已知到未知、先水体后陆地、先地表后地下"的原则部署相关工作,分步骤实施,确保施工安全和样品质量。通过优化施工方案,提高管理水平和工作效率,降低成本,为地方运河生态环境的调查与治理积累经验,为底泥污染的修复提供技术探讨。整个项目的技术工作思路见图5-12。

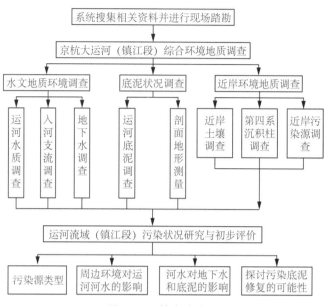

图 5-12 技术路线图

系统搜集工区内第四纪地质、水文地质、农业地质、生态环境地质、区域地球化学调查、污染行业企业信息筛查、近期土壤环境质量调查等成果资料,通过综合分析和踏勘相结合,初步了解了工作区土壤、水体污染现状,开展京杭大运河(镇江段)的水质、地下水、底泥沉积物、岸坡和近岸综合环境地质调查。在前期调查成果基础上,结合环境地质背景、地貌、土壤类型、土地利用现状和水文地质条件,运用生态地质学、地球化学、土壤学、环境工程学等相关原理与方法,对运河流域镇江段的污染状况作出如下初步评价和结论:

(1)通过水下地形测量查明了京杭大运河(镇江段)河道水下的基本情况。京杭大运河(镇江段)河道从长江口开始,由北向南再向东南方向约 135°延伸至常州交界,中间弯曲少,多圆滑;横断面大致为梯形结构,两岸均由混凝土浇筑成堤坝,上面宽下面窄,一般两侧陡,中间缓、深,两侧浅,平水期时中间河道最深达 5.86 m(陵口大桥附近),两侧河道最浅处为 0.99 m(辛丰铁路桥附近)。

(2)大致查清工区地表水和地下水水质分布特征以及水环境现状,为合理开发利用管理提供基础性资料。京杭大运河(镇江段)干流水质总体上较好,基本达到地区Ⅲ类水质要求,仅个别指标显示为Ⅳ类或Ⅴ类。在水质状况方面,表现为丰水期好于平水期,运河干流好于入河支流。综合 2019 年实测水质数据与在环保局收集到的 2017 年度和 2018 年度的监测数据发现,京杭大运河(镇江段)的地表水水质有轻微变差趋势,特别在平水期和丰水期,溶解氧、汞和石油类等部分指标达Ⅳ类或Ⅴ类。地下水水质主要受砷、汞、挥发酚等指标影响较大,其水质明显好于地表水水质。对平水期测量数据分析和比较表明,地下潜水水位与运河水位不在同一平面,且地下水位明显较高,浅部潜水层与运河水体不连通,二者之间不存在相互污染的关系。

(3)初步查明了工区干流河道底泥的物质组成和污染状况。干流底泥由黏土、粉细砂、有机物或各种矿物质组成,其矿物成分以石英、黏土矿物为主,含有少量重金属元素化合物,其物质来源主要为长江所携带泥沙,其次来自入河支流的复杂组分。运河底泥总体上没有受到污染,仅局部 Pb 和 Cd 超出筛选值。

(4) 初步查明了京杭大运河(镇江段)近岸 1 km 范围内土壤地球化学特征和质量状况。浅部土壤在重金属方面污染强度相对较大的有 Cu、Ni、Cr、Cd、Pb 等元素,污染强度较弱的有 Zn、Hg、As 等元素,表现为面源性污染,可划分出 5 个异常区;有机物主要选定了苯并[a]芘、六六六总量和滴滴涕总量等 3 个污染因子来判定污染异常,与重金属相比,有机污染强度较弱,主要表现为零星点状污染。岩芯采样测试分析表明,深部土壤没有受到污染,且表层土壤污染对深层土壤影响有限。

(5) 根据近岸 8 个钻孔岩芯编录成果与区域性地层对比,基本查明了工作区第四系 50 m 以浅地层特征。本区 50 m 以浅土壤已揭示地层大约分为 7 层,在区域上第①、②层对应全新纪如东组(Q_4r),第③、④、⑤层对应晚更新世滆湖组(Q_3g),第⑥、⑦层对应中更新世启东组(Q_2q),其中第④层为区域性标志层。

(6) 通过机械钻探岩芯的土工试验取得了京杭大运河(镇江段)近岸地层的工程力学参数,显示市区段(京口区和丹徒区)与丹阳段在工程物性上差别较明显,在地层稳定性和容许承载力等方面,市区段好于丹阳段。

(7) 大致了解近岸污染源分布及影响特征,并对污染传递方式与途径和污染修复治理进行了分析研究。根据调查结果可知,疑似污染场地主要分布在谏壁段和辛丰段,另外在丹阳段的北部,大致成片区也存在,污染深度为 1 m 以浅。

5.14 存在的问题和建议

1) 存在的问题

综合本次调查的成果,结合项目目的任务及工作实施情况,发现存在的具体问题如下:

(1) 本次在进行水下地形剖面测量时,仅测量了平水期的干流水位,对枯水期和丰水期的水位没有进行专项测量。如果测量齐全,则大致可以统计出不同时期的干流水量的变化情况或测量入河支流的河口水位,可以明确判断各支流的流向。

(2) 本次目的是了解底泥的污染状况,并没有对底泥进行钻探取芯或分层编录,调查力度比较薄弱,故难以建立运河(镇江段)沉积柱与底泥状况对比一览图,只对其污染状况进行了评价,建立了运河(镇江段)8 个钻孔沉积柱的对比一览图。

(3) 运河(镇江段)长度超过 40 km,共调查了 7 条断面,所采水样和底泥样品数量偏少,代表性有限;水质样品因采样时间或采样位置不同,其分析数据都会有差别,而且某些参数由不同人员进行现场测试,因方法和手段不同,数据也可能存在差别。

2) 建议

(1) 本次工作中发现了工作区的近岸表层土壤中存在 5 处重金属异常点,主要表现为重金属元素 Cu、Pb、Zn、Hg、Cd 的含量高于农用地土壤污染风险筛选值,少数样品高于农用地土壤污染风险管控值。对于风险区域,希望当地能够重视,建议进一步开展京杭大运河(镇江段)的土壤地球化学调查及监测工作,同时能够进一步加大对重点工业企业的检查力度,及时查处环境违法行为,确保运河沿线企业达标排放。

（2）环境调查的成果有时限性,特别是水质调查,会随时间而变化,应该是一个渐进的监测过程。对于干流水质逐年恶化的趋势,希望地方政府能够高度重视,加强源头管理,加大管控力度,从源头控制排污总量。

第六章
京杭大运河无锡段环境地质调查与评价

京杭大运河无锡段全长约 40.0 km,由西北向南东穿过无锡市区,依次包括惠山区段约 12.2 km、梁溪区段约 16.0 km(其中有 2.4 km 与滨湖区段交界)、无锡市新吴区段约 11.8 km(见图 6-1)。运河段起点位于无锡市惠山区与常州市武进区交界,惠山区洛社镇西栅村旁;终点位于无锡市新吴区与苏州市相城区交界处望虞河旁。工区调查范围不仅包括整个运河段,还包括垂直运河段两侧约 2 km 的区域,面积大约为 160 km²。

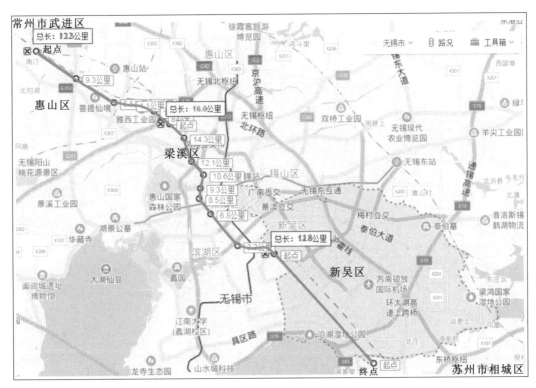

图 6-1　京杭大运河无锡段区域污染调查评价工区图
(蓝色实线条为工作河段,红色圆圈和对应公里数为各区段测量数值)

工作区内交通方便,具有沿江(长江)、靠港(黄田港)、临湖(太湖)和邻近上海的优势。京沪铁路、沪宁城际铁路、京沪高速铁路、沪宁高速公路、长江及京杭大运河横亘东西,锡澄、锡宜公路、锡澄高速公路以及新(沂)长(兴)铁路、锡宜高速公路纵贯南北,组成了铁路、公路、水运、航空主体的交通运输网络。

6.1 无锡地区区域地质特征

6.1.1 地层特征

无锡地区的地层属于扬子地层区江南地层小区,基岩出露少而零星,地层出露残缺不全,地表出露的地层主要有中志留系茅山组、上泥盆系观山组及上泥盆系-下石炭系擂鼓台组的石英砂岩、粉砂岩、泥岩等,其余地区均被第四系松散层覆盖。根据区域地质资料及钻孔揭露,区内前第四纪地层主要有志留系、泥盆系、石炭系、二叠系、三叠系、侏罗系、白垩系和新近系,其详细特征见表6-1。

表6-1 无锡地区前第四纪地层简表

年代地层		地层名称	代号	厚度/m	主要岩性
新近系			N	>117	棕黄、青灰杂色含砾泥岩夹玄武岩及橄榄霞石岩
白垩系	上统	浦口组	K_2p	>750	上部紫红色细砂岩,粉砂岩,下部砂砾岩、角砾岩
侏罗系	上统	黄尖组	J_3h	>800	上部为粗安质晶屑凝灰岩、角砾凝灰岩、角砾熔岩、凝灰质泥岩,下部为安山岩、安山质凝灰岩,夹砾岩和玄武岩
三叠系	下统	青龙组	T_1q	>230	灰黑色微晶灰岩、瘤状灰岩
二叠系	上统	长兴组	P_3c	18	灰黑色厚层块状灰岩,局部含燧石结核
	中统	龙潭组	P_2l	230	上部灰黄色砂页岩、细砂岩,局部夹煤层,下部深灰色砂页岩、石英砂岩
	下统	孤峰组	P_1g	45	灰黑色含硅质条带页岩、泥岩、粉砂岩
		栖霞组	P_1q	90	灰黑色燧石结核灰岩、臭灰岩夹硅质层
石炭系	上统	船山组	C_3c	200	灰白—灰黑色—肉红色厚层状灰岩
	中统	黄龙组	C_2h		
	下统	擂鼓台组	D_3-C_1l	>60	浅灰—灰紫色石英砂岩夹粉砂岩、粉砂质泥岩
泥盆系	上统	观山组	D_3g	770	灰白—浅灰色石英砂岩夹泥岩和砂岩层,下部砂岩中含石英砾
志留系	上统	茅山组	S_3m	>200	灰紫色—浅灰色石英砂岩夹粉砂质泥岩和砂质泥岩等

无锡市区自第四纪以来,新构造活动频繁,山区间歇性振荡上升,接收构造剥蚀,平原区则持续缓慢沉降,并伴有振荡特征,接收古长江所挟带的大量泥沙沉积,加之多次发生的海水进退,造成了复杂的沉积环境。其第四纪沉积物的厚度变化规律总体上由西南部向东北部变厚,一般平原区厚、低山丘陵区薄,凹陷区厚、隆起区薄,沉积厚度为40～197 m,除山区缺失下更新统地层外,其他各时代地层沉积齐全。无锡市区第四纪地质图见图6-2。

依据第四纪地层的岩性成因、物质组成、分布等综合特征,可将区内第四纪地层清晰地划分为三个大的沉积单元体。下部以杂色黏土夹含砾砂层为主,水平方向上变化复杂,

图例

▨ 基岩裸露区	120 第四系等值线及注记/m	fl 湖沼积	Qh 全新世太湖流域区
▧ 淤泥质亚黏土	地质界线	all 冲湖积	Qp_3^{2-3} 晚更新世晚期
▨ 亚黏土	岩性界线		

图 6-2 无锡市区第四纪地质图

为地区性水动力条件下的河湖相近源沉积,其沉积时代相当于更新世早期;中部突显区域性大河流作用,一般由黄色调黏性土和较厚的灰色砂层组成,在大范围内较稳定,反映"二元结构"特征,沉积物源主要依赖古长江搬运,标志古长江已强烈影响至本区,泥沙丰富,沉积较迅速;上部为灰色夹黄色黏土、粉质黏土、粉细砂,层序变化清晰,其中灰色层为水平层理发育,多具"千层饼"状结构特征,岩性很松软,富含海相有孔虫、介形虫化石,反映本区平原已完全进入海平面升降变幅范围内,系海洋作用强烈的长江河口地区形成的一套海陆交互相沉积,其沉积时代相当于更新世晚期及全新世。三大套地层的沉积清楚地反映无锡市第四纪期间区域沉积环境条件的总演变规律。无锡市区第四纪地层简要特征,见表6-2。

表 6-2　无锡市区第四纪地层简表

年代地层				厚度/m	松散沉积层简述	沉积成因
系	统	段	代号			
第四系	全新统	上段	Q_4^3	0~15	灰色、灰黑色淤泥质粉质黏土、粉土,富含有机质及植物根茎	湖沼相、河湖相
		中段	Q_4^2	0~15	灰褐、灰黄色粉质黏土、粉土、粉砂	河湖相
		下段	Q_4^1	0~7	灰黑色淤泥质粉质黏土、粉质黏土	滨海、浅海相
	上更新统	上段	Q_3^2	12~35	灰、褐黄色黏土、粉质黏土夹粉细砂,具较多的铁锰结核	海相
		下段	Q_3^1	8~53	灰黄—灰绿色黏土、粉质黏土、粉砂互层,呈千层饼状	滨海相
	中更新统	上段	Q_2^2	10~46	上部为灰黄色粉质黏土、黏土,下部为粉细砂、中细砂,局部细砂与粉土互层	河湖相
		下段	Q_2^1	6~74	上部灰—灰黄色黏土、粉土及粉细砂,下部为灰褐色细砂、中细砂、砂砾石,局部地段为含砾中粗砂	河湖相
	下更新统	上段	Q_1^3	14~24	灰黄、青灰色等杂色黏土、粉质黏土、细砂	河湖相
		中段	Q_1^2	10~25	灰黄色粉细砂、中细砂为主,次为黏土、粉质黏土、粉土,底部为含砾黏土或砂砾层	河湖相
		下段	Q_1^1	0~35	棕黄色含砾粉质黏土或黏砾混杂堆积为主	洪流

6.1.2　构造特征

　　无锡市区位于新华夏第二隆起带和秦岭东西向复杂构造带的交接部位(如图 6-3),即位于下扬子地块,受金坛—如皋断裂和湖苏断裂所控制。区内地质构造复杂,构造体系主要包括东西向构造、华夏系及华夏式构造、新华夏系构造,且以北东向华夏式构造为主要格架。

　　无锡市区域性大断裂多呈北西向,一般小断裂则呈北东向,褶皱多为北东向,如图 6-4所示。

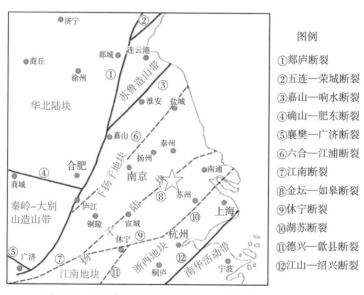

图例
①郯庐断裂
②五连—荣城断裂
③嘉山—响水断裂
④确山—肥东断裂
⑤襄樊—广济断裂
⑥六合—江浦断裂
⑦江南断裂
⑧金坛—如皋断裂
⑨休宁断裂
⑩湖苏断裂
⑪德兴—歙县断裂
⑫江山—绍兴断裂

图 6-3　无锡市区构造位置图(五角星代表调查区位置)

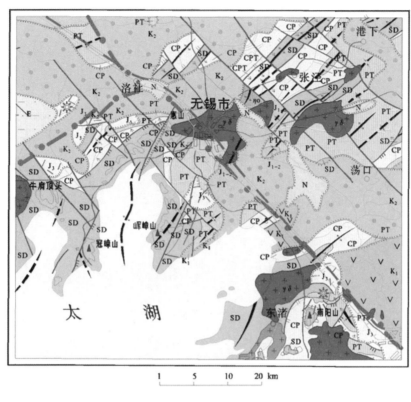

1—新近系碎屑岩、玄武岩；2—古近系；3—上白垩统；4—下白垩统碎屑岩、火山岩；5—酸性火山岩；6—碎屑岩；7—中下侏罗统砂砾岩；8—上二叠统-下三叠统碳酸岩及煤系；9—石炭系-中下二叠统碳酸岩；10—中志留统、上泥盆统碎屑岩；11—燕山期侵入岩；12—花岗闪长岩；13—背斜；14—倒转背斜；15—向斜；16—区域性深断裂；17—区域性大断裂；18—逆（推覆）断裂；19—一般性断裂；20—飞来峰；21—地质界线；22—不整合界线；23—推测古火山机构。

图 6-4 无锡市区地质构造纲要图

6.1.3 岩浆岩

无锡市区境内岩浆岩主要活动于中生代燕山期，除安阳山、狮子山出露有火山岩外，其余地区仅有少量和小规模的岩脉出露。隐伏岩体主要分布在安镇、张泾和严家桥地区，为燕山期第二次侵入的产物，岩体多呈枝状，岩脉侵入围岩中，岩石类型以石英二长岩为主。

6.1.4 新构造运动与地震

新构造运动系指晚第三纪以来的地壳活动，区内表现形式主要有差异性升降运动及地震等。差异性升降运动主要表现为丘陵山区的持续上升和平原区持续沉降。

无锡市区属于地震活动水平较低地区,区内地震活动频度低、强度弱,未发生大的破坏性地震,根据《中国地震动参数区划图》(GB 18306—2015)(图6-5),无锡市区地震加速度值为0.05,对应的地震设防烈度为Ⅵ度。

图6-5　江苏省中国地震动参数区划图

6.2　区域水环境地质概况

6.2.1　区域水环境概况

1) 地下水类型及含水层(岩)组划分

根据含水层(岩)组特征、赋存条件、水理性质及水力特征,无锡地区地下水类型可分为松散岩类孔隙水、碳酸盐岩类裂隙溶洞水、基岩裂隙水三大类型。

松散岩类孔隙水是平原地区主要的地下水类型,按照埋藏条件、地层时代又可分为潜水含水层组和承压含水层组两亚类,潜水含水层组(含微承压水)由全新世、晚更新世地层组成,承压含水层组包括第Ⅰ、第Ⅱ、第Ⅲ承压含水层,分别由晚更新世、中更新世、早更新世地层组成;碳酸盐岩类裂隙溶洞水含水层组主要由三叠系、二叠系和石炭系石灰岩地层组成;基岩裂隙水可分为碎屑岩类裂隙含水岩组和侵入岩裂隙含水岩组,前者主要由泥盆系砂岩组成,后者主要由火山侵入的石英二长岩组成。

2）含水层（岩）组的水文地质特征

苏南水文地质特征受当地年降水量的影响很大,无锡地区年降雨量在苏南各市中仅次于苏州市,属于降雨量较为丰富的地区,见图6-6。

图6-6　江苏年降水量等值线图

（1）松散岩类孔隙水

①孔隙潜水、微承压含水层（组）

孔隙潜水含水层近地表分布,平原区为全新世冲湖积相沉积,含水岩性为粉质黏土、粉土、粉砂,含水层厚 8～12 m;孤山残丘区的坡麓及沟谷为全新世和晚更新世的残坡积、洪坡积沉积物。含水岩性以黏性土夹碎土为主,厚度小于 4.0 m,潜水水位埋深受地形条件影响,一般为 0.5～3.0 m,富水性差,单井涌水量一般为 5～10 m³/d,局部大于 10 m³/d。

微承压水含水层主要分布在杨市—钱桥、东北塘—东湖塘及后宅地段,含水岩性为全新世的粉砂、粉板土,顶埋深为 6.0～10.0 m,含水层厚 5～10 m,局部大于 10 m,富水性较弱,单井涌水量均小于 100 m³/d。

潜水、微承压水主要以民用水井形式开采,开采分散且开采量小。受污染影响,区内孔隙潜水的水质较为复杂,水化学类型以 HCO₃—Na·Ca、HCO₃·Cl—Na·Ca 型为主,其次是 HCO₃—Ca 型、HCO₃—Ca·Mg 型和 HCO₃·SO₄—Ca·Mg 型,矿化度一般小于 1 g/L,污染地段达 1.0～3.0 g/L。微承压水的水质单一,水化学类型为 HCO₃·Cl—Ca·Na 和 HCO₃·Cl—Na·Ca 型,为低矿化、低硬度的淡水。

②第Ⅰ承压含水层（组）

第Ⅰ承压含水层（组）为晚更新世（Q₃）沉积的一套滨海—河口相沉积物,含水岩性为粉砂、粉细砂,局部为粉砂夹粉质黏土薄层,含水砂层分为上下两段,两者之间隔水层分布较稳定。

含水砂层上段广布全区(图 6-7),顶板埋深 27～35 m,厚 2～10 m,局部大于 15 m;含水砂层下段主要分布在陆藕桥—钱桥、后宅—甘露及东湖塘—港下一带(图 6-8),顶板埋深 50～60 m,厚 5～10 m,含水岩性以粉砂为主,该含水层富水性较弱,除东亭—安镇一带单井涌水量达 100～500 m³/d 外,其余地段均小于 100 m³/d,在工区内缺失。

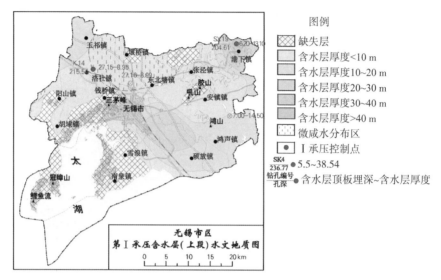

图 6-7　无锡市区第Ⅰ承压含水层上段水文地质图

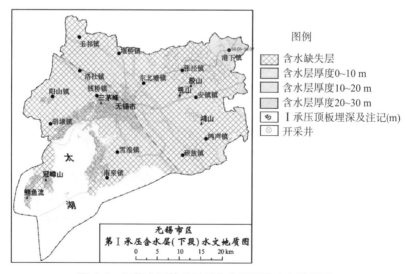

图 6-8　无锡市区第Ⅰ承压含水层下段水文地质图

第Ⅰ承压水的开采主要集中在钱桥、查桥、安镇、八士、张泾等乡镇,水位埋深一般为 5～10 m,开采区为 20～30 m。第Ⅰ承压水水质较好,水化学类型以 HCO₃—Na 或 HCO₃—Na·

Ca 为主,pH 为 7.5~8.9,总硬度为 126.4~276.3 mg/L,矿化度为 0.44~0.62 g/L。

③第Ⅱ承压含水层(组)

第Ⅱ承压含水层(组)为本区地下水的主要开采层,除锡山区等地的弧山残丘附近缺失外,在广阔平原地区广泛分布(图 6-9),系中更新世古河道冲积而成,含水层的特征明显受古河床的展布所控制,古河床中心含水层颗粒粗、厚度大,河漫滩颗粒细、厚度小。

古河床区含水层呈巨厚状,厚度为 30~50 m,局部大于 60 m,岩性以中细砂、中粗砂、含砾粗砂为主,具有上细下粗的沉积韵律,其顶板埋深在 75~85 m 之间,自西向东逐渐加深。底板埋深受基底的凹陷、隆起的影响,变化较大。隆起区含水砂层直接覆盖于基底之上,与基岩水有一定的水力联系。该区富水性好,单井涌水量可达 1 000~2 000 m³/d,局部地段达 2 500~3 000 m³/d。

河漫滩及边缘区含水砂层逐渐变薄,至基岩山区尖灭,厚 5~30 m,含水岩性以细砂、中细砂、粉砂为主,局部夹粉土。其顶板埋深一般在 80~90 m,东北部的荡口、羊尖、港下一带大于 100 m。该区富水性相对较差,河漫滩相单井涌水量为 100~1 000 m³/日,近山前边缘相则小于 1 000 m³/d。

第Ⅱ承压水水质良好,变化不大,水化学类型以 HCO₃—Na(Ca) 型为主,其次为 HCO₃—Na·Ca 或 HCO₃—Na·Mg 型,一般为低矿化、硬度适中的淡水,适合开发利用。

目前由于该层水长期被强烈开采,已形成较大范围的区域水位降落漏斗,水位埋深普遍大于 50 m,局部地段已呈疏干开采状态。

图 6-9　无锡市区第Ⅱ承压含水层水文地质图

④第Ⅲ承压含水层(组)

该含水层在工区内缺失,仅分布在港下、荡口及石塘湾等地段(图 6-10),含水层为早更新世冲洪积、洪坡积相沉积物。在石塘湾地段含水岩性以泥质粗砾层为主,顶板埋深 148 m,含水层厚 28 m,富水性较弱,单井涌水量仅为 300~600 m³/d;港下—荡口地段含水岩性为中细砂,顶板埋深 150~160 m,含水层厚度 5~15 m,富水性中等,单井涌水量为

1 000~2 000 m³/d,该层地下水仅在港下等地少量开采。该层水一般为矿化度小于 1 g/L 的 HCO₃—Na·Ca 型水。

（2）碳酸盐岩类裂隙溶洞水

区内碳酸盐岩类露头甚少，除了在厚桥嵩山有出露外，均为第四系松散沉积物覆盖，其埋藏深度一般在 60~150 m。含水岩组由三叠系青龙组、二叠系长兴组、栖霞组和石炭系船山组、黄龙组等石灰岩地层组成，岩性以厚层状灰岩、白云质灰岩、粗晶灰岩及白云岩为主，局部为泥岩夹薄层泥灰岩，为断裂构造发育，尤其是北西向张性断裂规模较大。无锡市区第Ⅲ承压含水层水文地质特征见图 6-10。

图 6-10　无锡市区第Ⅲ承压含水层水文地质图

无锡市区岩溶沿断裂带发育。富水性以青龙组灰岩最强，长兴组次之，单井涌水量一般在 100~1 000 m³/d，在岩溶发育的张性断裂带附近，单井涌水量可大于 1 000 m³/d。碳酸盐岩类裂隙溶洞水开采井主要分布在厚桥、玉祁、八士等地，水位埋深变化较大，一般为 20~30 m。该层水水化学类型主要为 HCO₃—Na、HCO₃—Ca 或 HCO₃—Na·Ca 型，为矿化度小于 0.5 g/L 的淡水，具有一定的开采价值。

（3）基岩裂隙水

①碎屑岩类裂隙水

碎屑岩类裂隙水主要分布在太湖周围的孤山残丘地区，含水岩组以泥盆系碎屑岩类为主，构造和层面裂隙发育，富水性较弱，单井涌水量一般小于 100 m³/d，构造部位可达 500 m³/d。区内第四纪地层之下还分布着侏罗系凝灰岩、白垩系粉砂岩，构造裂隙发育，但都为泥铁质充填，富水性较弱，单井涌水量一般小于 100 m³/d。

②侵入岩类裂隙水

侵入岩类裂隙水主要分布在安镇、张泾和严家桥的侵入岩体中，含水岩性主要为石英二长岩、二长花岗岩，地下水主要赋存于构造裂隙中，富水性差，单井涌水量小于 100 m³/d。

基岩裂隙水的水化学类型较为复杂，一般为矿化度小于 1 g/L 的 HCO_3—$Ca \cdot Mg$ 型水，局部受地层影响，为矿化度小于 1 g/L 的 $HCO_3 \cdot Cl$—$Na \cdot Ca$ 型水，因其水量小，不具供水意义。

3）地下水的补给、径流、排泄条件

（1）孔隙潜水

本区地处亚热带湿润气候带，雨量充沛，平原区地势平坦，且大面积为水稻种植区，有利于大气降水和农田灌溉水的入渗补给。此外，平原区内河网密布，天然状态下，地表水与地下水相互补给、排泄，即丰水期地表水补给潜水，枯水期潜水补给地表水；在基岩山区与松散沉积物接触地带，基岩水常以侧向径流的形式补给潜水。

潜水的径流受地形地貌条件制约，一般由山前向平原、由高处往低处缓慢径流。由于平原区内地形坡降极小，黏性土渗透性又差，故潜水径流强度微弱。潜水的排泄方式主要有蒸发、植物的蒸腾、枯水期泄入地表水体、越流补给承压水及民井开采等。

（2）第 I 承压水

区内第 I 承压含水层组虽呈夹层状分布，但在垂向上层间具有一定的连通性，水力联系比较密切。天然状态下，第 I 承压水一般向上越流补给潜水，但现状中，这种天然状态早已被打破，人为开采作用已激化潜水，对第 I 承压水有强烈的补给作用。

另外在基岩与松散层交界处，第 I 承压含水层可受到基岩裂隙水的侧向补给。

第 I 承压水含水层径流条件较好。天然状态下，由于水力坡度较小，地下水径流缓慢，开采条件下，地下水由周边向开采中心径流。但现状中，第 I 承压水开采程度较小，仅在局部地区形成水位降落漏斗，水力坡度较小，故径流较弱。排泄途径以人工开采为主，其次是越流补给深部承压水。

（3）第 II 承压水

在天然状态下，第 II 承压水水头高于第 I 承压水，向上越流排泄式补给第 I 承压水。

在强烈开采状态下，第 II 承压水的补给来源主要有以下几项：

①垂向越流补给：区内主要开采第 II 承压水，其水位最低，在水头压力差作用下，第 I 承压水越流补给第 II 承压水。

②基岩地下水补给：有两种补径，一是在基岩与松散层接触处，基岩水直接侧向渗透补给第 II 承压水；二是局部地段第 II 承压含水砂层直接覆盖在基岩面上，下部基岩顶托补给上部第 II 承压水，其中以灰岩块段最好。

③释水补给：在强开采区存在上覆黏性土层及含水砂层本身的压密释水补给，这部分水量在地下水开采量中占有不小的比例。

第 II 承压含水层导水性较强，径流条件良好，径流强度主要受开采因素控制，在水头差作用下易于由周边向漏斗中心汇流。但由于各地含水砂层岩性及厚度存在差异，地下水的径流也呈多样性。一般在含水砂层颗粒较粗、厚度较大的地区，地下水渗透性好，在相同水力坡度下，径流速度相对较大。

该层地下水的主要排泄途径是人工开采。

（4）第 III 承压水

该层水仅在港下、羊尖等地有少量开采，地下水补径排条件基本保持天然平衡状态，其补给来源主要为区外的侧向径流补给,排泄分为人工开采和径流排泄。

(5) 碳酸盐岩类裂隙溶洞水与基岩裂隙水

在天然状态下,两者均在裸露区接收大气降水入渗补给和地表水体的侧向补给,经垂向、水平径流后向上部孔隙水顶托排泄。在开采条件下,还可获得上覆孔隙水的越流补给和渗流补给。径流受地形、构造裂隙发育带控制,一般由山前向沟谷、平原径流。主要排泄途径为补给孔隙水及人工开采。

4) 水质情况

2018年,太湖无锡水域总体水质为Ⅳ类。湖体高锰酸盐指数和氨氮年均浓度分别为 4.0 mg/L 和 0.18 mg/L,同比均稳定处于Ⅱ类;总磷年均浓度为 0.083 mg/L,同比下降 1.2%,处于Ⅳ类;总氮年均浓度为 1.26 mg/L,同比下降 22.2%,处于Ⅳ类;湖体综合营养状态指数为 56.8,同比下降 0.2,处于轻度富营养状态。13 条主要入湖河流中,大港河、望虞河年均水质符合Ⅱ类标准,占 15.4%;梁溪河、小溪港、直湖港、官渎港、大浦港、乌溪港、洪巷港、陈东港年均水质符合Ⅲ类标准,占 61.5%;漕桥河、太滆南运河和社渎港年均水质符合Ⅳ类标准,占 23.1%。水质总体保持稳定。

2018年,长江干流江阴段总体水质为优,西石桥、小湾、肖山湾断面水质均为Ⅱ类标准,同比保持稳定。主要入江支流水质总体良好,3 条主要入江支流的控制断面中,卫东桥和金潼桥断面年均水质符合Ⅲ类标准,占 66.7%,其中卫东桥断面年均水质好转一个级别;黄田港大桥断面年均水质符合Ⅳ类标准,占 33.3%。

5) 城市内涝

近年来,快速城市化导致的城市热岛效应和雨岛效应使灾害性强降雨天气增多,无锡城市局部内涝也有增多的趋势。2016 年 7 月 3 日,无锡首次启动防汛Ⅰ级应急响应,大运河无锡站水位最高达到 5.28 m,超警戒水位 1.38 m,超过了历史最高水位。太湖平均水位为 4.65 m,超警戒水位 0.85 m。持续的暴雨及内涝使无锡的太湖大道已经变成了"太湖",并导致京杭大运河无锡段历史上首次因大雨停航。

6.2.2 航道安全概况

运河流域水系受气候和水文影响,具有汛期集中、季节变化较大的特点,水位随季节涨落明显,在丰水及枯水季节航道水深落差在 1 m 以上。运河水位的高低对船舶运动的影响主要表现在船舶的通过性和操纵性能等方面。枯水季节水量不足,运河水位普遍不超过 3.2 m,航道有效航宽和深度减少,航运等级降低。由于内河水上船舶运输超载现象普遍存在,使得船舶吃水增加。再者,由于船舶向大型化发展,内河航道水深相对不够,这些对船舶通行安全都有很大的影响。根据事故统计,近年来,每年船舶因枯水期水位过低造成的船舶搁浅事故约 50 起。到了汛期,水位普遍上涨,运河水位通常在汛期维持在 3.9～4.3 m 之间,部分行洪通道流速过大,又对行船安全造成威胁。遇有连续降雨或台风影响,加上上游来水和圩区排水,运河水位在数天内可连续上涨 1 m 以上,使得部分船舶无法正常通过干线航道上的低矮桥梁,容易发生撞桥险情。

另外航道水下沉积物增多也对航道安全影响较大。2014 年 11 月,有媒体报道京杭大运河无锡段有泥浆船在行驶中向大运河偷排建筑泥浆,偷排的泥浆不仅污染了环境,淤塞了河道,更影响了运河内船舶的安全行驶。

6.3 区域工程地质概况

根据地质构造、地貌形态和岩土体的组合特征,将本区分为低山丘陵工程地质区、山前冲湖积平原工程地质区和湖沼积平原工程地质区。

6.3.1 低山丘陵工程地质区

低山丘陵区主要分布于无锡市西部的惠山,东部的安镇、张泾和南部环太湖的马山、胡埭、阳山、大浮、滨湖地区,由泥盆系五通组的中厚层石英砂岩等坚硬岩石组成。岩石呈层状,稳定性一般,岩石抗压强度值变化范围大,受断裂构造、岩性胶结程度和软弱夹层等因素的影响,工程地质条件较为复杂。

6.3.2 山前冲湖积平原工程地质区

该地质区分布在低山、残丘周围的平原地区,第四系沉积物因为基岩起伏相对较薄,主要为各时期冲湖积成因的黏性土,夹薄层粉土、粉砂。30 m 以浅的地层可分为四个工程地质层组,含水量一般介于 $24\%\sim26\%$,液性指数为 $0.17\sim0.32$,属于硬塑—可塑,中低压缩性。深部工程地质层组岩性以黏土为主,含水量一般为 $22\%\sim27\%$,液性指数为 $0.025\sim0.575$,硬塑—可塑,具中等压缩性。总体上工程地质条件良好。

6.3.3 湖沼积平原工程地质区

该地质区分布在无锡市中部和北部的广大平原地区,地面标高在 3 m 左右,50 m 以浅的地层主要由更新统冲湖积相亚黏土夹粉细砂组成,上部黏土层厚 $6\sim8$ m,呈硬塑状,为良好的天然地基土层,工程地质条件良好。在湖、荡周围浅部为湖沼相沉积,多含淤泥质软土,工程地质条件较差。本区由于地下水被强烈开采,水位下降较大,普遍产生较为严重的地面沉降、地裂缝地质灾害,环境地质问题严重。苏南地形地貌特征图见图 6-11。

6.3.4 地质灾害状况

无锡市地质灾害类型主要有地面沉降、地裂缝、崩塌、滑坡、地面塌陷和特殊类岩土(软土)灾害。

1) 地面沉降

地面沉降主要分布在锡西一带,截至 2015 年底,最大累计沉降量为 2.8 m,累计沉降量大于 200 mm 地区的面积达 894.24 km²。地面沉降总体发展势态趋缓,大部分地区地面沉降速率小于 5 mm/a,江阴市祝塘镇、华士镇、锡山区东港镇局部地区的沉降速率大于 10 mm/a。据估算,无锡市地面沉降造成的经济损失达 100 亿元。

无锡市区地面沉降的发生与发展与地下水开采关系非常密切,表现在时间上与地域上两者间基本吻合。随着开采规模的变化,地下水位持续下降,地面沉降速率也随之增大。锡西地区、无锡市城区等地面沉降洼地形态与地下水位降落漏斗分布基本吻合,很

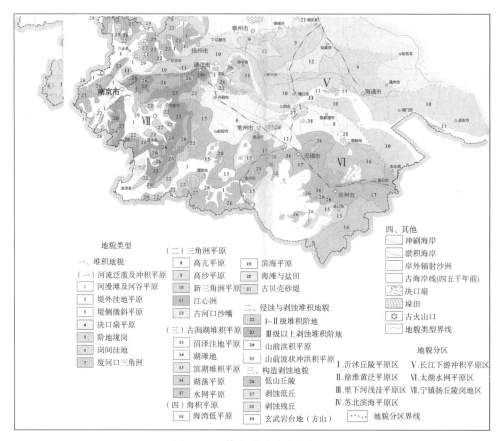

地貌类型
一、堆积地貌
（一）河流泛滥及冲积平原
1 河漫滩及河谷平原
2 堤外注地平原
3 堤侧微斜平原
4 决口扇平原
5 阶地坨岗
6 岗间洼地
7 废河口三角洲

（二）三角洲平原
8 高亢平原
9 高沙平原
10 新三角洲平原
11 江心洲
12 古河口沙嘴
（三）古潟湖堆积平原
13 沼泽注地平原
14 湖滩地
15 滨湖堆积平原
16 湖荡平原
17 水网平原
（四）海积平原
18 海湾低平原

19 滨海平原
20 海滩与盐田
21 古贝壳砂堤
二、侵蚀与剥蚀堆积地貌
22 Ⅰ～Ⅱ级堆积阶地
23 Ⅲ级以上剥蚀堆积阶地
24 山前洪积平原
25 山前波状冲洪积平原
三、构造剥蚀地貌
26 低山丘陵
27 剥蚀低丘
28 剥蚀残丘
29 玄武岩台地（方山）

四、其他
冲刷海岸
淤积海岸
岸外辐射沙洲
古海岸线(四五千年前)
决口扇
垛田
古火山口
地貌类型界线
地貌分区
Ⅰ.沂沭丘陵平原区 Ⅴ.长江下游冲积平原区
Ⅱ.徐淮黄泛平原区 Ⅵ.太湖水网平原区
Ⅲ.里下河浅洼平原区 Ⅶ.宁镇扬丘陵岗地区
Ⅳ.苏北滨海平原区
地貌分区界线

图 6-11　苏南地形地貌特征图

清楚地反映了地面沉降的发生在时空上与地下水开采密切相关。

2）地裂缝

截至 2015 年底，无锡市共有地裂缝 6 处，分布在惠山区洛社镇石塘湾和天授村、锡山区锡北镇光明村，以及江阴市长泾镇中心区、河塘社区和祝塘镇文林社区河湘村四房巷。无锡市地裂缝带多呈 NE 向展布，延伸长度一般为 100～600 m，最长约 1 000 m，带宽 20～80 m，个别达 300 m。据统计，无锡市因地裂缝损坏的房屋累计近 1 300 套，产生的直接经济损失超过 5 亿元。

本区地裂缝的产生主要是第四纪地层差异、古基底起伏变化较大这一内在因素和区内强烈开采地下水造成地面沉降这一外在因素综合作用的结果。长期超量开采地下水，引起含水砂层及地下水储集层中的水头下降，造成地下含水砂层本身及上覆土层释水压缩，出现地面沉降。由于土层本身的结构差异或沉积基底起伏等环境地质条件不均一时，即在土层压缩造成地面沉降的过程中出现明显的地面差异沉降，在土体内形成侧向张应力，当侧向张应力达到或超过土体的极限抗拉强度时，则在地表以地裂缝灾害的形式表现出来。

3）崩塌、滑坡

2011—2015 年,无锡市发生滑坡 12 起,规模以小型为主,主要分布在江阴市、宜兴市、锡山区、惠山区、滨湖区等低山丘陵地带。据估算,因滑坡灾害造成的直接经济损失达上千万元。不良地质环境条件是崩塌、滑坡发生的内在因素,人工切坡和降雨是崩塌、滑坡发生的外在原因。

4）地面塌陷

地面塌陷按照成因分为采空塌陷和岩溶塌陷。截至 2015 年底,无锡市发生采空塌陷6 处,塌陷总面积 1 km²,主要分布在宜兴市丁蜀镇川埠煤矿、黄龙山陶土矿、任墅煤矿、白泥场煤矿以及九里山煤矿等采空区范围内。发生岩溶塌陷 3 处,塌陷总面积约 8 238 m²,其中锡山区厚桥街道嵩山村发生 2 处,宜兴市丁蜀镇查林村发生 1 处。

该区灰岩分布广、厚度大,岩溶裂隙发育,地下水较丰富,上覆第四系松散薄层,结构松散,地下水资源开采条件好,具备良好的岩溶地面塌陷条件。过量开采岩溶地下水导致岩溶地面塌陷的发生。

5）特殊类岩土(软土)灾害

无锡市 30 m 以浅软土层不同程度发育,主要分布在惠山区的玉祁镇、堰桥镇、洛社镇、前洲街道,江阴市的月城镇、南闸街道、申港镇、夏港镇、周庄镇、新桥镇和宜兴市的新建镇、杨巷镇、徐舍镇、新街街道、宜城街道、新庄街道、丁蜀镇等局部地区,岩性为淤泥质粉质黏土,顶板埋深为 0.2~11.80 m,厚度为 0.80~15.00 m。

6.4 区域地球化学概况

无锡地区土壤在成土过程中继承当地成土母质的元素地球化学特征,同时受到长江水系冲积物和湖泊沉积物的影响,在农耕系统中发育了一系列成熟度较高的土壤。而近年来快速发展的工农业又给表层土壤带来相当的物质输入,很大程度上改变了原有的土壤地球化学特征。

南京大学邵文静对苏南耕地土壤地球化学特征进行了调查,结果显示:苏南地区2010 年以来表层土壤常量元素中 CaO 含量偏少,与全江苏省土壤背景值基本一致,SiO_2、Al_2O_3、Fe_2O_3、K_2O、Na_2O、CaO、MgO 含量的平均占比分别为 69.29%、12.67%、4.87%、1.99%、1.26%、1.54%、1.17%;苏南地区 2010 年以来表层土壤微量元素 Ti、Mn、P、S、F、Se 含量的平均值分别为 5 204.42 mg/kg、606.75 mg/kg、710.27 mg/kg、279.28 mg/kg、500.74 mg/kg、0.30 mg/kg。总体来看,苏南地区 2010 年以来表层土壤微量元素含量与 2006 年土壤元素平均值相比,Ti 元素含量较为相近,含量增加的有 P、S、Se 等营养元素,减少的有 Mn 和 F,其中 S 和 Se 的平均含量远高于 2006 年,甚至高于地壳元素丰度;苏南地区 2010 年以来表层土壤重金属元素 Zn、Cu、Ni、Cr、Pb、As、Cd 和 Hg的含量平均值为 85.41 mg/kg、34.79 mg/kg、30.90 mg/kg、74.36 mg/kg、33.12 mg/kg、9.63 mg/kg、180.40 μg/kg 和 156.48 μg/kg,总体上苏南地区以太湖为界,东部苏州、无锡地区土壤重金属含量高于西部南京、镇江地区,Zn 含量大于 100 mg/kg 的土壤样点主要在无锡城区周边和苏州、昆山、张家港等地,土壤 Cu 的高值点(大于 100 mg/kg)、土壤

Ni 高于 30 mg/kg 的样点大量集中在无锡、苏州、昆山等城市周边,土壤 Cr 含量大于 80 mg/kg 的样点大量分布在无锡、苏州等地,土壤 Pb 含量在无锡都较低,Hg 含量大于 500 mg/kg 的土壤样点有两处,分别在镇江丹阳地区和苏州城区周边,土壤 Cd 也以无锡、苏州、张家港地区为较高含量主要分布区。

南京农业大学盖振东和卢雨蓓等对无锡市区农用地土壤进行了 Cu、Cr、Pb、Cd、As、Hg 等六种重金属元素和有机物调查,结果认为:(1)该区土壤重金属富集受人类活动影响较大,其中 As 和 Hg 元素的影响更为明显,4 个区中,惠山区和锡山区的土壤重金属含量较高。(2)地积累指数评价结果表明,Hg 元素的污染程度更为严重。(3)绝大部分耕地清洁,可以种植绿色食品;蔬菜地存在某些污染,特别是在城市近郊,主要的污染物为 Hg、Cd、Cu,已成为城市郊区发展绿色无公害蔬菜的主要制约因子;中西部及东北部由于受工业因素影响,部分茶果园受到零星污染,主要污染物为 Hg、Cd、Cr,其余大部分符合绿色食品产地的土壤环境要求。(4)在运河沿岸或湿地保护区,相对于其他地方而言,其滴滴涕和六六六的浓度较高,可能因其河网水系比较发达,以前农田中的有机氯农药随着地表径流进入河道,并在该类地方累积,导致土壤中含量偏高。

南京大学地理与海洋科学学院李建国等研究认为,无锡市主城区土壤 As、Cd、Co、Cu、Fe、Hg、Pb 和 Zn 的平均含量分别为 9.77 mg/kg、0.17 mg/kg、12.85 mg/kg、34.73 mg/kg、33.6 g/kg、0.38 mg/kg、41.76 mg/kg 和 86.95 mg/kg。除了 Cd 之外,当地土壤重金属含量都已经明显超出当地的土壤背景值,As、Cu、Hg、Pb 和 Zn 为主要的超标重金属,这表明无锡市主城区土壤重金属富集受人类活动的影响明显。参照国家土壤环境质量二级标准,研究区土壤大多数重金属含量水平处于农业生产和人身健康承受水平内。但是 Hg 含量超标明显,主要因为无锡市高新区是主要的电子产品生产地,而 Hg 是电子产品生产的主要原料,Hg 在贮存和生产过程中的释放会导致土壤中 Hg 含量增加。

6.5 京杭大运河(无锡段)河道功能现状调查

6.5.1 河道功能现状调查

无锡市区地表水系十分发育,共有大小河道 3 100 多条,总长 2 480 km,为太湖流域高水网区,境内河流纵横、湖荡棋布。其中较大的河流为京杭大运河、锡澄运河、锡北运河、望虞河、伯渎河、九里河,这些人工开挖的河流交织成网状,沟通长江、太湖两大水体,丰水期汇流入江,枯水期反调长江水。主要湖泊有太湖及一些小型湖泊、湖荡等,众多的河流、湖泊构成了排污、泄洪、养殖、灌溉的多功能系统。无锡地表水较丰富,外来水源补给充足。市区河道总长为 150 km,平水期水体容积为 800 ×10⁴ m³。市区储量为 6 349 ×10⁴ m³,年补给量为 6 453 ×10⁴ m³。京杭大运河(无锡段)最高、最低水位分别为 4.88 m 和 1.92 m。

京杭大运河(无锡段)即是承载太湖流域腹地水量交换的骨干行水通道,也是串联苏南地区交通航道网络的水运主干道,兼具航运、防洪排涝、工业用水、农业灌溉、景观等综合功能。

　　了解河道管理的现状是搞好调查的基础。近年来,我国在大运河管理方面已采取了许多措施,但是仍有区域性的水污染严重、水资源紧缺、水生态退化、洪涝灾害等问题尚待解决。流域多头管理、职责不明、公众参与不足等现象仍然严重存在。虽然水利工程建设取得了很大成就,但也改变了原有河流生态系统的功能。其主要表现在河流干涸、水生态环境消失、河流功能降低、地表水和地下水污染加重。因此,基于环境变化及社会发展的需要,探讨河流治水方略,修复河流生态刻不容缓。大运河流管理方面也存在很多问题:①大多数集镇、村庄、农田及交通等基础设施均零星分布在河道两侧。由于建设用地和耕地资源不足,占用河道水域的现象比较普遍。②早期河道的建设规划受历史因素的限制,河道行洪断面偏小,与集雨面积不成比例,甚至出现倒置现象。③由于历史上对水土保持工作缺乏足够的重视,造林育林力度不够,水土流失较为严重。④防洪堤、堰坝等河道建筑物大多建设年代久远,已运行了 30～40 年,甚至更长的时间,工程老化现象比较突出。

6.5.2　水下地形剖面测量及河道地形测量

　　1) 水下地形剖面测量

　　京杭大运河(无锡段)河道从常州与无锡交界处的横林镇,由西北向东南方向约 135°延伸至苏州交界的望虞河,中间弯曲少,多圆滑。根据水下地形剖面测量发现,河道横断面大致为梯形结构,两岸均由混凝土浇筑成大坝,上面宽下面窄,一般两侧陡、中间缓,水位两侧浅、中间深。

　　所测量的 12 条剖面比较均匀地分布在京杭大运河(无锡段)河道上,通过本次水下地形剖面测量,基本查明了京杭大运河(无锡段)河道水下的基本情况,测量数据如表 6-3 所示,某剖面水下地形剖面测量成果如图 6-12 所示。

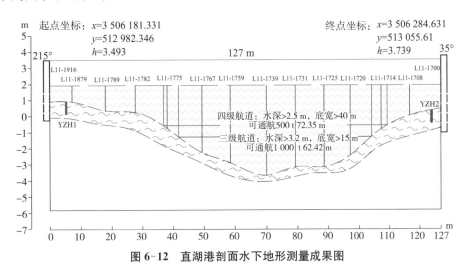

图 6-12　直湖港剖面水下地形测量成果图

表 6-3　京杭大运河(无锡段)水下地形剖面测量综合成果表

序号	剖面编号	工程点号	3度带坐标		h/m	h_1/m	h_2/m	h_3/m	h_4/m
			X	Y					
1	直湖港	ZH1	3 506 181.331	512 982.346	3.493	0.88	2.613	1.02	5.60
2		ZH2	3 506 284.631	513 055.961	3.739	1.126	2.613		
3	锡西大桥	XX1	3 504 732.642	515 228.419	3.144	0.71	2.434	1.20	5.71
4		XX2	3 504 822.055	515 282.694	3.776	1.342	2.434		
5	锡溧运河	XL1	3 503 650.74	516 964.019	3.75	1.17	2.58	1.36	5.49
6		XL2	3 503 752.789	517 029.5	3.565	0.985	2.58		
7	洛社镇	LS1	3 502 486.034	519 620.049	4.149	1.63	2.519	1.49	6.42
8		LS2	3 502 594.439	519 631.361	3.645	1.126	2.519		
9	莳溪大桥	FX1	3 501 810.801	522 080.409	4.108	1.60	2.508	1.24	5.35
10		FX2	3 501 889.344	522 137.667	3.53	1.022	2.508		
11	山北大桥	SB1	3 498 691.32	525 053.122	4.048	1.58	2.468	1.54	6.50
12		SB2	3 498 724.028	525 137.308	3.958	1.49	2.468		
13	蓉湖	RH1	3 496 335.042	526 415.811	3.115	0.65	2.465	1.83	5.18
14		RH2	3 496 373.955	526 505.439	6.907	4.442	2.465		
15	梁溪河	LX1	3 492 996.819	527 122.168	3.511	1.03	2.481	1.49	4.93
16		LX2	3 493 066.678	527 200.152	3.589	1.108	2.481		
17	芦村河	LC1	3 490 247.624	529 774.024	3.59	1.15	2.44	0.97	5.16
18		LC2	3 490 351.974	529 802.056	3.384	0.944	2.44		
19	新虹桥	XH1	3 487 040.847	534 968.766	3.509	1.08	2.429	1.32	4.88
20		XH2	3 487 104.416	535 040.482	4.259	1.83	2.429		
21	新安大桥	XA1	3 484 256.398	537 533.616	3.207	0.80	2.407	1.07	5.00
22		XA2	3 484 318.618	537 607.787	4.297	1.89	2.407		
23	京杭运河桥	JH1	3 482 220.458	539 384.577	3.999	1.59	2.409	1.73	5.82
24		JH2	3 482 285.11	539 457.61	4.347	1.938	2.409		

备注: h 为 85 黄海高程, h_1 为大坝到水面距离, h_2 为水面高程, h_3 为已测剖面的最小水深, h_4 为已测剖面的最大水深, 上述 5 类数据均在 2020 年 7 月测定。

由本次水下地形剖面的测量成果可知, 12 条剖面中, 直湖港剖面宽为 127 m, 最小水深为 1.02 m, 最大水深为 5.60 m; 锡西大桥剖面宽为 105 m, 最小水深为 1.20 m, 最大水深为 5.71 m; 锡溧运河剖面宽为 121 m, 最小水深为 1.36 m, 最大水深为 5.49 m; 洛社镇剖面宽为 109 m, 最小水深为 1.49 m, 最大水深为 6.42 m; 莳溪大桥剖面宽为 97 m, 最小水深为 1.24 m, 最大水深为 5.35 m; 山北大桥剖面宽为 90 m, 最小水深为 1.54 m, 最大水深为 6.50 m; 蓉湖剖面宽为 98 m, 最小水深为 1.83 m, 最大水深为 5.18 m; 梁溪河剖面宽为 105 m,最小水深为 1.49 m,最大水深为 4.93 m;芦村河剖面宽为 110 m,最小水深为 0.97 m,最大水深为 5.16 m;新虹桥剖面宽为 97 m,最小水深为 1.32 m,最大水深为 4.88 m;新安大桥剖面宽为 97 m,最小水深为 1.07 m,最大水深为 5.00 m;京杭运河桥剖面宽为 98 m,最小水深为 1.73 m,最大水深为 5.82 m。12 条剖面的最小水深为 0.97 m,位于芦村河剖面,最大水深为 6.50 m,位于山北大桥剖面。

12 条水下地形剖面中,与常州交界处的直湖港剖面运河水面高程最大,为 2.613 m,与苏州交界处的京杭运河桥剖面的运河水面高程最低,为 2.409 m(新安大桥剖面的水面高程为 2.407 m,两者在误差范围内相近),并且从直湖港剖面至新安大桥剖面,运河水面高程呈现逐渐减低的趋势,表明运河水的流向为由西北向东南,这与我们从水利局搜集到的京杭大运河(无锡段)各断面的监测数据是一致的。

2)河道地形测量

为了详细地了解运河航道的水下地形特征,我们选取了京杭大运河(无锡市)惠山区段作为对象,对其进行河道地形测量,测量比例尺为 1∶1 000。

根据河道地形测量可知,京杭大运河惠山段整体呈 135°由西北向东南流动,在东方红大桥西侧 300 m 处,运河航道逐渐变为由西向东延伸,在石塘湾镇流动人口居住区处,河道又变为由西北向东南方向延伸。从明旭仓储至锡西大桥西侧约 200 m 处,总长约 900 m 的河道较为宽阔,最宽处约为 180 m,在东西向流动的航段处河道较窄,最窄处河道宽约为 68 m(图 6-13)。

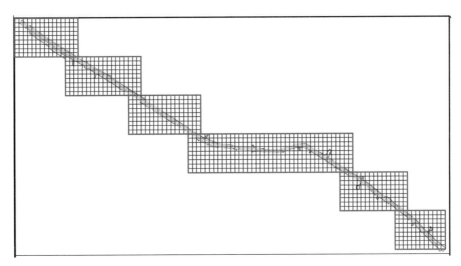

图 6-13　运河惠山段平面展示图

水下地形测量成果局部展示图如图 6-14 所示,整段河道在横断面上均为梯形结构,上面宽、下面窄,两侧陡、中间缓,两侧较浅的斜坡长度为 10~40 m,中间较深的平坦区域长度为 40~100 m,两侧浅,河道中间河底最深处高程为 −4.853 m,两侧河底高程最浅处为 1.917 m,河底平均高程为 −2.05 m,河道中无深沟,中间较平坦,但靠近堤坝处,水深较浅,部分小于 1 m,且部分地区在靠近堤坝处水下存在水泥台阶,航道上来往船只在临时停靠时需注意,防止船舶搁浅。

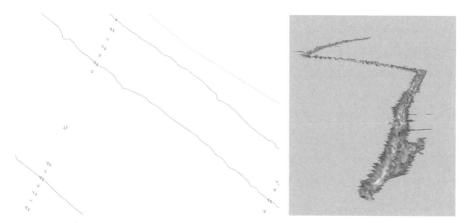

图 6-14 某段水下地形测量成果平面局部展示图和立体示意图

3）河道水深变化情况

京杭大运河(无锡段)航道水深随季节变化明显,根据水下地形测量成果,我们查明了四季中航道水深的变化情况。在枯水期(12月、1月、2月),主航道(三级航道)水深为3.20～6.00 m,次级航道水深为0.47～3.20 m;在平水期(3～5月、9～11月),主航道(三级航道)水深为3.20～6.17 m,次级航道水深为0.64～3.20 m;在丰水期(6～8月),主航道(三级航道)水深为3.20～7.20 m,次级航道水深为1.67～3.20 m。京杭大运河(无锡段)航道枯水期时,主次航道的水深最小,平水期时水深比枯水期约增加0.17 m,丰水期时主次航道的水深最大,与平水期时相比,水深约增加1.03 m。

图6-15～6-20为京杭大运河无锡市各段水下地形测量成果图,从中可看出无锡段运河河道中部的倒梯形水断面河道中部最大,水深一般都大于2.5 m。

京杭大运河(无锡段)堤坝主要为粉质黏土层,该土层具有较好的边坡稳定性和较高的承载能力,同时运河堤坝全部采用硬质化护坡,从而增加了堤坝的稳定性。

图6-21为京杭大运河岸线土壤质量调查成果及土地功能利用现状图,从调查结果上看,如果城市建设和人居占用河道汇水地太多,这样势必对沿岸土地造成持续永久性污染,建议加快整治腾出水系属地,进行长远性生态恢复治理。

6.5.3 水下沉积物特征

1）地质特征

(1)运河底泥的采样位置位于12条综合调查剖面两端,选择运河水流动性较好的位置,每个剖面采集2个样品,共采集了24件样品。惠山区段运河底泥主要由黏土、粉细砂组成;梁溪区段主要由粉砂和泥质组成,部分样品中见少量生活垃圾、砾石、螺丝和鱼类;新吴区段底泥主要由粉砂、黏土组成,少量样品中见贝壳和生活垃圾。所有底泥样品的矿物成分以石英、黏土矿物为主,含少量重金属元素化合物。根据其水流的流向,基本判定其物质来源主要为自身河流底部沉积物和入河支流所携带的物质。

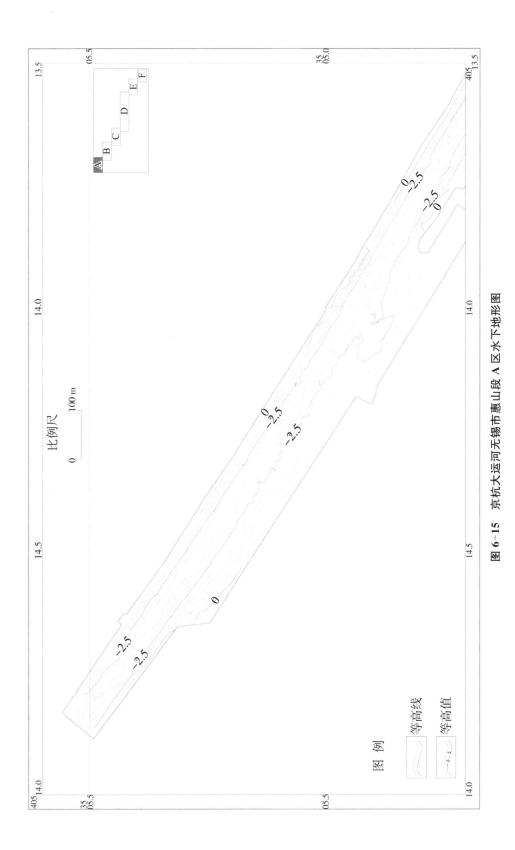

图 6-15　京杭大运河无锡市惠山段 A 区水下地形图

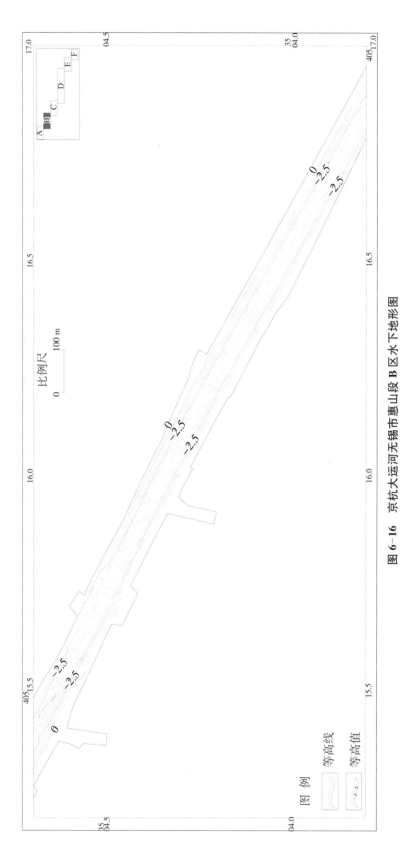

图 6-16 京杭大运河无锡市惠山段 B 区水下地形图

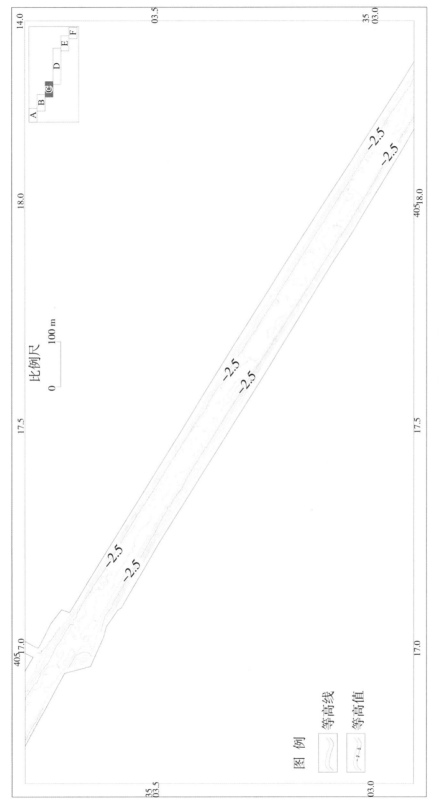

图 6-17　京杭大运河无锡市惠山段 C 区水下地形图

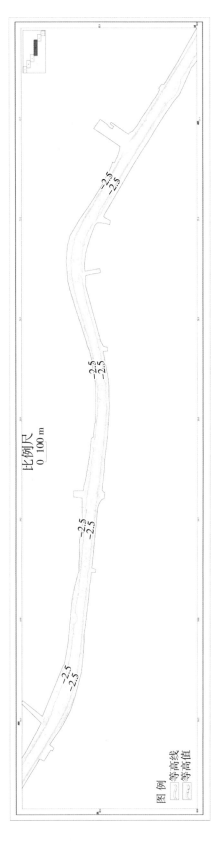

图 6-18 京杭大运河无锡市惠山段 D 区水下地形图

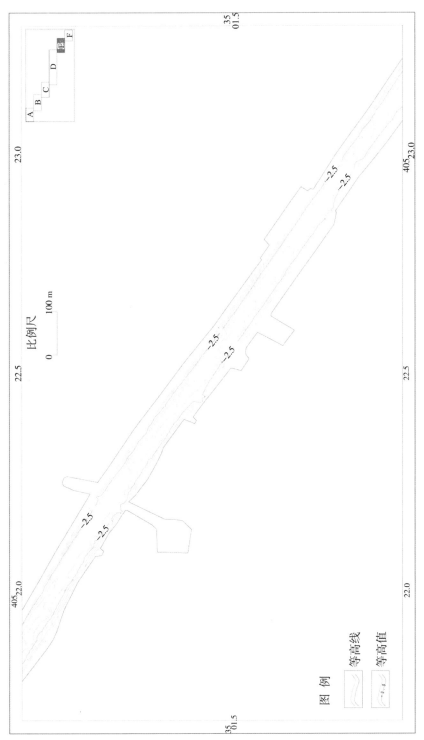

图 6-19　京杭大运河无锡市惠山段 E 区水下地形图

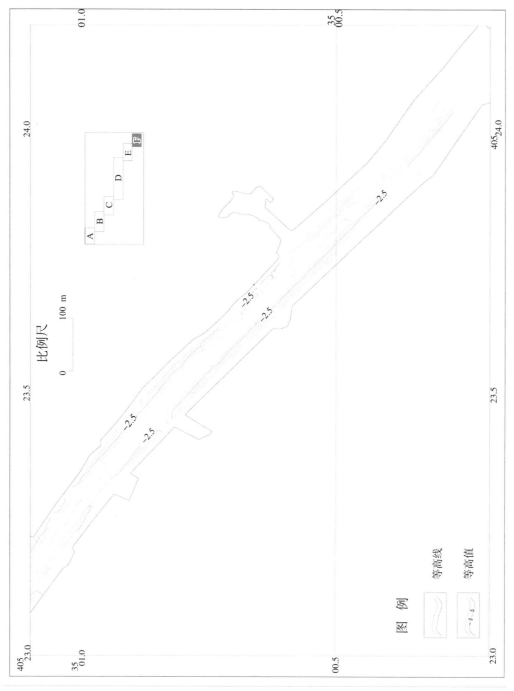

图 6-20　京杭大运河无锡市惠山段 F 区水下地形图

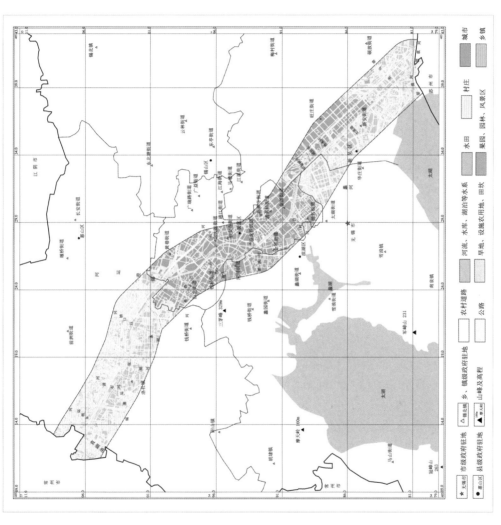

图 6-21　运河岸线土壤质量调查成果及土地功能利用现状图

（2）采集底泥样品过程中初步测量了底泥沉积厚度，从直湖港剖面至京杭运河桥剖面，底泥厚度分别为 0.20～0.25 m、0.50～0.80 m、0.50～1.0 m、0.40～0.60 m、0.60 m、0.40～0.50 m、0.30 m、0.50 m、0.40 m、0.50～0.80 m、0.35～0.40 m 和 0.50～1.10 m。同时在常州与无锡交界处的直湖港剖面两侧岸边采集了 2 个底泥柱状样品，根据运河底部沉积物柱状样品的特征查明了直湖港剖面处采集到的沉积柱厚度约为 0.80 m，岩性为黏土；底泥呈灰黑色流塑状态，采集过程中流失，预计厚度约 0.20 m。在无锡与苏州交界附近的京杭运河桥剖面一侧用背包钻测试了底泥沉积厚度（因钻杆较短，未能取得底泥柱状样），调查后发现该处底泥沉积厚度较大，在 1.00～1.50 m 之间。近两年，常州市对京杭大运河段与无锡段交界处进行了堤坝加固和清淤工程，所以直湖港剖面处底泥沉积厚度较小。

（3）京杭大运河（无锡段）已近 10 年未进行清淤工程，笔者所在的研究团队根据底泥厚度估算航道淤积速率，其中惠山区段淤积速率为 2～10 cm/a，淤积速率最小的剖面位于直湖港，淤积速率最大的剖面位于锡溧运河；梁溪区段淤积速率为 3～5 cm/a，该区段各处淤积速率差别不大；新吴区段淤积速率为 4～11 cm/a，淤积速率最小的剖面位于新安大桥，淤积速率最大的剖面位于京杭运河桥。淤泥速率较大的位置一般位于支流入河口两侧、码头以及运河拐角处，底泥沉积均较厚；底泥的淤积一定程度上影响了航运，建议对整个河道进行清淤。

2）化学特征

通过对底泥样品进行测试分析（表 6-4）可知，京杭大运河（无锡段）底泥的 pH 最小值为 7.38，最大值为 8.14，平均值为 7.84；Cu 元素含量的最小值 14.8 mg/kg，最大值为 105.0 mg/kg，平均值为 45.6 mg/kg；Pb 元素含量的最小值为 18.8 mg/kg，最大值为 61.2 mg/kg，平均值为 32.7 mg/kg；Zn 元素含量的最小值为 65.1 mg/kg，最大值为 265.0 mg/kg，平均值 133.6 mg/kg；As 元素含量的最小值 3.47 mg/kg，最大值为 9.48 mg/kg，平均值为 6.22 mg/kg；Hg 元素含量的最小值 0.028 mg/kg，最大值为 0.253 mg/kg，平均值为 0.126 mg/kg。Cd 元素含量的最小值为 0.13 mg/kg，最大值 0.45 mg/kg，平均值为 0.26 mg/kg；Cr 元素含量的最小值为 60.8 mg/kg，最大值 256.0 mg/kg，平均值为 115.0 mg/kg；Ni 元素含量的最小值为 24.3 mg/kg，最大值 60.2 mg/kg，平均值为 39.0 mg/kg；有机质含量的最小值为 4.36 g/kg，最大值为 19.20 g/kg，平均值为 10.90 g/kg；总氮（TN）含量的最小值为 250 mg/kg，最大值为 940 mg/kg，平均值为 503 mg/kg；总磷（TP）含量的最小值为 769 mg/kg，最大值为 1 459 mg/kg，平均值为 1 069 mg/kg；总石油烃（TPH）含量的最小值为 51.2 mg/kg，最大值为 448.0 mg/kg，平均值为 228.5 mg/kg。所有底泥样品中均未检测出苯并[a]芘、总六六六和总滴滴涕。

主要组分测试分析结果见表 6-4。

3）底泥特征评价

将底泥样品的分析测试数据与《农用污泥污染物控制标准》（GB 4284—2018）和《土壤环境质量 农用地土壤污染风险管控标准（试行）》（GB 15618—2018）进行对比，各项指标评价标准如表 6-5 和表 6-6 所示。

表 6-4　主要组分测试分析结果

序号	分析类别	最小值	最大值	平均值
1	pH	7.38	8.14	7.84
2	Cu	14.8	105.0	45.6
3	Pb	18.8	61.2	32.72
4	Zn	65.1	265.0	133.6
5	As	3.47	9.48	6.22
6	Hg	0.028	0.253	0.126
7	Cd	60.8	256.0	115.0
8	Ni	24.3	60.2	39.0
9	有机质	4.36	19.20	10.90
10	总氮	250	940	503
11	总磷	769	1459	1069
12	总石油烃	51.2	51.2	228.5

备注:pH无单位,有机质单位为 g/kg,其他均为 mg/kg。

表 6-5　污泥产物的污染物浓度限值

单位:mg/kg

序号	控制项目	污染物限值	
		A 级污泥产物	B 级污泥产物
1	总铜 (以干基计)	<500	<1 500
2	总铅 (以干基计)	<300	<1 000
3	总锌 (以干基计)	<1 200	<3 000
4	总砷 (以干基计)	<30	<75
5	总汞 (以干基计)	<3	<15
6	总镉 (以干基计)	<3	<15
7	总铬 (以干基计)	<500	<1 000
8	总镍 (以干基计)	<100	<200
9	矿物油 (以干基计)	<500	<3 000
10	苯并[a]芘 (以干基计)	<2	<3

表 6-6　全国土壤普查养分分级标准

序号	丰缺度	有机质/ (g/kg)	总氮/ (g/kg)	总磷/ (g/kg)	碱解氮/ (mg/kg)
1	很丰富	＞40	＞2	＞1	＞150
2	丰富	30～40	1.5～2	0.8～1	120～150
3	中等	20～30	1～1.5	0.6～0.8	90～120
4	低	10～20	0.75～1	0.4～0.6	60～90
5	很低	6～10	0.5～0.75	0.2～0.4	30～60
6	极低	＜6	＜0.5	＜0.2	＜30

测试数据(表 6-7)显示,运河底泥中有机质和总氮的含量很低,但总磷的含量很丰富。Cu 数值在直湖港剖面西南侧超过筛选值,Zn 数值在直湖港剖面两侧超过筛选值,Cd 数值在直湖港剖面两侧和锡西大桥剖面东北侧超过筛选值,Cr 数值在锡西大桥西南侧超过筛选值,所有超标的数据均没有超过相应的管控值,所有样品的总石油烃数值均小于 500 mg/kg,表明所有样品为 A 级污泥产物(适合耕地、园地和牧草地)。在所有样品中均未检测到苯并[a]芘、总六六六和总滴滴涕。

测试结果表明,底泥总体上受污染较小,仅在直湖港和锡西大桥区域存在少许污染。我们调查发现,直湖港处于常州横林镇与无锡惠山区交界处,此处工业园区分布较多,锡西大桥西南侧为新盛工业坊(图 6-22),且锡西大桥两侧存在较多机械制造公司,运河两侧的机械和化工企业是运河底泥污染物的主要来源。

图 6-22　直湖港和锡西大桥附近的工业区

表6-7 京杭大运河（无锡段）底泥状况评价汇总

序号	剖面名称	样品号	有机质	总氮	总磷	铜	铅	锌	砷	汞	镉	铬	镍	总石油烃	苯并[a]芘	总六六六	总滴滴涕
1	直湖港	YZH-1	低	低	很丰富	超筛选值	—	超筛选值	—	—	超筛选值	超筛选值	—	A	—	—	—
2		YZH-2	低	很低	很丰富	超筛选值	—	超筛选值	—	—	超筛选值	—	—	A	—	—	—
3	锡西大桥	YXX-1	低	很低	很丰富	—	—	—	—	—	—	—	—	A	—	—	—
4		YXX-2	低	很低	很丰富	—	—	—	—	—	超筛选值	—	—	A	—	—	—
5	锡溧运河	YXL-1	低	极低	很丰富	—	—	—	—	—	—	—	—	A	—	—	—
6		YXL-2	低	很低	很丰富	—	—	—	—	—	—	—	—	A	—	—	—
7	洛社镇	YLS-1	很低	极低	丰富	—	—	—	—	—	—	—	—	A	—	—	—
8		YLS-2	很低	极低	很丰富	—	—	—	—	—	—	—	—	A	—	—	—
9	蓟溪大桥	YFX-1	很低	极低	很丰富	—	—	—	—	—	—	—	—	A	—	—	—
10		YFX-2	低	很低	很丰富	—	—	—	—	—	—	—	—	A	—	—	—
11	山北大桥	YSB-1	很低	极低	丰富	—	—	—	—	—	—	—	—	A	—	—	—
12		YSB-2	很低	极低	丰富	—	—	—	—	—	—	—	—	A	—	—	—
13	蓉湖	YRH-1	低	极低	很丰富	—	—	—	—	—	—	—	—	A	—	—	—
14		YRH-2	低	极低	很丰富	—	—	—	—	—	—	—	—	A	—	—	—
15	梁溪河	YLX-1	低	很低	很丰富	—	—	—	—	—	—	—	—	A	—	—	—
16		YLX-2	低	很低	很丰富	—	—	—	—	—	—	—	—	A	—	—	—
17	芦村河	YLC-1	低	低	很丰富	—	—	—	—	—	—	—	—	A	—	—	—
18		YLC-2	低	极低	丰富	—	—	—	—	—	—	—	—	A	—	—	—
19	新虹桥	YXH-1	很低	极低	丰富	—	—	—	—	—	—	—	—	A	—	—	—
20		YXH-2	很低	极低	中等	—	—	—	—	—	—	—	—	A	—	—	—
21	新安大桥	YXA-1	很低	极低	丰富	—	—	—	—	—	—	—	—	A	—	—	—
22		YXA-2	极低	极低	中等	—	—	—	—	—	—	—	—	A	—	—	—
23	京杭运河桥	YJH-1	很低	极低	丰富	—	—	—	—	—	—	—	—	A	—	—	—
24		YJH-2	很低	极低	丰富	—	—	—	—	—	—	—	—	A	—	—	—

6.5.4 河道功能现状分析

1）航运

京杭大运河是南北重要的交运航道,在高速路网极其发达的今天,对于货运而言,航运依旧是重要的运输手段。京杭大运河(无锡段)是大运河全线航运最繁忙、货流密度最大、航运效益最好的航段之一,也是长三角高等级航道网和水运大省江苏干线航道网的重要组成部分,沿线串联起锡澄运河、锡溧运河,是连接长江与内河航运河的重要通道。近年水运流量持续增长较快,超负荷运行问题日益突出。2011年,京杭大运河(无锡段)完成升级整治后,成为直通上海国际航运中心的内河集装箱水运主通道,由此也带动了"临港型"工业区和沿河现代物流中心的发展,促进了沿线产业布局的调整升级。目前,京杭大运河(无锡段)为全线三级航道,运输总量达2.7亿t左右,货运量分别为京沪铁路无锡段(单线)、京杭高速无锡段的5～6倍。由于京杭大运河(无锡段)为省干线航道,船舶流量较大,船舶航行使水中夹带的泥沙不断在航槽两侧淤积,因此需要对航道两侧进行疏浚。2020年,江苏省无锡市航道管理处开展了京杭大运河(无锡段)疏浚工程,项目按养护计划分三到四年实施,其中直湖港至高桥段计划分三年实施,高桥至丰乐桥段分四年实施。

2）防洪排涝

河道堤坝是两岸城区的重要防洪屏障,属于城市防洪工程体系中的重要环节。同时自上游镇江段开始承泄太湖湖西山丘区洪水,沿程还汇聚两岸城市的外排涝水,是太湖流域重要的水量调节河道,也是区域洪涝水的主要排泄通道。沿岸河流堤坝全部进行了硬化和加高防护。

3）供水

大运河为周边工业企业的生产生活用水、农田灌溉用水及景观用水的重要水源。无锡段主要以工业用水、景观娱乐用水、农业用水功能为主。

4）文化景观

京杭大运河自开凿以来,历时1 600多年,历史底蕴深厚,文化景观资源丰富,2014年6月成功入选世界文化遗产名录。扬州、镇江、苏州历史古迹和人文景观发掘很成功,与之相比,无锡段比较薄弱。京杭大运河(无锡段)全长虽然只有40 km,但在整条京杭大运河中是保存风貌最完整、保存历史遗存最多、最具有江南水乡风情,并且是唯一穿城而过的一段古运河。"统筹保护好、传承好、利用好"是习近平总书记对大运河文化带建设作出的重要指示,也是无锡推进大运河文化带建设的根本遵循。目前在大运河申遗阶段编制了遗产保护规划,梳理了遗产构成,评估了遗产保护现状,并提出了遗产保护措施。但总体而言,针对大运河水文化的保护和传承工作尚处于起步阶段,距离打造"高品位的文化长廊"总体要求仍然存在一定的差距。

6.6 河道水环境调查

6.6.1 地表水水位变化和补给状况

1) 地表水水位变化

2021年对12条断面进行了4次水位观测调查,表6-8绘制了运河水位变化曲线图和京杭大运河(无锡段)水环境调查成果并总结了以下规律(图6-23):

表6-8 京杭大运河(无锡段)断面水位变化统计表

单位:m

剖面	时间				备注
	7月23日（丰水期）	10月28日（平水期）	11月12日（平水期）	12月24日（枯水期）	
直湖港	2.613	—	1.503	1.273	
锡西大桥	2.434	1.676	1.396	1.256	
锡溧运河	2.580	—	1.45	1.145	
洛社镇	2.519	—	1.475	1.399	
蓉溪大桥	2.508	1.730	1.478	1.308	
山北大桥	2.468	1.668	1.488	1.318	
蓉湖	2.465	—	1.505	1.325	
梁溪河	2.481	—	1.531	1.361	
芦村河	2.440	1.62	1.45	1.31	
新虹桥	2.429	1.579	1.399	1.259	
新安大桥	2.407	1.557	1.357	1.287	
京杭运河桥	2.409	1.567	1.399	1.259	

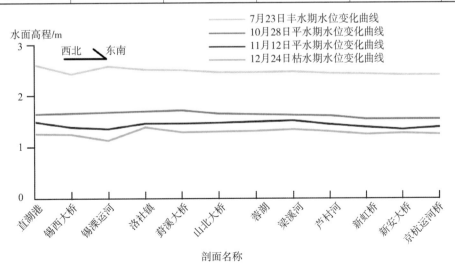

图6-23 运河水位变化曲线图

（1）在丰水期和平水期，运河流向整体上由西北向东南。在丰水期，运河最高水位为 2.613 m（直湖港），最低水位为 2.407 m（新安大桥），平均水位为 2.48 m；在平水期（11 月份），运河最高水位为 1.531 m（梁溪河），最低水位为 1.357 m（新安大桥），平均水位为 1.452 m。枯水期整体水位最低，平均水位 1.292 m。

（2）在枯水期，运河各调查剖面的水位差距不大，运河流动不明显，从直湖港剖面到锡溧运河剖面，水位逐渐降低，至洛社镇剖面，水位升高至 1.399 m，比锡溧运河剖面高 0.254 m，水面高程差距不明显。而至与苏州交界处的京杭运河桥剖面，运河水面高程又下降至 1.259 m，这与京杭大运河（无锡段）起点处的直湖港剖面的水面高程差距不大，表明在枯水期，京杭大运河（无锡段）河道内水体波动不大，流动不明显，有滞流现象。枯水期时运河航道管理处会根据运河及其支流水资源需求情况进行水量优化调度，增加从长江引水流量，满足工业生产和农业灌溉用水，保持河道适宜流量和水深，满足水生生物的生长需求。

（3）运河水位持续下降，在 7 月份汛期时水位较高，至 10 月 28 日时，水位已下降 0.76～0.85 m，下降速率为 0.8～0.9 cm/d；而至 11 月 12 日，水位下降 0.09～0.43 m，下降速率为 0.14～0.66 cm/d，下降速率明显变小；至 12 月 24 日，水位下降 0.07～0.30 m，下降速率为 0.17～0.73 cm/d；从 10 月 28 日至 12 月 24 日，运河水位平稳下降，下降速率为 0.47～0.74 cm/d。

2）运河干流和支流相互补给情况

2021 年运河干流和入河支流水位数据如表 6-9 所示。在丰水期运河干流水位均明显高于入河支流水位，高差在 0.116～0.242 m，表明在丰水期运河干流补给支流。在平水期，五牧运河、锡澄运河、九曲基河、梁溪河、大溪港和望虞河水位均高于运河水位，所以由入河支流补给运河干流，而直湖港、锡溧运河仍然接收运河干流补给，其中吕口桥河流量较小，闸口已关闭，防止运河水流失。在枯水期，五牧运河、锡溧运河、锡澄运河、九曲基河、梁溪河、大溪港和望虞河水位均高于运河水位，所以由入河支流补给运河干流，直湖港仍然接收运河干流补给。

表 6-9　2021 年运河干流和入河支流水位数据

支流名称	水位/m					
	丰水期水位		平水期水位		枯水期水位	
	干流	支流	干流	支流	干流	支流
直湖港	2.613	2.371	1.533	1.471	1.273	1.201
五牧运河	2.613	2.447	1.464	1.527	1.254	1.270
锡溧运河	2.580	2.402	1.60	1.432	1.145	1.342
吕口桥河	2.508	2.351	1.471	0.358	—	—
锡澄运河	2.468	2.352	1.552	1.761	1.318	1.581
九曲基河	2.468	2.303	1.443	1.746	1.320	1.526
梁溪河	2.481	2.341	1.501	1.541	1.361	1.411
大溪港	2.407	2.206	1.386	1.924	1.287	1.824
望虞河	2.409	2.180	1.31	1.871	1.259	1.741

6.6.2 地表水水质状况

京杭大运河(无锡段)一般分为丰水期(6～8月份)、平水期(3～5月、9～11月)和枯水期(12月、1月、2月)三个时期。研究区内有5个监测断面,分别为五牧断面、高桥断面、新虹桥断面、硕放大桥断面和金城桥断面,其中五牧断面为常州市与无锡市的交界断面,也是"水十条"国考断面。目前已收集到京杭大运河(无锡段)2017年7月份至2020年11月份的断面监测数据,监测数据包括水温、流量、流向、pH、电导率、溶解氧、化学需氧量、$NH_3—N$、挥发酚、W—Hg、W—Pb、TN、W—Cu、W—Zn、As、Cd、Cr^{6+}、TP和石油类等19项(如表6-10)。

表6-10 地表水环境质量标准基本项目和特定项目标准限值

序号	项目	标准值分类				
		I类	II类	III类	IV类	V类
1	水温/℃	人为造成的环境水温变化应限值在: 周平均最大温升≤1 周平均最大温降≤2				
2	pH(无量纲)	6～9				
3	溶解氧 ≥	7.5	6	5	3	2
4	化学需氧量(COD) ≤	15	15	20	30	40
	以下参数单位为 mg/L					
5	铜 ≤	0.01	1.0	1.0	1.0	1.0
6	铅 ≤	0.01	0.01	0.05	0.05	0.1
7	锌 ≤	0.05	1.0	1.0	2.0	2.0
8	砷 ≤	0.05	0.05	0.05	0.1	0.1
9	汞 ≤	0.000 05	0.000 05	0.000 1	0.001	0.001
10	镉 ≤	0.001	0.005	0.005	0.005	0.01
11	六价铬 ≤	0.01	0.05	0.05	0.05	0.1
12	挥发酚 ≤	0.002	0.002	0.005	0.01	0.1
13	石油类 ≤	0.05	0.05	0.05	0.5	1.0
14	氨氮($NH_3—N$) ≤	0.15	0.5	1.0	1.5	2.0
15	总氮(以N记) ≤	0.2	0.5	1.0	1.5	2.0
16	总磷(以P记) ≤	0.02(湖、库0.01)	0.1(湖、库0.025)	0.2(湖、库0.05)	0.3(湖、库0.1)	0.4(湖、库0.2)

整理后的分析数据汇总对应《地表水环境质量标准》(GB 3838—2002)进行评价如下。

1) 2017 年水质状况

通过与《地表水环境质量标准》(GB 3838—2002)对比可知,2017 年 7 月至 12 月,干流地表水质主要受溶解氧、六价铬、氨氮、石油类和总磷等指标影响较大。

(1) 枯水期

枯水期的溶解氧数值显示各断面含量在 5.7～9.7 mg/L,水质类别为Ⅰ～Ⅲ类;六价铬数值显示各断面含量均为 2.00 μg/L,水质类别均为Ⅱ类;氨氮数值显示,各断面含量在 0.52～1.00 mg/L,水质类别均为Ⅲ类;石油类数值显示,12 月份新虹桥和硕放大桥含量在 0.06～0.15 mg/L,水质类别为Ⅳ类,其他断面含量均为 0.01 mg/L,水质类别为Ⅰ类;总磷数值显示,12 月份五牧断面含量为 0.205 mg/L,水质类别为Ⅳ类,其他断面含量在 0.092～0.190 mg/L,水质类别为Ⅱ～Ⅲ类。

(2) 平水期

平水期的溶解氧数值显示,9 月份和 11 月份的新虹桥断面和 10 月份的硕放大桥断面的溶解氧含量在 3.7～4.2 mg/L,水质类别为Ⅳ类,其他断面溶解氧含量在 5.0～7.0 mg/L 之间,水质类别为Ⅱ～Ⅲ类;六价铬数值显示,11 月份五牧断面六价铬含量为 13.50 μg/L,水质类别为Ⅴ类,其他断面六价铬含量均为 2.00 μg/L,水质类别为Ⅱ类;氨氮数值显示,所有断面含量在 0.05～0.96 mg/L 之间,水质类别为Ⅱ～Ⅲ类;石油类数值显示,11 月份新虹桥断面含量为 0.14 mg/L,水质类别为Ⅳ类,其他断面含量在 0.01～0.04 mg/L,水质类别均为Ⅰ类;总磷数值显示,9～10 月份新虹桥断面及 11 月份的五牧、高桥和金城桥断面的总磷含量在 0.17～0.192 mg/L,水质类别为Ⅲ类,其他断面含量在 0.21～0.314 mg/L,水质类别为Ⅳ～Ⅴ类。

(3) 丰水期

丰水期的溶解氧数值显示,7 月份高桥断面溶解氧含量为 5.4 mg/L,水质类别为Ⅲ类,五牧、新虹桥、硕放大桥和金城桥断面的溶解氧含量分别为 3.0 mg/L、3.0 mg/L、3.1 mg/L 和 3.2 mg/L,水质类别均为Ⅳ类,8 月份各断面溶解氧含量在 5.0～6.5 mg/L 之间,水质类别为Ⅱ～Ⅲ类;丰水期各断面六价铬含量均为 2.00 μg/L,水质类别均为Ⅱ类;氨氮数值显示,7 月份高桥断面氨氮含量为 0.89 mg/L,水质类别为Ⅲ类水,其他断面氨氮含量为 1.04～1.53 mg/L,水质类别为Ⅳ～Ⅴ类,8 月份五牧断面氨氮含量为 1.25 mg/L,水质类别为Ⅳ类,其他断面氨氮含量在 0.07～0.58 mg/L,水质类别为Ⅰ～Ⅲ类;石油类数值显示,7 月份新虹桥断面石油类含量为 0.11 mg/L,水质类别为Ⅳ类,其他断面在丰水期石油类含量为 0.02 mg/L,水质类别为Ⅰ类;总磷数值显示,金城桥断面在 7 月份总磷含量为 0.13 mg/L,水质类别为Ⅲ类,其他断面总磷含量为 0.21～0.38 mg/L,水质类别均为Ⅳ～Ⅴ类。

综合分析后可知,2017 年丰水期所有断面均为Ⅳ～Ⅴ类水质,定类项目为氨氮和总磷;平水期 10 月份新虹桥断面为Ⅲ类水质,11 月份高桥断面和金城桥断面为Ⅲ类水质,11 月份的五牧断面和新虹桥断面为Ⅴ类水质,其他断面均为Ⅳ类水质,定类项目为氨氮、总磷、溶解氧和六价铬;枯水期高桥和金城桥为Ⅲ类水质,其他断面均为Ⅳ类水质,定类项目为氨氮、总磷和石油类(表 6-11)。

表 6-11 **2017 年京杭大运河(无锡段)监测断面水质类别**

断面名称	时期											
	枯水期			平水期			丰水期			平水期		
	12	1	2	3	4	5	6	7	8	9	10	11
五牧	IV	—	—	—	—	—	—	V	V	IV	IV	V
高桥	III	—	—	—	—	—	—	V	IV	IV	IV	III
新虹桥	IV	—	—	—	—	—	—	V	IV	IV	III	V
硕放大桥	IV	—	—	—	—	—	—	IV	IV	IV	IV	IV
金城桥	III	—	—	—	—	—	—	IV	IV	IV	IV	III

2) 2018 年水质状况

2018 年运河干流地表水质主要受溶解氧、六价铬、氨氮、石油类和总磷等指标影响较大。

（1）枯水期

枯水期的溶解氧数值显示,所有断面含量在 5.7~12.9 mg/L 之间,水质类别为 I ~ III 类;六价铬数值显示,12 月份五牧断面含量为 25.00 $\mu g/L$,水质类别为 V 类,其他断面含量均为 2.00 $\mu g/L$,水质类别均为 II 类;氨氮数值显示,1 月份五牧断面含量为 2.47 mg/L,水质类别为劣 V 类,新虹桥和硕放大桥断面含量为 1.17~1.28 mg/L,水质类别为 IV 类,其他断面含量为 0.62~0.79 mg/L,水质类别为 III 类,2 月份五牧断面含量为 2.70 mg/L,水质类别为劣 V 类,高桥断面含量为 1.63 mg/L,水质类别为 V 类,金城桥断面含量为 1.33 mg/L,水质类别为 IV 类,其他断面含量在 0.68~0.75 mg/L 之间,水质类别为 III 类,12 月份新虹桥和硕放大桥含量为 1.07~1.10 mg/L,水质类别为 IV 类,其他断面含量为 0.59~0.90 mg/L,水质类别为 III 类;石油类数值显示,所有断面含量在 0.01~0.04 mg/L 之间,水质类别均为 I 类;总磷数值显示,1 月份五牧断面含量为 0.24 mg/L,水质类别为 IV 类,2 月份五牧和高桥断面含量为 0.22~0.25 mg/L,水质类别为 IV 类,12 月份五牧断面含量为 0.28 mg/L,水质类别为 IV 类,高桥和金城桥断面含量在 0.31~0.35 mg/L,水质类别为 V 类。

（2）平水期

平水期的溶解氧数值显示,4~5 月份五牧断面和 9 月份五牧、新虹桥、硕放大桥以及 10 月的五牧、新虹桥、硕放大桥、金城桥断面含量在 3.2~4.7 mg/L 之间,水质类别均为 IV 类,其他月份各断面含量在 5.0~8.8 mg/L 之间,水质类别为 I ~ III 类;六价铬数值显示,4 月份和 11 月份五牧断面含量分别为 44.00 $\mu g/L$ 和 88.00 $\mu g/L$,水质类别为 V 类,其他月份各断面含量均为 2.00 $\mu g/L$,水质类别为 II 类;氨氮数值显示,3 月份各断面含量在 1.74~2.86 mg/L 之间,水质类别为 V 类或劣 V 类,4 月份五牧断面含量为 2.30 mg/L,水质类别为劣 V 类,新虹桥和硕放大桥含量分别为 1.49 mg/L 和 1.45 mg/L,水质类别为 IV 类,高桥和金城桥含量分别为 0.85 mg/L 和 0.93 mg/L,水质类别为 III 类,5 月份金城桥断面含量为 0.75 mg/L,水质类别为 III 类,其他断面含量在 1.02~1.78 mg/L 之间,水质类别为 IV 类或 V 类,其他月份各断面含量在 0.04~0.89 mg/L 之间,水质类别为 I ~ III 类;石油类数值显示,各断面含量在 0.01～0.04 mg/L,水质类别均为Ⅰ类;总磷数据显示,3月份五牧和新虹桥断面含量分别为 0.36 mg/L 和 0.34 mg/L,水质类别为Ⅴ类,4～5月份五牧断面含量分别为 0.23 mg/L 和 0.29 mg/L,水质类别为Ⅳ类,9月份五牧断面含量为 0.32 mg/L,水质类别为Ⅴ类,高桥和新虹桥断面含量分别为 0.23 mg/L 和 0.28 mg/L,水质类别为Ⅳ类,其他断面含量在 0.13～0.17 mg/L 之间,水质类别为Ⅲ类,10月份五牧和高桥断面含量分别为 0.24 mg/L 和 0.23 mg/L,水质类别为Ⅳ类,其他断面含量在 0.17～0.19 mg/L 之间,水质类别为Ⅲ类,11月份五牧断面含量为 0.33 mg/L,水质类别为Ⅴ类,金城桥断面含量为 0.17 mg/L,水质类别为Ⅲ类,其他断面含量在 0.20～0.24 mg/L 之间,水质类别均为Ⅳ类。

（3）丰水期

丰水期的溶解氧数值显示,6月份五牧和高桥断面含量分别为 3.7 mg/L 和 4.8 mg/L,水质类别为Ⅳ类,其他断面含量在 7.2～7.9 mg/L 之间,水质类别为Ⅰ～Ⅱ类,7月份五牧断面含量为 2.3 mg/L,水质类别为Ⅴ类,高桥断面含量为 5.3 mg/L,水质类别为Ⅲ类,其他断面含量在 3.0～3.6 mg/L 之间,水质类别为Ⅳ类,8月份五牧断面含量为 2.90 mg/L,水质类别为Ⅴ类,其他断面含量在 3.0～4.8 mg/L 之间,水质类别为Ⅳ类;六价铬数值显示,各断面含量均为 2.00 μg/L,水质类别为Ⅱ类;氨氮数值显示,6月份五牧断面含量为 1.34 mg/L,水质类别为Ⅳ类,8月份新虹桥和硕放大桥断面含量均为 1.80 mg/L,水质类别为Ⅴ类,其他断面各月份含量在 0.08～1.00 mg/L 之间,水质类别为Ⅰ～Ⅲ类;石油类数值显示,各断面含量在 0.01～0.03 mg/L 之间,水质类别均为Ⅰ类;总磷数值显示,6月份五牧断面含量为 0.27 mg/L,水质类别为Ⅳ类,硕放大桥断面含量为 0.35 mg/L,水质类别为Ⅴ类,其他断面含量在 0.16～0.20 mg/L 之间,水质类别为Ⅲ类,7月份新虹桥断面含量为 0.40 mg/L,水质类别为Ⅴ类,其他断面含量在 0.11～0.18 mg/L 之间,水质类别为Ⅲ类,8月份五牧和高桥断面含量均为 0.19 mg/L,水质类别为Ⅲ类,其他断面含量在 0.25～0.28 mg/L 之间,水质类别为Ⅳ类。

综合分析后可知,2018年枯水期,五牧断面1月、2月份为劣Ⅴ类水质,12月份为Ⅳ类水质;高桥断面1月份为Ⅲ类水质,2月、12月份为Ⅴ类水质;新虹桥和硕放大桥断面2月份为Ⅲ类水质,1月、12月份为Ⅳ类水质;金城桥断面1月份为Ⅲ类水质,2月份为Ⅳ类水质,12月份为Ⅴ类水质,定类项目为氨氮和总磷。2018年平水期,五牧断面为Ⅳ～劣Ⅴ类水质,其中3月、4月份为劣Ⅴ类水质;高桥断面3月份为Ⅴ类水质,4月份为Ⅲ类水质,其他月份均为Ⅳ类水质;新虹桥断面3月、5月份为Ⅴ类水质,其他月份为Ⅳ类水质;硕放大桥断面3月份为Ⅴ类水质,其他月份为Ⅳ类水质;金城桥断面3月、12月份为Ⅴ类水质,2月、7月、8月、10月份为Ⅳ类水质,其他月份为Ⅲ类水质,定类项目为溶解氧、氨氮和总磷。2018年丰水期,五牧断面7月、8月份为Ⅴ类水质,6月份为Ⅳ类水质;高桥断面7月份为Ⅲ类水质,6月、8月份为Ⅳ类水质;新虹桥断面6月份为Ⅲ类水质,7月、8月份为Ⅴ类水质;硕放大桥断面6月、8月份为Ⅴ类水质,7月份为Ⅳ类水质;金城桥断面6月份为Ⅲ类水质,7月、8月份为Ⅳ类水质,定类项目为溶解氧、氨氮和总磷(表6-12)。

表 6-12　2018 年京杭大运河无锡段监测断面水质类别

断面名称	时期											
	枯水期			平水期			丰水期			平水期		
	12	1	2	3	4	5	6	7	8	9	10	11
五牧	Ⅳ	劣Ⅴ	劣Ⅴ	劣Ⅴ	劣Ⅴ	Ⅳ	Ⅳ	Ⅴ	Ⅴ	Ⅴ	Ⅳ	Ⅴ
高桥	Ⅴ	Ⅲ	Ⅴ	Ⅴ	Ⅲ	Ⅳ	Ⅳ	Ⅲ	Ⅳ	Ⅳ	Ⅳ	Ⅳ
新虹桥	Ⅳ	Ⅳ	Ⅲ	Ⅴ	Ⅴ	Ⅳ	Ⅲ	Ⅳ	Ⅴ	Ⅴ	Ⅳ	Ⅳ
硕放大桥	Ⅳ	Ⅳ	Ⅲ	Ⅴ	Ⅳ	Ⅳ	Ⅴ	Ⅴ	Ⅴ	Ⅳ	Ⅳ	Ⅳ
金城桥	Ⅴ	Ⅲ	Ⅳ	Ⅴ	Ⅲ	Ⅲ	Ⅲ	Ⅳ	Ⅳ	Ⅲ	Ⅳ	Ⅲ

3）2019 年水质状况

2019 年运河干流地表水质主要受溶解氧、六价铬、氨氮、石油类和总磷等指标影响较大。

（1）枯水期

枯水期的溶解氧数值显示，1 月份新虹桥断面、2 月份硕放大桥断面溶解氧含量分别为 4.3 mg/L 和 4.9 mg/L，水质类别为Ⅳ类，2 月份新虹桥断面和 12 月份高桥断面含量分别为 5.1 mg/L 和 5.04 mg/L，水质类别为Ⅲ类，其他断面各月份含量在 8.0～10.8 mg/L 之间，水质类别均为Ⅰ类；六价铬数值显示，各断面含量在 2.00～4.00 μg/L 之间，水质类别均为Ⅱ类；氨氮数值显示，1 月份五牧断面含量为 2.50 mg/L，水质类别为劣Ⅴ类，金城桥断面含量为 1.57 mg/L，水质类别为Ⅴ类，其他断面含量在 1.16～1.32 mg/L 之间，水质类别为Ⅳ类，2 月份金城桥断面含量为 0.96 mg/L，水质类别为Ⅲ类，其他断面含量在 1.17～1.47 mg/L 之间，水质类别为Ⅳ类，12 月份高桥断面含量为 0.75 mg/L，水质类别为Ⅲ类，其他断面含量在 0.17～0.4 mg/L 之间，水质类别为Ⅰ类；石油类数值显示，1 月份五牧断面含量为 0.06 mg/L，水质类别为Ⅳ类，其他断面各月份含量在 0.01～0.04 mg/L 之间，水质类别均为Ⅰ类；总磷数值显示，1 月份各断面含量在 0.2～0.28 mg/L 之间，水质类别均为Ⅳ类，2 月份硕放大桥断面含量为 0.36 mg/L，水质类别为Ⅴ类，五牧和新虹桥断面含量分别为 0.22 mg/L 和 0.25 mg/L，水质类别为Ⅳ类，其他断面含量在 0.14～0.17 mg/L 之间，水质类别为Ⅲ类，12 月份五牧和高桥断面含量均为 0.27 mg/L，水质类别为Ⅳ类，金城桥断面含量为 0.08 mg/L，水质类别为Ⅱ类。

（2）平水期

平水期的溶解氧数值显示，3 月份新虹桥断面含量为 4.6 mg/L，水质类别为Ⅳ类，9 月份各断面含量在 3.5～4.7 mg/L 之间，水质类别均为Ⅳ类，10 月份高桥和金城桥断面含量分别为 4.9 mg/L 和 4.53 mg/L，水质类别为Ⅳ类，11 月份高桥断面含量为 3.28 mg/L，水质类别为Ⅳ类，其他断面在平水期含量在 5.2～7.8 mg/L 之间，水质类别为Ⅱ～Ⅲ类；六价铬数值显示，11 月份五牧断面含量为 226.0 μg/L，水质类别为Ⅴ类，其他断面在平水期含量均为 2.00 μg/L，水质类别均为Ⅱ类；氨氮数值显示，3 月份各断面含量在 1.12～1.94 mg/L 之间，水质类别为Ⅳ～Ⅴ类，4 月份高桥断面含量为 1.10 mg/L，水质类别为Ⅳ类，五牧和金城断面含量分别为 0.84 mg/L 和 0.92 mg/L，水质类别为Ⅲ类，5 月份硕放大桥断面含量为 1.11 mg/L，水质类别为Ⅳ类，其他断面含量在 0.54~0.91 mg/L 之间，水质类别为Ⅲ类，9 月份硕放大桥和金城桥断面含量分别为 1.51 mg/L 和 1.69 mg/L，水质类别为Ⅴ类，新虹桥断面含量为 1.14 mg/L，水质类别为Ⅳ类，其他断面含量在 0.71~0.91 mg/L 之间，水质类别为Ⅲ类，10~11 月份各断面含量在 0.16~0.45 mg/L，水质类别均为Ⅱ类；石油类数值显示各断面含量在 0.01~0.04 mg/L 之间，水质类别均为Ⅰ类；总磷数值显示，3 月份高桥和新虹桥断面含量分别为 0.19 mg/L 和 0.15 mg/L，水质类别为Ⅲ类，其他断面含量在 0.24~0.28 mg/L 之间，水质类别为Ⅳ类，4 月份各断面含量在 0.22~0.24 mg/L 之间，水质类别均为Ⅳ类，5 月份新虹桥断面含量为 0.41 mg/L，水质类别为劣Ⅴ类，高桥和金城桥断面含量分别为 0.39 mg/L 和 0.36 mg/L，水质类别为Ⅴ类，硕放大桥含量为 0.23 mg/L，水质类别为Ⅳ类，五牧断面含量为 0.19 mg/L，水质类别为Ⅲ类，9 月份五牧和金城桥断面含量均为 0.22 mg/L，水质类别为Ⅳ类，其他断面含量在 0.14~0.19 mg/L，水质类别为Ⅲ类，10 月份五牧断面含量为 0.31 mg/L，水质类别为Ⅴ类，高桥和金城桥断面含量均为 0.22 mg/L，水质类别为Ⅳ类，11 月份五牧、高桥和金城桥断面含量均为 0.34 mg/L，水质类别为Ⅴ类，其他断面含量在 0.25~0.26 mg/L 之间，水质类别为Ⅳ类。

（3）丰水期

丰水期的溶解氧数值显示，6 月份五牧断面含量为 4.4 mg/L，水质类别为Ⅳ类，高桥断面含量为 6.9 mg/L，水质类别为Ⅱ类，金城桥断面含量为 6.0 mg/L，水质类别为Ⅲ类，7 月份五牧、新虹桥和硕放大桥断面含量分别为 4.2 mg/L、3.8 mg/L 和 4.0 mg/L，水质类别为Ⅳ类，其他断面含量在 5.7~5.8 mg/L 之间，水质类别为Ⅲ类，8 月份五牧和金城桥断面含量分别为 3.7 mg/L 和 4.5 mg/L，水质类别为Ⅳ类，高桥断面含量为 5.0 mg/L，水质类别为Ⅲ类；六价铬数值显示，7 月份五牧断面含量为 15.0 μg/L，水质类别为Ⅴ类，其他断面在丰水期含量均为 2.00 μg/L，水质类别为Ⅱ类；氨氮数值显示，各断面在丰水期含量在 0.1~0.73 mg/L 之间，水质类别为Ⅰ~Ⅲ类；石油类数值显示，各断面含量在 0.01~0.04 mg/L 之间，水质类别均为Ⅰ类；总磷数值显示，6 月份五牧断面含量为 0.34 mg/L，水质类别为Ⅴ类，高桥断面含量为 0.27 mg/L，水质类别为Ⅳ类，金城桥断面含量为 0.18 mg/L，水质类别为Ⅲ类，7 月份高桥断面含量为 0.47 mg/L 水质类别为劣Ⅴ类，其他断面含量在 0.13~0.20 mg/L，水质类别均为Ⅲ类，8 月份金城桥断面含量为 0.33 mg/L，水质类别为Ⅴ类，高桥断面含量为 0.24 mg/L，水质类别为Ⅳ类，五牧断面含量为 0.15 mg/L，水质类别为Ⅲ类。

综述，2019 年枯水期，五牧断面 1 月份为劣Ⅴ类水质，2 月、12 月份为Ⅳ类水质；高桥和新虹桥断面为Ⅳ类水质；硕放大桥断面为Ⅳ~Ⅴ类水质；金城桥断面 1 月份为Ⅴ类水质，2 月、12 月份为Ⅱ~Ⅲ类水质，定类项目为溶解氧、氨氮、总磷和六价铬。2019 年平水期，五牧断面 5 月份为Ⅲ类水质，10 月、11 月份为Ⅴ类水质，其他月份为Ⅳ类水质；高桥断面 5 月、11 月份为Ⅴ类水质，其他月份为Ⅳ类水质；新虹桥断面 5 月份为劣Ⅴ类水质，其他月份为Ⅳ类水质；硕放大桥断面 3 月、9 月份为Ⅴ类水质，其他月份为Ⅳ类水质；金城桥断面 3 月、5 月、9 月和 11 月份为Ⅴ类水质，其他月份为Ⅳ类水质，定类项目为溶解氧、氨氮、挥发酚和总磷。2019 年丰水期，五牧断面 6 月份为Ⅴ类水质，其他月份为Ⅳ类水质；

高桥断面7月份为劣Ⅴ类水质,其他月份为Ⅳ类水质;新虹桥和硕放大桥断面为Ⅳ类水质;金城桥断面8月份为Ⅴ类水质,其他月份为Ⅲ类水质,定类项目为溶解氧、氨氮和总磷(表6-13)。

表6-13 2019年京杭大运河无锡段监测断面水质类别

断面名称	时期											
	枯水期			平水期			丰水期			平水期		
	12	1	2	3	4	5	6	7	8	9	10	11
五牧	Ⅳ	劣Ⅴ	Ⅳ	Ⅳ	Ⅳ	Ⅲ	Ⅴ	Ⅳ	Ⅳ	Ⅳ	Ⅴ	Ⅴ
高桥	Ⅳ	Ⅳ	Ⅳ	Ⅳ	Ⅳ	Ⅴ	Ⅳ	劣Ⅴ	Ⅳ	Ⅳ	Ⅳ	Ⅴ
新虹桥	—	Ⅳ	Ⅳ	Ⅳ	—	劣Ⅴ	—	Ⅳ	—	Ⅳ	—	Ⅳ
硕放大桥	—	Ⅳ	Ⅴ	Ⅳ	—	Ⅳ	—	Ⅳ	—	Ⅳ	—	Ⅳ
金城桥	Ⅱ	Ⅴ	Ⅲ	Ⅳ	Ⅳ	Ⅳ	Ⅲ	Ⅳ	Ⅳ	Ⅳ	Ⅳ	Ⅴ

4) 2020年水质状况

2020年运河干流地表水质主要受氨氮和总磷指标影响较大。

(1) 枯水期

枯水期氨氮数值显示,1月份五牧、新虹桥和硕放大桥断面含量分别为1.02 mg/L、1.43 mg/L和1.37 mg/L,水质类别为Ⅳ类,高桥和金城桥断面含量分别为0.76 mg/L和0.85 mg/L,水质类别为Ⅲ类,2月份五牧、高桥和金城桥断面含量在0.12～0.52 mg/L之间,水质类别为Ⅰ～Ⅲ类;总磷数值显示,1月份五牧和硕放大桥断面含量分别为0.299 mg/L和0.260 mg/L,水质类别为Ⅳ类,其他断面在枯水期含量在0.10～0.17 mg/L之间,水质类别为Ⅱ类或Ⅲ类。

2020年枯水期,五牧断面1月份为Ⅳ类水质,2月份为Ⅲ类水质;高桥断面为Ⅲ类水质;新虹桥和硕放大桥断面为Ⅳ类水质;金城桥断面为Ⅲ类水质,定类项目为氨氮和总磷(表6-13)。

(2) 平水期

平水期氨氮数值显示,3月份金城桥断面和4月份高桥断面含量分别为1.05 mg/L和1.06 mg/L,水质类别为Ⅳ类,10月份金城桥断面含量为1.51 mg/L,水质类别为Ⅴ类,其他断面在平水期含量在0.05～0.941 mg/L之间,水质类别为Ⅱ类或Ⅲ类;总磷数据显示,3月份五牧和新虹桥断面含量分别为0.295 mg/L和0.22 mg/L,水质类别为Ⅳ类,其他断面含量在0.17～0.20 mg/L之间,水质类别为Ⅲ类,4月份五牧和金城桥断面含量分别为0.228 mg/L和0.21 mg/L,水质类别为Ⅳ类,高桥断面含量为0.14 mg/L,水质类别为Ⅲ类,5月份金城桥断面含量为0.33 mg/L,水质类别为Ⅴ类,新虹桥和硕放大桥断面含量分别为0.25 mg/L和0.26 mg/L,水质类别为Ⅳ类,五牧和高桥断面含量分别为0.13 mg/L和0.19 mg/L,水质类别为Ⅲ类,9月份五牧断面、新虹桥断面和金城桥断面含量分别为 0.21 mg/L、0.24 mg/L 和 0.21 mg/L，水质类别为Ⅳ类，高桥断面含量为 0.18 mg/L，水质类别为Ⅲ类，10 月份和 11 月份各断面含量在 0.14～0.19 mg/L 之间，水质类别为Ⅲ类。

2020 年平水期，五牧断面 5 月、10 月、11 月份为Ⅲ类水质，其他月份为Ⅳ类水质；高桥断面 4 月、10 月份为Ⅳ类水质，其他月份为Ⅲ类水质；新虹桥断面 11 月份为Ⅲ类水质，其他月份为Ⅳ类水质；硕放大桥断面 3 月份为Ⅲ类水质，5 月份为Ⅳ类水质；金城桥断面 5 月、10 月份为Ⅴ类水质，其他月份为Ⅳ类水质，定类项目为溶解氧、化学需氧量、汞、氨氮和总磷（表 6-14）。

表 6-14　2020 年京杭大运河无锡段监测断面水质类别

断面名称	时期											
	枯水期			平水期			丰水期			平水期		
	2019.12	1	2	3	4	5	6	7	8	9	10	11
五牧	—	Ⅳ	Ⅲ	Ⅳ	Ⅳ	Ⅲ	Ⅲ	Ⅳ	Ⅳ	Ⅳ	Ⅲ	Ⅲ
高桥		Ⅲ	Ⅲ	Ⅲ	Ⅳ	Ⅲ	Ⅴ	Ⅳ	Ⅲ	Ⅲ	Ⅳ	Ⅲ
新虹桥		Ⅳ		Ⅳ	—	Ⅳ	Ⅴ	Ⅳ	劣Ⅴ	Ⅳ	Ⅳ	Ⅲ
硕放大桥		Ⅳ		Ⅲ		Ⅳ						
金城桥	—	Ⅲ	Ⅲ	Ⅳ	Ⅳ	Ⅴ	Ⅴ	Ⅳ	Ⅴ	Ⅳ	Ⅴ	Ⅳ

（3）丰水期

丰水期氨氮数值显示，6 月份各断面含量在 0.05～0.39 mg/L 之间，水质类别为Ⅲ类，7 月份新虹桥和金城桥断面含量分别为 1.26 mg/L 和 1.49 mg/L，水质类别为Ⅳ类，其他断面含量在 0.58～0.70 mg/L 之间，水质类别为Ⅲ类，8 月份各断面含量在 0.07～0.813 mg/L 之间，水质类别为Ⅰ类或Ⅲ类；总磷数据显示，6 月份高桥断面含量为 0.32 mg/L，水质类别为Ⅴ类，新虹桥断面含量为 0.242 mg/L，水质类别为Ⅳ类，五牧和金城桥断面含量分别为 0.14 mg/L 和 0.19 mg/L，水质类别为Ⅲ类，7 月份各断面含量在 0.214～0.26 mg/L 之间，水质类别均为Ⅳ类，8 月份新虹桥断面含量为 0.64 mg/L，水质类别为劣Ⅴ类，金城桥断面含量为 0.31 mg/L，水质类别为Ⅴ类，五牧断面含量为 0.24 mg/L，水质类别为Ⅳ类，高桥断面含量为 0.19 mg/L，水质类别为Ⅲ类。五条断面运河水质变化曲线见图 6-24。

2020 年丰水期，五牧断面 6 月份为Ⅲ类水质，其他月份为Ⅳ类水质；高桥断面 6 月份为Ⅴ类水质，7 月份为Ⅳ类水质，8 月份为Ⅲ类水质；新虹桥断面 6 月份为Ⅴ类水质，7 月份为Ⅳ类水质，8 月份为劣Ⅴ类水质；金城桥断面 7 月份为Ⅳ类水质，其他月份为Ⅴ类水质，定类项目为溶解氧、化学需氧量、石油类、氨氮和总磷（表 6-13）。

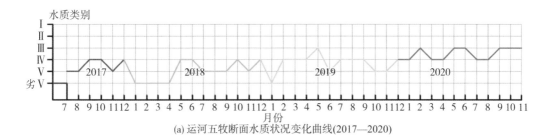

(a) 运河五牧断面水质状况变化曲线(2017—2020)

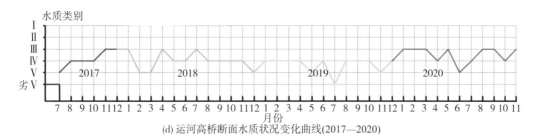

(d) 运河高桥断面水质状况变化曲线(2017—2020)

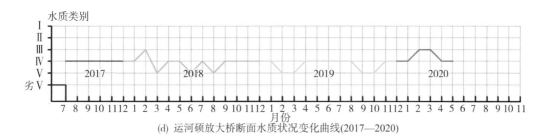

(c) 运河新虹桥断面水质状况变化曲线(2017—2020)

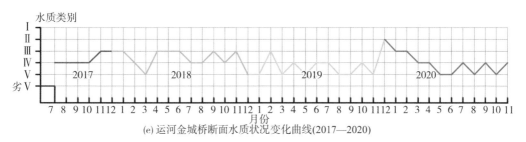

(d) 运河硕放大桥断面水质状况变化曲线(2017—2020)

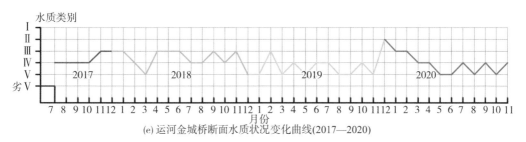

(e) 运河金城桥断面水质状况变化曲线(2017—2020)

图 6-24　运河五条断面水质变化曲线图

5）近 4 年水质变化情况

近 4 年来,京杭大运河(无锡段)地表水的溶解氧含量最小值为 2.3 mg/L,最大值为 12.9 mg/L,平均值为 6.16 mg/L;六价铬含量最小值为 0 mg/L,最大值为 0.226 mg/L,平均值为 5.40 μg/L;氨氮含量最小值为 0 mg/L,最大值为 2.86 mg/L;石油类含量最小值为 0.01 mg/L,最大值为 0.8 mg/L,平均值为 0.04 mg/L;总磷含量最小值为 0.08 mg/L,最大值为 0.64 mg/L,平均值为 0.22 mg/L。

2017—2019 年运河各断面水质主要为Ⅳ～Ⅴ类水质,其中 2018 年 1—4 月份五牧断面为劣Ⅴ类水质,2019 年 1 月五牧断面、2019 年 7 月高桥断面和 2019 年 5 月新虹桥断面为劣Ⅴ类水质。2020 年运河干流地表水质主要受溶解氧、化学需氧量、汞、石油类、氨氮和总磷影响,各断面水质以Ⅲ类和Ⅳ类水质为主,只有 5 月份的金城桥断面,6 月份的高桥断面、新虹桥断面和金城桥断面,8 月份新虹桥断面和金城桥断面以及 10 月份的金城桥断面为Ⅴ类水(其中新虹桥断面水质在 8 月份时为劣Ⅴ类),表明 2020 年运河干流水质相较往年有较大改善,但局部水体的化学需氧量、石油类、氨氮和总磷的含量仍然超标。

6.7 运河水环境状况调查

6.7.1 水资源及其开发利用现状

京杭大运河(无锡段)设有干流流量观测站点,位于洛社镇,多年平均流量为 22.0 m³/s,年平均径流量为 6.9 亿 m³。根据从水利局收集到的数据可知,京杭大运河(无锡段)全年的水流均由西北流向东南方向,尤其在丰水期时,运河水位较高,流速较大。

岸线开发利用需求量大,以工业企业及码头占用为主,无锡段占用 220.9 km,利用率达到 91.9%。通过对运河两岸近岸土壤地球化学调查和深部土壤沉积柱调查可知,运河周边土壤和深部土壤状况良好,未受到重金属和有机物污染,两岸土地可以用于农业和工业开发利用。2020 年,京杭大运河(无锡段)干流水质以Ⅲ类和Ⅳ类水质为主,按照《地表水环境质量标准》,运河水可以满足周边工业企业生产用水、农田灌溉用水以及景观用水的要求,特别是京杭大运河全线按三级航道标准设计,极大改善和推动了沿河的农田水利事业的发展,对确保农业的稳产高产也起了十分重要的保证作用,综合利用效益明显。

6.7.2 水环境污染问题原因分析

本次地表水调查主要搜集了三年内的京杭大运河(无锡段)水质和水文监测数据,并在丰水期、平水期和枯水期对运河干流和入河支流的水位进行测量。如受到污染则弄清导致污染的原因,通过对水质和水文数据的分析对比和综合研究,从而查明运河干流与长江及入河支流之间的相互补给关系,以及运河水质、水文状况和动态变化规律。目前已收集到京杭大运河(无锡段)2017 年 7 月份至 2020 年 11 月份的断面监测数据,断面名称分别为五牧断面、高桥断面、新虹桥断面、硕放大桥断面和金城桥断面,监测数据包括水温、流量、流向、pH、电导率、溶解氧、化学需氧量、NH₃—N、挥发酚、W—Hg、W—Pb、TN、

W—Cu、W—Zn、As、Cd、Cr^{6+}、TP 和总石油烃类。丰水期水位测量工作于 2020 年 7 月份完成,平水期水位测量工作于 2020 年 11 月份完成,枯水期水位测量工作于 2020 年 12 月份完成,共测量 21 个点位的水位情况,包括 12 条运河干流剖面水位和 9 条入河支流水位,测量水位的同时记录了由江苏省水利厅发布的京杭大运河(无锡段)的水情情况。地下水调查包括位于惠山区的锡西大桥、梁溪区的山北大桥和新吴区的京杭运河桥的 3 个水文钻孔 ZKS02、ZKS06 和 ZKS11,在每个水文孔中分别采集 10 m 处潜水层样品和 50 m 处第Ⅰ承压层水样进行调查。

大运河无锡段的水质情况、各分析指标所采用的分析方法、主要设备和检出限如表 6-15 所示。

表 6-15　水质样品分析方法及检出限汇总表

分析指标	分析方法	主要设备	型号	仪器编号	检出限	单位
pH	《生活饮用水标准检验方法 感官性状和物理指标》GB/T 5750.4—2006(5.1)	pH 计	FE28-Standard 3000	FS173	0.01	—
色度	《地下水质检验方法 色度的测定》(DZ/T 0064.4—93)	比色卡	—	—	5	度
浊度	《水质 浊度的测定 浊度计法》(HJ 1075—2019)	浊度计	WGZ-200S	FS77	0.2	
化学需氧量(COD)	《地下水质检验方法 酸性高锰酸盐氧化法测定化学需氧量》(DZ/T 0064.68—93)	25 mL 滴定管	—	FQ16	0.50	mg/L
铜	《水质 65 种元素的测定 电感耦合等离子体质谱法》(HJ 700—2014)	ICPMS	ICAP RQ	FS194	0.08	$\mu g/L$
铅	《水质 65 种元素的测定 电感耦合等离子体质谱法》(HJ 700—2014)	ICPMS	ICAP RQ	FS194	0.08	$\mu g/L$
锌	《水质 65 种元素的测定 电感耦合等离子体质谱法》(HJ 700—2014)	ICPMS	ICAP RQ	FS194	0.65	$\mu g/L$
砷	《水质 65 种元素的测定 电感耦合等离子体质谱法》(HJ 700—2014)	ICPMS	ICAP RQ	FS194	0.12	$\mu g/L$
镉	《水质 65 种元素的测定 电感耦合等离子体质谱法》(HJ 700—2014)	ICPMS	ICAP RQ	FS194	0.04	$\mu g/L$
汞	《水质 汞、砷、硒、铋和锑的测定 原子荧光法》(HJ 694—2014)	原子荧光光度计	AF-630A	FS08	0.04	$\mu g/L$
六价铬	《水质 六价铬的测定 流动注射-二苯碳酰二肼光度法》(HJ 908—2017)	全自动流动注射分析仪	BDFIA-8000	FS199	0.001	mg/L
总氮	《水质 总氮的测定 流动注射-盐酸萘乙二胺分光光度法》(HJ 668—2013)	全自动流动注射分析仪	BDFIA-8000	FS199	0.03	mg/L
总磷	《水质 32 种元素的测定 电感耦合等离子体发射光谱法》(HJ776—2015)	电感耦合等离子体发射光谱	Avio 200	FS11	0.035	mg/L
挥发酚	《水质 挥发酚的测定 流动注射-4-氨基安替比林分光光度法》(HJ 825—2017)	全自动流动注射分析仪	BDFIA-8000	FS199	0.001	mg/L
总石油烃	《水质 可萃取性石油烃(C_{10}-C_{40})的测定 气相色谱法》(HJ 894—2017)	气相色谱仪	Trace 1300E	FS222	0.01	mg/L

分析指标	分析方法	主要设备	型号	仪器编号	检出限	单位
α-BHC、β-BHC、γ-BHC、δ-BHC	气相色谱/质谱法《水和废水监测分析方法》(第四版增补版)国家环保总局(2002)	气相色谱质谱联用仪	RACE1300-ISQ 7000	FS206	0.06	mg/L
p,p'-DDE、p,p'-DDD、o,p'-DDT、p,p'-DDT	气相色谱/质谱法《水和废水监测分析方法》(第四版增补版)国家环保总局(2002)	气相色谱质谱联用仪	RACE1300-ISQ 7000	FS207	0.04	mg/L

根据本次调查成果可知,京杭大运河(无锡段)河道水体氨氮、磷污染负荷较重,水质大部分时间都处于Ⅳ类或Ⅴ类,且运河近岸地下水水质同样较差,均为Ⅳ类或Ⅴ类水质,通过调查我们发现,造成水质较差的原因如下:

第一,上游入境河水影响较大。五牧断面为无锡市上游的入境断面,2017—2019年,该断面水质为Ⅳ类或Ⅴ类,2020年该断面水质较好,主要为Ⅲ类或Ⅳ类。第二,运河无锡段共设具有规模的入河排污口8处,3处为工业企业排污口,5处为城镇污水处理厂排污口,污染物排放总量较大。由于企业数量较多、分布不集中,难以实现全面集中收集和处理。第三,城镇污水处理厂能力不足、管网配套不完善,农村生活污水处理设施未全覆盖等原因造成的生活污水直排问题仍然存在。第四,畜禽养殖、水产养殖和农业种植布局分散,养殖污水排入、化肥和农药流失增加了河流水体的氨氮、磷污染负荷。第五,船舶污染物收集和处理设施不健全,船舶未完全配备生活污水和生活垃圾的收集储存装置,随意乱倒的现象仍然很常见。第六,污染较严重的支流汇入。

综上所述,运河水质较差的主要原因包括上游输入水质较差、周边工业企业污水排放、城镇和农村污水处理不完善、农业面源污染以及地表径流污染,底泥对水污染影响不大。

6.8　近岸环境地质调查特征

6.8.1　近岸土地利用现状

无锡地区属经济发达区,岸线开发利用需求量大。岸线开发利用以工业企业及码头占用为主,无锡段占用了220.9 km,河道岸线总体利用率达到91.9%。运河岸线规划工作开展大幅滞后于开发利用进程,由于缺少具有可操作性的技术依据,岸线资源开发利用缺乏统一布局,集约化利用程度不高,局部存在多占少用或占而不用的情况。同时,受利益驱使,局部河段仍存在违法侵占岸线的行为,以违法建筑、非法企业及码头、乱垦乱种等为主。过度的开发利用甚至违法占用消耗了大量有限的岸线资源,给河道及岸线功能的充分发挥带来隐患。笔者所在团队对运河沿岸2 km的土地利用情况进行了统计,统计结果见表6-16,通过对惠山区、梁溪区和新吴区的土地利用情况对比可知,惠山区的水田、旱田、林地、村庄和大型工业园区分布较多,这与惠山区土地利用总体规划一致。根据

2018 年土地利用现状变更调查数据,截至 2018 年底,惠山区耕地保有量为 9 891.55 hm²,其中耕地 9 334.42 hm²,可调整地类 557.13 hm²;根据惠山区永久基本农田划定成果,全区永久基本农田保护任务为 5 046.7 hm²,实际落实永久基本农田 5 313.45 hm²,全区共划定永久基本农田保护区 10 个、永久基本农田保护片(块)91 个;上级下达无锡市惠山区至2020 年建设用地总规模为 16 333.300 0 hm²,当前剩余规划空间为 459.021 4 hm²,可使用新增建设用地规模为 145.510 3 hm²。

表 6-16 运河沿岸土地利用分类统计表

序号	名称	面积/km²	描述	备注
1	城市	56.04	无锡市用地	
2	村庄	16.21	农村用地	
3	城镇	30.32	建制镇用地	
4	设施农用地	0.18	直接用于经营性养殖的生产设施用地及其相应附属设施用地,农村宅基地以外的晾晒场等农业设施用地	
5	水田	0.99	稻田等灌溉耕地	
6	旱地	16.69	种植旱地作物,一般不需要季节性灌溉的耕地	
7	田坎	0.09	田间的埂子,用以分界和行走	
8	果园	0.83	种植果树的耕地	
9	其他园地	5.07	路边园林用地	
10	有林地	2.23	树木郁闭度大于等于 20% 的天然、人工林地	
11	河流	12.53	河流用地	
12	湖泊	0.20	湖泊用地	
13	坑塘水面	12.11	人工开挖或天然形成的蓄水量小于 10 万 m³ 坑塘常水位以下的土地	
14	沟渠	0.08	灌溉或排水而挖的水道的土地	
15	码头港口	0.47	码头港口用地	
16	水工建筑	0.34	堤坝闸口等水利工程用地	
17	滩涂	0.023	太湖滩涂	
18	公路	17.31	公路用地	
19	农村道路	2.68	农村道路用地	
20	铁路	2.24	铁路及沿线用地	
21	机场	0.01	机场用地	
22	风景名胜	0.50	包括名胜古迹、旅游景点、革命遗址等景点及管理机构的建筑用地	

梁溪区是无锡市的中心城区,面积约 71.5 km²,下辖 9 个街道、154 个社区,梁溪区是无锡市政治、经济、文化中心,该区汇集了全市最大的商贸中心、最大的客运中心、最大的地铁枢纽以及沟通机场、高铁车站的快捷通道,中心区位优势得天独厚。

新吴区是在无锡市高新技术产业开发区和无锡新加坡工业园的基础上,于 1995 年

3月组建而成的,根据新吴区 2014 年土地利用变更调查成果,全区土地总面积为 22 000.61 hm²(公顷)。将各用地按照土地规划分类进行汇总,全区农用地面积为 5 811.07 hm²,占土地总面积的 26.41%;建设用地为 15 103.64 hm²,占土地总面积的 68.65%;其他土地为 1 085.90 hm²,占土地总面积的 4.94%。农用地中,耕地、园地、林地和其他农用地面积分别为 3 773.56 hm²、1 315.10 hm²、18.05 hm² 和 704.36 hm²,分别占土地总面积的 17.15%、5.98%、0.08% 和 3.2%。耕地主要分布在鸿山街道;园地以果园和其他园地为主,其中果园主要分布在鸿山街道,其他园地分布在硕放街道;林地主要分布在鸿山街道。建设用地中,城乡建设用地、交通水利用地及其他建设用地面积分别为 12 034.38 hm²、2 972.36 hm² 和 96.90 hm²,分别占土地总面积的 54.70%、13.51% 和 0.44%。其他土地中,河流水面、湖泊水面、内陆滩涂的面积分别为 1 003.50 hm²、79.66 hm² 和 2.74 hm²,分别占土地总面积的 4.56%、0.36% 和 0.01%。其中水域主要由望虞河、伯渎港、京杭大运河等水系构成。

京杭大运河(无锡段)城镇空间格局及其与运河的关系比较清晰,拥有较多的历史建筑、文物保护单位和风景名胜,比如吴桥、黄埠墩、三里桥、西水墩、南禅寺、妙光塔、跨塘桥、伯渎桥、清名桥、显应桥、茂新面粉厂旧址、南门、南长街、清名桥历史文化街区、江尖公园、北塘大街、运河公园等,目前无锡市已完成大部分历史建筑的保护规划的编制工作。无锡运河沿线城镇是古代建筑艺术的活体见证,老街巷、老字号是反映该地区经济社会繁荣的有力证据,不仅具有重要的历史文化价值、独特的地域特色价值,同时具有自然和历史景观方面的价值,此外还具有科学、艺术和旅游方面的价值。

6.8.2 第四系沉积特征

根据工作区地貌成因与形态类型的差异,全区可划分为低山丘陵构造剥蚀区和太湖冲湖积平原区,而运河近岸区域均属于太湖冲湖积平原区,区内地势低平,地面高程一般为 2.5~5 m,地表以晚更新统与全新统冲湖积成因的黄色黏土、粉质黏土、粉质砂土为主。局部地区为湖沼积平原亚区,主要在惠山区洛社镇北部,洛社镇南部小面积出露,地面高程一般在 1~2.5 m,局部为负地形,组成物为全新统深黑色、灰黑色淤泥质土与淤泥层。

根据 12 个钻孔编录成果与区域性地层对比,本区已揭示的第四系地层大约分为 11 层,其中第①层为填土层,第②层为全新统上段(Q_4^3),第③层位全新统中段(Q_4^2),第④层为全新统下段(Q_4^1),第⑤层为上更新统上段(Q_3^2),第⑥层位上更新统下段(Q_3^1),第⑦层中更新统上段(Q_2^2),第⑧层中更新统下段(Q_2^1),第⑨层为下更新统上段(Q_1^3),第⑩层为下更新统中段(Q_1^2),第⑪层为下更新统下段(Q_1^1)。

由上向下,各层地质特征综述如下:

第①层为杂色松散素填土,厚约 1.2~7.4 m,以黏性土为主,含有少量碎石子、碎石块、砖屑、砼块和生活垃圾等,土质不均匀。

第②层为青灰、灰黄、褐黄色粉质黏土,层厚 2.7~14.6 m,可塑—硬塑,土质均匀,含少量锈黄色斑点,偶见有机质斑纹,韧性高,干强度中等—高,刀切面稍有光泽。

第③层为浅灰—灰黄色粉质黏土夹粉土或粉砂,层厚 1.9~11.9 m,灰黄,很湿,可塑,水平层理发育可见,单层厚2～3 mm左右,局部可达10～15 cm,韧性,干强度中等,刀切面粗糙。粉土为灰黄色,很湿,稍中密,含云母片,由石英长石等矿物组成,夹少量的粉土极薄层,分选性好—中等。

第④层为浅灰色、灰褐色、灰黑色淤泥质粉质黏土,层厚0.95～6.7 m,湿,软—可塑,韧性,干强度低—中等,刀切面稍有光泽。浅海相沉积地层,全新统和上更新统分层位置。

第⑤层为灰色、青灰色至褐黄色粉质黏土和黏土,层厚2.4～20.5 m,稍湿—湿,可塑—硬塑,韧性,干强度高,含青灰色条带,刀切面稍有光泽,局部夹粉土,具有铁锰结核。ZKS06孔中该层位见粉砂,灰黄色,饱和,中—密实,含云母片,以石英、长石等矿物组成,分选性好。

第⑥层为灰色、灰黄色—暗灰色粉质黏土、粉砂互层,呈千层饼状,滨海相沉积,局部见粉土,层厚约7.7～11.5 m,可塑—硬塑;干强度,韧性高;粉砂互层,暗灰色,饱和,中密,含云母片,由石英、长石等矿物组成,分选性好,此层富含海相有孔虫、介形虫化石;灰黄色,很湿,局部夹粉砂薄层,含少量粉质黏土团块,含云母片,韧性低,摇振反应迅速,刀切面粗糙。

第⑦层为上部浅灰、灰黄色、褐黄色、暗灰色粉质黏土,下部粉细砂,系河湖相沉积,为上更新统和中更新统分层位置。层厚4.8～18.6 m,稍湿—很湿,可塑—硬塑,韧性,干强度中等—高,刀切面稍有光泽;粉细砂中密—密实,含云母片夹20%～25%的粉质黏土薄层,以石英长石、长石及少量的暗色矿物组成,分选性差—好。

第⑧层为上部为灰色、暗灰、灰黄、褐黄色粉质黏土、粉土,下部细、中细砂,层厚39.3～51.8 m,粉质黏土软塑—硬塑,稍湿—湿,韧性,干强度中等—高,刀切面稍有光泽;细砂饱和,密实,以粉细砂为主,其次为粉砂,含云母片,由石英、长石等矿物组成,分选性好;局部见粉土,很湿,中密,含少量的粉质黏土薄层,韧性,干强度低,摇振反应中等,刀切面稍粗糙。

第⑨层为灰色、灰黄、褐黄色、青灰色等杂色粉质黏土、黏土,下更新统下段标志地层,层厚4.24 m,稍湿,硬塑,局部夹粉砂薄层(127.5～127.65 m),含铁质浸染,偶见泥钙质结核、青灰色高岭土条带或团块,韧性,干强度高,刀切面稍有光泽。

第⑩层为灰白夹灰黄色钙质黏土,层厚6.36 m,稍湿,硬塑,以泥钙质为主,可占70%～75%。其次为黏土,含少量的铁质浸染,含青灰色高岭土条带或团块,韧性,干强度高,刀切面粗糙。

第⑪层为灰黄色含砾粉质黏土,下更新统下段地层,洪积相沉积,层厚4.4 m,稍湿,硬塑,以粉质黏土为主。其次为砾石,砾石可占10%～15%左右,大小为2～9 mm,大者可达9.1 cm×10 cm×9.1 cm,大小混杂,呈次棱状,磨圆度差,韧性,干强度高,刀切面粗糙。

6.8.3　近岸工程地质调查

本次主要通过钻孔采集土工实验样品144件,在每个钻孔中采取12个岩芯样品,采样深度分别为−5 m至−30 m范围内,每隔2 m采集一个样品,并使用专门的铁皮封装送交实验室,主要测试分析了第四系上部地层的含水率、比重、密度、孔隙度、塑性指数、液性指数、压缩系数、抗压强度(黏聚力、内摩擦角)等项目(表6-17)。依据《岩土工程勘察规范(2009版)》(GB 50021—2001)对京杭大运河(无锡段)沿线浅层地层的物理性质和力学性质进行了评价。

表6-17　工程地质调查统计表

阶段	内容	数量
野外勘察	测放孔/个	12
	机钻总进尺/m	653.08
	取原状土样/件	144
室内试验	常规/组	144

由分析测试数据可知,在塑性指数、液性指数、含水率和孔隙度等方面,惠山区段、梁溪区段和新吴区段差别较明显。在土质分类上,结合其颗粒级别(一般小于0.075 mm)和塑性指数,惠山区段主要为粉质黏土,夹少量粉土,塑性指数I_p介于6.2~16.6之间;梁溪区段主要为粉质黏土,少量为粉土和粉砂,塑性指数I_p介于5.8~19.4之间;新吴区段主要为粉质黏土,少量为淤泥质粉质黏土、粉土和黏土,塑性指数I_p介于7.6~18.9之间。在土壤塑性上,惠山区段主要为可塑和硬塑,液性指数I_L介于0.13~1.97之间;梁溪区段主要为软塑、可塑和硬塑,液性指数I_L介于0.43~1.31之间;新吴区段主要为硬塑,少量为软塑和可塑,液性指数I_L介于0.13~1.55之间。

在土壤湿度上,惠山区段表现为稍湿—湿,局部为很湿,含水率ω主要介于21.1%~40.5%之间;梁溪区段主要为湿,少量为很湿,含水率ω主要介于22.1%~50.9%之间;新吴区段主要为湿,局部为稍湿和很湿,含水率ω主要介于21.7%~43.4%之间。在土壤密实程度上,惠山区段主要表现为密实和中密,少量为稍密,局部为松散,孔隙度e_0主要介于0.619~1.147之间;梁溪区段主要表现为中密,少量为密实和稍密,局部为松散,孔隙度e_0主要介于0.637~1.497之间;新吴区段主要表现为中密和密实,少量为稍密,局部为松散,孔隙度e_0主要介于0.603~1.216之间。在土壤的密度ρ方面,惠山区段土壤密度介于1.78~2.05 g/cm³之间;梁溪区段土壤密度介于1.65~2.03 g/cm³之间;新吴区段土壤密度介于1.76~2.07 g/cm³之间。在土壤的比重G_s方面差别不明显,比重介于2.69~2.73之间。

1) 工程地质特征

本次钻探最大深度为200.74 m,依据岩土层时代、成因及工程物理力学特征的差异共分为6个大层7个亚层,自上而下描述如下:

(1) 第四系全新统人工填土

①素填土:灰黄、灰褐色为主,松散,以粉质黏土为主,土质不均,夹少量碎石,堆积时短。

(2) 第四系全新统河湖相土

②粉质黏土夹粉土(第四系全新统中上段):灰黄、灰褐色,可塑—硬塑,含少量锈黄色斑点,偶见有机质斑纹,局部间夹粉土,干强度中等,无摇振反应,属中压缩性土。

（3）第四系全新统浅海相土

③淤泥质粉质黏土（第四系全新统下段）：灰黑色，软塑—可塑，饱和，含有机质，夹粉土，干强度低，韧性差，轻微摇振反应，高压缩性。

（4）第四系上更新统海相、滨海相土

④层土根据其物理力学性质的差异分为2个亚层：④-1、④-2。

④-1粉质黏土夹粉土（上更新统上段）：灰黄色，稍湿，硬塑，含铁质结核，青灰色高岭土条带或团块，韧性强，干强度高，无摇振反应，中压缩性；④-2粉砂、粉质黏土互层（上更新统下段）：灰黄色，很湿，局部夹粉砂薄层，呈千层饼状，含少量粉质黏土团块，含云母片，韧性低，摇振反应迅速，中压缩性。

（5）第四系中下更新统河湖相土

⑤河湖相土（中更新统、下更新统中上段）：灰黄—灰色，饱和，粉质黏土夹中—细砂，中密—密实，局部为砂质黏土状，具可塑性，中压缩性。

（6）第四系下更新统下段洪积相土

⑥洪积相土（下更新统下段）：浅黄色，含砾粉质黏土，中密—密实，砾石可占10%～15%，大小为2～9 mm，大者可达9.1 cm×10 cm×9.1 cm，大小混杂，呈次棱角状，磨圆度差，韧性低，干强度高，中压缩性。

2）岩土参数分析与选用

本次工作所取土样质量满足规范要求，所取土样空间分布合理。在统计指标前，按地质单元进行划分，并剔除异常值后进行统计。勘察报告按性质相近划分一层，提供了样本平均值、样本数及变异系数，详见表6-18。根据统计结果，各土层物理力学指标，除少量指标存在中等以上变异性外，其余指标均为低—很低变异性，说明土层划分合理及地层存在不均匀性。

表6-18　各土层物理力学性质指标综合表

土层	指标					
	含水量 w /%	密度 ρ /（g/m³）	孔隙度（ e ）	塑性指数（ I_p ）	液性指数（ I_L ）	压缩模量（ E_s ）/MPa
①	—	—	—	—	—	—
②	27.99	1.95	0.789	12.11	0.70	6.43
③	29.76	1.93	0.831	13.09	0.81	5.15
④-1	27.24	1.96	0.771	14.18	0.51	6.71

土层	抗剪强度指标标准值		标准贯入/击	
	内聚力 c_k /kPa	内摩擦角 φ_k /（°）	N	
①	—	—	—	
②	24.04	18.31	17	
③	24.46	14.09	10	
④-1	38.96	17.65	22	

评价岩土性状的指标如天然含水量、天然密度、液限、塑限、塑性指数、液性指数等选用指标的平均值，正常使用极限状态计算学要的岩土参数如压缩系数、压缩模量等，选用指标的平均值，承载力极限状态计算需要的岩土参数，如抗剪强度指标选用标准值。地层种类较多，总体上场地地基稳定性一般。

各地层地基土工程特性详情如表 6-19 所述：

表 6-19　各地层地基土工程特性

工程地质分层层号	工程特性	第四系地层层号	沉积成因
①	杂填土，工程性质差	—	—
②	粉质黏土承载一般，中压缩性	Q_4^2、Q_4^3	湖沼相
③	淤泥质粉质黏土承载力低，工程性质差，中压缩性	Q_4^1	浅海相
④-1	粉质黏土承载力一般，工程性质一般，中压缩性	Q_3^2	海相
④-2	粉砂、粉质黏土互层承载力低，中压缩性	Q_3^1	滨海相
⑤	河湖相土粉质黏土承载力一般，中压缩性	$Q_2^2 - Q_1^2$	河湖相
⑥	洪积相土，含砾泥岩承载力较高，低压缩性	Q_1^1	洪积相

3）工程地质条件基本评价

通过京杭大运河近岸工程地质研究和岩土参数分析可知，京杭大运河（无锡段）东、西两段土质比较接近，上部为灰黄、褐黄色黏土和粉质黏土，含铁锰结核，硬塑状态，中等压缩性，全线分布，但层厚不一，一般层厚 2.5～4 m，具有较好的边坡稳定性和较高的承载能力，其顶部由于后期冲沟切割，间断沉积了灰色淤泥质粉质黏土地层，形似倒锥，在运河西段较为常见；中部为黄色、灰色粉质黏土，混夹粉砂，软—可塑状态，中等压缩性，层厚 2～4 m；其下为灰色粉砂土，稍密—中密状态，层厚 6～8 m，多见于运河东段；下部为灰绿、灰黄色粉质黏土、黏土层，硬塑状态，是地基良好的下卧层，仅局部夹少量灰色软粉质黏土混腐殖物，对一般边坡稳定无直接影响。

京杭大运河（无锡段）"四改三"整治工程，即将四级航道改造升级为三级航道，自 2007 年开工建设，到 2011 年正式通航。河道口宽由原来的 60 m 扩大到现在的 90 m 以上，航道拓宽为 80 m 以上，实现两艘千吨级船舶可交汇航行。同时两岸采用混凝土护坡，增加了河坝的稳定性（图 6-25）。2020 年无锡市经历了 42 天的"超长梅雨期"，累计降雨量达 711.4 mm，是多年平均梅雨量的 2.88 倍，主要河湖水位快速上涨、持续超警。太湖最高水位达 4.79 m，位列历史第三；大运河无锡站最高水位达 5.05 m，位列历史第四。面对超长汛期、超强降雨，京杭大运河（无锡段）未发生运河堤坝垮塌或河水漫溢事件，充分说明了防洪排涝中运河堤坝的安全稳固性。目前无锡市正在开展堤岸生态建设与保护，对有条件的岸段实施生态护岸建设，河岸两侧建设生态防护林带，紧靠河岸的农田采取加高田埂陪护，防止水土流失。本次工作中，笔者所在团队详细调查了堤坝两侧的建筑物和农田分布情况，并将堤坝两岸区域划分为安全稳定区和需监测安全区，京杭大运河（无锡段)沿线除蔀溪大桥南侧、新安大桥西南侧以及红星桥至芦村河沿线存在高大建筑物,属于需监测安全区外,其余地区均为农田、绿化带和低矮建筑物,属于安全稳定区。需监测安全区与运河之间均有公路或绿化带相隔,距离约 20~100 m。

图 6-25　运河河坝现状

6.9　近岸土壤质量概查

6.9.1　近岸表层土壤调查

　　土壤中主要重金属污染物的迁移转化形式复杂多样,其中汞、镉、铬、铜、铅、砷危害性较强。目前,土壤重金属污染治理的主要措施就是"预防为主,防治结合"。对于没有被污染的土壤以预防为主,切断污染源,提高土壤环境容量。对于已被污染的土壤进行改造、治理,以消除污染。土壤重金属污染物的迁移转化非常复杂,治理极其艰难,必须引起人们的高度注重,杜绝土壤的重金属污染。

　　在测地工作的基础上,笔者所在团队 2020—2021 年在野外相继开展了土壤地球化学测量和钻探取芯工作。土壤样品分析方法及检出限汇总表及土工试验分析方法汇总表见表 6-20 和表 6-21。

表 6-20　土壤样品分析方法及检出限汇总表

分析指标	分析方法	主要设备	型号	仪器编号	检出限	单位
pH	《森林土壤 pH 值的测定》(LY/T 1239—1999)	pH 计	FE28	SEP-NJ-J019	—	—

分析指标	分析方法	主要设备	型号	仪器编号	检出限	单位
铜	《土壤质量 铜、锌的测定 火焰原子吸收分光光度法》(GB/T 17138—1997)	原子吸收光谱仪（石墨炉和火焰）	280FS/280Z AA	SEP-NJ-J096	1	mg/kg
铅	《土壤质量 铅、镉的测定 石墨炉原子吸收分光光度法》(GB/T 17141—1997)	原子吸收光谱仪（石墨炉和火焰）	280FS/280Z AA	SEP-NJ-J096	0.1	mg/kg
锌	《土壤质量 铜、锌的测定 火焰原子吸收分光光度法》(GB/T 17138—1997)	原子吸收光谱仪（石墨炉和火焰）	280FS/280Z AA	SEP-NJ-J096	0.5	mg/kg
砷	《土壤质量 总汞、总砷、总铅的测定 原子荧光法 第2部分：土壤中总砷的测定》(GB/T 22105.2—2008)	原子荧光光度计	AFS-8220	SEP-NJ-J063	0.01	mg/kg
汞	《土壤质量 总汞、总砷、总铅的测定 原子荧光法 第1部分：土壤中总汞的测定》(GB/T 22105.1—2008)	原子荧光光度计	AFS-230E	SEP-NJ-J032	0.002	mg/kg
镉	《土壤质量 铅、镉的测定 石墨炉原子吸收分光光度法》(GB/T 17141—1997)	原子吸收光谱仪（石墨炉 & 火焰）	280FS/280ZAA	SEP-NJ-J096	0.01	mg/kg
铬	《土壤 总铬的测定 火焰原子吸收分光光度法》(HJ 491—2009)	原子吸收光谱仪（石墨炉和火焰）	280FS/280Z AA	SEP-NJ-J096	5	mg/kg
镍	《土壤质量 镍的测定 火焰原子吸收分光光度法》(GB/T 17139—1997)	原子吸收光谱仪（石墨炉和火焰）	280FS/280Z AA	SEP-NJ-J096	5	mg/kg
总氮	《森林土壤氮的测定》(LY/T 1228—2015)	10 mL 滴定管	—	SEP-NJ-D10-001	0.01	g/kg
		25 mL 滴定管	—	SEP-NJ-D25-001		
总磷	《森林土壤磷的测定》(LY/T 1232—2015)	紫外可见分光光度计	SP-756P	SEP-NJ-J078	10	mg/kg
		紫外可见分光光度计	SP-756P	SEP-NJ-J078	—	—
有机氯农药	《土壤和沉积物 有机氯农药的测定 气相色谱-质谱法》(HJ 835—2017)	气质联用仪	7890-5977B	SEP-NJ-J101	如下	如下
苯并[a]芘	《土壤和沉积物 半挥发性有机物的测定 气相色谱-质谱法》(HJ 834—2017)	气质联用仪	7 890B	SEP-NJ-J018	0.1	mg/kg

表 6-21 土壤样品土工试验分析方法汇总表

试验参数	试验方法	主要设备名称	规格型号、仪器编号	检定有效期
A_v、E_s	固结试验	全自动气压固结仪	GZQ-1 TS1 TS2 TS3 TS4 TS5 TS6 TS7	2021-03-28
c、ϕ	直接快剪	应变控制式直剪仪	ZJ TS12 TS13 TS14	2021-03-28
ω_L、ω_P	液、塑限联合测定法	光电式液塑限测定仪	GYS-2 TS52 TS55	2021-03-28
m	称量	电子天平	JA2 003 FM01	2021-03-28
ω	105°~110°烘干	电热恒温鼓风干燥箱	DHG-9140 TS25	2021-03-28
G_s	颗粒分析试验	比重计	TM-85	2021-03-28

将京杭大运河(无锡段)近岸表层土壤的测试分析结果与《土壤环境质量 农用地土壤污染风险管控标准(试行)》(GB 15618—2018)和《土壤环境质量 建设用地土壤污染风险管控标准(试行)》(GB 36600—2018)进行对比发现,绝大部分测试项数值远低于建设用地土壤污染标准,本次土壤环境质量评价采用的各项指标见表6-22~表6-25。

表 6-22 农用地土壤污染风险筛选值表(基本项目)

单位:mg/kg

序号	污染物项目[①][②]		风险筛选值			
			pH≤5.5	5.5<pH≤6.5	6.5<pH≤7.5	pH>7.5
1	镉	水田	0.3	0.4	0.6	0.8
		其他	0.3	0.3	0.3	0.6
2	汞	水田	0.5	0.5	0.6	1.0
		其他	1.3	1.8	2.4	3.4
3	砷	水田	30	30	25	20
		其他	40	40	30	25
4	铅	水田	80	100	140	240
		其他	70	90	120	170
5	铬	水田	250	250	300	350
		其他	150	150	200	250
6	铜	果园	150	150	200	200
		其他	50	50	100	100
7	镍		60	70	100	190
8	锌		200	200	250	300

注:①重金属和类金属砷均按元素总量计;②对于水旱轮作地,采用其中较严格的风险筛选值。

表 6-23 农用地土壤污染风险筛选值(其他项目)

单位:mg/kg

序号	污染物项目	风险筛选值
1	六六六总量[①]	0.10
2	滴滴涕总量[②]	0.10
3	苯并[a]芘	0.55

注:①六六六总量为 α-六六六、β-六六六、γ-六六六、δ-六六六四种异构体的含量总和。
②滴滴涕总量为 p,p'-滴滴伊、p,p'-滴滴滴、o,p'-滴滴涕、p,p'-滴滴涕四种衍生物的含量总和。

表 6-24　农用地土壤污染风险管制值表

单位：mg/kg

序号	污染物项目	风险管制值			
		pH≤5.5	5.5<pH≤6.5	6.5<pH≤7.5	pH>7.5
1	镉	1.5	2.0	3.0	4.0
2	汞	2.0	2.5	4.0	6.0
3	砷	200	150	120	100
4	铅	400	500	700	1 000
5	铬	800	850	1 000	1 300

表 6-25　建设用地土壤污染风险筛选值和管制值

单位：mg/kg

序号	污染物项目	筛选值		管制值	
		第一类用地	第二类用地	第一类用地	第二类用地
1	砷	20	60	120	140
2	镉	20	65	47	172
3	六价铬	3.0	5.7	30	78
4	铜	2 000	18 000	8 000	36 000
5	铅	400	800	800	2 500
6	汞	8	38	33	82
7	镍	150	900	600	2 000
8	苯并[a]芘	0.55	1.5	5.5	15
9	p,p'-滴滴滴	2.5	7.1	25	71
10	p,p'-滴滴伊	2.0	7.0	20	70
11	滴滴涕	2.0	6.7	21	67
12	α-六六六	0.09	0.3	0.9	3
13	β-六六六	0.32	0.92	3.2	9.2
14	γ-六六六	0.62	1.9	6.2	19
15	石油烃(C_{10}~C_{40})	826	4 500	5 000	9 000

1）重金属污染状况

近岸土壤样品中重金属污染评价分析结果如表 6-26 所示。通过分析可知，所有土壤样品中，Cu 元素含量最小值为 14.8 mg/kg，最大值为 146 mg/kg，平均值为 34.54 mg/kg；Pb 元素含量最小值为 19.7 mg/kg，最大值为 149 mg/kg，平均值为 37.25 mg/kg；Ni 元素含量最小值为 21.7 mg/kg，最大值为 61.2 mg/kg，平均值为 33.55 mg/kg。所有测试样品的 Cu、Pb 和 Ni 元素含量均未超过农用地土壤污染风险筛选值，表明京杭大运河（无锡段）近岸土壤中 Cu、Pb 和 Ni 元素含量达标。所有土壤样品中，Zn 元素含量最小值为 58.2 mg/kg，最大值为 489 mg/kg，平均值为 109.33 mg/kg，有 1 个样品中 Zn 实测值与农用地土壤污染风险筛选值比值 P_i >1，超标的比值为 1.956，超标率为 1.43%，超过农用地土壤污染风险筛选值;98.57%的测试样品中的 Zn 元素含量未超过农用地土壤污染风险筛选值,表明京杭大运河(无锡段)近岸土壤中 Zn 元素含量达标。所有土壤样品中,As 元素含量的最小值为 2.52 mg/kg,最大值为 32.8 mg/kg,平均值为 9.86 mg/kg,有 1 个样品中 As 实测值与农用地土壤污染风险筛选值比值 $P_i>1$,超标率为 1.43%,超标的比值 P_i 为 1.31,数值较小;98.57%的测试样品中的 As 元素含量没有超过农用地土壤污染风险筛选值,表明京杭大运河(无锡段)近岸土壤中 As 含量达标。所有土壤样品中,Hg 元素含量的最小值为 0.027 mg/kg,最大值为 0.857 mg/kg,平均值为 0.21 mg/kg,有 2 个样品中 Hg 实测值与土壤污染风险筛选值比值 $P_i>1$,超标率为 2.86%,超标的比值 P_i 为 1.71 和 1.22,超过农用地土壤污染风险筛选值;97.14%的测试样品的 Hg 元素含量没有超过农用地土壤污染风险筛选值,表明京杭大运河(无锡段)近岸土壤中 Hg 含量总体达标。所有土壤样品中,Cd 元素含量的最小值为 0.08 mg/kg,最大值为 0.6 mg/kg,平均值为 0.19 mg/kg,有 1 个样品中 Cd 实测值与农用地土壤污染风险筛选值比值 $P_i>1$,超标率为 1.43%,超标的比值 P_i 为 2,超过农用地土壤污染风险筛选值;98.57%的测试样品的 Cd 元素含量没有超过农用地土壤污染风险筛选值,表明京杭大运河(无锡段)近岸土壤中 Cd 含量总体达标。所有土壤样品中,Cr 元素含量的最小值为 63.3 mg/kg,最大值为 324 mg/kg,平均值为 95.85 mg/kg,有 1 个样品中 Cr 实测值与农用地土壤污染风险筛选值比值 $P_i>1$,超标率为 1.43%,超标的比值 P_i 为 2.16,数值较小,无 $P_i>5$ 样品;98.57%的采样点中 Cr 含量未超过农用地土壤污染风险筛选值,表明京杭大运河(无锡段)近岸土壤中 Cr 含量达标。

表 6-26　京杭大运河(无锡段)近岸土壤重金属元素污染评价结果统计表

重金属元素	实测值与农用地土壤污染风险筛选值比值 P_i						超标率/%
	$P_i \leqslant 1$		$1< P_i \leqslant 5$		$P_i >5$		
	个数	百分率/%	个数	百分率/%	个数	百分率/%	
Cu	70	100.00	0	0	0	0	0
Pb	70	100.00	0	0	0	0	0
Zn	69	98.57	1	1.43	0	0	1.43
As	69	98.57	1	1.43	0	0	1.43
Hg	68	97.14	2	2.86	0	0	2.86
Cd	69	98.57	1	1.43	0	0	1.43
Cr	69	98.57	1	1.43	0	0	1.43
Ni	70	100.00	0	0	0	0	0

　　以上所述表明,京杭大运河(无锡段)近岸土壤的重金属含量达标,仅局部地区存在 Zn、As、Hg、Cd、Cr 等重金属元素含量超过农用地土壤污染风险筛选值。测区存在重金属异常的元素为 Zn、As、Hg、Cd 和 Cr 等五种元素,存在重金属异常的样品分别为 HP02-1、HP05-2 和 HP05-3,比值计算结果如表 6-27。

表 6-27 主要区域土壤中重金属测试值与农用地土壤标准筛选值之比

样号	铜	铅	锌	砷	汞	镉	铬	镍
HP02-1	0.82	0.35	0.95	0.31	0.26	0.57	2.16	0.48
HP05-2	0.55	0.47	0.37	0.28	1.71	0.60	0.45	0.35
HP05-3	0.80	1.24	1.96	1.31	1.22	2.00	0.64	0.40

具体特征如下：

（1）HP02-1 样品位于锡西大桥西南侧 1 km 左右、沪霍线公路南侧 50 m 左右的农田中，该点为重金属 Cr 异常，Cr 元素含量超过农用地土壤污染风险筛选值。该采样点周边厂房较多，其中东北 96 m 处为无锡市二泉潜水泵厂，西北 100 m 处为天能电池，西南 181 m 处为无锡市洛社冶金工具厂，东南 200 m 处为无锡灵通风机制造厂。重金属 Cr 异常推测由周边工厂导致，同时该采样点位于沪霍线附近，城市汽车尾气以及居民生活对该处重金属异常也有一定的影响。

（2）HP05-2 样品位于蠡溪大桥东南 1 km、沪宜高速西北 200 m 处的荒地中，该点属于农用地。该点为重金属 Hg 元素异常，Hg 元素含量超过农用地土壤风险筛选值。该采样点周边工厂较多，其中 40 m 处为无锡胜麦机械有限公司，西侧 65 m 处为鼎丰不锈钢管公司，西北 90 m 处为无锡市博杰冷弯型钢制造有限公司，西北 180 m 处为金源泰机电有限公司和跃成机电科技无锡有限公司，该点重金属异常主要与周边的机电、机械和钢制品公司有关。

（3）HP05-3 采样点位于蠡溪大桥东侧 860 m，无锡北站西北 450 m 处的菜地中，该点为重金属 Pb、Zn、As、Hg 和 Cd 异常，5 种重金属元素含量均超过农用地土壤风险筛选值。该点东侧 188 m 处为无锡亿力机械工程有限公司，西北 308 m 处为无锡市石塘湾五金铸件厂，西北 320 m 处为山东鲁工，西侧 620 m 处为东浩燃料有限公司，西南 300 m 处为京沪线高铁。该点重金属异常主要与周边的机械、化工和燃料公司有关。

总之，京杭大运河（无锡段）流域近岸土壤中的重金属含量总体达标，仅局部地区存在重金属污染情况，其中 Cr、Ni、As 未见明显污染，Cu、Pb、Zn、Hg、Cd 在局部地区呈现不同程度的污染，尤其是 Cd 污染最严重。

2）有机物污染

有机物主要选定了苯并[a]芘、六六六总量和滴滴涕总量等 3 个污染因子来判定污染异常。与重金属相比，土壤中苯并[a]芘、六六六总量和滴滴涕总量的含量较低，只有 HW002、HP03-2 和 HP06-1 等 3 个样品的苯并[a]芘含量超出测试仪器检出限，数值分别为 2.38 mg/kg、5.45 mg/kg 和 2.65 mg/kg，数值未超过农用地和工业用地土壤风险筛选值。其他样品的苯并[a]芘、六六六总量和滴滴涕总量的含量均未超过测试仪器检出限，表明土壤未受到有机物污染。

6.9.2　近岸深层土壤调查

为了解土壤深部的污染情况，通过 12 口钻孔共采集了 48 个岩芯土壤样品，即在每口钻孔的不同深度共采取 4 个样品，分析测试数据见表 6-28。

表6-28 京杭大运河(无锡段)近岸钻孔深部土壤分析测试数据表

序号	样品号	pH 无量纲	铜 mg/kg	铅 mg/kg	锌 mg/kg	砷 mg/kg	汞 mg/kg	镉 mg/kg	铬 mg/kg	镍 mg/kg	TN mg/kg	TP mg/kg	苯并[a]芘 mg/kg	六六六总量 mg/kg	滴滴涕总量 mg/kg
	单位 检出限	0.01	0.2	0.3	0.7	0.01	0.002	0.02	0.3	0.2	10	2	0.1	0.06	0.04
1	ZK01-H1 土样	7.45	20.9	28.3	70.0	8.63	0.031	0.09	91.2	37.0	430	330	0.1	0.06	0.04
2	ZK01-H2 土样	8.02	13.8	15.5	67.8	20.1	0.015	0.06	75.5	27.3	267	803	—	—	—
3	ZK01-H3 土样	8.59	23.9	20.8	74.7	5.04	0.011	0.17	80.3	31.5	387	755	—	—	—
4	ZK01-H4 土样	8.09	37.6	30.5	91.1	10.6	0.079	0.55	116	47.2	561	625	—	—	—
5	ZKS02-H1 土样	7.95	22.6	21.5	66.7	9.56	0.021	0.08	77.5	34.3	370	297	—	—	—
6	ZKS02-H2 土样	8.18	24.6	17.9	83.9	10.2	0.019	0.12	72.9	33.4	250	448	—	—	—
7	ZKS02-H3 土样	8.25	23.0	18.9	71.2	9.94	0.023	0.11	75.0	32.4	430	337	—	—	—
8	ZKS02-H4 土样	8.17	62.4	29.7	145	10.1	0.106	0.28	145	55.0	620	975	—	—	—
9	ZK03-H1 土样	8.08	26.2	24.0	53.7	13.1	0.021	0.16	85.7	42.7	330	475	—	—	—
10	ZK03-H2 土样	8.02	22.8	17.4	61.4	8.18	0.015	0.11	74.4	31.7	270	738	—	—	—
11	ZK03-H3 土样	8.58	24.0	20.0	59.1	8.90	0.012	0.14	79.0	35.2	400	867	—	—	—
12	ZK03-H4 土样	8.49	31.3	20.0	107	6.96	0.041	0.11	83.8	38.6	340	742	—	—	—
13	ZK04-H1 土样	8.16	22.9	28.2	55.2	9.31	0.030	0.14	80.2	35.2	280	524	—	—	—
14	ZK04-H2 土样	8.37	15.5	14.5	43.8	5.90	0.027	0.10	60.7	24.1	250	713	—	—	—
15	ZK04-H3 土样	8.72	24.8	20.2	57.0	7.85	0.051	0.15	78.7	34.7	370	833	—	—	—
16	ZK04-H4 土样	8.53	20.3	16.0	58.4	7.74	0.025	0.17	74.1	32.4	400	698	—	—	—
17	ZK05-H1 土样	7.95	27.1	24.3	64.4	11.6	0.031	0.08	84.5	37.9	580	359	—	—	—

序号	样品号	分析指标 单位	pH 无量纲	铜 mg/kg	铅 mg/kg	锌 mg/kg	砷 mg/kg	汞 mg/kg	镉 mg/kg	铬 mg/kg	镍 mg/kg	TN mg/kg	TP mg/kg	苯并[a]芘 mg/kg	六六六总量 mg/kg	滴滴涕总量 mg/kg
		检出限	0.01	0.2	0.3	0.7	0.01	0.002	0.02	0.3	0.2	10	2	0.1	0.06	0.04
18	ZK05-H2	土样	8.27	24.2	20.0	61.1	6.06	0.018	0.12	85.1	38.3	640	582	—	—	—
19	ZK05-H3	土样	7.53	29.6	22.2	71.3	16.4	0.039	0.17	92.8	41.9	830	735	—	—	—
20	ZK05-H4	土样	8.08	12.1	14.6	46.9	7.17	0.011	0.11	59.0	25.2	220	738	—	—	—
21	ZKS06-H1	土样	8.23	27.0	30.1	55.5	7.68	0.329	0.12	80.7	35.3	700	640	—	—	—
22	ZKS06-H2	土样	8.58	15.2	14.8	52.7	3.97	0.032	0.08	61.4	25.7	300	645	—	—	—
23	ZKS06-H3	土样	8.22	8.85	15.4	42.7	1.32	0.018	0.08	53.6	24.9	140	572	—	—	—
24	ZKS06-H4	土样	8.17	23.2	20.0	61.1	8.21	0.030	0.16	81.8	35.7	700	795	—	—	—
25	ZK07-H1	土样	8.41	18.4	16.3	46.3	5.30	0.048	0.13	63.4	26.8	190	688	—	—	—
26	ZK07-H2	土样	8.60	13.6	15.1	43.1	1.08	0.067	0.13	58.0	22.9	180	679	—	—	—
27	ZK07-H3	土样	8.20	19.0	17.4	49.6	7.82	0.042	0.14	67.4	30.4	330	654	—	—	—
28	ZK07-H4	土样	8.66	20.7	19.3	55.5	4.57	0.042	0.09	73.3	32.0	150	644	—	—	—
29	ZK08-H1	土样	8.53	27.5	20.8	61.8	8.16	0.024	0.16	84.5	40.1	290	674	—	—	—
30	ZK08-H2	土样	8.69	25.3	19.6	56.8	1.95	0.042	0.14	75.9	33.0	300	613	—	—	—
31	ZK08-H3	土样	8.35	25.2	19.6	58.3	8.44	0.037	0.14	79.6	35.3	420	638	—	—	—
32	ZK08-H4	土样	8.12	25.9	24.2	65.1	8.54	0.042	0.12	86.3	40.4	480	697	—	—	—
33	ZK09-H1	土样	7.96	23.1	23.9	55.6	6.71	0.041	0.12	78.3	34.4	190	643	—	—	—
34	ZK09-H2	土样	8.49	18.2	16.9	46.7	1.90	0.028	0.10	62.3	26.6	340	674	—	—	—

续表

序号	样品号	分析指标 单位	pH 无量纲	铜 mg/kg	铅 mg/kg	锌 mg/kg	砷 mg/kg	汞 mg/kg	镉 mg/kg	铬 mg/kg	镍 mg/kg	TN mg/kg	TP mg/kg	苯并[a]芘 mg/kg	六六六 总量 mg/kg	滴滴涕 总量 mg/kg
		检出限	0.01	0.2	0.3	0.7	0.01	0.002	0.02	0.3	0.2	10	2	0.1	0.06	0.04
35	ZK09-H3	土样	8.59	22.0	20.7	55.8	3.94	0.044	0.10	77.4	33.8	260	638	—	—	—
36	ZK09-H4	土样	8.20	21.4	23.3	55.5	7.62	0.031	0.08	90.3	38.8	400	344	—	—	—
37	ZK10-H1	土样	8.33	24.5	21.6	57.7	6.75	0.035	0.19	82.0	37.4	450	503	—	—	—
38	ZK10-H2	土样	8.51	26.6	20.7	63.3	13.4	0.055	0.10	84.8	38.1	550	718	—	—	—
39	ZK10-H3	土样	8.45	27.2	21.5	65.0	6.07	0.047	0.15	85.1	38.2	380	640	—	—	—
40	ZK10-H4	土样	8.28	21.6	21.1	45.0	6.76	0.024	0.10	79.1	33.1	320	398	—	—	—
41	ZKS11-H1	土样	8.31	27.9	26.1	67.2	9.15	0.026	0.11	92.8	43.6	250	601	—	—	—
42	ZKS11-H2	土样	8.74	14.0	15.1	41.7	1.19	0.032	0.10	59.2	24.2	300	589	—	—	—
43	ZKS11-H1	土样	8.71	23.5	21.4	52.0	1.42	0.034	0.13	70.5	30.6	270	647	—	—	—
44	ZKS11-H1	土样	8.45	24.5	23.1	39.3	7.12	0.024	0.07	87.0	43.9	380	621	—	—	—
45	ZK12-H1	土样	8.28	23.4	21.4	57.1	6.21	0.030	0.13	82.3	37.4	310	596	—	—	—
46	ZK12-H2	土样	8.47	23.1	17.5	54.4	3.12	0.023	0.11	72.0	31.5	340	638	—	—	—
47	ZK12-H3	土样	8.72	23.1	18.3	57.0	4.03	0.022	0.11	75.0	33.1	260	689	—	—	—
48	ZK12-H4	土样	8.64	16.9	15.7	54.9	2.38	0.036	0.14	73.5	33.3	210	906	—	—	—

测试分析结果显示,总六六六、总滴滴涕和苯并[a]芘含量均未超出测试仪器检出限。将测试数据与《土壤环境质量 农用地土壤污染风险管控标准(试行)》(GB 15618—2018)进行对比发现,所有的测试项,如 pH、重金属 8 项(Cu、Pb、Zn、As、Hg、Cd、Cr、Ni)、总六六六、总滴滴涕、苯并[a]芘等均在农用地土壤污染风险筛选值范围内,表明土壤深部没有受到污染。

京杭大运河(无锡段)深层土壤测试分析结果显示:各深层土壤钻孔的 pH 最小值为7.45,最大值为8.74,平均值为8.32,表明深部土壤偏碱性,见图 6-26。

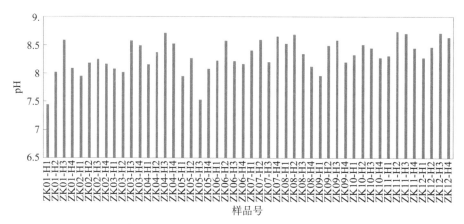

图 6-26 京杭大运河(无锡段)深层土壤中 pH 数据分布直方图

京杭大运河(无锡段)深层土壤中 Cu 元素含量的最小值为 8.85 mg/kg,最大值为62.4 mg/kg,平均值为 23.83 mg/kg,见图 6-27。

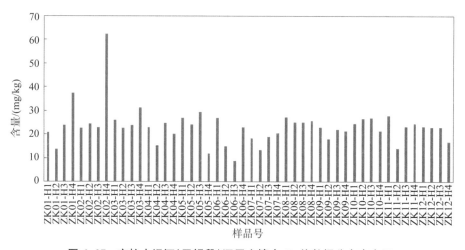

图 6-27 京杭大运河(无锡段)深层土壤中 Cu 值数据分布直方图

京杭大运河(无锡段)深层土壤中 Pb 元素含量的最小值为 14.5 mg/kg,最大值为30.5 mg/kg,平均值为 20.61 mg/kg,见图 6-28。

京杭大运河(无锡段)深层土壤中 Zn 元素含量的最小值为 39.3 mg/kg,最大值为

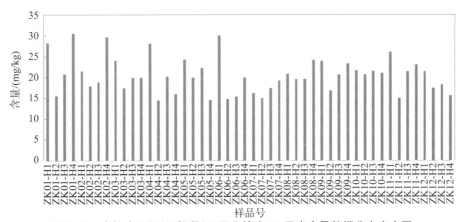

图 6-28 京杭大运河(无锡段)深层土壤中 Pb 元素含量数据分布直方图

145 mg/kg,平均值为 62.21 mg/kg,见图 6-29。

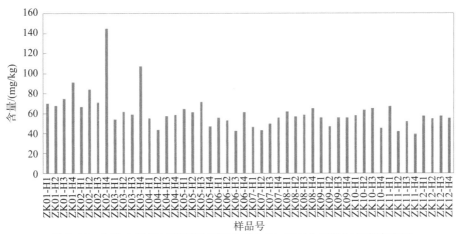

图 6-29 京杭大运河(无锡段)深层土壤中 Zn 元素含量数据分布直方图

京杭大运河(无锡段)深层土壤中 As 元素含量的最小值为 1.08 mg/kg,最大值为 20.1 mg/kg,平均值为 7.39 mg/kg,见图 6-30。

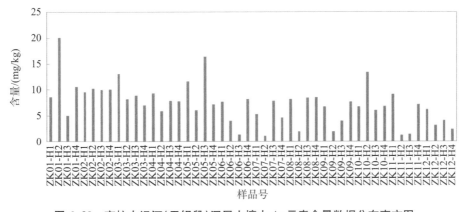

图 6-30 京杭大运河(无锡段)深层土壤中 As 元素含量数据分布直方图

京杭大运河(无锡段)深层土壤中 Hg 元素含量的最小值为 0.01 mg/kg,最大值为 0.33 mg/kg,平均值为 0.04 mg/kg ,Hg 元素含量数据分布直方图,见图 6-31。

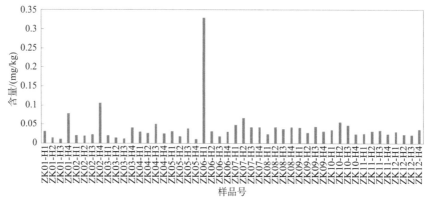

图 6-31 京杭大运河(无锡段)深层土壤中 **Hg** 元素含量数据分布直方图

京杭大运河(无锡段)深层土壤中 Cd 元素含量的最小值为 0.06 mg/kg,最大值为 0.55 mg/kg,平均值为 0.14 mg/kg,见图 6-32。

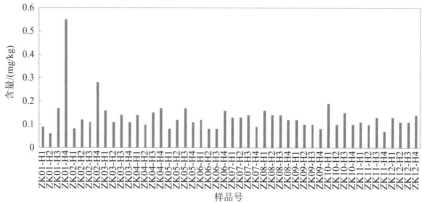

图 6-32 京杭大运河(无锡段)深层土壤中 **Cd** 元素含量数据分布直方图

京杭大运河(无锡段)深层土壤中,Cr 元素含量的最小值为 53.6 mg/kg,最大值为 145 mg/kg,平均值为 79.75 mg/kg,见图 6-33。

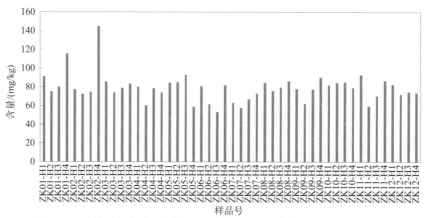

图 6-33 京杭大运河(无锡段)深层土壤中 **Cr** 元素含量数据分布直方图

京杭大运河(无锡段)深层土壤中,Ni 元素含量的最小值为 22.9 mg/kg,最大值为
55 mg/kg,平均值为 34.69 mg/kg,见图 6-34。

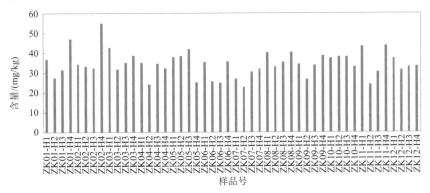

图 6-34 京杭大运河(无锡段)深层土壤中 Ni 元素含量数据分布直方图

京杭大运河(无锡段)深层土壤中 TN 含量数据分布,见图 6-35。

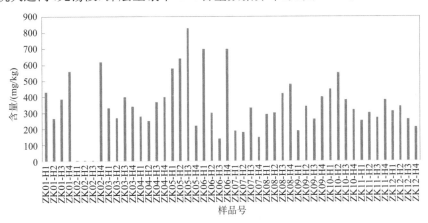

图 6-35 京杭大运河(无锡段)深层土壤中 TN 含量数据分布直方图

京杭大运河(无锡段)深层土壤中 TP 含量数据分布,见图 6-36。

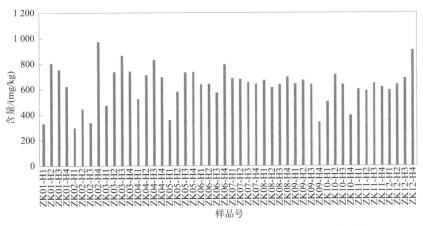

图 6-36 京杭大运河(无锡段)深层土壤中 TP 含量数据分布直方图

京杭大运河（无锡段）深层土壤中总氮含量在 140～830 mg/kg 之间，其中 34 个样品的总氮含量低于 500 mg/kg，其中 6 个样品的总氮含量在 550～700 mg/kg 之间，1 个样品的总氮含量为 830 mg/kg，表明深部土壤养分分级主要为六级，其次为五级，四级土壤较少。土壤总磷含量在 344～975 mg/kg 之间，全部大于 0.03%，所以深部土壤的磷元素处于正常范围。

6.10 近岸水文地质调查

6.10.1 地下水水位变化状况

本次工作对各水文孔地下水水位变化情况进行了统计见表 6-29，并绘制了运河水位与地下水（潜水）水位对比图。

表 6-29 水文孔水位变化记录表

单位：m

孔号	时间											
	8 月 29 日	9 月 7 日	9 月 10 日	9 月 18 日	9 月 20 日	9 月 21 日	9 月 24 日	9 月 29 日	10 月 12 日	10 月 28 日	11 月 12 日	12 月 24 日
ZK01				1.639				1.629	1.619	1.399	1.219	1.179
ZKS02	−3.554	−3.454					−3.344		−3.184	−3.154	−3.334	−2.894
ZK03			1.949				2.079		1.949	1.809	1.749	1.399
ZK04			1.448				1.558		1.498	1.388	1.198	1.018
ZK05			1.393				1.543		1.653	1.443	1.233	
ZKS06		1.503		−0.747			−0.657		−0.477	−0.637	−0.807	−0.777
ZK07						1.922	1.942		1.772	1.592	1.282	1.612
ZK08						1.927	1.827		1.707	1.337	1.027	1.527
ZK09								2.162	2.192	1.892	1.742	1.682
ZK10								2.479	2.519	2.289	2.149	2.079
ZKS11					2.738				2.038	1.938	1.838	1.978
ZK12								2.119	2.189	1.739	1.659	1.739

备注：均为 2020 年观测结果，水位均为地下水面 85 高程。

1）水位数据收集分析

8 月为丰水期，9—11 月为平水期，12 月为枯水期。从丰水期到平水期，ZK01 孔水位缓慢降低，为 1.639～1.219 m；ZKS02 水位在丰水期逐渐升高，由 −3.554 m 升到 −3.154 m，在平水期下降至 −3.334 m；ZK03 和 ZK04 孔水位先升高后下降，其中 ZK03 孔水位由 1.949 m 升至 2.079 m，然后下降至 1.749 m，ZK04 孔水位由 1.448 m 升至 1.558 m，然后下降至 1.198 m；ZK05 孔水位逐渐升高后于 10 月 28 日下降，水位标高由 1.393 m 升到 1.653 m,然后降至 1.233 m;ZKS06 孔水位在 9 月 7 日第 1 次测量时为 1.503 m,其水位较高,原因是钻探工作后水位没有完全回落至正常水平,9 月 18 日开始标高由 −0.747 m 升到 −0.477 m,然后又降至 −0.807 m,与运河水位变化一致;ZK07 和 ZK08 孔水位呈下降趋势,前者由 1.922 m 降至 1.282 m,后者由 1.927 m 降至 1.027 m;ZK09 和 ZK10 孔水位整体呈下降趋势,前者由 2.162 m 降至 1.742 m,后者由 2.479 m 降至 2.149 m;ZKS11 孔水位标高由 2.738 m 降到 1.838 m;ZK12 孔水位由 2.119 m 降至 1.659 m。

从平水期到枯水期,ZK01 孔水位从 1.219 m 下降到 1.179 m;ZKS02 孔水位从 −3.334 m 上升至 −2.894 m;ZK03 孔水位从 1.749 m 下降至 1.399 m;ZK04 孔水位从 1.198 m 下降至 1.018 m;ZKS06 孔水位从 −0.807 m 上升至 −0.777 m;ZK07 孔水位从 1.282 m 上升至 1.612 m;ZK08 孔水位从 1.027 m 上升至 1.527 m;ZK09 孔水位从 1.742 m 下降至 1.682 m;ZK10 孔水位从 2.149 m 下降至 2.079 m;ZKS11 孔水位从 1.838 m 上升至 1.978 m;ZK12 孔水位从 1.659 m 上升至 1.739 m。

2)周边地下水与运河水力联系情况

(1)通过将同期的钻孔内水位和其附近运河水位比较可知,地下水位与运河水位不在同一高度,表明浅部潜水层与运河水体不连通。地下水位总体变化趋势是由汛期到枯水期水位逐渐下降,从 2020 年 10 月 28 日至 12 月 24 日,运河东岸 ZK03 孔、ZK10 孔和 ZK12 孔地下水位变化较小,水位下降速率缓慢;运河西岸的 ZK01 孔、ZK04 孔、ZK05 孔、ZK07 孔、ZK08 孔、ZK09 孔和 ZKS11 孔水位变化较大,水位下降速率较大。

(2)通过观测发现,运河东岸地下水位始终高于运河水位,运河西岸地下水水位从锡西大桥至山北大桥明显低于运河水位。从芦村河至新虹桥,地下水水位与运河水位相近,但仍低于运河水位。而从新安大桥至京杭运河桥,地下水水位明显高于运河水位。潜水位的高低起伏与地表地势的高低起伏基本一致,潜水水面是自由水面,因地形的高低起伏而略有起伏,即地势高,潜水水位高,地势低,潜水水位低。因此运河新安大桥之前两岸地势表现为东岸高,西岸低。

(3)通过将钻孔中地下水潜水位与运河干流水位相比较可知:从锡西大桥到山北大桥,运河西岸地下水位明显低于运河水位,而运河东岸地下水位稍高于运河水位。分析该段地层可知,运河底部地层以粉质黏土和黏土为主,因此运河水与地下水连通性较差;从芦村河到新虹桥,运河两岸地下水潜水位与运河干流水位相近,这是因为运河底部地层以粉砂为主,所以运河水与地下水联通性较好;从新安大桥到京杭运河桥,运河两岸地下水潜水位均高于运河干流水位,因为运河底部地层以粉质黏土为主,所以运河水与地下水的连通性较差。

2020 年 10 月份运河水位及运河沿岸地下水(潜水)水位对比见图 6-37。

2020 年 11 月份运河水位及运河沿岸地下水(潜水)水位对比见图 6-38。

2020 年 12 月份运河水位及运河沿岸地下水(潜水)水位对比特征见图 6-39。

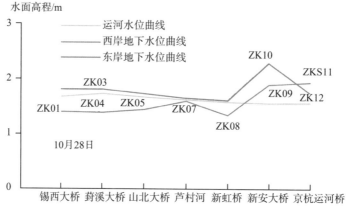

图 6-37　运河水位及运河沿岸地下水(潜水)水位对比图(10 月份)

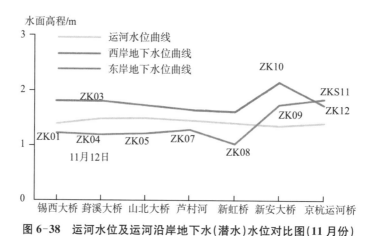

图 6-38　运河水位及运河沿岸地下水(潜水)水位对比图(11 月份)

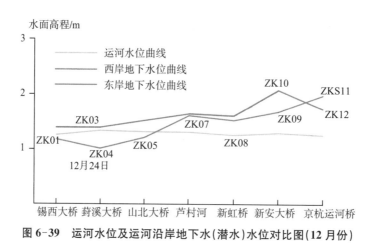

图 6-39　运河水位及运河沿岸地下水(潜水)水位对比图(12 月份)

6.10.2 地下水水质状况

地下水的采样来自 ZKS02、ZKS06 和 ZKS11 等 3 口水文孔,每口水文孔采集 2 个样品,分别来自上部-10 m 和下部-50 m 附近,其水质检测项目与地表水一样。因浑浊度和粪大肠菌群的分析受采样和测量时间影响,人为因素较大,在此不纳入评价指标。分析测试数据与《地下水质量标准》(GB/T 14848—2017)进行对比,各项指标评价结果如表 6-31 所示。

表 6-30　地下水环境质量标准基本项目和特定项目标准限值

序号	指标	Ⅰ类	Ⅱ类	Ⅲ类	Ⅳ类	Ⅴ类
1	pH	6.5≤pH≤8.5			5.5≤pH<6.5 或 6.5<pH≤9.0	pH<5.5 或 pH>9.0
2	浑浊度/NTU[a]	≤3	≤3	≤3	≤10	>10
3	色(铂钴色度单位)	≤5	≤5	≤15	≤25	>25
4	铜/(mg/L)	≤0.01	≤0.05	≤1.00	≤1.50	>1.50
5	铅/(mg/L)	≤0.005	≤0.005	≤0.01	≤0.10	>0.10
6	锌/(mg/L)	≤0.05	≤0.50	≤1.00	≤5.00	>5.00
7	砷/(mg/L)	≤0.001	≤0.001	≤0.01	≤0.05	>0.05
8	汞/(mg/L)	≤0.000 1	≤0.000 1	≤0.001	≤0.002	>0.002
9	镉/(mg/L)	≤0.000 1	≤0.001	≤0.005	≤0.01	>0.01
10	六价铬/(mg/L)	≤0.005	≤0.01	≤0.05	≤0.10	>0.10
11	挥发酚/(mg/L)	≤0.001	≤0.001	≤0.002		
12	六六六总量/(mg/L)[b]	≤0.01	≤0.50	≤5.00	≤300	>300
13	滴滴涕总量/(mg/L)[c]	≤0.01	≤0.10	≤1.00	≤2.00	>2.00

注:a. NTU 为散射浊度单位;
b. 六六六总量为 α-六六六、β-六六六、γ-六六六、δ-六六六 4 种异构体加和;
c. 滴滴涕总量为 o,p'-滴滴涕、p,p'-滴滴伊、p,p'-滴滴滴、p,p'-滴滴涕 4 种异构体加和。

表 6-31　京杭大运河(无锡段)丰水期(8—9 月份)地下水水质状况评价汇总

项目	锡西大桥(浅部)	山北大桥(浅部)	京杭运河桥(浅部)	锡西大桥(深部)	山北大桥(深部)	京杭运河桥(深部)
	ZKS02-S1	ZKS06-S1	ZKS11-S1	ZKS02-S2	ZKS06-S2	ZKS11-S2
pH	Ⅳ	Ⅰ	Ⅰ	Ⅰ	Ⅰ	Ⅰ
浑浊度	Ⅳ	Ⅰ	Ⅰ	Ⅰ	Ⅰ	Ⅰ
色度	Ⅴ	Ⅰ	Ⅲ	—	Ⅲ	Ⅲ
溶解氧	—	—	—	—	—	—

项目	锡西大桥（浅部）	山北大桥（浅部）	京杭运河桥（浅部）	锡西大桥（深部）	山北大桥（深部）	京杭运河桥（深部）
	ZKS02-S1	ZKS06-S1	ZKS11-S1	ZKS02-S2	ZKS06-S2	ZKS11-S2
化学需氧量	V	Ⅳ	Ⅳ	Ⅲ	Ⅳ	Ⅳ
铜	Ⅱ	Ⅰ	Ⅲ	Ⅱ	Ⅰ	Ⅰ
铅	Ⅲ	Ⅰ	Ⅳ	Ⅳ	Ⅳ	Ⅳ
锌	Ⅰ	Ⅰ	Ⅱ	Ⅰ	Ⅱ	Ⅱ
砷	Ⅳ	Ⅲ	Ⅲ	Ⅲ	Ⅳ	Ⅲ
汞	—	—	—	—	—	—
镉	—	—	Ⅱ	—	Ⅱ	—
六价铬	—	—	—	—	—	—
挥发酚	V	—	—	—	—	—
六六六总量	—	—	—	—	—	—
滴滴涕总量	—	—	—	—	—	—
水质类别	V	Ⅳ	Ⅳ	Ⅳ	Ⅳ	Ⅳ
水质目标	Ⅲ	Ⅲ	Ⅲ	Ⅲ	Ⅲ	Ⅲ
定类项目	化学需氧量、挥发酚	化学需氧量	化学需氧量、铅	铅	铅、砷	化学需氧量、铅
达标情况	×	×	×	×	×	×

1）地下水质分析

地下水质受化学需氧量、铅、砷、挥发酚等指标影响较大。化学需氧量显示，ZKS02浅部为Ⅴ类水质、深部为Ⅲ类水质，ZKS06和ZKS11的浅部和深部均为Ⅳ类水质；铅数值显示，ZKS02和ZKS06的深部为Ⅳ类水质，ZKS11的浅部和深部均为Ⅳ类水质；砷数值显示，ZKS02的浅部和ZKS06的深部为Ⅳ类水质；挥发酚数值显示，ZKS02的浅部为Ⅴ类水质；其他指标显示均为Ⅰ类、Ⅱ类和Ⅲ类水质。

综合分析可知，京杭大运河（无锡段）近岸地下水的水质较差，ZKS02孔浅部为Ⅴ类水质，ZKS02孔深部、ZKS06孔以及ZKS11孔的浅部和深部均为Ⅳ类水质，定类项目为化学需氧量、挥发酚、铅和砷。

2）水质污染状况

在9月7日采集ZKS06水文孔水样的时候，水质清澈。但是在9月24日水位观测时发现，水被一种悬浮物污染，悬浮物呈红褐色，长时间放置，悬浮物饱和后会沉于水的底部（图6-40）。ZKS06水文孔30 m附近有3口污水井，目前推测污水井有渗漏（图6-41）。

图 6-40　ZKS06 孔地下水中红褐色悬浮物　　　　图 6-41　ZKS06 孔周边污水井

　　项目组于 2020 年 12 月 24 日在该水文孔中补采了一组水质样品并送往实验室进行检测。在无锡市自然资源与规划局搜集资料时得知,无锡市生态环保部门已发现该区域地下水存在红色悬浮物现象,并推测可能为附近工厂废水不定时泄漏有关。

　　实验室检测结果显示,地下水中的砷含量较高,数值为 9 500 $\mu g/L$,将结果与《地下水质量标准》(GBT 14848—2017)对比可知,该地下水为 Ⅳ 类水。同时,项目组提取了地下水样品中的悬浮物,并将悬浮物晾干后使用便携式光谱仪(Niton XL3t)进行分析,测量结果显示,悬浮物的主要成分为铁,含量为 12.5×10^{-3},锰和砷的含量也较高,含量分别为 223×10^{-6} 和 244×10^{-6}。

6.10.3　地下水类型及含水层组划分

　　根据本次工作和收集的区域资料可推断,工作区地下水类型主要为松散岩类孔隙水,根据埋藏条件、地层时代又可分为潜水含水层和承压水含水层两个亚类。潜水含水层由全新世、上更新世地层组成;承压水含水层组包括第 Ⅰ(上段)、第 Ⅱ 承压含水层,分别由上更新世、中更新世、下更新世地层组成。

6.10.4　含水层组的水文地质特征

　　孔隙潜水含水层近地表分布,本次工作区位于平原,属于全新世冲湖积相,含水岩性为粉质黏土、粉土、粉砂,含水层厚 8～12 m。

　　根据地下水观测,本次工作除了 ZKS02、ZKS06 以外,其余 10 个钻孔均观测的是潜水含水层。10 个钻孔的水位埋深变化情况如表 6-32 所示。

表 6-32　水文孔水位埋深变化表

单位:m

孔号	时间			
	10月12日	10月28日	11月12日	12月24日
ZK01	1.55	1.77	1.95	1.99
ZK03	1.89	2.03	2.09	2.44
ZK04	1.74	1.85	2.04	2.22
ZK05	1.80	2.01	—	—
ZK07	3.45	3.63	3.94	3.61
ZK08	2.93	3.30	3.61	3.11
ZK09	2.44	2.74	2.89	2.95
ZK10	2.37	2.60	2.74	2.81
ZKS11	1.30	1.40	1.50	1.36
ZK12	1.54	1.99	2.07	1.99

备注:均为 2020 年观测结果,水位均为地下水面 85 高程。

京杭大运河(无锡段)总体水位埋深厚度为 1.30～3.94 m,从丰水期到平水期水位埋深厚度逐渐增大,同时水位埋深受地形影响较大,ZKS11 和 ZK12 孔所处位置地形较高,所以水位埋深较浅。水质类型为低矿化、低硬度的淡水,本次的采样样本证明水质较差。

1) 第Ⅰ承压含水层(组)

第Ⅰ承压含水层(组)为下更新世沉积的一套滨海—河口相沉积物,含水岩性以粉砂、粉细砂为主,局部夹粉质黏土薄层。区域资料显示,含水砂层上段广布全区,顶板埋深 27～35 m,根据本次工作统计,ZK01、ZKS02、ZKS06、ZK07、ZK08、ZKS11 共 6 个钻孔揭露了此含水层,埋深约 28.6～42.6 m,厚度为 2～10 m,局部大于 15 m。第Ⅰ承压含水层水质较好。

2) 第Ⅱ承压含水层(组)

第Ⅱ承压含水层(组)在工作区内广泛分布,通过区域资料可知,由中更新世古河道冲积而成。岩性以细砂、中细砂、中粗砂为主。本次工作中,ZK01、ZKS06 揭露至此含水层,埋深 75.0～127 m,层厚较大,水质良好。

6.10.5　地下水的补给、径流、排泄条件

工作区雨量充沛,平原区地势平坦,且大面积为水稻种植区,有利于大气降水和农田灌溉水的入渗补给。工作区内河网密布,天然状态下,地表水与地下水相互补给、排泄,即

丰水期地表水补给潜水，枯水期潜水补给地表水。潜水的径流受地形地貌的影响，一般由高处往低处缓慢径流。工作区地形起伏较小，黏性土渗透较差，潜水径流强度微弱。排泄方式主要有蒸发、植物的蒸腾、枯水期泄入地表水体、越流补给承压水及民井开采。工作区内丰水期潜水补给第Ⅰ承压水。地下水径流缓慢，排泄途径主要是人工开采和越流补给深部承压水。

第七章
苏南江河环境地质的认识与建议

随着"绿水青山就是金山银山"理念的推进深入,国家和省级层面上都把长江经济带的环境保护高屋建瓴地提高到了前所未有的高度,坚定不移贯彻新发展理念,推动长江经济带高质量发展,谱写生态优先绿色发展新篇章,打造区域协调发展新样板,构筑高水平对外开放新高地,塑造创新驱动发展新优势,绘就山水人城和谐相融新画卷。在这种大环境的推动下,笔者通过理论和实践相结合的方式凝注本专著,意在抛砖引玉,相信将有更多的学者和工匠秉承家国情怀,为了我们子孙后代能在一种和谐、健康、绿色的环境中生生不息,引领世界,而贡献自己的绵薄之力。

长江下游和苏南运河(京杭大运河苏南段)流域是江苏省国民经济发达地区,也是人口密集区,江河纵横,湖泊众多,水网密布。在改革开放之初,为了发展经济而牺牲了生态环境,沿江沿河流域污染事件频发,是污染相对严重,较难治理的地区。随着人们对环境的逐步重视,环境大保护行动的推进,坚持"中央统筹、省负总责、市县抓落实"的工作机制,加强统筹协调和督促检查,加大政策支持力度,坚持把科技创新作为主动力,积极开辟发展新领域、新赛道,加强区域创新链融合,大力推动产业链、供应链现代化,推进苏南地区高质量发展,至今污染状况有所缓解,向绿水青山的目标日益迈进。

7.1 环境地质认识

7.1.1 主要认识成果

(1)前人将苏南地区涠湖组地层的沉积相划分为河湖相—滨海相—泛滥平原相,全新世如东组地层的沉积相划分为三角洲相和滨海—浅海相。本次根据沉积物颜色、岩性、沉积结构和构造、植物碎屑和根茎、颗粒粒度等特征,参考沉积相识别标志,结合钻孔所处的地理位置和区域地质背景等因素,将调查区晚第四纪以来的沉积物划分为三角洲平原相和冲湖积平原相。

通过同位素测试查明了长江江阴段(工区)晚第四纪地层特征和地质年代,获得了7组沉积物常规放射性碳同位素年龄:年龄为$(6\,720\pm30)$BP和$(7\,600\pm30)$BP的粉砂及年龄为$(9\,000\pm30)$BP的粉质黏土沉积物属于全新世如东组下段(Qhr^1);年龄为$(38\,260\pm420)$BP的粉质黏土属于晚更新世涠湖组上段(Qp^3g^3);年龄分别为$(40\,190\pm$

510)BP 和(40 770±550)BP 的粉质黏土属于晚更新世涠湖组中段(Qp^3g^2);年龄大于43 500 BP 的粉质黏土属于晚更新世涠湖组下段(Qp^3g^1)。

(2) 苏南地区可分为长江三角洲沉积水文地质区和太湖沉积水文地质区,区内地下水分为潜水和承压水两类。潜水含水层(含浅层承压水)由全新世、晚更新世地层组成;第Ⅰ承压含水层组由晚更新世地层组成。潜水和地表水存在三种补给关系,分别为潜水长期补给地表水、地表水长期补给潜水和两者相互补给。第Ⅰ承压水随着长江水位的变化波动较大,两者相互补给。

通过调查,发现京杭大运河(镇江段)干流水质总体上较好,基本达到地区Ⅲ类水质要求,仅若干指标显示为Ⅳ类或Ⅴ类水。在水质状况方面,表现为丰水期好于平水期,运河干流好于入河支流。综合 2019 年实测水质数据与在环保局收集到的 2017 年度和2018 年度的监测数据发现,京杭大运河(镇江段)的地表水水质有轻微变差趋势,特别在平水期和丰水期,溶解氧、汞和石油类等部分指标达Ⅳ类或Ⅴ类。地下水水质主要受砷、汞、挥发酚等指标影响较大,其水质明显好于地表水水质。对平水期测量数据分析和比较表明,地下潜水水位与运河水位不在同一平面,且地下水位明显较高,浅部潜水层与运河水体不连通,二者之间不存在相互污染的关系。

京杭大运河(无锡段)2020 年运河干流各断面水质以Ⅲ类和Ⅳ类水质为主,表明2020 年运河干流水质相较往年有较大改善,但局部水体的化学需氧量、石油类、氨氮和总磷的含量仍然超标;本次调查工作未涉及河流面源污染和水生植物的生长情况。地下水水质主要受化学需氧量、铅、砷、挥发酚等指标影响,浅部和深部地下水均为Ⅳ类或Ⅴ类水质。

(3) 苏南地区可划分为丘陵工程地质区、冲湖积平原工程地质区和冲积平原工程地质区。依据岩土层时代、成因及工程物理力学特征的差异将调查区工程地质区划分为6 个大层和 18 个亚层,并建立了调查区晚更新世以来的三维地层结构模型。

(4) 通过调查发现,京杭大运河(镇江段)近岸 1 km 范围内浅部土壤在重金属方面污染强度相对较大的有 Cu、Ni、Cr、Cd、Pb 等元素,污染强度较弱的有 Zn、Hg、As 等元素,表现为面源性污染,可划分出 5 个异常区;有机物主要选定了苯并[a]芘、六六六总量和滴滴涕总量等 3 个污染因子来判定污染异常,有机污染强度较弱,主要表现为零星点状污染;岩芯采样测试分析表明,深部土壤没有受到污染,且表层土壤污染对深层土壤影响有限。

京杭大运河(无锡段)近岸土壤中重金属异常的为 Zn、As、Hg、Cd 和 Cr 等五种元素,各元素含量超过了农用地土壤风险筛选值,但未超过农用地土壤风险管控值,所有样品中未见有机物异常,表明运河两岸近岸土壤状况良好,未受到重金属和有机物污染。

(5) 京杭大运河(镇江段)干流底泥由黏土、粉细砂、有机物或各种矿物质组成,其矿物成分以石英、黏土矿物为主,伴有少量重金属元素化合物,其物质来源主要为长江所携带泥沙,其次来自入河支流的复杂组分。底泥总体上没有受到污染,仅局部 Pb 和 Cd 超出筛选值。京杭大运河(无锡段)底泥总体受污染较小,仅在局部区域存在少许污染,表明河道管理较好。

（6）自 1966 至 2022 年，长江江阴段岸线经历了复杂的变化，局部岸段进退幅度较大。江岸变形强度有逐渐减弱的趋势，近 60 年来，长江江阴段岸线侵蚀总量为 8.51 ～ 16.92 m，未发现大幅度的江岸全线侵蚀后退现象。根据近期现状特征，长江江阴岸段岸坡可划分为稳定岸、淤积岸和侵蚀岸三大类型，其中稳定岸占比为 39%，淤积岸占比为 52%，弱侵蚀岸占比 9%。其中强淤积岸线分为两段，一段位于南荣码头以西至江阴与常州边界，净淤积总面积为 1.96 km²，另一段位于芦埠港河口至江苏拆船厂处，净淤积总面积为 5.69 km²。侵蚀岸线分别位于肖山码头、利港河口西侧和韭菜港公园，侵蚀面积均较小。

7.1.2 亮点

（1）所采用的调查手段具有广泛性和实用性

主要通过地质、物探、化探、遥感、钻探等地质勘查手段进行环境地质调查，结合所搜集的地质构造、地形地貌、古河道分布、水文地质、环境地质、工程勘察、地质灾害、国土空间、农业、经济等各种资料，投入大量的人财物，达到了立项目的，并完成了相关任务。

（2）所形成的成果具有多样性和基础性

获得的成果形式多样，主要包括苏南大江大河的第四系沉积调查、水文地质、水利环境、工程地质、河堤稳定性、运河河道剖面测量和水下地形测量、运河底泥环保参数、近岸土壤质量、近岸土地功能分区、水和土壤的污染状况、长江岸线的变化情况等基础性资料，为政府决策提供相关地质依据，也为以后的调查和研究提供了对比资料。

（3）所形成的资料具有对比性和直观性

所形成的资料主要以附图为主，既直观又有对比性，如河流近岸环境地质成果图（1∶50 000）、水文地质图（1∶50 000）、工程地质（1∶50 000），钻孔第四纪地层剖面对比图（1∶20 000）、近岸土壤重金属含量测试结果图（1∶50 000）、近岸土壤有机物含量测试结果图（1∶50 000）、疑似污染物场地分布成果图（1∶50 000，如图 7-1）、环境地质调查和断面调查成果图（1∶50 000，如图 7-2），近岸河道钻孔柱状对比图（1∶50 000）、近岸河道地质纵剖面综合成果图（1∶50 000）、水下测量地形图（1∶1 000）、土地利用功能分区图（1∶50 000）、长江岸线（江阴段）变迁图（1∶10 000）等，不一一列出，如图 7-1 和图 7-2 示意。

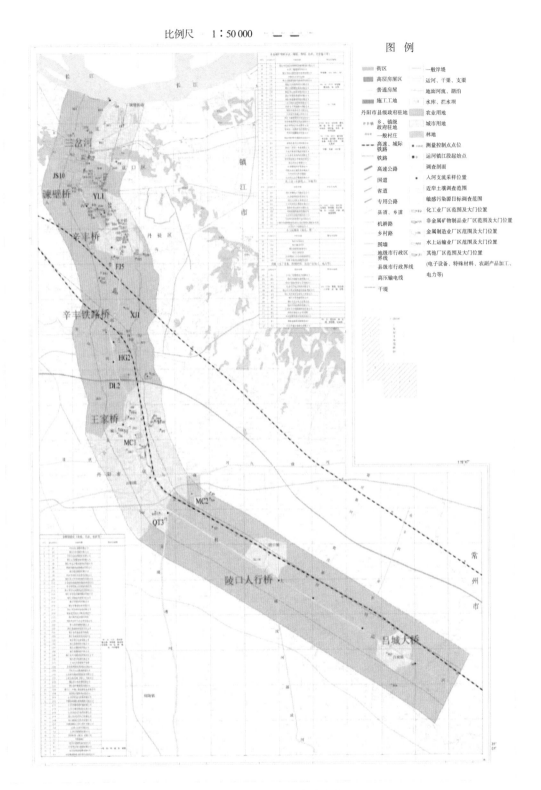

图 7-1　近岸疑似污染物场地分布成果图

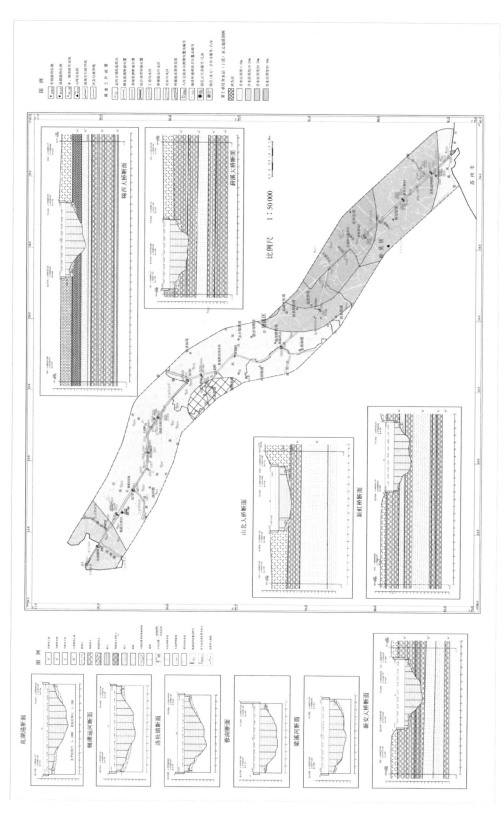

图 7-2 环境地质调查和断面调查成果图

7.2 存在的问题和建议

7.2.1 存在的问题

（1）本项目主要为基础性调查，但水土的污染状况需要对地表水、地下水和水位进行长期观测和土壤定期调查，航道两侧的重大建筑和导致污染的工矿厂区也会随时间而变化，因此所调查的结果一直在发生变化。

（2）本项目涉及的调查内容和专业门类较多，但因扶持的经费有限，仅调查了长江和大运河的部分岸段，虽然各项小区域成果解译有了科学合理的依据，但面上研究的系统性、整体性尚待提升，片段化的有效性远不能弥补系统化、整体化的不足。

（3）著者对大江大河的调查认识片段化，不足以体现全貌，本次调查只不过抛砖引玉，各专业理论的运用是否得当，各项成果的解译是否科学合理，有待指正和提高。

7.2.2 建议

（1）随着长三角一带经济社会的发展和流域情况的变化，长江和京杭大运河治理开发的新情况、新问题、新任务层出不穷，必须认真分析研究，及时加以解决，把长江和大运河治理开发的伟大事业不断推向前进，让长江和京杭大运河在实现中华民族伟大复兴的历史进程中发挥更大的作用。

（2）应做好河道资源（岸线资源、水域资源）保护，划定岸线功能分区，确保河道水域面积不减少，做好水量优化调度。响应国家号召，构建沿河绿道绿廊，加强水文化保护传承和文化景观资源保护。加强水环境改善、水生态修复等领域的技术研究，加强技术交流与合作，引进和吸收国内外先进技术和经验。

（3）要坚持以源头控制为主的污染综合防治战略。由于存在不合理的传统工业结构和传统的发展模式，工业废水造成的水污染负荷占水污染总负荷的50%以上，绝大多数有毒有害物质都是由工业废水的排放带入水体的。要把控制工业污染作为源头治理的重点，大力推行清洁生产，淘汰耗能大、用水量大、技术落后的产品和工艺，在工业生产过程中提高资源利用率，削减污染排放量。与此同时，要结合生态农业、节水农业的建设，通过合理使用化肥、农药以及充分利用农村各种废弃物和畜禽养殖业的废水，将面源污染减到最少。特别要加强对饮用水源地的保护，保障饮用水安全。

（4）逐步建立和完善苏南江河地质灾害和水土污染监测网络，实现信息共享、共用，为河道管护提供基础支撑，监测数据进行系统整理和综合分析研究，真正实现各类危害的预警预报工作，为地方经济建设服务。

参考文献

［1］梅雪芹,陈祥,刘宏焘,等.直面危机:社会发展与环境保护[M].北京:中国科学技术出版社,2014.

［2］江苏省地质局.江苏省及上海市区域地质志[M].北京:地质出版社,1984.

［3］李雪梅.环境污染与植物修复[M].北京:化学工业出版社,2017.

［4］刘绍平,汤军,许晓宏.数学地质方法及应用[M].北京:石油工业出版社,2011.

［5］谢树成,颜佳新,史晓颖,等.烃源岩地球生物学[M].北京:科学出版社,2016.

［6］马力,陈焕疆,甘克文,等.中国南方大地构造和海相油气地质[M].2004.11.北京,地质出版社,2004.

［7］廖启林,吴新民,张登明,等.江苏省生态地球化学调查与评价报告[R].江苏省地质调查研究院,2009.

［8］廖启林,华明,金洋,等.江苏省土壤重金属分布特征与污染源初步研究[J].中国地质,2009,36(5):1163-1174.

［9］廖启林,刘聪,金洋,等.江苏土壤地球化学分区[J].地质学刊,2011,35(3):225-235.

［10］廖启林,吴新民,张登明,等.江苏省1:25万多目标区域地球化学调查报告[R].江苏省地质调查研究院,2008.

［11］廖启林,吴新民,金洋.南京—镇江地区多目标地球化学调查初步成果[J].物探与化探,2004,28(3):257-260.

［12］华明,廖启林,潘永敏,等.全国土壤现状调查及污染防治专项:江苏省土地质量地球化学评估报告[R].江苏省地质调查研究院,中国地质调查局,2010.

［13］董铮,王琳,田芳.镇江地区土壤样品中重金属Cd含量与空间分布[J].环境监测管理与技术,2014,26(3):35-37.

［14］黄莉辉.一起本可以避免的灾难:1966年威尔士艾伯凡尾矿库溃坝事故考察[D].北京师范大学,2012.

［15］武健强,倪俊,宗开红,等.镇江城市地质资源与环境:镇江城市地质调查研究报告[R].镇江市国土资源局,江苏省地质调查研究院,2016.

［16］魏乃颐,杨献忠,蒋仁,等.江苏1:5万谏壁镇(I50E023023)幅区域地质调查报告[R].南京地质调查中心,2014.

［17］韦兴星,等.镇江幅(I-50-361)1:20万区域水文地质普查报告[R].江苏地矿局第1水文地质队,1980.

［18］王福臻.江苏省镇江市城市供水水文地质勘察报告[R].江苏省地质水文队,1975.

[19] 夏学齐,杨忠芳,余涛,等.江苏镇江扬州地区多目标地球化学调查成果报告[R].中国地质大学(北京),2016.

[20] 葛伟亚,常晓军,等.丹阳城镇地质环境综合调查成果报告[R].中国地质调查局南京地质调查中心,2018.

[21] 钟晓兰,周生路,赵其国.长江三角洲地区土壤重金属污染特征及潜在生态风险评价:以江苏太仓市为例[J].地理科学,2007,27(3):395-400.

[22] 陈华林,陈英旭.污染底泥修复技术进展[J].农业环境保护,2002,21(2):179-182.

[23] 范玉超,王蒙,邰伦伦,等.我国底泥重金属污染现状及其固化/稳定化修复技术研究进展[J].安徽农学通报,2016,22(13):97-101.

[24] 耿婷婷,张敏,蔡五田.北方某钢铁厂部分厂区土壤重金属污染的初步调查[J].环境科学与技术,2011,34(S1):343-346.

[25] 韩金涛,彭思毅,杨玉春.重金属污染土壤修复技术研究进展[J].绿色科技,2019,21(4):75-80.

[26] 黄顺生,吴新民,颜朝阳,等.南京城市土壤重金属含量及空间分布特征[J].城市环境与城市生态,2007,20(2):1-4.

[27] 李红霞,张建,杨帅.河道水体污染治理与修复技术研究进展[J].安徽农业科学,2016,44(4):74-76.

[28] 李洪文,李明,于慧明,等.镇江市地下水特征及规划应急水源地分析[J].黑龙江水专学报,2009(4):40-42.

[29] 李后尧,等.江苏省镇江市地质灾害调查与区划报告[R].江苏省地质调查研究院,2001.

[30] 李明明,甘敏,朱建裕,等.河流重金属污染底泥的修复技术研究进展[J].有色金属科学与工程,2012,3(1):67-71.

[31] 李忠岩,等.江苏省宁镇东部地区水文地质普查报告[R].江苏省地质局水文队,1976.

[32] 刘家晋,等.江苏省镇江市规划区地下水资源评价报告[R].江苏工勘院,镇江市节水办,1995.

[33] 罗后巧,段启超,何文艳,等.四川某金属制品厂周边土壤重金属分布特征及污染评价[J].环境污染与防治,2018,40(4):440-444.

[34] 吴新民,翁志华,朱伯万,等.江苏省南京及周边地区多目标区域地球化学调查与评价报告[R].江苏省地质调查研究院基础地质研究所,2005.

[35] 张琳,吕哲.城市河流水污染治理和修复技术研究[J].华东科技(综合),2018(4):367.

[36] 王海峰,赵保卫,徐瑾,等.重金属污染土壤修复技术及其研究进展[J].环境科学与管理,2009,34(11):15-20.

[37] 吴标云,等.镇江市水文地质工程地质环境地质综合勘查报告(1/5万)[R].江苏地矿局第1水文工程地质大队,1992.

[38] 隋兆显,薛其山.江苏省沿江工业走廊水文地质工程地质环境地质综合评价报告

(1/20万)[R].江苏省地矿局第一水文地质工程地质大队,1989.

[39] 范迪富,徐雪球,杜建国,等.江苏宜(兴)—溧(阳)山区构造样式组合分析[J].地质学刊,2011,35(2):143-149.

[40] 朱光伟,陈英旭,等.运河(杭州段)沉积物中重金属分布特征及变化[J].中国环境科学,2002,21(1):65-69.

[41] 李功振,韩宝平,孙燕,等.京杭大运河(苏北段)表层沉积物重金属分布特征研究[J].中国科技论文在线,2006,3,1-4.

[42] 王晓,韩宝平,丁毅,等.京杭大运河徐州段底泥重金属污染评价[J].能源环境保护,2004,18(3):47-49.

[43] 徐春华,仇卫东,秦新龙,等.下扬子地区页岩气勘探开发新认识[J].河北地质大学学报,2019(3),30-36.

[44] 朱士鹏.江苏旅游地学手册[M].武汉:中国地质大学出版社,2008.

[45] 王良书、施央申.油气盆地地热研究[M].南京:南京大学出版社,1989.

[46] .耶格,库克.岩石力学基础[M].中国科学院工程力学研究所,译.北京:科学出版社,1981.

[47] 戴秀丽,戚文炜,过伟.京杭大运河(无锡段)及其支流沉积物中重金属污染现状及分布特征[J].青海环境,2002,12(4):139-143.

[48] 余杰,秦瑞宝,刘春成,等.页岩气储层测井评价与产量"甜点"识别:以美国鹰潭页岩气储层为例[J].中国石油勘探,2017,22(3):104-112.

[49] 范迪富,徐雪球,戴康明.江苏如东县小洋口地热田成因研究[J].地质学刊,2012,36(2):192-197.

[50] 梁兵,段宏亮,李华东.下扬子地区海相层系成藏条件及勘探评价[M].北京:石油工业出版社,2013.

[51] 李雪梅.环境污染与植物修复[M].北京:化学工业出版社,2017.

[52] 李健,汪传胜,吴桂松,等.京杭大运河镇江段近岸土壤重金属含量与空间分布特征[J].地质学刊,2021,45(2):219-224.

[53] 董铮,王琳,田芳.镇江地区土壤中重金属Cu和Pb污染状况与空间分布[J].干旱环境监测,2014,28(4):149-153,168.

[54] 董铮,王琳,田芳.镇江地区土壤样品中重金属Cd含量与空间分布[J].环境监测管理与技术,2014,26(3):35-37.

[55] 陈静生,高学民,夏星辉,等.长江水系河水氮污染[J].环境化学,1999,18(4):289-293.

[56] 罗刚.京杭运河(镇江段)污染状况分析及治理对策研究[D].镇江:江苏大学,2013.

[57] 冯启言,马长文,何康林,等.京杭运河徐州段水污染趋势预测[J].中国矿业大学学报,2002,31(6):588-591.

[58] 吴敦敖,翁焕新.京杭大运河(杭州段)中重金属的分布特征及其成因研究[J].环境科学,1987,8(3):60-65.

[59] 鄢俊,陶同康,丁绿芳.京杭大运河镇江段土工织物滤层现场观测分析[J].水运工

程,2002(3):12-16.

[60] 潘宏恩.京杭大运河镇江段文化遗产保护与利用研究[J].淮阴师范学院学报(哲学社会科学版),2014,36(3):343-348.

[61] 杨涛.京杭大运河镇江段污染监测分析[J].绿色科技,2020,22(22):106-107.

[62] 冯启言,马长文,何康林,等.京杭大运河镇江段污染监测分析地学前缘[J].中国矿业大学学报,2020,31(6):56-109.

[64] 黄胜伟,董曼玲.自适应变步长 BP 神经网络在水质评价中的应用[J].水利学报,2002,33(10):119-123.

[65] 梅学彬,王福刚,曹剑锋.模糊综合评判法在水质评价中的应用及探讨[J].世界地质,2000,19(2):172-177.

[66] 张保利,李蕴成.土壤重金属消解方法的探索与研究[J].江苏煤炭,2004(2):63-65..

[67] 田伟,谢晓亮,温春秀,等.土壤重金属污染度与黄芪药材重金属含量关系的研究[J].河北农业科学,2008,12(9):6-7,46.

[68] 张秋丽,张文婷,周欣,等.土壤重金属消解方法的探索与研究[J].科学论坛,2013(1):223-223.

[69] 龙加洪,谭菊,吴银菊,等.土壤重金属含量测定不同消解方法比较研究[J].中国环境监测,2013,29(1):123-126.

[70] 杨启霞,韩吉衢,孙海燕.土壤 Pb、Cd 测定过程中溶样方法的改进[J].中国环境监测,2006,22(3):46-48.

[71] 陈皓,何瑶,陈玲,等.土壤重金属监测过程及其质量控制[J].中国环境监测,2010,26(5):40-43.

[72] 杨启霞,韩吉衢,孙海燕.土壤 Pb、Cd 测定过程中溶样方法的改进[J].中国环境监测,2006,22(3):46-48.

[73] 国家环境保护总局.土壤环境监测技术规范:HJ/T166—2004[S].2004.

[74] 张晓云,李蕴成.蔬菜重金属污染现况与防治措施[J].微量元素与健康研究,2008,25(4):49-50.

[75] 陈小宝.微波消解-ICP 方法测土壤中的重金属[C].中国环境科学学会学术年会论文集,2013:5292-5297.

[76] 李苗,沈宁宁,汤大山.沉积物重金属污染特征研究[J].广州化工,2015,43(16):151-153,201.

[77] 李佳佳.制度安排、城镇化与环境污染[J].经济经纬,2020,37(3):29-36.

[78] 胡宗义,李继波,刘亦文.中国环境质量与经济增长的空间计量分析[J].经济经纬,2017,34(3):13-18.

[79] 马树才,李国柱.中国经济增长与环境污染关系的 Kuznets 曲线[J].统计研究,2006,23(8):37-40.

[80] 张虎平,关山,王海东.中国区域生态效率的差异及影响因素[J].经济经纬,2017,34(6):1-6.

[81] 周际海,黄荣霞,樊后保,等. 污染土壤修复技术研究进展[J]. 水土保持研究,2016, 23(3):366-372.

[82] 曹芹. 镇江市农业面源污染监控系统的设计开发与模糊综合评价模型的应用[J]. 污染防治,2009,22(4):38-41.

[83] 丁晋利,郑粉莉. SWAT 模型及其应用[J]. 水土保持研究,2004,11(4):128-130,156.

[84] 王培,马友华,赵艳萍,等. SWAT 模型及其在农业面源污染研究中的应用[J]. 农业环境与发展,2008,25(5):105-109,128.

[85] 吴春蕾,马友华,李英杰,等. SWAT 模型在巢湖流域农业面源污染研究中应用前景与方法[J]. 中国农学通报,2010,26(18):324-328.

[86] 王中根,刘昌明,黄友波. SWAT 模型的原理、结构及应用研究[J]. 地理科学进展, 2003,22(1):79-86.

[87] 赵瑞娟,于洪民. 河道岸线功能区的划分与应用[J]. 东北水利水电,2010,28(3):1-2,8,71.

[88] 鞠建华. 长江中下游堤岸主要工程地质问题分析[J]. 中国地质灾害与防治学报, 2001,12(2):23-25.

[89] 罗小杰. 长江中下游防洪工程地质环境与主要工程地质问题[J]. 中国地质灾害与防治学报,2001,12(2):476-481.

[90] 马贵生. 长江中下游堤防主要工程地质问题[J]. 人民长江,2001,32(9):3-5.

[91] 王中根,刘昌明,左其亭,等. 基于 DEM 的分布式水文模型构建方法[J]. 地理科学进展,2002,21(5):430-439.

[92] 王中根,刘昌明,吴险峰. 基于 DEM 的分布式水文模型研究综述[J]. 自然资源学报, 2003,18(2):168-173.

[93] 李苗,沈宁宁,汤大山. 沉积物重金属污染特征研究[J]. 广州化工,2015,43(16):151-153,201.

[95] 赵其国,周炳中,杨浩. 江苏省环境质量与农业安全问题研究[J]. 土壤,2002,34(1):1-8.

[97] 张珂. 基于 DEM 栅格和地形的分布式水文模型构建及其应用[D]. 南京:河海大学,2005.

[98] 李丹,薛联青,郝振纯. 基于 SWAT 模型的流域面源污染模拟影响分析[J]. 环境污染与防治,2008,30(3):4-7.

[99] 包红军,李致家,王莉莉. 基于 DEM 栅格的分布式 BTOPMC 模型在水文模拟中的应用[J]. 节水灌溉,2009(5):4-8.

[100] 徐福兴,石林. 长江中下游特大桥主要工程地质问题的勘察与研究[J]. 地球科学, 2001,26(4):377-380.

[101] 张琳琳,崔亚莉,梁桂星,等. SWAT-MODFLOW 耦合模型在地下水量均衡分析中的应用[J]. 南水北调与水利科技(中英文),2020,18(6):176-183.

[102] 周铮,吴剑锋,杨蕴,等. 基于 SWAT 模型的北山水库流域地表径流模拟[J]. 南水

北调与水利科技,2020,18(1):66-73.

[103] 周铮. 基于 SWAT-MODFLOW 模型的北山水库流域地表地下水耦合模拟研究 [D]. 南京大学,2021.

[104] 张雪刚,毛媛媛,董家瑞,等.SWAT 模型与 MODFLOW 模型的耦合计算及应用 [J]. 水资源保护,2010,26(3):49-52.

[105] 缪卫东,李世杰,王润华. 长江三角洲北翼 J9 孔岩芯沉积特征及地层初步划分[J]. 第四纪研究,2009,29(1):126-134.

[106] 范代读,李从先,K. Yokoyama,等. 长江三角洲晚新生代地层独居石年龄谱与长江 贯通时间研究[J]. 中国科学(D辑:地球科学),2004,34(11):1015-1022.

[107] 范迪富,徐雪球. 南通地区新构造运动特征[J]. 江苏地质,2002,26(1):7-12.

[108] 黎兵,魏子新,李晓,等. 长江三角洲第四纪沉积记录与古环境响应[J]. 第四纪研 究,2011,31(2):316-328.

[109] 常晓军,葛伟亚,贾军元,等. 江苏镇江丹阳市小城镇水工环地质综合调查成果报告 [R]. 中国地质调查局南京地质调查中心,2016.

[110] 蔡露明,华明,许伟伟,等. 江苏金坛西部农用地土壤中磷元素地球化学特征[J]. 地 质学刊,2020,44(S1):198-203.

[111] 戴峰,康博,童晨. 某地块污染调查及二氯甲烷在土壤和地下水中的分布特征[J]. 地质学刊,2022,46(1):75-79.

[112] 杨贵芳,刘强,王晨,等. 某染化厂污染地块健康风险评估[J]. 地质学刊,2022,46 (4):430-435.

[113] 夏同法,王殿二,陈玉衡. Cd-As 复合污染农田土壤修复材料的筛选[J]. 地质学刊, 2021,45(3):299-305.

[114] 徐祖阳,夏同法,严维兵,等. 矿物"微胶囊"在重金属污染土壤修复中的应用[J]. 地 质学刊,2021,45(3):306-310.

[115] 范健,黄顺生,崔晓丹,等. 江苏某材料厂周边农田土壤钼污染特征及农作物健康风 险评价[J]. 地质学刊,2023,47(1):84-90.

[116] 廖启林,任静华,姜丽,等. 江苏典型地区河流沉积物重金属元素分布特征及其污染 来源[J]. 地质学刊,2018,42(4):651-661.

[117] 王靖泰,郭蓄民,许世远,等. 全新世长江三角洲的发育[J]. 地质学报,1981,55(1): 67-81.

[118] 陈吉余,虞志英,恽才兴. 长江三角洲的地貌发育[J]. 地理学报,1959,14(3): 201-220.

[119] ZHU C, ZHANG Q. Climatic evolution in the Yangtze Delta region in the late Holocene epoch [J]. Journal of Geographical Sciences,2006,16(4),423-429.

[120] 江苏省京杭大运河镇江段河流环境地质和底泥污染状况调查与评价[R]. 江苏华东 有色地勘局地质工程公司,2019.

[121] 京杭大运河无锡段环境地质调查与评价[R]. 江苏华东有色地勘局地质工程公 司,2020.

［122］长江江阴岸段地质环境调查与评价［R］.江苏华东有色地勘局地质工程公司,2022.

［123］生态环境部土壤生态环境司.地下水污染风险管控与修复技术手册［M］.北京:中国环境出版集团,2021.

［124］胡健民,陈虹,于长春,等.特殊地质地貌区区域地质调查方法［M］.北京:科学出版社,2023.

［125］王圣瑞,倪兆奎,等.湖泊沉积物氮磷与流域演变［M］.北京:科学出版社,2016.

［126］王健海,曾桢.多维度战略数据的 Chernoff 脸谱图表示方法与实证研究［J］.现代图书情报技术,2010(7):15-21.

［127］殷菲,潘晓平,吴震.Chernoff 脸谱图的改进［J］.中国卫生统计,2003,20(4):194-196.

［128］李从先,汪品先.长江晚第四纪河口地层学研究［M］.北京:科学出版社,1998.

［129］李从先,范代读,张家强.长江三角洲地区晚第四纪地层及潜在环境问题［J］.海洋地质与第四纪地质,2000,20(3):1-7.

附表

水样保存、容器的洗涤和采样相关要求

项目名称	采样容器	保存剂及用量	保存期	采样量[①]/mL	容器洗涤
色*	G,P		12 h	250	I
嗅和味*	G		6 h	200	I
浑浊度*	G,P		12 h	250	I
肉眼可见物*	G		12 h	200	I
pH 值*	G,P		12 h	200	I
总硬度**	G,P		24 h	250	I
		加 HNO$_3$,pH<2	30 d		
溶解性总固体**	G,P		24 h	250	I
总矿化度**	G,P		24 h	250	I
硫酸盐**	G,P		30 d	250	I
氯化物**	G,P		30 d	250	I
磷酸盐**	G,P		24 h	250	IV
游离二氧化碳**	G,P		24 h	500	I
碳酸氢盐**	G,P		24 h	500	I
钾	P	HNO$_3$,1 L 水样中加浓 HNO$_3$ 10 mL	14 d	250	II
钠	P	HNO$_3$,1 L 水样中加浓 HNO$_3$ 10 mL	14 d	250	II
铁	G,P	HNO$_3$,1 L 水样中加浓 HNO$_3$ 10 mL	14 d	250	III
锰	G,P	HNO$_3$,1 L 水样中加浓 HNO$_3$ 10 mL	14 d	250	III
铜	P	HNO$_3$,1 L 水样中加浓 HNO$_3$ 10 mL[②]	14 d	250	III
锌	P	HNO$_3$,1 L 水样中加浓 HNO$_3$ 10 mL[②]	14 d	250	III
钼	P	加 HNO$_3$,pH<2	14 d	250	III
钴	P	加 HNO$_3$,pH<2	14 d	250	III
挥发性酚类**	G	用 H$_3$PO$_4$ 调至 pH=2,用 0.01～0.02 g 抗坏血酸除去余氯	24 h	1 000	I

项目名称	采样容器	保存剂及用量	保存期	采样量①/mL	容器洗涤
阴离子表面活性剂**	G,P		24 h	250	IV
高锰酸盐指数**	G		2 d	500	I
溶解氧**	溶解氧瓶	加入硫酸锰、碱性碘化钾溶液,现场固定	24 h	250	I
化学需氧量	G	H_2SO_4,pH<2	2 d	500	I
五日生化需氧量**	溶解氧瓶	0～4℃避光保存	12 h	1 000	I
	P	冷冻保存	24 h	1 000	I
硝酸盐氮**	G,P		24 h	250	I
亚硝酸盐氮**	G,P		24 h	250	I
氨氮	G,P	H_2SO_4,pH<2	24 h	250	I
氟化物**	P		14 d	250	I
碘化物**	G,P		24 h	250	I
溴化物**	G,P		14 d	250	I
总氰化物	G,P	NaOH,pH>9	12 h	250	I
汞	G,P	HCl,1%,如水样为中性,1 L 水样中加浓 HCl 2 mL	14 d	250	III
砷	G,P	H_2SO_4,pH<2	14 d	250	I
硒	G,P	HCl,1 L 水样中加浓 HCl 10 mL	14 d	250	III
镉	G,P	HNO_3,1 L 水样中加浓 HNO_3 10ml②	14 d	250	III
六价铬	G,P	NaOH,pH=8～9	24 h	250	III
铅	G,P	HNO_3,1 L 水样中加浓 HNO_3 10ml②	14 d	250	III
铍	G,P	HNO_3,1 L 水样中加浓 HNO_3 10 mL	14 d	250	III
钡	G,P	HNO_3,1 L 水样中加浓 HNO_3 10 mL	14 d	250	III
镍	G,P	HNO_3,1 L 水样中加浓 HNO_3 10 mL	14 d	250	III
石油类	G	加入 HCl 至 pH<2	7 d	500	II
硫化物	G,P	1 L 水样加 NaOH 至 pH 至 9,加入 5% 抗坏血酸 5 mL,饱和 EDTA 3 mL,滴加饱和 $Zn(Ac)_2$ 至胶体产生,常温避光	24 h	250	I
滴滴涕**	G		24 h	1 000	I
六六六**	G		24 h	1 000	I
有机磷农药**	G		24 h	1 000	I

项目名称	采样容器	保存剂及用量	保存期	采样量[①]/mL	容器洗涤
总大肠菌群 *	G(灭菌)	水样中如有余氯应在采样瓶消毒前按每 125 mL 水样加 0.1 mL 100 g/L 硫代硫酸钠,以消除氯对细菌的抑制作用	6 h	150	Ⅰ
细菌总数 **	G(灭菌)	4℃保存	6 h	150	Ⅰ
总 α 放射性	P	HNO₃,pH<2	5 d	5 000	Ⅰ
总 β 放射性					
苯系物 **	G	用 1 + 10 HCl 调至 pH≤2,加入 0.01~0.02 g 抗坏血酸除去余氯	12 h	1 000	Ⅰ
烃类 **	G		12 h	1 000	Ⅰ
醛类 **	G	加入 0.2～0.5 g/L 硫代硫酸钠除去余氯	24 h	250	Ⅰ

注:需清洗之设备,应包括:水位计、贝勒管、手套、绳子、抽水泵、取水管线。

1. "*"表示应尽量现场测定;"**"表示低温(0～4℃)避光保存。

2. G 为硬质玻璃瓶;P 为聚乙烯瓶(桶)。

3. ①为单项样品的最少采样量;②如用溶出伏安法测定,可改用 1 L 水样中加 19 ml 浓 $HClO_4$。

4. Ⅰ、Ⅱ、Ⅲ、Ⅳ 分别表示四种洗涤方法:

Ⅰ——无磷洗涤剂洗 1 次,自来水洗 3 次,蒸馏水洗 1 次,甲醇清洗 1 次,阴干或吹干;

Ⅱ——无磷洗涤剂洗 1 次,自来水洗 2 次,(1+3)HNO₃ 荡洗 1 次,自来水洗 3 次,蒸馏水洗 1 次,甲醇清洗 1 次,阴干或吹干;

Ⅲ——无磷洗涤剂洗 1 次,自来水洗 2 次,(1+3)HNO₃ 荡洗 1 次,自来水洗 3 次,去离子水洗 1 次,甲醇清洗 1 次,阴干或吹干;

Ⅳ——铬酸洗液洗 1 次,自来水洗 3 次,蒸馏水洗 1 次,甲醇清洗 1 次,阴干或吹干。

5. 经 160℃干热灭菌 2 h 的微生物采样容器,必须在两周内使用,否则应重新灭菌。经 121℃高压蒸气灭菌 15 min 的采样容器,如不立即使用,应于 60℃将瓶内冷凝水烘干,两周内使用。细菌监测项目采样时不能用水样冲洗采样容器,不能采混合水样,应单独采样后 2 h 内送实验室分析。